普通化学（工程版）

主　编　孟　维　戴　瑜
副主编　刘　蓉　祝小艳　许俊东　刘　珏
　　　　　　黎成勇　谭建平　石星波
参　编　陈　超　马德崇　林一婷
　　　　　　易年年　李谷才

北京理工大学出版社
BEIJING INSTITUTE OF TECHNOLOGY PRESS

内 容 简 介

本书系统地讲授化学基本理论和知识，结合工程专业，反映现代科学技术的新成果和新应用。全书共 9 章：第 1~3 章以化学反应的基本原理及化学反应为主线，介绍热化学、化学热力学、水溶液化学、电化学与金属腐蚀，同时穿插介绍能源、大气污染和水污染等；第 4~8 章以物质结构理论及物质性质为主线，结合理论化学的最新研究成果，介绍原子、分子、化学键、晶体的结构与特征及其与周期系的关系，介绍工程中可能用到的表面活性剂和胶体化学、无机非金属材料、金属材料及其腐蚀、高分子材料等；第 9 章为课程实验，通过实验操作，锻炼学生的动手能力和理论联系实践的能力。本书前 8 章均有内容提要和学习要求、知识拓展、本章小结、练习题，书后附有部分习题答案供参考。

本书可作为高等学校各工程类专业的基础课教材，强调在基础教育中培养学生学科核心素养，适合材料工程、环境工程、生物工程、土木工程、给排水工程、计算机、机械设计制造及其自动化等专业低年级的学生使用。

版权专有　侵权必究

图书在版编目（ＣＩＰ）数据

普通化学：工程版 / 孟维，戴瑜主编. -- 北京：北京理工大学出版社，2023.7
ISBN 978-7-5763-2667-3

Ⅰ. ①普… Ⅱ. ①孟… ②戴… Ⅲ. ①普通化学-高等学校-教材 Ⅳ. ①O6

中国国家版本馆 CIP 数据核字（2023）第 142100 号

责任编辑：李　薇	**文案编辑**：李　硕	
责任校对：刘亚男	**责任印制**：李志强	

出版发行 /	北京理工大学出版社有限责任公司
社　　址 /	北京市丰台区四合庄路 6 号
邮　　编 /	100070
电　　话 /	（010）68914026（教材售后服务热线）
	（010）68944437（课件资源服务热线）
网　　址 /	http://www.bitpress.com.cn

版 印 次 /	2023 年 7 月第 1 版第 1 次印刷
印　　刷 /	河北盛世彩捷印刷有限公司
开　　本 /	787mm×1092mm　1/16
印　　张 /	20.5
字　　数 /	478 千字
定　　价 /	59.80 元

图书出现印装质量问题，请拨打售后服务热线，负责调换

前　言

"普通化学"是一门关于物质及其变化规律的课程，是培养新时代工程技术人才所必需的一门基础课。本书系统地讲授化学基本理论和知识，结合工程专业，反映现代科学技术的新成果和新应用。本书的教学目的是让学生掌握必备的化学基本理论、基本知识和基本技能；了解这些理论、知识和技能在工程上的应用；培养分析和解决生产生活中化学实际问题的能力；为今后学习新理论和新技术打下宽广而坚实的化学基础，以适应新时代的需要。

编者在编写本书时，认真贯彻理论联系实际的原则，教材内容力求精简，由浅入深，通俗易懂，便于读者自学。本书根据工程类（非化学）专业需求，紧密结合当前高等院校学生培养的需要以及当前学生的总体情况，精心编写，深入分析，打造一部专业需求更加紧密、内容详尽易懂的教材。

本书重视化学基本理论与知识，注重联系工程实践，关注社会、生活的热点，重视素质教育。全书共9章：第1~3章以化学反应的基本原理及化学反应为主线，介绍热化学、化学热力学、水溶液化学、电化学占金属腐蚀，同时穿插介绍能源、大气污染和水污染等；第4~8章以物质结构理论及物质性质为主线，结合理论化学的最新研究成果，介绍原子、分子、化学键、晶体的结构与特征及其与周期系的关系，介绍工程中可能用到的表面活性剂和胶体化学、无机非金属材料、金属材料及其腐蚀、高分子材料等；第9章为课程实验，通过实验操作，锻炼学生的动手能力和理论联系实践的能力。本书前8章均有内容提要和学习要求、知识拓展、本章小结、练习题，书后附有部分习题答案供参考。

本书可作为高等学校各工程类专业的基础课教材，强调在基础教育中培养学生学科核心素养，适合材料工程、环境工程、生物工程、土木工程、给排水工程、计算机、机械设计制造及其自动化等专业低年级的学生使用。

参加本书编写工作的有湖南城市学院陈超、中南林业科技大学刘钰（编写第1章）、湖南理工学院许俊东、湖南工程学院谭建平（编写第2章）、湖南城市学院祝小艳、长沙学院黎成勇（编写第3章）、中南林业科技大学戴瑜（编写第4章）、湖南城市学院刘蓉、湖南工程学院易年年（编写第5章、第7章）、湖南城市学院林一婷（编写第6章）、湖南城市学院马德崇、湖南工程学院李谷才（编写第8章）、湖南城市学院孟维、湖南农业大学石星波（编写第9章）等。由于编者水平有限，加上时间比较仓促，书中难免有不足之处，希望读者批评指正。

编　者
2023年3月

目 录

第 1 章 化学反应的基本原理 ··· 1
   1.1 热力学系统 ·· 1
   1.2 反应热 ·· 4
   1.3 化学反应的方向 ·· 7
   1.4 化学反应的速率 ·· 12
   1.5 化学反应的限度——化学平衡 ·· 17
   本章小结 ··· 21
   练习题 ·· 24

第 2 章 水溶液化学 ··· 30
   2.1 非电解质稀溶液的依数性 ·· 30
   2.2 电解质溶液 ·· 35
   2.3 酸碱电离平衡 ·· 38
   2.4 多相离子平衡 ·· 45
   2.5 水的净化与废水处理 ·· 49
   本章小结 ··· 54
   练习题 ·· 55

第 3 章 电化学与金属腐蚀 ··· 59
   3.1 原电池 ·· 59
   3.2 电极电势和电池电动势 ·· 62
   3.3 电极电势的应用 ·· 66
   3.4 化学电源 ·· 69
   3.5 电解 ·· 71
   3.6 金属的腐蚀及防护 ·· 77
   本章小结 ··· 80
   练习题 ·· 82

第 4 章 表面活性剂和胶体化学 ··· 85
   4.1 表面活性剂 ·· 85

4.2　胶束 89
　　4.3　表面活性剂的作用 92
　　4.4　胶体化学理论 95
　　4.5　浆体的胶体化学原理 103
　　本章小结 113
　　练习题 114

第 5 章　金属材料及其腐蚀 116
　　5.1　金属晶体与金属材料 116
　　5.2　金属基复合材料 120
　　5.3　金属用助剂 123
　　5.4　金属腐蚀 125
　　5.5　金属腐蚀的防护 126
　　5.6　金属在某些环境中的腐蚀与防护 129
　　本章小结 136
　　练习题 137

第 6 章　物质结构 139
　　6.1　原子结构近代理论 139
　　6.2　多电子原子的电子排布和元素基本周期律 145
　　6.3　分子结构和共价键理论 154
　　6.4　分子间相互作用 161
　　6.5　离子键与离子极化 164
　　6.6　晶体结构 166
　　本章小结 175
　　练习题 177

第 7 章　无机非金属材料 180
　　7.1　陶瓷 180
　　7.2　玻璃 181
　　7.3　硅酸盐水泥 181
　　7.4　耐火材料 190
　　7.5　水玻璃 192
　　7.6　石灰 194
　　7.7　建筑石膏 198
　　7.8　新型无机非金属材料 201
　　本章小结 206
　　练习题 207

第8章　高分子材料 · · · · · · 210

8.1　高分子材料概述 · · · · · · 210
8.2　高分子材料的结构和特性 · · · · · · 220
8.3　高分子材料的合成和改性 · · · · · · 224
8.4　聚合物基复合材料 · · · · · · 235
8.5　功能高分子材料 · · · · · · 251
8.6　日常生活中的高分子材料 · · · · · · 263
本章小结 · · · · · · 272
练习题 · · · · · · 273

第9章　普通化学课程实验 · · · · · · 276

实验一　配位化合物 · · · · · · 276
实验二　氧化还原反应与氧化还原平衡 · · · · · · 278
实验三　酸碱性质与酸碱平衡 · · · · · · 280
实验四　物质的分离和提纯——由海盐制试剂级氯化钠 · · · · · · 282
实验五　复分解法制备 KNO_3 晶体并副产品 NH_4Cl · · · · · · 285
实验六　d 区重要元素化合物的性质（一）· · · · · · 288
实验七　d 区重要元素化合物的性质（二）· · · · · · 290
实验八　常用离子的分离及鉴定 · · · · · · 292
实验九　硫酸亚铁铵的制备 · · · · · · 295
实验十　五水合硫酸铜的制备和提纯 · · · · · · 297
实验十一　酸碱溶液的配制与比较滴定 · · · · · · 299
实验十二　电解法测定阿伏伽德罗常数 · · · · · · 302

附录 · · · · · · 304

附录1　我国法定计量单位 · · · · · · 304
附录2　一些基本物理常数 · · · · · · 306
附录3　标准热力学数据（$p^{\ominus}=100$ kPa，$T=298.15$ K）· · · · · · 307
附录4　一些弱电解质在水溶液中的解离常数 · · · · · · 312
附录5　一些共轭酸碱的解离常数 · · · · · · 312
附录6　一些配离子的稳定常数 $K_f^{\ominus}$ 和不稳定常数 $K_i^{\ominus}$ · · · · · · 313
附录7　一些物质的溶度积 $K_s^{\ominus}$（25 ℃）· · · · · · 314
附录8　标准电极电势 · · · · · · 315
附录9　元素周期表 · · · · · · 317

参考文献 · · · · · · 318

第1章　化学反应的基本原理

 内容提要和学习要求

当发生化学反应时，都伴随有能量的变化，其形式多种多样，通常是以热的形式放出或吸收能量。燃料燃烧所产生的热量，以及化学反应中所发生的能量转换和利用，这些都是能源的重要课题。

本章学习要求可分为以下几点。

(1) 了解热效应的测量与应用。

(2) 掌握状态函数、反应进度、标准状态等概念。理解等压反应热 Q_p 与反应焓变的关系、等容反应热 Q_V 与热力学能变的关系。初步掌握化学反应的标准摩尔焓变 $\Delta_r H_m^\ominus$ 的计算。

(3) 理解熵和吉布斯函数这两个重要的状态函数。初步掌握化学反应的标准摩尔吉布斯函数变 $\Delta_r G_m^\ominus$ 的计算，能应用吉布斯函数变 $\Delta_r G_m$ 判断反应进行的方向。

(4) 理解标准平衡常数 $K^\ominus$ 的意义及其与 $\Delta_r G_m^\ominus$ 的关系，并初步掌握有关计算。理解浓度、压力和温度对化学平衡的影响。

(5) 理解反应速率与速率方程，了解基元反应和反应级数的概念。能用阿伦尼乌斯方程进行初步计算。能用活化能和活化分子的概念，说明浓度、温度、催化剂等对化学反应速率的影响。了解链反应与光化学反应的一般概念。

1.1 热力学系统

1.1.1 基本概念

1. 系统与环境

在热力学中，为了讨论问题的方便，人为地将某一部分物质与其周围的其余物质分开。被划定的研究对象称为系统；系统以外与其密切相关的其他部分称为环境。例如，研究密闭容器中铁与稀盐酸的反应，可将溶液及其上方的空气、反应产生的氢气定义为系统，将容器以及容器以外的物质当作环境。

根据系统与环境之间的物质和能量交换关系，热力学系统分为以下三类。

(1) 开放系统：系统与环境既有物质交换，也有能量交换。

(2) 封闭系统：系统与环境没有物质交换，只有能量交换。

(3) 孤立系统：也称隔离系统，系统与环境既没有物质交换，也没有能量交换。

封闭系统是化学热力学研究中最常见的系统。除特别指出外,研究中所讨论的系统均指封闭系统。至于孤立系统,它只是科学上的抽象,便于讨论科学问题,而绝对的孤立系统是不存在的。

2. 状态与状态函数

要描述一个热力学系统,就必须确定它的压强 p、体积 V、温度 T、组成等一系列物理、化学性质的总和,这样就确定了系统的状态。通常所说的系统的状态就是系统的物理性质和化学性质的综合表现。用来描述系统状态的物理量称为状态函数,例如 p、V、T 以及后面将介绍的热力学能、熵、焓、吉布斯自由能等都是状态函数。

按照与系统中物质的量的关系,状态函数可以分为以下两类。

(1) 广度性质:如质量、体积、物质的量等,所表示的系统性质与物质的量成正比,具有加和性。当将系统分割成若干部分时,系统的某广度性质等于各部分该性质之和。

(2) 强度性质:如压强、温度、密度等,所表示系统性质与物质的量无关,不具有加和性。例如,100 kPa 氧气和 100 kPa 氮气混合均匀,压强还是 100 kPa。

当描述系统的状态函数都不随时间发生变化时,则称该系统处于一定的状态,各状态函数有确定的数值,当系统的状态发生变化时,一个或几个状态函数将发生改变,其变化值只取决于系统的始态和终态,而与如何实现这一变化的途径无关。

状态函数 p、V、T 和 n 之间的定量关系式称为理想气体状态方程,即

$$pV = nRT \tag{1.1}$$

式 (1.1) 描述理想气体的压强、温度和体积之间的关系。式中,n 为气体的物质的量;R 为摩尔气体常数,$R = 8.314 \ \text{J} \cdot \text{mol}^{-1} \cdot \text{K}^{-1}$。

若系统从某一始态出发,最终回到原始状态,则所有的状态函数都恢复至原有数值,即状态函数经历一个循环变化后,各状态函数的变化值都为零,此变化过程称为循环过程。

3. 过程与途径

当系统的状态发生变化,可以认为系统经历了一个或一系列热力学过程(简称过程)。根据化学变化条件的不同,可以将过程分为以下几类。

(1) 恒压过程:系统在恒压条件下发生变化,$\Delta p = 0$。

(2) 恒容过程:系统在体积不变条件下发生变化,$\Delta V = 0$。

(3) 恒温过程:系统在温度不变条件下发生变化,$\Delta T = 0$。

(4) 绝热过程:系统发生变化时,与环境之间没有热的交换。

途径是指系统完成变化的具体方式,系统的同一个变化过程可以通过不同的途径来完成。例如,水烧开是从始态(100 kPa,273 K)到终态(100 kPa,373 K)的变化,可以采用多种方式来实现,如先在恒压条件下直接将水烧开至 373 K,也可以先将水恒压升温至 298 K,再继续升温至 373 K。热力学系统状态变化的着眼点是始态和终态,过程强调的是变化时的条件,途径则是完成热力学状态改变的具体方式。

4. 热与功

热是因温度不同而在系统与环境之间传递的能量,用符号 Q 表示。为区分传热的方向,热力学中统一规定:系统从环境中吸收热量为正,$Q>0$;系统向环境中放出热量为负,$Q<0$。

系统与环境之间可以通过多种方式传递能量,除热以外,在两者之间传递的一切能量被称为功,用符号 W 表示。热力学中统一规定:环境对系统做功为正,$W>0$;系统对环境做

功为负，$W<0$。其中，当系统仅因为体积发生变化而与周围环境产生的能量变化被称为体积功（$W_{体}$）；除体积功以外，其他所有形式的功统称为非体积功（$W_{非}$），如本书第 3 章将讲到的原电池中的电功、第 4 章将讲到的液体克服表面张力而与环境传递能量做的表面功等都属于非体积功。

系统与环境之间传递能量，必然伴随着系统状态发生变化，当系统处在一个热力学平衡状态时，即宏观上系统的所有性质（如温度、压强、组成等）均不随时间而变化时，系统无功和热可言。因此，功和热不是系统的能量，即不是状态函数，其数值总是与系统变化的具体途径紧密联系。

5. 化学计量数与反应进度

对于一般反应来说，有

$$0 = \nu_B \sum n_B \tag{1.2}$$

式中，B 表示反应中物质的化学式；ν_B 为物质 B 的化学计量数，是量纲为 1 的量，对反应物取负值，对生产物取正值。

对应同一个化学反应，化学计量数与化学反应方程式的写法有关。例如，氢气与氧气反应生成水应写成

$$2H_2 + O_2 = 2H_2O$$

此时，$\nu(H_2) = -2$，$\nu(O_2) = -1$，$\nu(H_2O) = 2$。

若写成

$$H_2 + \frac{1}{2}O_2 = H_2O$$

则 $\nu(H_2) = -1$，$\nu(O_2) = -\frac{1}{2}$，$\nu(H_2O) = 1$。

化学计量数只表示当按计量反应式反应时各物质转化的比例数，并不是反应过程中各相应物质实际所转化的量。为了描述化学反应进行的程度，需要引进反应进度的概念。

反应进度 ξ 的定义为

$$\xi = \frac{\Delta n_B}{\nu_B} \tag{1.3}$$

根据定义，反应进度只与化学反应方程式有关，而与选择反应系统中何种物质来表示无关。反应进度的单位为 mol。

例如，生成水反应，对于反应式

$$2H_2 + O_2 = 2H_2O$$

当反应进行到某时刻，刚好消耗了 2.0 mol 的 $H_2(g)$ 和 1 mol 的 $O_2(g)$，同时生成了 2.0 mol $H_2O(l)$，则反应进度

$$\xi = \frac{\Delta n_{H_2}}{\nu_{H_2}} = \frac{-2}{-2} = 1 \text{ 或 } \xi = \frac{\Delta n_{O_2}}{\nu_{O_2}} = \frac{-1}{-1} = 1 \text{ 或 } \xi = \frac{\Delta n_{H_2O}}{\nu_{H_2O}} = \frac{2}{2} = 1$$

可见，不管用反应系统中何种物质来表示，该反应进度均为 1.0 mol。但若将反应式写成

$$H_2 + \frac{1}{2}O_2 = H_2O$$

对于上述物质量的变化，则可求得 ξ = 2.0 mol。所以，当涉及反应进度时，必须指明化学反应方程式。当按所给反应式的化学计量数进行了一个单位的化学反应时，反应进度 ξ 就等于 1 mol，即进行了 1 mol 化学反应，或称摩尔反应。

1.1.2　能量守恒定律

1. 热力学能

热力学将系统内一切能量的总和称为系统的热力学能，也称内能，用符号 U 表示，单位为 kJ。热力学能包括系统内各物质分子的动能、分子间的势能、转动动能、振动能、分子间势能、原子间键能、电子运动能、核内基本粒子间核能等。系统处于一定的状态，系统内部能量的总和，即热力学能就有一定的数值，所以热力学能是系统自身的性质，是状态函数。

由于系统内部粒子运动及粒子间相互作用的复杂性，因此无法确定系统处于某一状态下热力学能的绝对值。但当系统的状态发生变化时，只要过程的始态和终态确定，就可通过适当的方法测定或计算出系统热力学能的改变量 ΔU。

2. 热力学第一定律

人们经过长期的实践总结出：在宇宙（孤立系统）中，能量有各种不同的形式，它能从一种形式转化为另一种形式，在转化过程中，能量的总值不变，即能量既不能凭空产生，也不能无故消失，这就是能量守恒定律。能量守恒定律用于热力学系统中称为热力学第一定律，用来描述系统的热力学状态发生变化时，系统的热力学能与过程的热和功之间的定量关系。

对于一个封闭系统，系统始态热力学能为 U_1，如果系统从环境中吸收热量 Q，同时又从环境中得到功 W，此时系统热力学能为 U_2，根据能量守恒定律可得

$$U_1 + Q + W = U_2$$
$$\Delta U = U_2 - U_1 = Q + W \tag{1.4}$$

这就是封闭系统的热力学第一定律的数学表达式。

当系统从同一始态变化至同一终态时，实现变化的不同具体途径中，Q 和 W 可有不相同的数值，但 ΔU 却是相同的。

1.2　反　应　热

在生产实践和科学研究中，时常遇到等容或等压过程。那么，在这两个过程中，等容反应热和等压反应热有何不同？下面从热力学第一定律来分析其特点。

1.2.1　等容热效应

当系统发生一个微小的变化时，在等容、不做非体积功的条件下，$dV = 0$，$W' = 0$，所以 $W = -\sum p_{外} dV + W' = 0$。根据热力学第一定律可得

$$Q_v = \Delta U$$

此结果表明，等容且不做非体积功的过程是无功过程，系统所吸收或放出的热量全部用来改变系统的热力学能，等容热效应在数值上等于系统热力学能的改变量。

1.2.2 等压热效应与焓

在等压、不做非体积功的条件下，由于 $p=p_{始}=p_{终}=p_{外}$，$W'=0$，所以

$$Q_p = \Delta U + p_e \Delta V = (U_2 - U_1) + p_e(V_2 - V_1)$$
$$= (U_2 + p_2 V_2) - (U_1 + p_1 V_1)$$

令

$$H = U + pV$$

则有

$$Q_p = H_2 - H_1 = \Delta H$$

式 $H=U+pV$ 是热力学函数焓 H 的定义式，H 是状态函数 U、p、V 的组合，所以焓 H 也是状态函数。显然，H 的单位为 $J \cdot mol^{-1}$ 或 $kJ \cdot mol^{-1}$。该式表明，等压且不做非体积功的过程，系统吸收或放出的热量全部用来改变系统的焓。等压反应热在数值上等于系统的焓变：$\Delta H<0$，表示系统放热；$\Delta H>0$，则为系统吸热。

$Q_V = \Delta U$ 和 $Q_p = \Delta H$ 表明，若将反应过程的条件限制为等容或等压且不做非体积功，则不同途径的反应热与热力学能或焓的变化在数值上相等，且只取决于始态和终态。这说明，特定条件下的热效应通过与状态函数的变化联系起来，由状态函数法可以计算。

1.2.3 热化学方程式

热化学方程式是表示化学反应与热效应关系的方程式。需要注意的是，写热化学反应方程式要注明反应热，还必须注明物态、温度、压力、组成等条件。若没有特别注明，所说的反应热均指等温、等压反应热 Q_p。习惯上，对不注明温度和压力的反应，皆指在 $T=298.15\ K$，$p=100\ kPa$ 的条件下进行。

1.2.4 反应热的计算

等温等压和等温等容反应系统对应的始、终态如图 1.1 所示。

如果反应系统中只有液体和固体参与，则 ΔV 的值很小，因此 $p\Delta V$ 与反应热相比可以忽略不计，此时 $\Delta H \approx \Delta U$。如果反应中有气体参与或生成，在反应过程中，始态（反应物）和终态（生成物）的 T 和 p 相同，假定将反应系统中的所有气体都看作理想气体，则将理想气体方程式代入可得

$$Q_p = Q_V + \Delta nRT \tag{1.5}$$

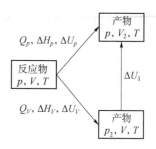

图 1.1 系统对应的始、终态

式中，Δn 为生成物中气体的总物质的量与反应物中气体总物质的量之差。

上述讨论表明，对于同一个化学反应来说，在等温等压或等温等容条件下进行，反应热的差别取决于反应系统的性质。若无气体参与，则两者近似相等；若有气体参与，则与反应前后气体总的物质的量的变化值有关。

在热力学第一定律建立之前，俄国科学家盖斯（Hess）在总结大量实验结果的基础上

提出:"一个化学反应不论是一步完成还是分成几步完成,其热效应总是相同的。"这一结论后来称为盖斯定律。可以看出,盖斯定律体现了"热力学能和焓是系统状态函数"的结论,这是热力学理论在化学反应中具体应用的必然结果,其最大作用是利用已精确测定的反应热数据来求算难以测定的反应热。

1.2.5 反应的标准摩尔焓变

1. 热力学标准状态

为避免同一物质的某热力学状态函数在不同反应系统中数值不同,热力学中规定了一个公共的参考状态——标准状态,简称标准态。热力学规定:气体物质的标准状态指在分压为 100 kPa($p^{\ominus}$)、具有理想气体行为的纯气体,是一个假想态;固体和液体的标准状态分别为 $p^{\ominus}$ 下的纯固体和纯液体;溶液中的溶质 A,其标准状态为 $p^{\ominus}$ 下质量摩尔浓度 m_A = 1 mol·kg^{-1},溶液中通常近似为 c_A = 1 mol·dm^{-3}。式中的上标 $\ominus$ 表示标准状态。应当注意,对标准状态的温度并无限定,但一般选 T = 298.15 K 为参考温度。

2. 标准摩尔生成焓

化学热力学规定,某反应温度下,由处于标准状态、最稳定的指定单质生成标准状态下 1 mol 某纯物质的恒压热效应,称为此温度下该物质的标准摩尔生成焓,简称标准生成焓,以符号 ΔH 表示,单位为 kJ·mol^{-1}。处于标准状态、指定的最稳定单质在任意温度时的标准生成焓都为零。定义中的"指定单质"通常为选定温度 T 和标准压力 $p^{\ominus}$ 时的最稳定单质。例如,氢 $H_2(g)$,氮 $N_2(g)$ 等。

标准摩尔生成焓的符号为 $\Delta_f H_m^{\ominus}$,其中 ΔH_m 表示恒压下的摩尔反应热,f 是 formation 的字头,即生成。标准生成焓提出了相对焓值的概念,原则上,纯物质的标准生成焓数据可以在任意指定温度下获得,但目前大多数的文献数据都是在 298.15 K 下得到的。本书中未加特殊说明时,均指 298.15 K 时的测定结果。

3. 反应的标准摩尔焓变

在标准状态时,化学反应的摩尔焓变称为反应的标准摩尔焓变,以 $\Delta_r H_m^{\ominus}$ 表示。下角标 r 表示反应;下角标 m 表示按指定化学反应方程式进行反应,即反应进度 ξ = 1 mol。根据状态函数的特征和标准摩尔生成焓的定义,对于一般化学反应,可得

$$\Delta_r H_m^{\ominus}(298.15 \text{ K}) = \sum_B \nu_B \Delta_f H_{m,B}^{\ominus}(298.15 \text{ K}) \tag{1.6}$$

式(1.6)表明,一定温度下反应的标准摩尔焓变等于同温度下各参加反应物质的标准摩尔生成焓与其化学计量数乘积的总和。式中,B 为参加反应的任何物质;ν_B 为 B 的化学计量数。

例 1.1 浓度 $c(C_2O_4^{2-})$ = 0.16 mol·dm^{-3} 的酸性草酸盐溶液 25 cm^3 与过量的 KMnO$_4$ 溶液反应时,由实验测量得 $\Delta_r H$ = 1.2 kJ。化学反应的计量方程为

$$C_2O_4^{2-} + \frac{2}{5}MnO_4^- + \frac{16}{5}H^+ = 2CO_2(g) + \frac{2}{5}Mn^{2+} + \frac{8}{5}H_2O$$

求此反应的 $\Delta_r H_m$。

解 反应的 $\Delta n(C_2O_4^{2-})$ = -25×10^{-6} m^3 × 0.16 × 10^3 mol·m^{-3} = -4.0×10^{-3} mol

$$\nu(C_2O_4^{2-}) = -1$$

$$\Delta\xi = \Delta n(\text{C}_2\text{O}_4^{2-})/\nu(\text{C}_2\text{O}_4^{2-}) = -4.0\times 10^{-3}\ \text{mol}/(-1)$$
$$= 4.0\times 10^{-3}\ \text{mol}$$
$$\Delta_r H_m = \frac{\Delta_r H}{\Delta \varepsilon} = \frac{-1.2\ \text{kJ}}{4.0\times 10^{-3}\ \text{mol}} = -3.0\times 10^2\ \text{kJ}\cdot\text{mol}^{-1}$$

例 1.2 查出物质标准摩尔生成焓的数据，计算乙炔完全燃烧时的反应标准摩尔焓变。

解 先写出 1 mol 乙炔完全燃烧的化学计量方程，再从本书附录 3 中查出有关各物质的 $\Delta_f H_m^{\ominus}$（298.15 K），将它们分别整齐地列在各物质的化学式下面：

$$\text{C}_2\text{H}_2(\text{g}) + \frac{5}{2}\text{O}_2(\text{g}) = 2\ \text{CO}_2(\text{g}) + \text{H}_2\text{O}(\text{l})$$

$\Delta_f H_m^{\ominus}$(298.15 K)/(kJ·mol^{-1})　　　227.4　　　0　　　−393.5　　−285.8

$\Delta_r H_m^{\ominus}$(298.15 K) = −1×227.4 kJ·mol^{-1} + 2×(−393.5 kJ·mol^{-1}) + 1×(−285.8 kJ·mol^{-1}) = −1 300.2 kJ·mol^{-1}

若系统的温度不是 298.15 K，反应的标准摩尔焓变会有些改变。如果温度变化范围不大，可认为反应的标准摩尔焓变基本不随温度而变，即

$$\Delta_r H_m^{\ominus}(T) \approx \Delta_r H_m^{\ominus}(298.15\ \text{K})$$

1.3　化学反应的方向

1.3.1　自发过程的特点

在一定环境条件下，系统能向着一定方向自动进行的反应（或过程）叫作自发反应（或自发过程）。在自然界，一切自动发生的过程都必然有确定的方向和限度，如热总是自发地由高温物体传向低温物体，水总是自发地由高处流向低处，高压气体向低压气体的扩散过程等。这些自发过程都体现了从一个状态到另一个状态自发变化的方向。反应能否自发进行与给定的条件有关。各种不同过程可能有不同的状态函数（如上述水位高低对应的势能和物体的温度）作为判据，这是事物的个性，那么其共性是什么呢？这些都是我们关心的基本化学原理问题。

目前，人类经验尚未发现任何自发过程可以自动恢复原状，要使其逆过程发生，必须对系统做非体积功。例如，使用水泵将水由低水位处转移到高水位处，水泵工作需要耗电；使用制冷机将热由温度较低的冷藏箱传递到温度较高的空气中，同样需要消耗电能。因此，一切自发过程的逆过程都是非自发的，系统恢复到原来状态时，在环境中引起了其他变化，自发过程不能成为热力学可逆过程。

1.3.2　焓变与自发过程

热力学第一定律解决了能量衡算问题，但是无法说明化学反应进行的方向。一百多年之前，有些化学家发现许多自发过程都是放热的，他们因此曾试图将反应的热效应作为反应能否自发进行的判断依据，并认为放热越多，反应越易自发进行。例如，下列自发反应都是放热的：

$$\text{C(s)} + \text{O}_2(\text{g}) = \text{CO}_2(\text{g});\ \Delta_r H_m^{\ominus} < 0$$
$$\text{Zn(s)} + 2\text{H}^+(\text{aq}) = \text{Zn}^{2+}(\text{aq}) + \text{H}_2(\text{g});\ \Delta_r H_m^{\ominus} < 0$$

但有些反应或过程却是向吸热方向进行的。例如，硝酸铵溶于水形成溶液是吸热反应：

$$NH_4NO_3(s) + H_2O(l) \Longrightarrow NH_3 \cdot H_2O(l) + HNO_3(l); \quad \Delta_r H_m^\ominus > 0$$

上式括号中的 s 表示固体，l 表示液体，g 表示气体，aq 表示水溶液。

以上过程表明，在给定条件下，要判断一个反应能否自发进行，除了考虑焓变这一因素外，还有其他重要因素。过程的方向和限度问题由热力学第二定律来解决。

1.3.3 熵变与自发过程

从分子运动的角度看，分子是能量的载体，能量越分散，分子运动越混乱。自发过程总使系统自身的能量（如势能和内能）趋于降低至最低值的趋势。还有一类自发过程，如在房间中有一瓶氨气，若瓶口是敞开的，氨气就会自发地扩散到整个房间中，与空气混合，整个房间不久后将充满氨气的味道；再如往一杯水中倒入几滴红墨水，红墨水就会自发地逐渐扩散到整杯水中。当然，这两个过程都不能自发地逆向进行。这表明在上述两种情况下，过程都自发地向着混乱度增加的方向进行，或者说系统中有序的运动易变成无序的运动。

混乱度与处于一定宏观状态下的系统可能出现的微观状态数有关，若用 Ω 表示微观状态数，则可用状态函数熵 S 来表达：

$$S = k \ln \Omega \tag{1.7}$$

式中，Ω 是与一定宏观状态对应的微观状态总数（或称混乱度）；k 为玻耳兹曼常数。系统的微观状态数越多，熵就越大。因为 Ω 是状态函数，所以 S 也是状态函数。

一切自发过程的不可逆性均可归结为能量（尤其是热与功）间转换的不可逆性，自发过程的方向性也都可用热与功转换过程的方向性来表达。在总结大量实践经验的基础上，人们提出了热力学第二定律：在隔离系统中发生的自发反应必然伴随着熵的增加，或隔离系统的熵总是趋向极大值，称为熵增加原理。在隔离系统中，由比较有序的状态向无序的状态变化，是自发变化的方向；熵趋向极大值的状态体现变化的限度。熵增加原理是自发过程的热力学准则，可用下式表示：

$$\Delta S_{\text{隔离}} \geq 0; \text{自发过程} \tag{1.8}$$

热力学第三定律认为，当温度到达绝对零度（0 K）时，任何完整晶体中原子或分子只有一种排列形式，即只有一种微观状态，此时熵值为零。热力学第三定律描述的是一种理想状态，但理论上，从熵值为零的状态出发，使 1 mol 纯物质变化到标准压力和某温度 T，通过变化过程中的相关热力学数据，可求出系统变化过程的熵变，以 $S^\ominus$ 表示。与标准摩尔生成焓相似，对于水合离子，因溶液中同时存在正、负离子，规定处于标准状态下水合 H^+ 的标准摩尔熵值为零，通常温度选定为 298.15 K，即 $S^\ominus(H^+, aq, 298.15\ K) = 0\ J \cdot mol^{-1} \cdot K^{-1}$，从而得出其他水合离子在 298.15 K 时的标准摩尔熵。

以一定量的水为例，当其处于固态时，水分子固定在晶格上可以振动，分子排列较有秩序，系统的微观状态数较少，混乱度低；当处于液态时，水分子在液体体积范围内自由地转动和移动，做无序运动，混乱度较高；而到达气态时，水分子的运动大为增强，也更为杂乱，能在更大的空间内自由扩散，系统的微观状态数显著增多，混乱度高。根据熵的意义，可以得出下面的一些规律。

（1）$S^\ominus_{\text{固体}} < S^\ominus_{\text{液体}} < S^\ominus_{\text{气体}}$。

（2）同一物质在相同的聚集状态时，其熵值随温度的升高而增大，即 $S^{\ominus}_{低温} < S^{\ominus}_{高温}$。

（3）温度和聚集状态相同时，分子或晶体结构较复杂的物质的熵大于结构较简单的物质的熵，即 $S^{\ominus}_{简单分子} < S^{\ominus}_{复杂分子}$。

（4）混合物或溶液的熵值往往比相应的纯物质的熵值大，即 $S^{\ominus}_{纯物质} < S^{\ominus}_{混合物}$。

（5）一个气体分子数增加的过程或反应总是伴随熵值的增加，即 $\Delta S > 0$。

在宏观上，克劳修斯（Clausius）推导出熵的变化 ΔS 在数值上为恒温、可逆过程中系统吸收的热量 Q 与热传递时温度的比值（热温熵），即

$$\Delta S = \frac{Q_r}{T} \tag{1.9}$$

上式表明，对于等温、等压的可逆过程，$T\Delta S = Q_r = \Delta H$，所以 $T\Delta S$ 是对应于能量的一种转化形式，可以与 ΔH 相比较。

因为熵是状态函数，所以反应（或过程）的熵变取决于始态和终态，而与变化的途径无关。与反应的标准摩尔焓变 ΔH 相似，对于一般的化学反应，反应的标准摩尔熵变 $\Delta_r S^{\ominus}_m$ 为

$$\Delta_r S^{\ominus}_m = \sum_B \nu_B S^{\ominus}_{m,B} \tag{1.10}$$

例 1.3 反应 $CaCO_3(s) \Longrightarrow CaO(s) + CO_2(g)$ 在 298.15 K 的 $\Delta_r H^{\ominus}_m$ 和 $\Delta_r S^{\ominus}_m$ 分别是多少？

解 从附录中查出有关各物质的 $\Delta_f H^{\ominus}_m(298.15\ K)$ 和 $S^{\ominus}_m$，将它们分别整齐地列在各物质的化学式下面：

	$CaCO_3(s)$	$CaO(s)$	$CO_2(g)$
$\Delta_f H^{\ominus}_m(298.15\ K)/(kJ \cdot mol^{-1})$	-1 206.92	-635.09	-393.509
$S^{\ominus}_m(298.15\ K)/(J \cdot mol^{-1} \cdot K^{-1})$	92.9	39.75	213.74

$$\Delta_r H^{\ominus}_m(298.15\ K) = \sum_B \nu_B \Delta_f H^{\ominus}_{m,B}(298.15\ K)$$
$$= [(-635.09) + (-393.509) - (-1\ 206.92)]\ kJ \cdot mol^{-1}$$
$$= 178.32\ kJ \cdot mol^{-1}$$

$$\Delta_r S^{\ominus}_m(298.15\ K) = \sum_B \nu_B S^{\ominus}_{m,B}$$
$$= [(39.75 + 213.74) - 92.9]\ J \cdot mol^{-1} \cdot K^{-1}$$
$$= 160.59\ J \cdot mol^{-1} \cdot K^{-1}$$

虽然物质的标准摩尔熵随温度的升高而增大，但只要温度升高时没有引起物质聚集状态的改变，$\Delta_r S^{\ominus}_m$ 随温度升高变化就不大。与 $\Delta_r H^{\ominus}_m$ 相似，如果温度变化范围不大，可认为反应的标准摩尔熵变基本不随温度而变，即

$$\Delta_r S^{\ominus}_m(T) \approx \Delta_r S^{\ominus}_m(298.15\ K) \tag{1.11}$$

在实际应用中需要注意，熵增原理只能用于判断孤立系统中过程的方向和限度，通常将封闭系统与环境合在一起作为一个孤立系统，判断整个孤立系统中过程是否自发。但是在实际生产和科学研究中，研究对象能够以孤立系统或近似作为孤立系统来考虑的情况非常少，直接用熵增原理来判断过程进行方向和限度有很大的局限性。那么能否将 ΔH 和 ΔS 两个因素综合考虑，形成统一的自发性判据呢？

1.3.4 吉布斯函数变与化学反应的方向

1875 年，美国物理化学家吉布斯（J. W. Gibbs）首先提出把焓和熵归并在一起的热力学函数——吉布斯函数（或称为吉布斯自由能），其定义为

$$G = H - TS$$

吉布斯函数 G 是状态函数 H 和 T、S 的组合，当然也是状态函数。

对于等温化学反应，则有

$$\Delta_r G_m^{\ominus} = \Delta_r H_m^{\ominus} - T \Delta_r S_m^{\ominus} \tag{1.12}$$

ΔG 表示过程的吉布斯函数的变化，简称吉布斯函数变。

若某化学反应在等温等压条件下进行，反应过程做非体积功 $W_{非}$，热力学第一定律表达式为

$$\Delta U = Q + W_{体} + W_{非}$$

将其代入封闭系统下的克劳修斯不等式，得到自发进行的化学反应需满足的条件为

$$T \Delta S - \Delta U + W_{体} \geqslant -W_{非}$$

在等温、等压条件下 $W_{体} = -p \Delta V$，$\Delta U + p \Delta V = \Delta H$，代入上式可得

$$-[(H_2 - T_2 S_2) - (H_1 - T_1 S_1)] \geqslant -W_{非}$$

或

$$-[\Delta H - T \Delta S] \geqslant -W_{非}$$

上式表明：在等温、等压条件下，一个封闭系统所能做的最大非体积功等于其吉布斯函数的减少，即

$$\Delta G = W_{非}$$

若封闭系统中的化学反应在等温、等压且不做非体积功的条件下进行时，化学反应进行方向和限度（称为最小自由能原理）为：

（1）$\Delta G < 0$，反应自发地正向进行；
（2）$\Delta G = 0$，反应处于化学平衡状态；
（3）$\Delta G > 0$，反应非自发地逆向进行。

对于在等温、等压且不做非体积功条件下进行的化学反应，只需要确定反应吉布斯自由能变 ΔG，就能判断该反应进行的方向及方式。ΔG 作为反应（或过程）自发性的统一判断依据，实际上包含着焓变（ΔH）和熵变（ΔS）这两个因素。由于 ΔH 和 ΔS 均既可为正值，又可为负值，此时温度对反应的自发性有决定性影响，存在一个自发进行的最低或最高温度，称为转变温度 T_c（此时 $\Delta G = 0$），即

$$T_c = \frac{\Delta H}{\Delta S} \tag{1.13}$$

这说明转变温度是化学反应的本性。

热力学规定，在某反应温度下，由处于标准状态、指定的最稳定单质生成标准状态下 1 mol 某纯物质的吉布斯自由能改变量，称为此温度下该物质的标准摩尔生成吉布斯自由能变，简称标准生成吉布斯自由能，用 $\Delta_f G_m^{\ominus}$ 表示，其单位是 $kJ \cdot mol^{-1}$。任何指定单质的标准摩尔生成吉布斯函数为零。对于水合离子，规定水合 H^+ 的标准摩尔生成吉布斯函数为零。

在 298.15 K 条件下，一些物质的 $\Delta_f G_m^{\ominus}$ 数据已列于本书附录 3 中。类似于反应焓变的计

算，利用反应物和生成物的 $\Delta_f G_m^{\ominus}$ 数据，可以很方便地计算出反应的标准摩尔反应吉布斯自由能变 $\Delta_r G_m^{\ominus}$，即

$$\Delta_r G_m^{\ominus}(298.15\ \text{K}) = \sum_B \nu_B \Delta_f G_{m,B}^{\ominus}(298.15\ \text{K})$$

例1.4 试根据反应的标准摩尔生成吉布斯自由能变 $\Delta_f G_m^{\ominus}$（298.15 K）的数据，判断下列反应在标准状态298.15 K下能否自发进行。

解 从本书附录3中查出各物质的 $\Delta_f G_m^{\ominus}$(298.15 K)：

$$2HCl(g) + Br_2(l) =\!=\!= 2HBr(g) + Cl_2(g)$$

$\Delta_f G_m^{\ominus}(298.15\ \text{K})/(\text{kJ}\cdot\text{mol}^{-1})$　　　-95.3　　　0　　　-53.4　　　0

$$\Delta_r G_m^{\ominus}(298.15\ \text{K}) = \sum_B \nu_B \Delta_f G_{m,B}^{\ominus}(298.15\ \text{K})$$
$$= [2\times(-53.4\ \text{kJ}\cdot\text{mol}^{-1}) + 0] - [2\times(-95.3\ \text{kJ}\cdot\text{mol}^{-1}) + 0]$$
$$= 83.8\ \text{kJ}\cdot\text{mol}^{-1}$$

由于 $\Delta_r G_m^{\ominus}(298.15\ \text{K}) > 0$，可判定在298.15 K、热力学标准状态下，此反应不能自发进行。

之前介绍过，一个化学反应的焓变和熵变可视为基本不随温度而变，而 $\Delta G = \Delta H - T\Delta S$，所以吉布斯函数变近似为温度的函数。如果已知某化学反应的 $\Delta_r H_m^{\ominus}$(298.15 K) 和 $\Delta_r S_m^{\ominus}$(298.15 K)，那么可求该反应在任意温度下的 $\Delta_r G_m^{\ominus}$：

$$\Delta_r G_m^{\ominus} \approx \Delta_r H_m^{\ominus}(298.15\ \text{K}) - T\Delta_r S_m^{\ominus}(298.15\ \text{K})$$

例1.5 计算反应 $CaCO_3(s) =\!=\!= CaO(s) + CO_2(g)$ 在1 173 K时的 $\Delta_r G_m^{\ominus}(T)$ 和 $\Delta_r G_m^{\ominus}$(298.15 K)。

解 由例1.3计算得出：

$$\Delta_r H_m^{\ominus}(298.15\ \text{K}) = 178.3\ \text{kJ}\cdot\text{mol}^{-1}$$
$$\Delta_r S_m^{\ominus}(298.15\ \text{K}) = 160.59\ \text{J}\cdot\text{mol}^{-1}\cdot\text{K}^{-1}$$

可得

$$\Delta_r G_m^{\ominus} \approx \Delta_r H_m^{\ominus}(298.15\ \text{K}) - T\Delta_r S_m^{\ominus}(298.15\ \text{K})$$
$$\Delta_r G_m^{\ominus}(1\ 173\ \text{K}) = 178.3\ \text{kJ}\cdot\text{mol}^{-1} - 1\ 173\ \text{K}\times 160.59\ \text{J}\cdot\text{mol}^{-1}\cdot\text{K}^{-1}$$
$$= -10.1\ \text{kJ}\cdot\text{mol}^{-1} < 0$$

对于 $\Delta_r G_m^{\ominus}$(298.15 K)，可经过下式计算：

$$\Delta_r G_m^{\ominus}(298.15\ \text{K}) = \sum_B \nu_B \Delta_f G_{m,B}^{\ominus}(298.15\ \text{K})$$

也可以通过等温方程式计算：

$$\Delta_r G_m^{\ominus} = \Delta_r H_m^{\ominus} - T\Delta_r S_m^{\ominus}$$
$$= 178.3\ \text{kJ}\cdot\text{mol}^{-1} - 298.15\ \text{K}\times 160.59\ \text{J}\cdot\text{mol}^{-1}\cdot\text{K}^{-1}$$
$$= 130.4\ \text{kJ}\cdot\text{mol}^{-1} > 0$$

由上述计算结果可以判定，$CaCO_3$ 的分解反应在标准状态、298.15 K时并不是自发的，$CaCO_3$ 不能自发地分解为 CaO 和 CO_2；而在1 173 K（900 ℃）时，$CaCO_3$ 可以自发地分解为 CaO 和 CO_2。

对于转变温度 T_c，有

$$T_c = \frac{\Delta_r H_m^\ominus(298.15\ \text{K})}{\Delta_r S_m^\ominus(298.15\ \text{K})}$$

给定条件下化学反应的吉布斯函数变为 $\Delta_r G_m$，相同温度的标准状态时，化学反应的吉布斯函数变为 $\Delta_r G_m^\ominus$。对应给定条件，判断自发与否的依据是 $\Delta_r G_m$（不是 $\Delta_r G_m^\ominus$）会随着系统中反应物和产物的分压或浓度的改变而改变。$\Delta_r G_m$ 与 $\Delta_r G_m^\ominus$ 之间的关系可由化学热力学理论推导得出，称为化学反应的等温方程。

对于理想气体化学反应，等温方程式可表示为

$$\Delta_r G_m(T) = \Delta_r G_m^\ominus(T) + RT\ln Q$$

式中，Q 为反应商，$Q = \prod_B (p_B/p^\ominus)^{\nu_B}$，为产物与反应物的 $(p_B/p^\ominus)^{\nu_B}$ 的连乘之比，$p_B/p^\ominus$ 为相对分压。

但在一般情况下，需要先根据等温方程求出指定态的 $\Delta_r G_m(T)$，然后才能判断该条件下反应的自发性。也就是说，用于判断方向的 $\Delta_r G_m$ 必须与反应条件相对应。

对于水溶液中的离子反应，或有水合离子（或分子）参与的多相反应，由于此类物质变化的不是气体的分压，而是相应的水合离子（或分子）的浓度，根据化学热力学的推导，此时各物质的相对分压 $(p_B/p^\ominus)$ 将换为各相应物质的水合离子的相对浓度 $(c_B/c^\ominus)$，$c^\ominus$ 为标准浓度，$c^\ominus = 1\ \text{mol·dm}^{-3}$。若有参与反应的固态或液态的纯物质，则不必列入反应商中。所以，对于一般化学反应方程式：

$$aA(l) + bB(aq) \Longrightarrow gG(s) + dD(g)$$

等温方程式可表示为

$$\Delta_r G_m(T) = \Delta_r G_m^\ominus(T) + RT\ln\frac{(p_B/p^\ominus)^d}{(c_B/c^\ominus)^b}$$

$\Delta_r G_m$ 与 $\Delta_r G_m^\ominus$ 的应用很广，除可用来估计、判断任意反应的自发性，估算反应自发进行的温度条件外，后面还将介绍 $\Delta_r G_m$ 或 $\Delta_r G_m^\ominus$ 的一些其他应用，如计算标准平衡常数 $K^\ominus$，计算原电池的最大电功和电动势等。

1.4　化学反应的速率

研究化学反应的基本原理时，除了研究反应过程中能量的变化、反应进行的限度，还需要考虑到达这一限度所需要的时间，即化学反应速率问题。影响反应速率的因素主要有三个：一是反应物的本性；二是反应物的浓度和系统的温度、压力、催化剂等；三是光、电、磁等外场。将氢气和氧气放在同一容器中，无论过多久也看不到生成水的迹象；而 NO 和 O_2 反应却极快，在短时间内就能达到平衡。那么，化学反应速率的大小如何确定，其影响因素又有哪些呢？通过化学动力学的研究，可以知道如何控制反应条件、提高主反应速率、抑制或减慢副反应速率，从而减少消耗、提高产品的质量和产量。

1.4.1　化学反应的速率与速率方程

1. 化学反应的速率

对于化学反应，$0 = \sum_B \nu_B B$，定义反应速率为

$$\nu = \frac{1}{\nu_B}\frac{d\varepsilon}{dt}$$

即反应速率为单位时间、单位体积内发生的反应进度，其单位为 mol·dm^{-3}·s^{-1}。一般来说，对于等容反应，上式可写成

$$\nu = \frac{1}{\nu_B}\frac{dc_B}{dt}$$

选择任意反应物或产物来表达反应速率，都可得到相同的数值。但是需要注意，反应速率与反应进度一样，必须对应于化学反应方程式。

2. 速率方程

化学反应可以分为基元反应（元反应）和非基元反应（复合反应）。

对于恒温条件下反应物经过一步就转化为生成物的基元反应来说，反应速率与反应物浓度以方程式计量系数为幂次的乘积成正比，即对于一般的基元反应：

$$aA + bB \longrightarrow xX$$

反应的速率方程为

$$\nu = -\frac{1}{a}\frac{dc_A}{dt} = -\frac{1}{b}\frac{dc_B}{dt} = \frac{1}{x}\frac{dc_X}{dt} = k(c_A)^a(c_B)^b$$

上述对基元反应可直接写出其反应速率方程的规律称为质量作用定律，速率方程中的比例系数 k 称为该反应的速率常数。在同一温度、催化剂等条件下，k 是不随反应物浓度而改变的定值。速率常数 k 的物理意义是各反应物浓度均为单位浓度时的反应速率。显然，k 的单位因 $(a+b)$ 值的不同而异。速率方程中各反应物浓度项指数之和 $n(n=a+b)$ 称为反应级数。

实际上，多数化学反应历程比较复杂，反应物分子需要经过几步才能转化为生成物，这一类反应称为复杂反应（或总反应），那么其速率方程应如何确定呢？

对于下列反应：

$$2NO + 2H_2 \longrightarrow N_2 + 2H_2O$$

根据实验结果得出速率方程为

$$\nu = kc_{NO}^2 c_{H_2}$$

上式中，反应不遵从质量作用定律的一定为非基元反应，其反应机理由以下两个基元反应组成：

$$2NO + H_2 \longrightarrow N_2 + H_2O_2 (慢)$$
$$H_2 + H_2O_2 \longrightarrow 2H_2O (快)$$

对于总反应来说，决定反应速率快慢的一定是最慢的那个基元反应，该基元反应称为决速步骤，由此可得出与上述实验结果相一致的速率方程，此反应为三级反应。

例 1.6 为测定化学反应 $S_2O_8^{2-} + 3I^- \Longrightarrow 2SO_4^{2-} + I_3^-$ 的反应速率 ν 与反应物浓度 c 的关系，通过实验得到如表 1.1 的数据。

表 1.1 反应速率 ν 与反应物浓度 c 的关系

$c(S_2O_8^{2-})/(\text{mol}\cdot\text{dm}^{-3})$	$c(I^-)/(\text{mol}\cdot\text{dm}^{-3})$	$\nu/(\text{mol}\cdot\text{dm}^{-3}\cdot\text{s}^{-1})$
0.038	0.060	1.4×10^{-5}
0.076	0.060	2.8×10^{-5}
0.076	0.030	1.4×10^{-5}

求：(1) 不同反应物的反应级数各为多少？
(2) 反应的速率方程。
(3) 反应的速率常数为多少？

解 设 $v = kc(S_2O_8^{2-})^\alpha c(I^-)^\beta$，由已知条件可知

$1.4 \times 10^{-5}\ mol \cdot dm^{-3} \cdot s^{-1} = k(0.038\ mol \cdot dm^{-3})^\alpha (0.060\ mol \cdot dm^{-3})^\beta$

$2.8 \times 10^{-5}\ mol \cdot dm^{-3} \cdot s^{-1} = k(0.076\ mol \cdot dm^{-3})^\alpha (0.060\ mol \cdot dm^{-3})^\beta$

$1.4 \times 10^{-5}\ mol \cdot dm^{-3} \cdot s^{-1} = k(0.076\ mol \cdot dm^{-3})^\alpha (0.030\ mol \cdot dm^{-3})^\beta$

解此方程组，得到 $\alpha = 1$，$\beta = 1$，$k = 6.1 \times 10^{-3}$。

(1) $S_2O_8^{2-}$ 的反应级数为 2，I^- 的反应级数为 1。

(2) 反应的速率方程为 $v = 6.1 \times 10^{-3} c(S_2O_8^{2-}) c(I^-)$。

(3) 反应的速率常数为 $6.1 \times 10^{-5}\ mol \cdot dm^{-3} \cdot s^{-1}$。

1.4.2 温度对反应速率的影响

绝大多数化学反应的反应速率都随温度的升高而加快。一般来说，在反应物浓度一定的条件下，温度每升高 10 K，反应速率提高 2~3 倍。这是因为温度升高，反应系统中分子的动能随之增大，而反应的活化能随温度变化不显著，因此活化分子数增多，有效碰撞增多，速率常数 k 随温度升高而增大，而且呈指数变化。

阿仑尼乌斯（Arrhenius）在总结了大量实验事实的基础上，提出反应速率与温度的定量关系式，即阿仑尼乌斯方程：

$$k = A e^{-E_a/(RT)} \tag{1.14}$$

两边取自然对数，得

$$\ln k = -\frac{E_a}{RT} + \ln A \tag{1.15}$$

式中，A 为指前因子，与速率常数 k 有相同的量纲；E_a 为反应的活化能（通常为正值），常用单位为 $kJ \cdot mol^{-1}$；R 为摩尔气体常数；A 与 E_a 都是反应的特性常数，基本与温度无关，近似认为是常数。阿仑尼乌斯方程表明，速率常数 k 与反应温度 T 成指数关系，温度的微小变化也将导致 k 显著变化。

阿仑尼乌斯方程具有非常重要的实际应用意义。

(1) 如果将 A 与 E_a 视为常数，以实验测得的 $\ln k$ 对 $1/T$ 作图为一直线，从斜率可得活化能，通常又称表观活化能。这是从 k 求活化能 E_a 的重要方法，同时可得

$$\ln \frac{k_2}{k_1} = -\frac{E_a}{R}\left(\frac{1}{T_2} - \frac{1}{T_1}\right) = \frac{E_a}{R}\left(\frac{T_2 - T_1}{T_1 T_2}\right)$$

式中，k_1 和 k_2 分别为温度 T_1 和 T_2 时的速率常数。

(2) 比较活化能不同的化学反应，以及在不同反应温度条件下同一个化学反应的速率常数随温度的变化幅度，可知活化能较大的反应，温度对反应速率的影响较显著，升高温度能显著地加快反应速率。

1.4.3 反应的活化能和催化剂

1. 活化能的定义

为什么反应速率有快有慢呢？1918 年，路易斯（Lewis）应用气体分子动力学理论成

果，提出了化学反应速率的碰撞理论，对此进行了解释。

碰撞理论认为，反应物分子（或原子、离子）间的相互碰撞是反应进行的先决条件，反应物分子碰撞的频率越高，反应速率越大。当然，并非所有的碰撞都能引起反应，只有极少数具备足够高能量的分子间的碰撞，才能克服分子无限接近时价电子云之间强烈的静电排斥力，使分子中的原子重排，发生化学反应。具备足够高能量的分子称为活化分子，活化分子间能够发生反应的碰撞称为有效碰撞。

根据过渡态理论，当具有足够高能量的分子彼此以适当的空间取向相互靠近到一定程度时（不一定要发生碰撞），会引起分子内部结构的连续性变化，使原来以化学键结合的原子间的距离变长，而没有结合的原子间的距离变短，从而形成过渡态的构型，称为活化络合物。

过渡态的势能高于始态也高于终态，由此形成一个能垒。要使反应物变成产物，必须使反应物分子"爬上"这个能垒，否则反应不能进行。活化能的物理意义就在于需要克服这个能垒，即在化学反应中破坏旧键所需的最低能量。

活化络合物分子与反应物分子平均能量之差称为活化能。在一定温度条件下，反应物分子的平均能量是一定的，反应的活化能越大，活化分子在全体分子中所占的比例（或摩尔分数）越小，有效碰撞数就越少，反应速率越慢；相反，反应的活化能越小，活化分子数越多，反应速率就越快。

2. 加快反应速率的方法

从活化分子和活化能的观点来看，增加单位体积内活化分子总数可加快反应速率。

（1）增加浓度（或气体压力）。给定温度下，活化分子总数一定，增加浓度（或气体压力）即增加单位体积内的分子总数，从而增加活化分子总数。用这种方法来加快反应速率的效率通常并不高，而且是有限度的。

（2）升高温度。分子总数不变，升高温度能使更多分子因获得能量而成为活化分子，活化分子分数可显著增加，从而增加单位体积内活化分子总数。升高温度虽能使反应速率迅速地增加，但人们往往不希望反应在高温下进行，因为这不仅需要高温设备，耗费热、电等能量，而且反应的产物在高温下可能不稳定或者会发生一些副反应。

（3）降低活化能。常温下，一般反应物分子的能量并不大，活化分子分数通常极小。如果设法降低反应的活化能，即降低反应的能垒，虽然温度、分子总数不变，但也能使更多分子成为活化分子，活化分子分数可显著增加，从而增加单位体积内活化分子总数。通常可选用催化剂改变反应的历程，提供活化能能垒较低的反应途径。

3. 催化剂

催化剂是指能改变化学反应速率，但在反应前后其质量和化学组成均不改变的物质。

催化剂能改变反应速率是因其能与反应物生成不稳定的中间络合物，改变了原来的反应历程，为反应提供一条能垒较低的反应途径，从而降低了反应的活化能。

催化剂的主要特性如下。

（1）能改变反应途径，降低活化能，使反应速率显著增大。催化剂能同时加快正向和逆向反应的速率，缩短到达平衡的时间。同时，反应物和生成物的相对能量不发生改变，即始态和终态在催化剂加入前后保持一致，所不同的只是到达终态的具体途径，反应热也保持不变。

（2）只能加速达到平衡而不能改变平衡的状态，即同等地加速正向和逆向反应，而不能改变平衡常数。

(3) 有特殊的选择性。催化剂具有特殊的选择性，即使是同一类的反应，不同反应需要的催化剂也不同，另外，催化剂的选择性还表现在，同样的反应物选用不同的催化剂可增加工业上所需要的某个反应的速率，同时对其他的反应加以抑制，形成不同的产物。

(4) 催化剂对少量杂质特别敏感。若反应系统中含有少量的某些杂质，会严重降低甚至完全破坏催化剂的活性，称为催化剂中毒。

(5) 酶催化是一类具有高催化效率和选择性的反应。酶是胶体大小的蛋白质分子，其催化反应兼具均相和多相催化反应的特点，生物体内所有的反应都是由酶催化的。

1.4.4　链反应和光化学反应

1. 链反应

链反应（或连锁反应）是指反应的产物或副产物又可作为其他反应的原料，从而使反应反复发生。在化学中，链反应通常指光、热、辐射或引发剂作用下，反应中交替产生活性中间体（如自由原子或自由基），从而使得反应一直进行下去。它是由基元反应组合成的更加复杂的复合反应。

链反应的机理一般包括以下三个步骤。

(1) 链引发。依靠热、光、电、化学等作用在反应系统中产生第一个链载体的反应，一般为稳定分子分解为自由基的反应，如下列反应：

$$Cl_2 + M \longrightarrow 2Cl\cdot + M$$

(2) 链传递。由链载体与饱和分子作用产生新的链载体和新的饱和分子的反应，如下列反应：

$$Cl\cdot + H_2 \longrightarrow HCl + H\cdot$$
$$H\cdot + Cl_2 \longrightarrow HCl + Cl\cdot$$

(3) 链终止。链载体的消亡过程，如下列反应。式中，M 为接受链终止所释放出能量的第三体（其他分子或反应器壁等）：

$$2Cl\cdot + M\cdot \longrightarrow Cl_2 + M$$

在链传递阶段，若一个旧的链载体消失而只导致产生一个新的链载体，该反应称为直链反应；若一个旧的链载体消失而导致产生两个或两个以上的新的链载体，则该反应称为支链反应。

在链反应中，活性组分自由基不断再生，自由价保持不变，该反应称为直链反应。

2. 光化学反应

光化学反应是指物质的分子吸收了外来光子的能量后激发的化学反应。普通光与生物组织作用时，在一定条件下就可产生光化学反应。例如，视紫红质受光照后发生的漂白过程。人体皮肤中的麦角胆固醇在阳光作用下变成维生素 D_2，以及在叶绿体存在的条件下，阳光照射可使水和二氧化碳合成碳水化合物和氧气。激光作为一种能量高度集中、单色性极好的光源，它还可以引起一些普通光不能引起的光化学反应。相对于光化学反应，以前学过的反应称为热反应。两者相比，光化学反应有如下特点。

(1) 反应速率主要取决于光的强度，受温度影响小。热反应的活化能来源于分子的碰撞，而这种碰撞来源于热运动，主要在基态进行，受温度的影响较大；光化学反应的活化能来源于光活化，即分子吸收了光子后变为激发态，在此高能激发态下，反应更易于发生，反应速率主要取决于光的强度，而受温度的影响很小。

（2）光能使某些吉布斯函数增加的过程得以实现。热反应只能进行吉布斯函数减小的自发反应，而光辐射就是给系统做非体积功，所以也能使某些吉布斯函数增加的反应自发进行。

（3）光化学反应比热反应更具有选择性。利用单色光（如激光）可以激发混合系统中某特定的组分发生反应（如红外激光反应能把供给反应系统的能量集中消耗在选定要活化的化学键上，称为选键化学），从而达到根据人们的意愿设计指定的化学反应的目的。

1.5 化学反应的限度——化学平衡

1.5.1 化学平衡与平衡常数

1. 反应限度

在一定条件下，一个化学反应既可以按反应方程式从左向右进行，又可以从右向左变化，这就是化学反应的可逆性。上述反应称为可逆反应。人们将在宏观上系统中每种物质的分压力或浓度都保持不变的状态称为化学平衡状态。此时平衡系统的性质不随时间而变化。化学平衡就是给定条件下化学反应的限度，$\Delta_r G$ 是化学平衡的热力学标志或称反应限度的判据。当 $\Delta_r G < 0$ 时，反应沿着确定的方向自发进行；随着反应的不断进行，$\Delta_r G$ 越来越大；当 $\Delta_r G = 0$ 时，反应达到了极限。

2. 平衡常数

只要保持化学反应温度一直不变，到达平衡时，尽管反应物、生成物的浓度在各系统中各不相同，但各生成物的浓度以反应方程式中计量系数为指数幂的乘积与各反应物的浓度以计量数为指数幂的乘积之比是一个常数，这个常数就是平衡常数，即对于在一定温度下进行的任意可逆反应：

$$a\text{A} + b\text{B} \longrightarrow x\text{X} + y\text{Y}$$

到达平衡状态时，系统中各物质的浓度间有如下关系：

$$K_c = \frac{[\text{X}]^x [\text{Y}]^y}{[\text{A}]^a [\text{B}]^b} \tag{1.16}$$

式中，K_c 为化学反应的浓度经验平衡常数。若化学反应为气相反应，达到化学平衡时，各物质的平衡分压间也存在类似的比例关系，即在某温度下达到平衡的气相反应：

$$a\text{A}(g) + b\text{B}(g) \longrightarrow x\text{X}(g) + y\text{Y}(g)$$

则有

$$K_p = \frac{(p_\text{X}^e)^x (p_\text{Y}^e)^y}{(p_\text{A}^e)^a (p_\text{B}^e)^b} \tag{1.17}$$

式中，K_p 为化学反应的压力经验平衡常数。上述两式表示经验平衡常数 K_c 和 K_p 在 $\sum_\text{B} \nu_\text{B} \neq 0$ 时都是有量纲的量。

将上述浓度和压力转为相对浓度和相对分压，即将浓度除以标准状态浓度（$c^\ominus = 1\ \text{mol} \cdot \text{dm}^{-3}$）、分压除以标准压力（$p^\ominus = 100\ \text{kPa}$），得到的比值是标准浓度或标准压力的倍数，称为平衡时的相对浓度或相对分压，再将平衡时各物质的相对浓度或相对分压代入经

验平衡常数的表达式，得到化学反应的标准平衡常数 $K^{\ominus}$。则式（1.17）变为

$$K^{\ominus} = \prod_{B}\left(\frac{p_B^e}{p^{\ominus}}\right)^{\nu_B} \tag{1.18}$$

又因为当化学反应达到平衡时，$\Delta_r G_m = 0$，且

$$K^{\ominus} = \exp\left(\frac{-\Delta_r G_m^{\ominus}}{RT}\right) \tag{1.19}$$

或

$$-RT\ln K^{\ominus} = \Delta_r G_m^{\ominus} \tag{1.20}$$

所以根据化学反应的等温方程，针对理想气体反应系统，则有

$$\Delta_r G_m = \Delta_r G_m^{\ominus} + RT\ln \prod_{B}\left(\frac{p_B^e}{p^{\ominus}}\right)^{\nu_B}$$

$$\Delta_r G_m = -RT\ln K^{\ominus} + RT\ln \prod_{B}\left(\frac{p_B^e}{p^{\ominus}}\right)^{\nu_B} \tag{1.21}$$

针对标准平衡常数，有以下几个值得注意的方面。

（1）从定义可知，$K^{\ominus}$ 是量纲为 1 的量，其数值取决于反应的本性、温度及标准状态的选择，与压力或组成无关。$K^{\ominus}$ 值越大，说明该反应可以进行得越彻底，反应物的转化率越高。

（2）当规定了 $p^{\ominus}$、$c^{\ominus}$ 值后，对于给定反应，$K^{\ominus}$ 只是温度的函数。在 $\Delta_r G$ 和 $K^{\ominus}$ 换算时，两者温度必须一致，且应注明温度。若未注明，一般是指 $T=298.15$ K。

（3）$K^{\ominus}$ 的具体表达式可直接根据化学计量方程式（相变化可以看作特殊的化学反应）写出。化学反应方程式中若有固态、液态纯物质或稀溶液中的溶剂（如水），在 $K^{\ominus}$ 表达式中不必列出，只需考虑平衡时气体的分压和溶质的浓度，而且总是将产物的该值写在分子位置、反应物的该值写在分母位置。

（4）$K^{\ominus}$ 的数值与化学计量方程式的写法有关，因此 $K^{\ominus}$ 的数值与热力学函数的增量及反应进度一样，必须与化学反应方程式一致。

3. 多重平衡规则

如果某个反应可以表示为两个（或更多个）反应之和（差），则总反应的平衡常数等于各反应平衡常数的相乘（除），这个规则叫作多重平衡规则，则有

$$反应 3 = 反应 1 + 反应 2$$
$$K_3^{\ominus} = K_1^{\ominus} + K_2^{\ominus}$$

例 1.7 CO 和 NO 是汽车尾气排放的两种污染物，试计算 298.15 K 时，反应 $CO(g) + NO(g) \rightleftharpoons CO_2(g) + \frac{1}{2}N_2(g)$ 的标准摩尔吉布斯自由能变，并判断该反应能否自发向右进行，求出平衡常数 $K^{\ominus}$。

解 （1）查表可得

	$CO(g)$	$+NO(g)$	$\rightleftharpoons CO_2(g)$	$+\frac{1}{2}N_2(g)$
$\Delta_f G_m^{\ominus}(298.15\text{ K})/(\text{kJ}\cdot\text{mol}^{-1})$	-137.2	86.6	-394.4	0

$$\Delta_f G_m^{\ominus}(298.15\text{ K}) = (-394.4 \text{ kJ}\cdot\text{mol}^{-1}) - (-137.2 \text{ kJ}\cdot\text{mol}^{-1} + 86.6 \text{ kJ}\cdot\text{mol}^{-1})$$

$$= -344.8 \text{ kJ}\cdot\text{mol}^{-1} < 0$$

所以该反应在 298.15 K 时可以自发向右进行。

(2) $\ln K^{\ominus} = -\dfrac{-\Delta_r G_m^{\ominus}(298.15\ \text{K})}{RT}$

$= \dfrac{-(-344.8\times 10^3\ \text{J}\cdot\text{mol}^{-1})}{8.315\ \text{J}\cdot\text{mol}^{-1}\cdot\text{K}^{-1}\times 298.15\ \text{K}} = 139.1$

$K^{\ominus} = 1.69\times 10^{60}$

平衡常数的值很大，说明该反应向右进行的趋势很明显。

例 1.8 已知 298.15 K 时有以下反应。

(1) $H_2(g) + S(s) \rightleftharpoons H_2S(g)$；$K_1^{\ominus} = 10\times 10^{-3}$。

(2) $S(s) + O_2(g) \rightleftharpoons SO_2(g)$；$K_2^{\ominus} = 5\times 10^6$。

(3) $H_2(g) + SO_2(g) \rightleftharpoons H_2S(g) + O_2(g)$。求反应（3）在该温度下的 $K_3^{\ominus}$。

解 因为反应（3）= 反应（1）- 反应（2），所以

$$K_3^{\ominus} = \dfrac{K_1^{\ominus}}{K_2^{\ominus}} = \dfrac{1.0\times 10^{-3}}{5.0\times 10^6} = 2.0\times 10^{-10}$$

1.5.2 化学平衡移动

一切平衡都只是相对的和暂时的。化学平衡只有在一定的条件下才能保持；条件改变，系统的平衡就会被破坏，新的平衡会随着条件的适应而达到，这一过程称为化学平衡移动。

化学平衡移动是指在一定条件下，一个可逆反应达到平衡状态以后，如果反应条件（如温度、压强，以及参加反应的化学物质的物质的量浓度）改变了，原来的平衡就会被破坏，平衡混合物里各组分的百分含量也随着改变，从而在新的条件下达到新的平衡，这叫作化学平衡移动。在其他条件不变时，增大反应物浓度或减小生成物浓度，平衡向正反应方向移动；减小反应物浓度或增大生成物浓度，平衡向逆反应方向移动。

为什么浓度、压力、温度都统一于同一条普遍规律？这一规律的统一依据又是什么？对此，可应用化学热力学原理进行分析。

对于标准平衡常数与标准摩尔吉布斯自由能变之间相互关系的应用，还可以在判断化学反应进行方向或化学平衡的移动以及化学反应的多重平衡等方面做进一步的讨论。

根据化学反应的等温方程 $\Delta_r G_m(T) = \Delta_r G_m^{\ominus}(T) + RT\ln Q$，以及 $-RT\ln K^{\ominus} = \Delta_r G_m^{\ominus}$，可得

$$\Delta_r G_m = RT\ln \dfrac{Q}{K^{\ominus}}$$

上式表明，在某一时刻，若化学反应的反应商 $Q < K^{\ominus}$，$\Delta_r G_m < 0$，反应正向自发进行；反应商 Q 逐渐增大，趋于与 $K^{\ominus}$ 相等，达到平衡状态时 $\Delta_r G_m = 0$。若 $Q > K^{\ominus}$，$\Delta_r G_m > 0$，则反应逆向自发进行，至 $Q = K^{\ominus}$ 达到平衡。利用 Q 与 $K^{\ominus}$ 的关系，判断反应进行的方向与 $\Delta_r G_m$ 的判断方法一致，即：

(1) 当 $Q < K^{\ominus}$，则 $\Delta_r G_m < 0$，反应正向自发进行；

(2) 当 $Q = K^{\ominus}$，则 $\Delta_r G_m = 0$，平衡状态；

(3) 当 $Q > K^{\ominus}$，则 $\Delta_r G_m > 0$，反应逆向自发进行。

在定温下，$K^{\ominus}$ 是常数，而 Q 则可通过调节反应物或产物的量（即浓度或分压）加以改

变。若希望反应正向进行，就通过移去产物或增加反应物使 $Q<K^\ominus$，$\Delta_r G_m<0$，从而达到预期的目的。

例1.9 已知下列水煤气变换反应于密闭容器中进行，$CO(g)+H_2O(g) \Longleftrightarrow CO_2(g)+H_2(g)$，在 1 073 K 建立平衡时，各物质的浓度均为 $1.00\ mol\cdot dm^{-3}$，$K^\ominus=1.00$，若再加入 $3.00\ mol\cdot dm^{-3}$ 的 $H_2O(g)$，试计算说明平衡将向什么方向移动。

解 在平衡系统中再加入 $3.00\ mol\cdot dm^{-3}$ 的 $H_2O(g)$ 后，反应的浓度商为

$$Q=\frac{[c(CO_2)/C^\ominus][c(H_2)/C^\ominus]}{[c(CO)/C^\ominus][c(H_2O)/C^\ominus]}$$

$$=\frac{(1.00\ mol\cdot dm^{-3}/C^\ominus)(1.00\ mol\cdot dm^{-3}/C^\ominus)}{(1.00\ mol\cdot dm^{-3}/C^\ominus)[(1.00\ mol\cdot dm^{-3}+3.00\ mol\cdot dm^{-3})/C^\ominus]}$$

$$=0.250$$

$Q<K^\ominus$，反应正向自发进行，即平衡将向正反应方向移动，直到建立新的平衡。

另外，由 $-RT\ln K^\ominus=\Delta_r G_m^\ominus$ 和 $\Delta_r G_m^\ominus=\Delta_r H_m^\ominus-T\Delta_r S_m^\ominus$ 可得

$$\ln K^\ominus=-\frac{\Delta_r H_m^\ominus}{RT}+\frac{\Delta_r S_m^\ominus}{R}$$

设某一反应在不同温度 T_1 和 T_2 时的平衡常数分别为 $K_1^\ominus$ 和 $K_2^\ominus$，且 $\Delta_r H_m^\ominus$ 和 $\Delta_r S_m^\ominus$ 为常数，则

$$\ln\frac{K_2^\ominus}{K_1^\ominus}=-\frac{\Delta_r H_m^\ominus}{R}\left(\frac{1}{T_2}-\frac{1}{T_1}\right)=\frac{\Delta_r H_m^\ominus}{R}\left(\frac{T_2-T_1}{T_1 T_2}\right) \tag{1.22}$$

上式称为范特霍夫方程。它是表达温度对平衡常数影响的十分有用的公式。它表明了 $\Delta_r H_m^\ominus$、T 与 $K^\ominus$ 间的相互关系。对于吸热反应 $\Delta_r H_m^\ominus>0$，温度升高，平衡常数随之增大，即 $K_2^\ominus>K_1^\ominus$，此时反应商 $Q=K_1^\ominus<K_2^\ominus$，化学平衡正向移动，即向吸热方向移动；反之，对于放热反应，升高温度时 $K_2^\ominus<K_1^\ominus$，化学平衡逆向移动。

吕·查德里（Le Chatelier）原理即平衡移动原理：如果改变影响平衡的一个条件（如浓度、压强、温度），平衡就向能够减弱这种改变的方向移动。特别需要注意一点，催化剂只能缩短达到平衡所需的时间，而不能改变平衡状态。

例1.10 已知合成氨反应：

$$N_2(g)+3H_2(g) \Longleftrightarrow 2NH_3(g); \Delta_r H_m^\ominus(298.15\ K)=-92.22\ kJ\cdot mol^{-1}$$

若 298.15 K 时的 $K_1^\ominus=6.0\times10^5$，试计算 700 K 时平衡常数 $K_2^\ominus$。

解 根据范特霍夫方程可得

$$\ln\frac{K_2^\ominus}{K_1^\ominus}=\frac{\Delta_r H_m^\ominus}{R}\left(\frac{T_2-T_1}{T_1 T_2}\right)=\frac{-92.22\times10^3\ J\cdot mol^{-1}}{8.314\ J\cdot mol^{-1}\cdot K^{-1}}\left(\frac{1}{700\ K}-\frac{1}{298.15\ K}\right)=-21.4$$

则

$$K_2^\ominus/K_1^\ominus=5.1\times10^{-10}$$

$$K_2^\ominus=3.1\times10^{-4}$$

此系统从室温 25 ℃ 升高到 427 ℃，它的平衡常数下降了约 2×10^9 倍。因此可以推断，为了获得合成氨的高产出率，仅从化学热力学考虑，就需要采用尽可能低的反应温度。

未来的几种新能源

波能。波能即海洋波浪能，这是一种取之不尽，用之不竭的无污染可再生能源。据推测，地球上海洋波浪蕴藏的电能高达 90 万亿千瓦。近年来，在各国的新能源开发计划中，波能的利用已占有一席之地。尽管波能发电成本较高，还需要进一步完善，但目前的进展已表明了这种新能源潜在的商业价值。日本的一座海洋波能发电厂已运行 8 年，电厂的发电成本虽高于其他发电厂，但对于边远岛屿来说，可节省电力传输等投资费用。目前，美国、英国、印度等国家已建成几十座波能发电站，均运行良好。

可燃冰。这是一种甲烷与水结合在一起的固体化合物，它的外型与冰相似，故称可燃冰。可燃冰在低温高压下呈稳定状态，冰融化所释放的可燃气体相当于原来固体化合物体积的 100 倍。据测算，可燃冰的蕴藏量比地球上的煤、石油和天然气的总和还多。

煤层气。煤在形成过程中由于温度及压力增加，在产生变质作用的同时也释放出可燃性气体。从泥炭到褐煤，每吨煤产生 68 m³ 煤层气；从泥炭到肥煤，每吨煤产生 130 m³ 煤层气；从泥炭到无烟煤，每吨煤产生 400 m³ 煤层气。科学家估计，地球上煤层气可达 2 021 Tm³。

微生物。世界上有不少国家盛产甘蔗、甜菜、木薯等，这些农作物利用微生物发酵，可制成酒精，酒精具有燃烧完全、效率高、无污染等特点，用其稀释汽油可得到乙醇汽油，而且制作酒精的原料丰富，成本低廉。据报道，巴西已改装乙醇汽油或酒精为燃料的汽车达几十万辆，减轻了大气污染。此外，利用微生物可制取氢气，以开辟能源的新途径。

第四代核能源。当今，世界科学家已研制出利用核聚变来制造出无任何污染的新型核能源。正反物质的原子在相遇的瞬间灰飞烟灭，此时会产生高当量的冲击波以及光辐射能。这种强大的光辐射能可转化为热能，如果能够控制正反物质的核反应强度，并将其作为人类的新型能源，那将是人类能源史上的一场伟大的能源革命。

本 章 小 结

（1）重要的基本概念：系统与环境；状态与状态函数；过程与途径；热 Q 与功 W；化学计量数 ν_B 与反应进度 ξ；热力学能 U；等容反应热 Q_V；等压反应热 Q_p；焓 H；标准摩尔生成焓 $\Delta_f H_m^\ominus$；标准摩尔反应焓 $\Delta_r H_m^\ominus$；自发过程；熵 S；标准摩尔熵变 $\Delta_r S_m^\ominus$；吉布斯函数 G；体积功 $W_体$；非体积功 $W_非$；吉布斯函数变 ΔG；转变温度 T_c；标准生成吉布斯自由能 $\Delta_f G_m^\ominus$；标准摩尔反应吉布斯自由能变 $\Delta_r G_m^\ominus$；反应速率 v；反应级数；基元反应；反应速率常数；活化能；活化络合物分子；催化剂；链反应；光化学反应；化学平衡；平衡常数。

（2）对于理想状态下气体反应，理想气体状态方程为

$$pV = nRT$$

(3) 对于一般反应，有
$$0 = \nu_B \sum n_B$$

(4) 反应进度 ξ 的定义为
$$\xi = \frac{\Delta n_B}{\nu_B}$$

(5) 热力学第一定律为
$$\Delta U = U_2 - U_1 = Q + W$$

(6) 定义热力学函数，焓为
$$H = U + pV$$

对于不做非体积功的封闭系统，则有：
等压时，$Q_p = \Delta H$；
等容时，$Q_V = \Delta U$；
当气体可以看作理想状态时，有
$$Q_p = Q_V + \Delta nRT$$
$$\Delta H = \Delta U + \Delta nRT$$

(7) 对于一般化学反应，标准摩尔反应焓变为
$$\Delta_r H_m^{\ominus}(298.15\ K) = \sum_B \nu_B\, \Delta_f H_{m,B}^{\ominus}(298.15\ K)$$

(8) 标准摩尔焓变基本不随温度而变，有
$$\Delta_r H_m^{\ominus}(T) \approx \Delta_r H_m^{\ominus}(298.15\ K)$$

(9) 热力学函数熵定义为
$$S = k\ln \Omega$$

(10) 热力学第二定律：在隔离系统中发生的自发反应必然伴随着熵的增加，或隔离系统的熵总是趋向于极大值，称为熵增加原理。即
$$\Delta S_{隔离} \geq 0;\ 自发过程$$

(11) 热力学第三定律：当温度到达绝对零度（0 K）时，任何完整晶体中原子或分子只有一种排列形式，即只有一种微观状态，此时熵值为零。

(12) 恒温、可逆过程下，热温熵为
$$\Delta S = \frac{Q_r}{T}$$

(13) 反应的标准摩尔熵变为
$$\Delta_r S_m^{\ominus} = \sum_B \nu_B S_{m,B}^{\ominus}$$

(14) 反应的标准摩尔熵变基本不随温度而变，有
$$\Delta_r S_m^{\ominus}(T) \approx \Delta_r S_m^{\ominus}(298.15\ K)$$

(15) 对于等温化学反应，有
$$\Delta_r G_m = \Delta_r H_m - T\Delta_r S_m$$

(16) 最小自由能原理：
$\Delta G < 0$，反应自发地正向进行；
$\Delta G = 0$，反应处于化学平衡状态；

$\Delta G>0$，反应非自发地逆向进行。

（17）转变温度为
$$T_c = \frac{\Delta H}{\Delta S}$$

（18）标准摩尔反应吉布斯自由能变为
$$\Delta_r G_m^{\ominus}(298.15\ \text{K}) = \sum_B \nu_B \Delta_f G_{m,B}^{\ominus}(298.15\ \text{K})$$

（19）对于理想气体化学反应，等温方程式可表示为
$$\Delta_r G_m(T) = \Delta_r G_m^{\ominus}(T) + RT\ln \prod_B (p_B/p^{\ominus})^{\nu_B}$$

（20）反应速率为
$$\nu = \frac{1}{\nu_B}\frac{d\varepsilon}{dt}$$

（21）反应速率与温度的定量关系式，即阿伦尼乌斯方程为
$$k = A e^{-E_a/(RT)}$$

或
$$\ln k = -\frac{E_a}{RT} + \ln A$$

（22）若化学反应为气相反应，达到化学平衡时各物质的平衡分压间也存在类似的比例关系，为
$$K_p = \frac{(p_X^e)^x (p_Y^e)^y}{(p_A^e)^a (p_B^e)^b}$$

（23）化学反应的标准平衡常数为
$$K^{\ominus} = \prod_B \left(\frac{p_B^e}{p^{\ominus}}\right)^{\nu_B}$$

（24）当化学反应达到平衡时，$\Delta_r G_m = 0$，且
$$K^{\ominus} = \exp\left(\frac{-\Delta_r G_m^{\ominus}}{RT}\right)$$

或
$$-RT\ln K^{\ominus} = \Delta_r G_m^{\ominus}$$

（25）根据化学反应的等温方程，针对理想气体反应系统，有
$$\Delta_r G_m = -RT\ln K^{\ominus} + RT\ln \prod_B \left(\frac{p_B^e}{p^{\ominus}}\right)^{\nu_B}$$

（26）当化学平衡的条件发生了改变，平衡会遵循吕·查德里原理发生移动：
当 $Q<K^{\ominus}$，则 $\Delta_r G_m<0$，反应正向自发进行；
当 $Q=K^{\ominus}$，则 $\Delta_r G_m=0$，达到平衡状态；
当 $Q>K^{\ominus}$，则 $\Delta_r G_m>0$，反应逆向自发进行。

（27）范特霍夫方程为
$$\ln \frac{K_2^{\ominus}}{K_1^{\ominus}} = -\frac{\Delta_r H_m^{\ominus}}{R}\left(\frac{1}{T_2}-\frac{1}{T_1}\right) = \frac{\Delta_r H_m^{\ominus}}{R}\left(\frac{T_2-T_1}{T_1 T_2}\right)$$

练 习 题

一、选择题

1. 下列说法中正确的是（　　）。
   A. 系统的温度越高，其所含热量越多
   B. 氢气含大量热
   C. 蓄电池定压放电过程中，$Q_p = \Delta H$
   D. $Q+W$ 只和始终态相关，而和变化途径无关

2. 对于状态函数，下列叙述中正确的是（　　）。
   A. 只要系统处于平衡态，某一状态函数的值就已经确定
   B. 状态函数和途径函数一样，其变化值取决于具体的变化过程
   C. ΔH 和 ΔU 等都是状态函数
   D. 任意状态函数的值都可以通过实验测得

3. 封闭系统的特点是（　　）。
   A. 可以有物质传递，也可以有能量传递
   B. 可以有物质传递，没有能量传递
   C. 没有物质传递，但可以有能量传递
   D. 没有物质传递，也没有能量传递

4. 封闭系统经过一循环过程后，其（　　）。
   A. $Q=0$，$W=0$，$\Delta U=0$，$\Delta H=0$　　B. $Q\neq 0$，$W\neq 0$，$\Delta U=0$，$\Delta H=Q$
   C. $Q=-W$，$\Delta U=Q+W$，$\Delta H=0$　　D. $Q\neq W$，$\Delta U=Q+W$，$\Delta H=0$

5. 下列属于单相系统的是（　　）。
   A. 混合均匀的铁粉和硫磺粉　　　　　　B. 水和四氯化碳
   C. 水和水蒸气　　　　　　　　　　　　D. O_2、N_2、CO_2 混合气体

6. $Q_p = \Delta H$ 的适用条件是（　　）。
   A. 封闭系统，恒压过程　　　　　　　　B. 隔离系统，恒压只作非体积功的过程
   C. 隔离系统，恒压只作体积功的过程　　D. 封闭系统，恒压只作非体积功的过程

7. 某绝热封闭系统在接受了环境所做的功之后，其温度（　　）。
   A. 一定升高　　　　　　　　　　　　　B. 一定降低
   C. 一定不变　　　　　　　　　　　　　D. 随接受功的多少而定

8. 下列不是内能的特征的是（　　）。
   A. 状态函数　　　B. 无绝对数值　　　C. 广度性质　　　D. 随时变化

9. 自发进行的化学反应，其必要条件是（　　）。
   A. $\Delta S<0$　　　B. $\Delta H<0$　　　C. $\Delta H<T\Delta S$　　　D. $\Delta G>0$

10. 下列过程中属于熵增加的是（　　）。
    A. 蒸汽凝结成水　　　　　　　　　　　B. $CaCO_3(s) \Longrightarrow CaO(s)+CO_2(g)$
    C. 乙烯聚合为聚乙烯　　　　　　　　　D. 气体在固相催化剂表面吸附

11. 下列叙述中正确的是（   ）。
    A. 单质的焓等于零   B. 放热反应就是自发反应
    C. 稳定单质的标准摩尔生成焓为零   D. 活性炭的标准摩尔生成焓为零

12. 在下列反应中，进行反应进度为 1 mol 的反应时放出热量最大的是（   ）。
    A. $CH_4(l) + 2O_2(g) == CO_2(g) + 2H_2O(g)$
    B. $CH_4(g) + 2O_2(g) == CO_2(g) + 2H_2O(g)$
    C. $CH_4(g) + 2O_2(g) == CO_2(g) + 2H_2O(l)$
    D. $CH_4(g) + 3/2O_2(g) == CO(g) + 2H_2O(l)$

13. 对于某一化学反应，下列（   ）情况下该反应的反应速率越快。
    A. $\Delta_r G$ 越小   B. $\Delta_r H$ 越小   C. E_a 越小   D. $\Delta_r S$ 越小

14. 某反应在高温时能自发进行，低温时不能自发进行，则其（   ）。
    A. $\Delta H > 0$，$\Delta S < 0$ B. $\Delta H > 0$，$\Delta S > 0$
    C. $\Delta H < 0$，$\Delta S > 0$ D. $\Delta H < 0$，$\Delta S < 0$

15. 某反应的 $\Delta_r S_m^\ominus$ 为负而 $\Delta_r H_m^\ominus$ 均为正值，要使该反应自发发生，可（   ）。
    A. 升温   B. 降温
    C. 不能确定   D. 任何温度下均不能自发

16. 下列反应中（   ）是表示 $\Delta_f H_m^\ominus$ 的反应。
    A. $2Fe(s) + 3Cl_2(g) == 2FeCl_3(s)$ B. $2FeCl_2(s) + Cl_2(g) == 2FeCl_3(s)$
    C. $Fe(s) + Cl_2(g) == FeCl_3(s)$ D. $FeCl_2(s) + Cl_2(g) == FeCl_3(s)$

17. 反应热精确实验数据通常是通过测定反应或过程的（   ）物理量而获得的。
    A. ΔH B. $p\Delta V$ C. Q_p D. Q_V

18. 对于反应 $N_2(g) + 3H_2(g) == 2NH_3(g)$，反应过程中有 1 mol N_2 和 3 mol H_2 完全反应生成 2 mol NH_3，反应进度为（   ）mol。
    A. 1   B. -1 C. 3   D. 2

19. 对于反应 $N_2(g) + 3H_2(g) == 2NH_3(g)$，$\Delta_r H_m$ 和 $\Delta_r U_m$ 的关系为（   ）。
    A. $\Delta_r U_m = \Delta_r H_m - 2RT$ B. $\Delta_r H_m = \Delta_r U_m + RT$
    C. $\Delta_r U_m = \Delta_r H_m + 2RT$ D. $\Delta_r H_m = \Delta_r U_m - 2RT$

20. 在温度为 T 的标准状态下，若已知反应 A ⟶ 2B 的标准摩尔反应焓 $\Delta_r H_{m,1}^\ominus$，与反应 2A ⟶ C 的标准摩尔反应焓 $\Delta_r H_{m,2}^\ominus$，则反应 C ⟶ 4B 的标准摩尔反应焓 $\Delta_r H_{m,3}^\ominus$ 与 $\Delta_r H_{m,1}^\ominus$ 及 $\Delta_r H_{m,2}^\ominus$ 的关系为 $\Delta_r H_{m,3}^\ominus =$（   ）。
    A. $2\Delta_r H_{m,1}^\ominus - \Delta_r H_{m,2}^\ominus$ B. $\Delta_r H_{m,1}^\ominus - 2\Delta_r H_{m,2}^\ominus$
    C. $\Delta_r H_{m,1}^\ominus + \Delta_r H_{m,2}^\ominus$ D. $2\Delta_r G_{m,1}^\ominus + \Delta_r H_{m,2}^\ominus$

21. 已知反应 $H_2(g) + S(s) == H_2S(g)$ 和 $S(s) + O_2(g) == SO_2(g)$ 的平衡常数为 $K_1^\ominus$ 和 $K_2^\ominus$，则反应 $H_2(g) + SO_2(g) == H_2S(g) + O_2(g)$ 的平衡常数为（   ）。
    A. $K_1^\ominus + K_2^\ominus$ B. $K_1^\ominus - K_2^\ominus$ C. $K_1^\ominus \times K_2^\ominus$ D. $K_1^\ominus / K_2^\ominus$

22. 已知反应 $A + 1/2B == D$ 的标准平衡常数为 $K_1^\ominus$，那么反应 $2A + B == 2D$ 在同一温度下的标准平衡常数 $K_2^\ominus$ 为（   ）。

A. $K_2^{\ominus} = K_1^{\ominus}$ B. $K_2^{\ominus} = (K_1^{\ominus})^{1/2}$ C. $K_2^{\ominus} = (K_1^{\ominus})^2$ D. $K_2^{\ominus} = 1/2 K_1^{\ominus}$

23. 某温度时，反应 $H_2(g) + Br_2(g) \rightleftharpoons 2HBr(g)$ 的标准平衡常数 $K_1^{\ominus} = 4 \times 10^{-2}$，则反应 $HBr(g) \rightleftharpoons H_2(g) + Br_2(g)$ 的标准平衡常数 $K_2^{\ominus}$ 等于（   ）。

A. $\dfrac{1}{4 \times 10^{-2}}$ B. $\dfrac{1}{\sqrt{4 \times 10^{-2}}}$ C. 4×10^{-2} D. 5×10^{-3}

24. 在恒温条件下，增加压强平衡反应往气体分子数目减少的方向进行，平衡常数将（   ）。

A. 增大   B. 减小   C. 不变   D. 无法判断

25. 在相同温度下有以下三个反应：

$2H_2(g) + S_2(g) \rightleftharpoons 2H_2S(g) \quad K_{p1}$

$2Br_2(g) + 2H_2S(g) \rightleftharpoons 4HBr(g) + S_2(g) \quad K_{p2}$

$H_2(g) + Br_2(g) \rightleftharpoons HBr(g) \quad K_{p3}$

则 K_{p2} 等于（   ）。

A. $K_{p1} \times K_{p3}$ B. $(K_{p3})^2 / K_{p1}$ C. $2 \times K_{p1} \times K_{p2}$ D. K_{p2} / K_{p1}

26. 已知汽车尾气无害化反应 $NO(g) + CO(g) \rightleftharpoons \dfrac{1}{2}N_2(g) + CO_2(g)$ 的 $\Delta_r H_m^{\ominus}(298.15\ K) < 0$，要有利于取得有毒气体 NO 和 CO 的最大转化率，可采取的措施是（   ）。

A. 低温低压   B. 高温高压   C. 低温高压   D. 高温低压

27. 催化剂可以加快反应速率，最主要是因为（   ）。

A. 增加了分子总数   B. 增加了活化分子的百分数

C. 降低了反应的活化能   D. 促使平衡向吸热方向移动

28. 若反应器体积增大为原来的 2 倍，则基元反应 $2NO(g) + O_2(g) \rightleftharpoons 2NO(g)$ 的速率将（   ）。

A. 减小为原来的 1/8   B. 增大为原来的 4 倍

C. 增大为原来的 8 倍   D. 减小为原来的 1/4

29. 下列说法中正确的是（   ）。

A. 非基元反应由一系列基元步骤组成

B. 速率方程中浓度项指数一定等于其计量数

C. 活化能越大，反应速率越大

D. 放热反应的速率一定比吸热反应的速率大

30. 当一个化学反应达到平衡时，下列说法中正确的是（   ）。

A. 各物质的浓度或分压不随时间而变化

B. $\Delta_r G_m^{\ominus} = 0$

C. 正向和逆向反应的速率常数相等

D. 如果寻找到该反应的高效催化剂，可提高其平衡转化率

二、填空题

1. 物理量 Q（热量）、T（热力学温度）、V（体积）、W（功），其中属于状态函数是_____。

2. 金属钠放于水中的过程是_____热的，ΔH_____0（填<、>或=）。

3. 对于反应 $N_2(g)+3H_2(g)\Longrightarrow 2NH_3(g)$，$\Delta_r H_m^\ominus(298.15\ K) = -92.2\ kJ \cdot mol^{-1}$，若升高温度，$\Delta_r H_m^\ominus$_____，$K^\ominus$_____（填不变、增大或减小）。

4. 等压反应热 Q_p 和等容反应热 Q_V 之间存在着如下关系_____。

5. $Q_p = \Delta H$ 的条件是_____。

6. 某反应低温时逆向自发，高温时正向自发，可知此反应的 $\Delta_r H_m^\ominus$_____0；$\Delta_r S_m^\ominus$_____0。

7. 某系统在一过程中从外界吸收能量 100 kJ，同时外界对其做功 180 kJ，则此过程中的 Q = _____；W = _____；ΔU = _____。

8. 在 25 ℃ 时，下列反应或过程中：$N_2H_4(l)+O_2(g)\Longrightarrow N_2(g)+2H_2O(l)$ 的 Q_p_____Q_V；$H_2(g)+Cl_2(g)\Longrightarrow 2HCl(g)$ 的 Q_p_____Q_V。

9. 在孤立系统中自发进行的过程一定是熵_____的过程；在封闭系统中自发进行的吸热过程一定是熵_____的过程。

10. 盖斯定律是指：在恒容或恒压条件下，化学反应的反应热仅与反应的_____有关，而与变化的_____无关。

11. 反应 $2MnO_4^-(aq)+10Cl^-(aq)+16H^+(aq)\Longrightarrow 2Mn^{2+}(aq)+5Cl_2+8H_2O(l)$ 的标准平衡常数表达式为 $K^\ominus$ = _____。

12. 已知反应 $2NO+Cl_2\longrightarrow 2NOCl$ 为基元反应，其反应速率方程为_____，总反应是_____级反应。

13. 某元反应 $A_2+2B\Longrightarrow C+3D$ 的反应速率方程为_____，反应级数是_____。

14. 在水溶液中进行的某基元反应 $A+B\Longrightarrow 2C$，该反应速率方程为_____，总反应级数为_____。

15. 加入催化剂可使反应速率_____，这主要是因为使反应的活化能_____，因而活化分子的百分数增大的缘故。

16. 反应速率两种理论为_____理论和_____理论。

17. 影响化学反应速率的常见条件有_____、_____、_____、_____。

18. 反应 $C(s)+CO_2(g)\Longrightarrow 2CO(g)$ 为一吸热反应，当温度升高时，平衡向_____方向移动。当总压力减小为原来的 1/2 时，平衡常数 K_p' = _____K_p，压力熵（反应熵）Q_p' = _____Q_p，平衡向_____方向移动。

三、判断题

1. $\Delta_r S$ 为正值的反应均是自发反应。( )
2. 反应的 ΔH 就是反应的热效应。( )
3. 功和热是系统和环境之间的能量传递方式，在系统内部不讨论功和热。( )
4. 单质的 $\Delta_f H_m^\ominus$ 都为零。( )
5. 化学反应的 $\Delta_r H_m^\ominus$ 与方程式的写法相关。( )
6. 单质的生成焓等于零，所以它的标准熵也等于零。( )
7. 碳酸钙的生成焓等于反应 $CaO(s)+CO_2(g)\Longrightarrow CaCO_3(s)$ 的反应焓。( )

8. 某反应的 $\Delta_r G>0$，无论怎样改变反应条件，该反应都不能自发进行。 （ ）

9. 将固体 NH_4NO_3 溶于水中，溶液变冷，则该过程的 ΔG、ΔH、ΔS 的符号依次为 −、+、−。 （ ）

10. 将固体 NH_4NO_3 溶于水中，溶液变冷，则该过程的 ΔG、ΔH、ΔS 的符号依次为 +、−、−。 （ ）

11. 在低温条件下自发而高温条件下非自发的反应，必定是 $\Delta_r H_m<0$，$\Delta_r S_m>0$。 （ ）

12. 催化剂能改变反应历程，降低反应的活化能，但不能改变反应的 $\Delta_r G_m^\ominus$。 （ ）

13. 活化能大的反应受温度的影响大。 （ ）

14. 反应速率常数是温度的函数，也是浓度的函数。 （ ）

15. 在反应历程中，决速步骤是反应最慢的一步。 （ ）

16. 相同温度时，$\Delta_r H_m^\ominus$ 越大的反应，温度对其平衡常数的影响越小。 （ ）

17. 已知下列过程的热化学方程式：

$$UF_6(l) \Longrightarrow UF_6(g) \; ; \Delta_r H_m^\ominus = 30.1 \text{ kJ} \cdot \text{mol}^{-1}$$

则此温度时蒸发 1 mol$UF_6(l)$，会放出热 30.1 kJ。 （ ）

18. 在恒温恒压条件下，下列两个生成水的化学反应放出的热量相同： （ ）

$$H_2(g)+\frac{1}{2}O_2(g) \Longrightarrow H_2O(l)$$

$$2H_2(g)+O_2(g) \Longrightarrow 2H_2O(l)$$

19. 某一给定反应达到平衡后，若平衡条件不变，分离除去某生成物，待达到新的平衡后，则各反应物和生成物的分压或浓度分别保持原有定值。 （ ）

20. 对反应系统 $C(s)+H_2O(g) \Longrightarrow CO(g)+H_2(g)$；$\Delta_r H_m^\ominus(298.15 \text{ K})=131.3 \text{ kJ} \cdot \text{mol}^{-1}$，由于化学方程式两边物质的化学计量数（绝对值）的总和相等，所以增加总压力对平衡无影响。 （ ）

21. 反应的级数取决于反应方程式中反应物的化学计量数（绝对值）。 （ ）

22. 对于热力学不可能发生的反应，可通过选择合适的催化剂使反应得以发生。 （ ）

四、简答题

1. 已知反应：

$$2Cl_2+2H_2O(g) \Longrightarrow 4HCl(g)+O_2 \; ; \Delta H^\ominus = 114.4 \text{ kJ} \cdot \text{mol}^{-1}$$

当该反应达到平衡后，进行左边所列的操作对右边所列物理量的数值有何影响（操作中没有注明的，是指温度不变，体积不变）？

在表 1.2 的变化方向栏内用变大、变小或不变来指明化学反应的变化情况。

表 1.2 化学反应的变化情况

序号	操作	物理量	变化方向
(1)	升高温度	平衡常数 $K^\ominus$	（ ）
(2)	加催化剂	平衡常数 $K^\ominus$	（ ）
(3)	加催化剂	速率常数 k	（ ）
(4)	加 Cl_2	速率常数 k	（ ）
(5)	增加系统压力	反应速率 v	（ ）

2. 增加反应物浓度、升高温度和使用正催化剂对反应速率有何影响？试分析各自的原因。

五、计算题

1. 已知汽车无害化反应及其相关热力学数据如下：

$$CO(g) + NO(g) \longrightarrow CO_2(g) + \frac{1}{2}N_2(g)$$

$\Delta_f H_m^\ominus (kJ \cdot mol^{-1})$：　　　　－110.5　　90.2　　－393.5　　0

$S_m^\ominus (J \cdot mol^{-1} \cdot K^{-1})$：　　　197.7　　210.8　　213.7　　191.6

计算该反应在 298 K、标准状态下的 $\Delta_r G_m^\ominus$ 和 $K^\ominus$，并判断自发反应的方向。

2. 已知下列数据。

(1) $2C(石墨) + O_2(g) = 2CO(g)$，$\Delta_r H_{m(1)}^\ominus = -221.1 \text{ kJ} \cdot \text{mol}^{-1}$。

(2) $C(石墨) + O_2(g) = CO_2(g)$，$\Delta_r H_{m(2)}^\ominus = -393.5 \text{ kJ} \cdot \text{mol}^{-1}$。

(3) $2CH_3OH(l) + 3O_2(g) = 2CO_2(g) + 4H_2O(l)$，$\Delta_r H_{m(3)}^\ominus = -1453.3 \text{ kJ} \cdot \text{mol}^{-1}$。

(4) $2H_2(g) + O_2(g) = 2H_2O(l)$，$\Delta_r H_{m(4)}^\ominus = -571.7 \text{ kJ} \cdot \text{mol}^{-1}$。

计算下列反应的焓变 $\Delta_r H_m^\ominus$：

$$CO(g) + 2H_2(g) \xrightarrow[\text{ZnO}]{Cr_2O_3} CH_3OH(l)$$

3. 已知 298 K 时，$\Delta_f H_m^\ominus(NH_3) = -46.1 \text{ kJ} \cdot \text{mol}^{-1}$，$S_m^\ominus(NH_3) = 192.3 \text{ J} \cdot \text{mol}^{-1} \cdot K^{-1}$，$S_m^\ominus(N_2) = 191.5 \text{ J} \cdot \text{mol}^{-1} \cdot K^{-1}$，$S_m^\ominus(H_2) = 130.6 \text{ J} \cdot \text{mol}^{-1} \cdot K^{-1}$。有反应：

$$N_2(g) + 3H_2(g) \Longrightarrow 2NH_3(g)$$

(1) 计算常温下反应能否自发进行。

(2) 计算 $\Delta_r G_m^\ominus$ 由负变正的最低温度。

4. 已知反应：

　　　　　　　　　　　　　　$2Hg(g) + O_2(g) \longrightarrow 2HgO(s)$

$\Delta_f H_m^\ominus / kJ \cdot mol^{-1}$　　　　　　61.3　　　　0　　　　－90.8

$S_m^\ominus / J \cdot mol^{-1} \cdot K^{-1}$　　　　　175　　　205　　　70.3

(1) 通过计算说明在 298.15 K，标准条件下反应能否自发进行。

(2) 试估计反应自发进行的温度范围。

5. 在 797 K 温度条件下，反应 $CO(g) + H_2O(g) \Longrightarrow H_2(g) + CO_2(g)$ 的 $K^\ominus = 0.5$。若在该温度下使 2.0 mol CO 和 3.0 mol $H_2O(g)$ 在密闭容器中反应，试计算 CO 在此条件下的平衡转化率。

第1章练习题答案

第 2 章　水溶液化学

 内容提要和学习要求

　　由两种或两种以上的物质组成的均匀、稳定的分散系统称为溶液。溶液的定义是广义的，除一种液体、气体或固体溶解在另一种液体中形成的液态溶液外，还有由多种气体形成的气态溶液（如空气）和两种或两种以上固态物质形成的固态溶液，如汞锌合金、镍铜合金等。

　　无论是科学实验还是化工生产，都要经常使用溶液。本章首先介绍非电解质稀溶液的依数性，然后介绍电解质溶液的基本性质，再介绍酸碱电离平衡和多相离子平衡理论，最后介绍水的净化和废水处理的基本方法。

　　本章学习要求可分为以下几点。

　　（1）理解和掌握溶液的通性（蒸气压下降、凝固点下降、沸点上升和渗透压）。

　　（2）掌握电解质溶液的阿仑尼乌斯电离学说及活度和活度系数的概念。

　　（3）理解酸碱理论、酸碱的电离平衡和缓冲溶液的概念，能进行同离子效应和溶液 pH 值的计算。

　　（4）掌握多相离子平衡中溶度积和溶解度的概念及基本计算，理解溶度积规则及其应用。

　　（5）了解水的净化与废水处理的相关方法。

2.1　非电解质稀溶液的依数性

　　溶液有电解质溶液和非电解质溶液之分。非电解质溶液的性质比电解质溶液的简单些。溶液有浓有稀，实际工作中浓溶液居多，而稀溶液在化学发展中占有重要地位，像理想气体一样，这种溶液有共同的规律。人们最先认识非电解质稀溶液的规律，然后再逐步认识电解质稀溶液及浓溶液的规律。

　　各种溶液各有特性，但有几种性质是一般稀溶液所共有的，这类性质与浓度有关，而与溶质的性质无关，并且测定了一种性质还能推算其他几种性质。奥斯特瓦尔德（Ostwald）把这类性质命名为依数性，这些性质包括蒸气压（p）下降、沸点（t_b）升高、凝固点（t_f）下降和产生渗透压（Π）。由表 2.1 数据可知，0.5 mol·kg^{-1} 糖水和 0.5 mol·kg^{-1} 尿素水溶液的沸点都比纯水高，并且升高的程度差不多；它们的凝固点都比纯水低，降低的程度也差不多。而在 20 ℃时，这两种溶液的密度差别却很大，所以密度不具有依数性。其他性质，如颜色、黏度、化学性质、气味等均与溶质有关，因此都不具有依数性。

表 2.1　几种溶液的性质

溶液	t_b/℃	t_f/℃	ρ/(g·cm^{-3})(20 ℃)
纯水	100.00	0.00	0.998 2
0.5 mol·kg^{-1}糖水	100.27	-0.93	1.068 7
0.5 mol·kg^{-1}尿素水溶液	100.24	-0.94	1.001 2

2.1.1　溶液的蒸气压下降

1. 蒸气压

在一定条件下，液体内部那些能量较大的分子会克服液体分子间的引力而从液体表面逸出，成为蒸气分子，这个过程叫作蒸发（又称汽化）。蒸发是吸热过程。蒸发出来的蒸气分子也可能撞到液面，受液体分子吸引而重新进入液体中，这个过程叫作凝聚。凝聚是放热过程。蒸发刚开始时，蒸气分子不多，凝聚的速率远小于蒸发的速率。随着蒸发的进行，蒸气浓度逐渐增大，凝聚的速率也就随之加大。当凝聚的速率和蒸发的速率相等时，液体和蒸气就处于平衡状态。此时，蒸气所具有的压力等于该温度下液体的饱和蒸气压，简称蒸气压。例如，100 ℃时，水的蒸气压为 101.325 kPa，是水与水蒸气在该温度达到相平衡时的压力。固体（固相）和它的蒸气（气相）之间也能达到平衡，此时固体具有一定的蒸气压。蒸气压是物质的本性，它与温度一一对应，且随温度升高而增大。表 2.2 中给出了一些不同温度下水和冰的蒸气压。

表 2.2　不同温度下水和冰的蒸气压

温度/℃	-20	-15	-10	-6	-5	-4	-3	-2	-1	0
冰的蒸气压/kPa	0.103	0.165	0.260	0.369	0.402	0.437	0.476	0.518	0.563	0.611
水的蒸气压/kPa	—	—	—	0.391	0.422	0.455	0.490	0.527	0.568	0.611
温度/℃	5	10	20	30	40	60	80	100	150	200
水的蒸气压/kPa	0.873	1.228	2.339	4.246	7.381	19.932	47.373	101.325	475.720	1 553.600

2. 蒸气压下降

大量实验证明，含有难挥发性溶质溶液的蒸气压在相同温度下总是低于同温度下纯溶剂的蒸气压。

因为蒸气压与液体的本性及温度有关，所以对某种纯溶剂而言，在一定温度下其蒸气压是一定的。但是，当溶入难挥发性非电解质而形成溶液后，由于非电解质溶质分子占据了部分溶剂的表面，且牵制周围溶剂分子，使单位时间内逸出液面的溶剂分子数较纯溶剂减少，所以，当达到平衡后，溶液的蒸气压必然低于同温度时纯溶剂的蒸气压。这种现象称为溶液的蒸气压下降（Vapor Pressure Lowering）。显然，溶液中难挥发性溶质浓度越大，占据溶液表面的溶质质点越多，牵制的溶剂分子便越多，则单位表面上溶剂从液相进入气相的速率减小，蒸气压下降就越多，因此，当达到平衡时，溶液的饱和蒸气压比纯溶剂在同一温度下的蒸气压低。而这种蒸气压下降的程度仅与溶质的质量相关，即与溶液的浓度有关，而与溶质的种类和本性无关。

1887 年，法国化学家拉乌尔（F. M. Raoult）根据大量实验得出：在一定温度下，难挥发性非电解质稀溶液的蒸气压等于纯溶剂的蒸气压与溶剂摩尔分数的乘积。即

$$p = p_A^0 x_A \tag{2.1}$$

式中，p 为某温度时溶液的蒸气压；p_A^0 为同温度下纯溶剂的蒸气压；x_A 为溶液中溶剂的摩尔分数。

若 x_B 为溶质的摩尔分数，对于只有一种溶质的稀溶液，则由于 $x_A + x_B = 1$，式（2.1）可以写成

$$p = p_A^0(1 - x_B) \Longrightarrow p_A^0 - p = p_A^0 x_B, \Delta p = p_A^0 x_B \tag{2.2}$$

式中，Δp 是溶液蒸气压的下降值。由式（2.2）可知：在一定温度下，难挥发性非电解质稀溶液的蒸气压下降与溶质的摩尔分数成正比。此定律称为拉乌尔定律（Raoult Law）。

若溶质的物质的量为 n_B，溶剂的物质的量为 n_A，溶剂的质量为 m_A，溶剂的摩尔质量为 M_A，那么在稀溶液中，$n_A \gg n_B$，因此 $n_A + n_B \approx n_A$，则

$$x_B = \frac{n_B}{n_A + n_B} \approx \frac{n_B}{n_A} = \frac{n_B}{m_A / M_A} = M_A b_B \tag{2.3}$$

代入式（2.2）得

$$\Delta p = p_A^0 x_B \approx p_A^0 M_A b_B = K b_B, \Delta p = K b_B \tag{2.4}$$

式中，K 为比例系数；b_B 为质量摩尔浓度（每千克溶剂中所含该溶质的物质的量）。K 在一定温度下是常数，它取决于 p_A^0 和溶剂的摩尔质量 b_B。所以，拉乌尔定律又可表示为：在一定温度下，难挥发性非电解质稀溶液的蒸气压下降与溶质的质量摩尔浓度 b_B 成正比，与溶质的本性无关。

2.1.2 溶液的凝固点下降和沸点上升

当某一溶液蒸气压等于外界大气压时，液体就会沸腾。这时的温度就是该液体的沸点（Boiling Point）。液体的沸点与外压有关，随外压的增大而升高。通常将外压为 101.325 kPa 时的沸点作为液体的正常沸点（Normal Boiling Point），用 T_b^0 表示。例如，水的正常沸点是 373.15 K。没有专门指出压力条件的沸点通常都是指正常沸点，简称沸点。

凝固点（Feezing Point）是物质的固态和它的液态达到平衡时的温度，此时固、液两相蒸气压相等，通常凝固点以 T_f^0 表示。暴露在空气中的水在总外压为 101.325 kPa 下的凝固点为 273.15 K，此温度又称为水的冰点。此时，水和冰的蒸气压相等。

1. 溶液的凝固点下降

在溶剂的凝固点 T_f^0 时由于溶液的蒸气压低于纯溶剂的蒸气压，此时固、液两相不能共存，所以在 T_f^0 时溶液不凝固。水溶液的凝固点下降和沸点升高示意图如图 2.1 所示，只有当温度继续下降到 T_f 时，稀溶液的蒸气压曲线 BB' 才与纯溶剂固体的蒸气压曲线 AB 相交于 B 点，此时纯溶剂固体与稀溶液液相出现共存现象，B 点对应的温度就是溶液的凝固点。显然，溶液的凝固点比纯溶剂的凝固点低，这一现象称为溶液的凝固点下降（Freezing Point Depression）。

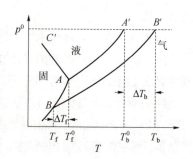

图 2.1 水溶液的凝固点下降和沸点升高示意图

由拉乌尔定律和热力学可证明，难挥发性非电解质稀溶液凝固点降低与溶液质量摩尔浓度之间的定量关系为

$$\Delta T_f = T_f^0 - T_f = K_f b_B \tag{2.5}$$

式中，K_f 为溶剂的摩尔凝固点下降常数，只与溶剂的本性有关，单位为 $K \cdot kg^{-1} \cdot mol^{-1}$。几常见溶剂的摩尔凝固点下降常数与摩尔沸点上升常数如表 2.3 所示。

表 2.3　几种常见溶剂的摩尔凝固点下降常数与摩尔沸点上升常数

溶剂	$K_f/(K \cdot kg \cdot mol^{-1})$	$K_b/(K \cdot kg \cdot mol^{-1})$
水	1.86	0.512
环己烷	20.2	2.79
苯	5.10	2.53
乙醚	1.80	2.02
氯仿	4.90	3.63
四氯化碳	32.0	5.03
萘	6.90	5.80
樟脑	40.0	5.95

凝固点下降的性质在生产和科学实验中应用很广，如制作防冻剂和冷冻剂。在严寒的冬天，往汽车水箱中加入甘油、酒精或乙二醇降低水的凝固点，可防止水箱中的水因结冰后体积膨大而胀裂水箱。采用 NaCl 和冰混合，混合液温度可降到 251 K，用 $CaCl_2 \cdot 2H_2O$ 和冰混合，混合液温度可降到 218 K。在水产事业和食品贮藏及运输中，广泛应用 NaCl 和冰混合而成的冷冻剂；在制备实用价值很高的合金过程中，也利用了固态溶液凝固点下降原理。例如，33% Pb（熔点为 601 K）与 67% Sn（熔点为 505 K）组成的焊锡，熔点为 453 K，用于焊接时不会使焊件过热，还可作为保险丝。又如，自动灭火设备和蒸汽锅炉装置常用的伍德合金，其熔点为 343 K，组成为 Bi 50%，Pb 25%，Sn 12.5%，Cd 12.5%。

2. 溶液的沸点上升

实验表明，当纯溶剂中溶解溶质后，溶液的沸点总是高于纯溶剂的沸点，这一现象称为溶液的沸点上升（Boiling Point Elevation）。

溶液沸点上升的原因是溶液的蒸气压低于纯溶剂的蒸气压。在图 2.1 中，AA' 表示纯溶剂的蒸气压曲线，BB' 表示稀溶液的蒸气压曲线，AC' 表示纯溶剂的凝固点曲线，AB 为固-气两相平衡共存线，即纯溶剂固体蒸气压曲线，又称升华曲线。A 为纯溶剂的三相点。从图 2.1 中可以看出，在任何温度下，溶液的蒸气压都低于纯溶剂的蒸气压，所以 BB' 处于 AA' 的下方。纯溶剂的蒸气压等于外压 p^0（101.325 kPa）时，所对应的温度 T_b^0 就是纯溶剂的正常沸点，此温度时溶液的蒸气压仍低于 p^0，只有升高温度达到 T_b 时，溶液的蒸气压才等于外压 101.325 kPa，溶液才会沸腾。因此 T_b 是溶液的正常沸点，溶液的沸点上升为 ΔT_b，即 $\Delta T_b = T_b - T_b^0$。

由拉乌尔定律和热力学可证明，难挥发性非电解质稀溶液沸点上升与溶液质量摩尔浓度之间的定量关系为

$$\Delta T_b = T_b^0 - T_b = K_b b_B \tag{2.6}$$

式中，K_b 为溶剂的摩尔沸点上升常数，它只与溶剂的本性有关，单位为 $K \cdot kg \cdot mol^{-1}$。几种常见溶剂的摩尔沸点上升常数见表2.3。

大多数溶剂的 K_f 大于 K_b，因同一溶液的凝固点降低值比沸点上升值大，其实验测量的相对误差小；又因在凝固点时从溶液中有溶剂晶体析出的现象明显等，故常用凝固点下降来测定溶质的摩尔质量。

2.1.3 溶液的渗透压

渗透必须通过一种膜来进行，这种膜上的微孔只允许溶剂的分子通过，而不允许溶质的分子通过，因此叫作半透膜。若被半透膜隔开的两边溶液的浓度不等（即单位体积内溶质的分子数不等），则可发生渗透现象，如图2.2所示，用半透膜把溶液和溶剂隔开，这时溶剂分子在单位时间内进入溶液内的数目要比溶液内的溶剂分子在同一时间内进入溶剂的数目多，结果使得溶液的体积逐渐增大，垂直的细玻璃管中的液面逐渐上升。从宏观角度看，渗透是溶剂通过半透膜进入溶液的单方向扩散过程。若要使膜内溶液与膜外溶剂的液面相平，即要使溶液的液面不上升，必须在溶液液面上增加一定压力。溶液液面上所增加的压力称为溶液的渗透压。

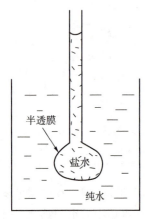

图2.2 渗透现象示意图

在一只坚固（在逐渐加压时不会扩张或破裂）的容器内，溶液（盐水）与溶剂（纯水）间由半透膜隔开，溶剂有通过半透膜流入溶液的倾向。加压力于溶液上方的活塞上，使观察不到溶剂的转移（即溶液和溶剂两液面相平）。这时所必须施加的压力就是该溶液的渗透压，可以从与溶液相连接的压力计读出。

如果外加在溶液上的压力超过了渗透压，则反而会使溶液中的溶剂向纯溶剂方向流动，使纯溶剂的量增加，这个过程叫作反渗透。反渗透的原理可应用于海水淡化、工业废水或污水处理和溶液的浓缩等方面。

对于难挥发性非电解质稀溶液的渗透压，有

$$\Pi = c_B RT \tag{2.7}$$

$$\Pi V = n_B RT \tag{2.8}$$

式中，Π 为渗透压，c_B 为溶液中溶质的浓度，n_B 为溶质的物质的量，V 为溶液的体积，T 为热力学温度。

这一方程的形式与理想气体状态方程相似，但气体的压力和溶液的渗透压产生的原因不同。气体由于它的分子运动碰撞容器壁而产生压力，但溶液的渗透压是溶剂分子渗透的结果。依据此关系式，采用渗透压法可以测定聚合物的摩尔质量。渗透压在生物学中具有重要意义。有机体的细胞膜大多具有半透膜的性质，渗透压是引起水在生物体中运动的重要推动力。渗透压的数值相当可观，以 298.15 K 时 $0.100 \, mol \cdot L^{-1}$ 溶液的渗透压为例，可按式(2.7)计算

$$\Pi = cRT = 0.100 \times 10^3 \, mol \cdot m^{-3} \times 8.314 \, Pa \cdot m^3 \cdot mol^{-1} \cdot K^{-1} \times 298.15 \, K = 248 \, kPa$$

植物细胞汁的渗透压一般可达 2 000 kPa 左右，所以水分可以从植物的根部运送到数十米高的顶端。

人体血液平均的渗透压约为 780 kPa。由于人体有保持渗透压在正常范围的要求，因此在给人体注射或静脉输液时，应使用渗透压与人体内的基本相等的溶液，在生物学和医学上，这种溶液称为等渗溶液。例如，临床常用的是质量分数 5.0%（0.28 mol·L^{-1}）葡萄糖溶液或含 0.9%NaCl 的生理盐水，否则由于渗透作用，可能会产生严重后果。例如，如果把血红细胞放入渗透压较大（与正常血液的相比）的溶液中，血红细胞中的水就会通过细胞膜渗透出来，甚至能引起血红细胞收缩并从悬浮状态中沉降下来；如果把这种细胞放入渗透压较小的低渗溶液中，溶液中的水就会通过血红细胞的膜流入细胞中，从而使细胞膨胀，甚至能使细胞膜破裂。

2.2　电解质溶液

本身具有离子导电性或在一定条件下（如高温熔融或溶于溶剂形成溶液）能够呈现离子导电性的物质叫电解质。离子化合物溶解时，离子溶剂化进入溶液；极性化合物在溶解过程中，受溶剂分子作用解离成离子，都形成电解质溶液。根据电解质溶液在中等浓度时导电能力的大小，电解质可以分为强电解质和弱电解质，如 NaCl、HCl 等是强电解质，$NH_3·H_2O$、CH_3COOH 等是弱电解质。电解质在水溶液中的运动可用阿仑尼乌斯提出的电离学说来说明。

2.2.1　阿仑尼乌斯电离学说

电解质溶液的运动与理想溶液差别很大，当其浓度不大时也是非理想溶液。表 2.4 所示是一些电解质水溶液的凝固点降低值。由表中数据可以看出，这三种电解质溶液的实验值都比计算值大，其他依数性也都有类似的结果。

表 2.4　一些电解质水溶液的凝固点降低值

$c_B/(mol·kg^{-1})$	$\Delta T'_f$(实验值)/K			ΔT_f(计算值)/K
	KNO_3	NaCl	$MgSO_4$	
0.01	0.035 87	0.036 06	0.030 0	0.018 58
0.05	0.171 8	0.175 8	0.129 4	0.092 90
0.10	0.333 1	0.347 0	0.242 0	0.185 8
0.50	1.414	1.692	1.018	0.929 0

1887 年，阿仑尼乌斯将电解质溶液的异常依数性与其溶液的导电性以及由导电引起的电解质分解联系起来，提出了电离学说来解释电解质在水溶液中的行为。他提出的主要论点如下。

（1）电解质在溶液中由于溶剂的作用，可自动电离成带电的质点（离子），这种现象叫电离，现在又称为解离。电离所产生的正负离子数目不一定相等，但正、负电荷数目必然相等。

（2）正、负离子不停地运动，相互碰撞时又可结合成分子，所以在溶液中电解质只是部分电离，其离子与未电离的分子之间达平衡时，已电离的溶质分子数与原有溶质分子总数之比叫电离度（解离度），用 α 表示，即

$$\alpha = \frac{\text{已电离的溶质分子数}}{\text{原有溶质的分子总数}} \times 100\%$$

溶液越稀，电离度越大。每一个离子是溶液中的一个质点，对溶液的依数性都有一份贡献。

（3）电解质溶液能导电，是由于溶液中存在离子。通过电解质溶液的直流电能使电解质的正、负离子向与其所带电荷相反的电极方向移动，发生电极反应。溶液单位体积里离子越多，导电的能力就越强。

阿仑尼乌斯认为，由于稀溶液的依数性与溶质的质点数相关，电解质在溶液中电离使其质点数增加，因而等数值增大，利用测得的依数性数据可以计算电解质的电离度。电解质溶液能导电，溶液越稀，电离度越大；相同浓度下，电离度越大，导电能力也越强。利用溶液的导电性测定其电导值，也可计算电离度。表 2.5 是用不同方法测定的电离度，得到了相符的结果，这是阿仑尼乌斯电离学说的可靠实验基础。

表 2.5　不同方法测定的电离度

电解质	$c_B/(\text{mol} \cdot \text{kg}^{-1})$	$\alpha/\%$		
		渗透压法	凝固点法	电导法
KCl	0.14	81	93	86
LiCl	0.13	92	94	84
$SrCl_2$	0.18	85	76	76
$Ca(NO_3)_2$	0.18	74	73	73
$K_4[Fe(CN)_6]$	0.36	52	—	52

但是，阿仑尼乌斯在仔细研究各种电解质溶液的电离度时发现，用依数性法和电导法测得的电离度随溶液浓度增加而增大，尤其是对 $MgSO_4$ 不论是浓溶液还是稀溶液差别都很大。这是由于阿仑尼乌斯电离学说存在着不少缺陷。首先，把所有电解质看成是部分电离不符合事实。X 射线衍射证明：固态离子型化合物中根本没有 NaCl 分子存在，假定它在溶液中与离子呈平衡状态是不合理的。其次，电解质溶液中既有离子与溶剂分子的相互作用，又有离子间的相互作用。正负离子间的相互作用，使离子的行动不能完全自由，这使离子在水溶液中呈不均匀分布，也影响了离子的迁移速率，造成了强电解质溶液依数性的更大异常。

2.2.2　强电解质的活度与活度系数

19 世纪末化学界对电离理论曾有过激烈的争论，拥护这个理论的学派测定了大量实验数据，进一步发展了溶液理论。1907 年，路易斯提出有效浓度概念。他认为，非理想溶液之所以不符合拉乌尔定律，是因为溶剂和溶质之间有相当复杂的作用，在没弄清楚这些相互作用之前，可根据实验数据对实际浓度（x、m、c）加以校正，即为有效浓度。路易斯命名它为活度，常用符号 a 表示，校正因子叫活度系数，常用符号 γ 表示，即 $a = \gamma c$。

活度或活度系数的测定方法很多，如凝固点法、蒸气压法、溶解度法、电动势法等。这

些具体方法是化学热力学的专门问题，在此不作详述。由凝固点法测定的活度系数 γ，不仅可用于沸点或渗透压的修正，也适用于那些与依数性无关的溶液电动势、溶液电离平衡常数等问题。由电动势测定所确定的 γ 数据也同样可用于依数性的校正。活度系数虽然只是表现地修正实际浓度与理想状态的差别，却也反映了在理想溶液的内在规律。它虽未从理论上彻底解释内在原因，但实际工作中却有广泛应用。这吸引许多科学家用多种方法精确测定了大量 γ 数据，并促使理论工作者去寻求活度系数的理论依据，其中德拜（Debye）、休克尔（Hückel）和匹泽（Pitzer）等科学家在这一领域内作出了重要贡献。表 2.6 所示为一些实验测定的活度系数（25 ℃）。

表 2.6　一些实验测定的活度系数（25 ℃）

$c_B/(\text{mol}\cdot\text{kg}^{-1})$	活度系数 γ						
	HCl	KCl	NaCl	NaOH	H_2SO_4	$CaCl_2$	$CdSO_4$
0.005	0.928	0.927	0.929	—	0.639	0.785	0.50
0.01	0.904	0.901	0.904	0.89	0.544	0.725	0.40
0.05	0.830	0.815	0.823	0.82	0.340	0.57	0.21
0.10	0.796	0.769	0.778	0.766	0.265	0.524	0.17
0.20	0.767	0.718	0.735	0.757	0.209	0.48	0.137
0.50	0.757	0.649	0.681	0.735	0.154	0.52	0.067
1.00	0.809	0.604	0.657	0.757	0.130	0.71	0.041
2.00	1.011	0.576	0.670	0.70	0.124	1.55	0.035
3.00	1.32	0.571	0.710	0.77	0.141	3.38	0.036
4.00	1.76	0.579	0.791	0.89	0.171	—	—

从表 2.6 数据可见，多数活度系数在 0.5~0.9 之间，有少数浓溶液的活度系数大于 1，如 4.0 mol·kg^{-1} 的 HCl 溶液活度系数为 1.76。按离子水合概念来看，溶液中离子周围有相当量的结合水和次级结合水。在高浓度电解质水溶液中，由于水合作用消耗了相当量的水，减少了作为溶剂的自由水分子，实际离子浓度增大，致使活度系数大于 1。向未饱和的溶液中加入适当的强电解质，利用其水合作用使溶液趋于饱和，溶质析出，这种方法叫作盐析。盐析在工业化生产和化学试剂制备中经常使用。

从表 2.6 中也可以看出，有些盐类活度系数特别小，如 1.00 mol·kg^{-1} 的 $CdSO_4$ 溶液的活度系数仅为 0.041。现在认为，较浓的高价阴、阳离子在溶液中可能发生缔合作用，如 $M^{2+}+SO_4^{2-}+nH_2O \Longleftrightarrow M^{2+}(H_2O)_n SO_4^{2-}$，因而实际离子浓度减小，致使活度系数减小。

经大量实验事实的积累，特别是 1912 年 X 射线结构分析确认电解质 NaCl 晶体由 Na^+ 和 Cl^- 组成，不存在 NaCl 分子。同年，德拜和休克尔提出了强电解质理论。德拜和休克尔认为，电解质在水溶液中虽已完全电离，但因异性离子之间的相互吸引，离子的行动不能完全自由。在正离子周围聚集了较多的负离子，而在负离子周围则聚集了较多的正离子。德拜和休克尔将中心寓于周围的异性离子群叫作离子氛。

1923 年，他们引用静电学的泊松（Poisson）公式和分子运动论的玻尔兹曼（Boltzmann）

公式来处理电解质水溶液问题，以求活度系数，并用 $\gamma_\pm$ 代表正、负离子的平均活度系数，有关的最简化公式是

$$\lg\gamma_\pm = -0.509z_1z_2\sqrt{I/m^\ominus} \quad (25\ ℃) \tag{2.9}$$

式中，0.509 是从理论上算出的常数值（25 ℃）；z_1 和 z_2 是正、负离子电价数的绝对值；I 为离子强度，它与离子的浓度和价数有关，且

$$I = \frac{1}{2}\sum c_iz_i^2 \tag{2.10}$$

式中，c_i 是 i 离子的浓度。如 0.01 mol·kg^{-1} KCl 溶液中 K$^+$ 的浓度为 0.01 mol·kg^{-1}，Cl$^-$ 的浓度也为 0.01 mol·kg^{-1}，则 I(KCl) = (0.01×1^2+0.01×1^2)/2 mol·kg^{-1} = 0.01 mol·kg^{-1}。代入式（2.9），得

$$\lg\gamma_\pm = -0.509z_1z_2\sqrt{I/m^\ominus} = -0.509\times1\times1\times\sqrt{0.01}$$
$$\gamma_\pm = 0.89$$

表 2.6 中 0.01 mol·kg^{-1} KCl 溶液活度系数的实验值是 0.901。由于德拜和休克尔在推导过程中的简化，这个最简化公式只适用于 I<0.001 mol·kg^{-1} 的极稀溶液。下面的式（2.11）是一个有实用意义的半经验公式，它适用于离子半径约为 3×10^{-8} cm、I<0.1 mol·kg^{-1} 的水溶液：

$$\lg\gamma_\pm = \frac{-0.509z_1z_2\sqrt{I/m^\ominus}}{1+\sqrt{I/m^\ominus}} \tag{2.11}$$

后来，利用计算机拟合方法得到的一些经验参数，可用于较浓的电解质溶液，如 20 世纪 70 年代匹泽提出的半经验方程式可用于约 6 mol·kg^{-1} 的溶液。电解质溶液理论至今还在不断发展，尚不完整和成熟。

2.3　酸碱电离平衡

研究酸碱反应，首先要了解酸碱的概念。人们对酸碱概念的认识经历了一个由浅入深、由现象到本质、逐步完善的过程。通过对酸碱物质的组成、结构及性质关系的研究，先后提出了阿仑尼乌斯电离理论、勃仑斯特（J. N. Brönsted）与劳莱（T. M. Lowry）质子理论和路易斯电子理论等。其中，瑞典化学家阿仑尼乌斯于 1889 年根据他的电离学说提出的酸碱电离理论是最经典的酸碱理论，该理论认为：在水溶液中电离生成的正离子全部是 H$^+$（H$_3$O$^+$）的物质是酸；电离生成的负离子全部是 OH$^-$ 的物质是碱。酸碱电离理论对化学的发展起了很大的推动作用，至今仍普遍使用，但该理论有一定的局限性，它把酸碱概念局限在水溶液中，又把碱限制为氢氧化物，因此该酸碱理论对非水系统和无溶剂系统都不适用，也无法解释氨水表现出碱性这一事实，因此需要进一步补充和发展。本节将着重讨论酸碱质子理论，并将此理论作为本书酸碱分类和计算的主要依据，同时简要介绍酸碱电子理论。

2.3.1　酸碱质子理论

1923 年，勃仑斯特与劳莱同时提出了酸碱质子理论（Proton Theory of Acid and Base）。

对应的酸碱定义是：凡是能给出质子（H⁺）的物质都是酸（Acid），凡是能接受质子的物质都是碱（Base）。

也就是说，酸是质子的给予体，碱是质子的接受体，例如：

$$酸 \rightleftharpoons 质子 + 碱$$
$$HCl \rightleftharpoons H^+ + Cl^-$$
$$H_2O \rightleftharpoons H^+ + OH^-$$
$$[Zn(H_2O)_6]^{2+} \rightleftharpoons H^+ + [ZnOH(H_2O)_5]^+$$
$$NH_4^+ \rightleftharpoons H^+ + NH_3$$
$$H_2PO_4^- \rightleftharpoons H^+ + HPO_4^{2-}$$
$$HCO_3^- \rightleftharpoons H^+ + CO_3^{2-}$$

从上述酸碱的共轭关系可看出，酸和碱可以是分子，也可以是阴离子或阳离子，另外像 HCO_3^-、HPO_4^-、HPO_4^{2-} 等物质，既可以给出质子表现为酸，又可以接受质子表现为碱，这种物质称为两性物质（Amphoteric Substance）。酸和碱不是孤立的，酸给出质子后余下的部分就是碱，而碱结合质子后就变为酸，两者相互依赖，在一定条件下可以相互转化，我们把这种关系称为共轭关系。相差一个质子的一对酸碱被称为共轭酸碱对（Conjugated Pair of Acid-Base）。例如，HCl 的共轭碱是 Cl^-，Cl^- 的共轭酸是 HCl，HCl 和 Cl^- 互为共轭酸碱对。根据酸碱质子理论可知，酸和碱是成对存在的，酸给出质子，必须有接受质子的碱存在，质子才能从酸转移至碱。因此，酸碱反应的实质是两个共轭酸碱对之间的质子转移反应，可用通式表示为

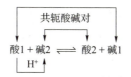

式中，酸 1 和碱 1，酸 2 和碱 2 互为共轭酸碱对，质子从一种物质（酸 1）转移到另一种物质（碱 2）上。这种反应无论是在水溶液中，还是在非水溶液中或气相中进行，其实质都是一样的，这解释了非水溶液和气体间的酸碱反应。此外，质子酸碱的强弱也与影响给质子能力、受质子能力的溶剂有关。

酸碱质子理论与酸碱电离理论相比较，扩大了酸和碱的范畴。它不仅适用于水溶液系统，也适用于非水系统和气相系统。但是酸碱质子理论也有局限性，不能解释没有质子转移的酸碱反应，如酸性的 SO_3 和碱性的 CaO 发生的反应。此外，酸必须含有氢原子且能和溶剂发生质子交换反应，因而质子酸不能包括那些化学组成中不含氢原子但又具有酸性的物质，如 BF_3、$SnCl_4$、$AlCl_3$ 等，它们和含氧酸一样在非水溶剂中仍然可以表现为酸性，这些物质的酸性可由酸碱电子理论来解释。

2.3.2 酸碱水溶液中 pH 值的计算

1. 一元弱酸、弱碱的解离平衡

除少数强酸、强碱外，大多数酸和碱溶液中存在解离平衡。根据酸碱质子理论，一元弱酸、弱碱是指那些只能给出一个质子或接受一个质子的物质。一元弱酸 HA 的水溶液中，存

在 HA 与 H_2O 之间的质子转移平衡，可用通式表示为

$$HA(aq) + H_2O(l) \rightleftharpoons A^-(aq) + H_3O^+(aq)$$

其标准平衡常数的表达式为

$$K_a^{\ominus} = \frac{[c_{H_3O^+}/c^{\ominus}] \cdot [c_{A^-}/c^{\ominus}]}{[c_{HA}/c^{\ominus}]} \tag{2.12}$$

在稀水溶液中，c_{H_2O} 可视为常数，$c_{H_3O^+}$ 可简为 c_{H^+}，式（2.12）可简写为

$$K_a^{\ominus} = \frac{c_{H^+} \cdot c_{A^-}}{c_{HA}} \tag{2.13}$$

式中，$K_a^{\ominus}$ 称为酸的质子转移平衡常数（Proton Transfer Constant of Acid），又称为酸的解离常数。在一定温度下，该值是一定的。$K_a^{\ominus}$ 的大小表示酸在水溶液中给出质子的能力强弱，即酸的相对强弱，$K_a^{\ominus}$ 越大，说明该酸在水溶液中越易给出质子，即酸性越强。

一元弱酸 HA 的共轭弱碱为 A^-，其在水溶液中的质子转移平衡通式为

$$A^-(aq) + H_2O(l) \rightleftharpoons HA(aq) + OH^-(aq)$$

同理，一元弱碱 A^- 的解离平衡常数的表达式为

$$K_b^{\ominus} = \frac{c_{HA} \cdot c_{OH^-}}{c_{A^-}} \tag{2.14}$$

式中，$K_b^{\ominus}$ 称为碱的质子转移平衡常数（Proton Transfer Constant of Base），又称为碱的解离常数。在一定温度下，该值是一定的。$K_b^{\ominus}$ 的大小表示碱在水溶液中接受质子能力的强弱，即碱的相对强弱，$K_b^{\ominus}$ 越大，说明该碱在水溶液中越易接受质子，即碱性越强。

一元弱酸 HA 的质子转移平衡常数 $K_a^{\ominus}$ 与其共轭碱 A^- 的质子转移平衡常数 $K_b^{\ominus}$ 之间有确定的关系，将式（2.13）和式（2.14）相乘，可得

$$K_a^{\ominus} \cdot K_b^{\ominus} = c_{H^+} \cdot c_{OH^-} \tag{2.15}$$

由于溶液中同时存在水的质子自递平衡，在水分子之间也能发生质子转移反应，称为水的质子自递反应（Proton Self-transfer Reaction）：

$$H_2O(l) + H_2O(l) \rightleftharpoons OH^-(aq) + H_3O^+(aq)$$

$$\text{酸 1} \qquad \text{碱 2} \qquad \text{碱 1} \qquad \text{酸 2}$$

质子自递反应的平衡常数表达式为

$$K_w^{\ominus} = c_{H^+} \cdot c_{OH^-} \tag{2.16}$$

式中，$K_w^{\ominus}$ 称为水的质子自递常数（Proton Self-transfer Constant），又称为水的离子积（Ion Product of Water）。其数值与温度有关，水的质子自递反应是吸热反应，故 $K_w^{\ominus}$ 随温度的升高而增大。在 25 ℃ 的纯水中，$K_w^{\ominus}$ 为 $1.00×10^{-14}$，合并式（2.15）和式（2.16）可得

$$K_w^{\ominus} = K_a^{\ominus} \cdot K_b^{\ominus} \tag{2.17}$$

式（2.17）表明在一定温度下，$K_a^{\ominus}$ 与 $K_b^{\ominus}$ 成反比，这充分体现了共轭酸碱之间的强度对立统一关系：酸越强，其共轭碱越弱；碱越强，其共轭酸越弱。一般化学手册中不常列出离子酸、离子碱的质子转移平衡常数，但根据已知分子酸的 $K_a^{\ominus}$ 或分子碱的 $K_b^{\ominus}$，可以方便地计算其共轭离子碱的 $K_b^{\ominus}$ 或共轭离子酸的 $K_a^{\ominus}$。例如，通常可以查到质子酸 HAc 的 $K_a^{\ominus}$ = 1.75×

10^{-5},则其共轭碱 Ac^- 的 $K_b^\ominus = \dfrac{K_w^\ominus}{K_a^\ominus} = \dfrac{1.0 \times 10^{-14}}{1.75 \times 10^{-5}} = 5.71 \times 10^{-10}$,常用的质子酸碱的质子转移平衡常数参见本书附录5。

2. 一元弱酸或弱碱溶液 pH 计算

根据质子转移平衡常数,可以计算弱酸、弱碱水溶液中的 H^+ 浓度或 OH^- 浓度。

在一元弱酸 HA 的水溶液中存在着两种质子转移平衡,一种是一元弱酸的解离平衡,另一种是水的质子自递平衡。溶液中 H_3O^+ 分别来自 HA 和 H_2O 的解离,由 HA 解离产生的 H_3O^+ 浓度等于 A^- 浓度,由 H_2O 解离产生的 H_3O^+ 浓度等于 OH^- 浓度,在溶液中,HA、H_3O^+、A^- 和 OH^- 四种粒子的浓度都是未知的,要精确求得 H^+ 浓度,计算比较复杂,因此在多数情况下,采取合理近似处理即可。

当 $K_a^\ominus \cdot c \geq 20 K_w^\ominus$ 时,可以忽略水的质子自递平衡,只考虑 HA 的质子转移平衡:

$$HA(aq) + H_2O(l) \rightleftharpoons A^-(aq) + H_3O^+(aq)$$

起始浓度/$mol \cdot L^{-1}$ 　　　　c　　　　　　　　0　　　　0

平衡浓度/$mol \cdot L^{-1}$ 　　$c - c_{H^+}$ 　　　　c_{A^-} 　　c_{H^+}

当平衡时,$c_{H^+} \approx c_{A^-}$,则

$$K_a^\ominus = \dfrac{c_{H^+} \cdot c_{A^-}}{c_{HA}} = \dfrac{c_{H^+}^2}{c - c_{H^+}} \tag{2.18}$$

由于 $c_{H^+}^2 + K_a^\ominus c_{H^+} - K_a^\ominus c = 0$,则

$$c_{H^+} = \dfrac{-K_a^\ominus + \sqrt{K_a^{\ominus 2} + 4 K_a^\ominus c}}{2} \tag{2.19}$$

式(2.19)是计算一元弱酸溶液中 c_{H^+} 的近似式,使用此式要满足的条件是 $K_a^\ominus \cdot c \geq 20 K_w^\ominus$。

当弱酸的 $c/K_a^\ominus \geq 500$ 或解离度 $\alpha < 5\%$ 时,已解离的酸极少,与酸的原始浓度 c 相比可忽略,可以认为 $c_{HA} \approx c$,式(2.18)可表示为 $K_a^\ominus = \dfrac{c_{H^+}^2}{c}$。则

$$c_{H^+} = \sqrt{K_a^\ominus c} \tag{2.20}$$

式(2.20)是计算一元弱酸 c_{H^+} 的最简式,使用此式需满足的两个条件是 $K_a^\ominus \cdot c \geq 20 K_w^\ominus$ 和 $c/K_a^\ominus \geq 500$ 或 $\alpha < 5\%$,否则将造成较大误差。

如果稀溶液的 c_{H^+} 很小,为了使用方便,常用 pH 值表示溶液的酸碱性,pH 的定义为氢离子活度的负对数,$pH = -\lg a_{H^+}$。

在稀溶液中,浓度和活度的数值很接近,通常在实际工作中近似地用浓度代替活度:

$$pH = -\lg c_{H^+} \tag{2.21}$$

对于一元弱碱溶液,同理可得。

当 $K_b^\ominus \cdot c \geq 20 K_w^\ominus$,计算一元弱碱溶液中 c_{OH^-} 的近似式:

$$c_{OH^-} = \dfrac{-K_b^\ominus + \sqrt{K_b^{\ominus 2} + 4 K_b^\ominus c}}{2} \tag{2.22}$$

当 $K_b^\ominus \cdot c \geq 20 K_w^\ominus$ 且 $c/K_b^\ominus \geq 500$ 或 $\alpha < 5\%$ 时,计算一元弱碱溶液中 c_{OH^-} 的最简式为

$$c_{OH^-} = \sqrt{K_b^\ominus c} \tag{2.23}$$

在稀溶液中满足下式：

$$\text{pH} = 14 - \text{pOH} \text{ 或 } \text{pOH} = -\lg c_{OH^-} \tag{2.24}$$

溶液的酸碱性所使用的 pH 值范围通常为 1~14，pH 为负值或大于 14 不常用。

3. 多元弱酸、弱碱的解离平衡及 pH 计算

多元弱酸或多元弱碱在水中的质子转移反应是分步进行的，每一步都有对应的质子转移平衡常数，例如 $H_2C_2O_4$ 的质子转移分两步进行。

第一步质子转移反应：

$$H_2C_2O_4(aq) + H_2O(l) \rightleftharpoons HC_2O_4^-(aq) + H_3O^+(aq)$$

$$K_{a1}^\ominus = \frac{c_{HC_2O_4^-} \cdot c_{H_3O^+}}{c_{H_2C_2O_4}} = 5.89 \times 10^{-2}$$

第二步质子转移反应：

$$HC_2O_4^-(aq) + H_2O(l) \rightleftharpoons C_2O_4^{2-}(aq) + H_3O^+(aq)$$

$$K_{a2}^\ominus = \frac{c_{C_2O_4^{2-}} \cdot c_{H_3O^+}}{c_{HC_2O_4^-}} = 6.46 \times 10^{-5}$$

$H_2C_2O_4$ 和 $HC_2O_4^-$ 都为酸，它们对应的共轭碱分别为 $HC_2O_4^-$ 和 $C_2O_4^{2-}$，其质子转移平衡常数分别为

$$C_2O_4^{2-}(aq) + H_2O(l) \rightleftharpoons HC_2O_4^-(aq) + OH^-(aq)$$

$$K_{b1}^\ominus = \frac{K_w^\ominus}{K_{a2}^\ominus} = 1.55 \times 10^{-10}$$

$$HC_2O_4^-(aq) + H_2O(l) \rightleftharpoons H_2C_2O_4(aq) + OH^-(aq)$$

$$K_{b2}^\ominus = \frac{K_w^\ominus}{K_{a1}^\ominus} = 1.69 \times 10^{-13}$$

多元弱酸的水溶液是一个复杂的酸碱平衡系统，其质子转移是分步进行的，例如上述二元酸 $H_2C_2O_4$ 在水溶液中存在两步质子转移平衡，除了酸自身的多步解离平衡外，还有水的质子自递反应：

$$H_2O(l) + H_2O(l) \rightleftharpoons OH^-(aq) + H_3O^+(aq)$$

在 $H_2C_2O_4$ 溶液中，H_3O^+ 分别来自酸的两步质子转移平衡和水的质子自递反应平衡。在酸性溶液中，由于受第一步解离产生的 H_3O^+ 离子效应的影响，水的质子自递反应及第二步质子转移受到抑制，故由水的质子自递产生的 H_3O^+ 可以忽略不计，又因 $K_{a1}^\ominus$ 比 $K_{a2}^\ominus$ 大 10^3 倍，$H_2C_2O_4$ 的第二步质子转移要比第一步质子转移困难得多，所以溶液中的 $K_b^\ominus$ 主要来源于 $H_2C_2O_4$ 的第一步质子转移。

根据以上考虑，在计算多元酸中各种离子浓度时，要注意以下几点。

(1) 若多元弱酸 $K_{a1}^\ominus \gg K_{a2}^\ominus \gg K_{a3}^\ominus$，即 $K_{a1}^\ominus / K_{a2}^\ominus > 10^3$，计算溶液中离子浓度时，可忽略第二步及以后质子转移反应所产生的 H_3O^+，将其当作一元弱酸处理，此时溶液的酸性强弱只需比较 $K_{a1}^\ominus$ 的大小。

(2) 多元酸第二步质子转移平衡所得的共轭碱的浓度近似等于 $K_{a2}^\ominus$，与酸的浓度关系不

大。例如,在 $H_2C_2O_4$ 溶液中,$c_{HCO_4^-} \approx K_{a2}^{\ominus}$;在 H_2CO_3 溶液中,$c_{CO_3^{2-}} \approx K_{a2}^{\ominus}$。

(3) 多元弱酸第二步及以后各步的质子转移平衡所得的相应共轭碱的浓度都很低,多元弱碱在溶液中的分步解离与多元弱酸相似,根据类似的条件,可按一元弱碱的计算方法处理。

另外,在质子酸碱理论中,既可给出质子又可接受质子的物质称为两性物质,如水、多元酸的酸式盐、弱酸弱碱盐和氨基酸等。两性物质溶液中的质子转移平衡十分复杂,根据具体情况,在计算时进行合理的近似处理。

如果用 $K_a^{\ominus}$ 表示两性物质作为酸时酸的质子转移平衡常数,K_a' 表示两性物质作为碱时,其对应的共轭酸的质子转移平衡常数,c 表示两性物质的浓度。当 $K_a^{\ominus} \cdot c > 20 K_w^{\ominus}$,且 $c > 20 K_a'$ 时,水的质子自递反应可以忽略,根据同时考虑物料平衡和电荷(质子)平衡的数学推导,两性物质溶液计算 c_{H^+} 的最简式为

$$c_{H^+} = \sqrt{K_a^{\ominus} K_a'} \quad \text{或} \quad pH = \frac{1}{2}(pK_a^{\ominus} + pK_a') \tag{2.25}$$

4. 缓冲溶液及其 pH 计算

1) 同离子效应

解离平衡和其他化学平衡一样,弱电解质在水溶液中的解离平衡会随着温度、浓度条件的改变而发生移动。如在 HAc 溶液中加入含有相同离子的 NaAc 固体,由于 NaAc 是强电解质,在水溶液中全部解离成 Na^+ 和 Ac^-,使溶液中 Ac^- 的浓度增大,破坏了 HAc 在水溶液中的质子转移平衡,使平衡向生成 HAc 分子的方向移动,溶液中 H_3O^+ 浓度减小,导致 HAc 的解离度减小。

这种在弱酸或弱碱的水溶液中,加入与弱酸或弱碱含有相同离子的易溶强电解质,使解离平衡发生移动,降低弱酸或弱碱的解离度的现象称为同离子效应(Common Ion Effect)。

2) 缓冲溶液

在水溶液中进行的许多反应都与溶液的 pH 值有关,其中有些反应要求在一定的 pH 值范围内进行,但许多外界因素会使一般溶液的 pH 值发生改变,如空气中的二氧化碳,可使 pH 值降低,有少量的强酸或强碱加入溶液中,则 pH 值的变化就更为显著了。但有这样一种溶液,当在其中加入少量强酸或强碱或稍加稀释时,溶液的 pH 值基本不变,这种能抵抗外加少量强酸、强碱或稍加稀释而保持溶液 pH 值基本不变的溶液称为缓冲溶液(Buffer Solution)。缓冲溶液对强酸、强碱或稀释的抵抗作用,称为缓冲作用(Buffer Action)。按照质子酸碱理论,常用的缓冲溶液主要由浓度足够和比例适当的共轭酸及其共轭碱两种物质组成,这两种物质合称为缓冲系统(Buffer System)或缓冲对(Buffer Pair)。一些常见的缓冲系统如表 2.7 所示。

表 2.7 常见的缓冲系统

缓冲系统	共轭酸	共轭碱	$pK_a^{\ominus}$(25 ℃)
$H_3PO_4-NaH_2PO_4 H_3PO_4$	$H_2PO_4^-$	—	2.16
$C_6H_4(COOH)_2-$ $C_6H_4(COOH)COOK$	$C_6H_4(COOH)_2 C_6H_4(COOH)COO^-$	—	2.89

续表

缓冲系统	共轭酸	共轭碱	$pK_a^{\ominus}$ (25 ℃)
HAc–NaAc	HAc	Ac^-	4.76
H_2CO_3–$NaHCO_3$	H_2CO_3	HCO_3^-	6.35
NaH_2PO_4–Na_2HPO_4	$H_2PO_4^-$	HPO_4^{2-}	7.21
Tris·HCl–Tris	Tris·H^+	Tris	7.85
H_3BO_3–$Na_2B_4O_7$	H_3BO_3	$Na_2B_4O_7$	9.20
NH_4Cl–NH_3	NH_4^+	NH_3	9.25
Na_2HPO_4–Na_3PO_4	HPO_4^{2-}	PO_4^{3-}	12.32

注1：三（羟甲基）甲胺盐酸盐–三（羟甲基）甲胺。

缓冲溶液的重要作用是控制溶液的 pH 值，但缓冲溶液为什么能抵抗外来少量的强酸、强碱或稀释而维持 pH 值不变呢？下面以 HAc–NaAc 缓冲溶液为例来说明缓冲作用原理。溶液中的质子转移平衡关系可表示为

$$HAc(aq) + H_2O(l) \rightleftharpoons H_3O^+(aq) + Ac^-(aq)$$

HAc 为弱电解质，在水溶液中部分解离为 H_3O^+ 和 Ac^-；而 NaAc 为强电解质，在水溶液中完全解离为 Na^+ 和 Ac^-，因为来自 NaAc 中的 Ac^- 同离子效应，抑制了 HAc 的解离，使 HAc 的质子转移平衡左移，HAc 的解离度会降低，因此在水溶液中 HAc 几乎全部以分子的形式存在。所以在此混合系统中 Na^+，和 HAc 的浓度较大，其中 HAc–Ac^- 为共轭酸碱对。

从解离平衡的角度分析，当在平衡系统中外加少量强碱时，外加的 OH^- 与系统中的 H_3O^+ 作用生成 H_2O，HAc 的解离平衡右移，大量存在的 HAc 将质子传递给 H_2O，补充消耗的 H_3O^+。当达到新的平衡时，系统中 H_3O^+ 的浓度没有明显减小，pH 值也基本保持不变。共轭酸 HAc 实际起到抵抗外加强碱的作用，故又称为抗碱成分；当外加少量强酸时，外加的 H_3O^+ 与系统中大量存在的 Ac^-（称为抗酸成分）作用生成 HAc，使 HAc 的解离平衡左移，当达到新的平衡时，系统中 H_3O^+ 的浓度没有明显增加，pH 值保持基本不变。共轭碱 Ac^- 实际起到抵抗外加强酸的作用；当溶液稍加稀释时，系统中各种离子的浓度都有所降低，虽然 H_3O^+ 浓度也降低，但溶液稀释导致同离子效应减弱，促使 HAc 的解离度增大。HAc 进一步解离产生的 H_3O^+ 可使溶液的 pH 值保持基本不变。

3）缓冲溶液的 pH 值与缓冲范围

若以 HA 表示缓冲系统中的共轭酸，NaA 表示缓冲系统中的共轭碱，在水溶液中，它们存在如下质子转移平衡：

$$HA(aq) + H_2O(l) \rightleftharpoons H_3O^+(aq) + A^-(aq)$$

$$K_a^{\ominus} = \frac{c_{H_3O^+} \cdot c_{A^-}}{c_{HA}}, c_{H_3O^+} = K_a^{\ominus} \times \frac{c_{HA}}{c_{A^-}}$$

等式两边取负对数可得

$$pH = pK_a^{\ominus} + \lg \frac{c_{A^-}}{c_{HA}} \text{ 或 } pH = pK_a^{\ominus} + \lg \frac{c_{共轭碱}}{c_{共轭酸}} \quad (2.26)$$

式中，$K_a^\ominus$ 为缓冲系统中共轭酸的解离常数；c_{HA} 和 c_{A^-} 分别为共轭酸、碱的平衡浓度；c_{A^-}/c_{HA} 称为缓冲比（Buffer-component Ratio）。

式（2.26）为计算缓冲溶液 pH 值的亨德森-海森马赫（Henderson-Hasselbalch）方程。应当指出的是，式（2.26）中 c_{HA} 和 c_{A^-} 虽是平衡浓度，但由于 HA 为弱酸，解离度较小，又因为 c_{A^-} 的同离子效应，使 HA 的解离度进一步降低，共轭酸碱的平衡浓度近似等于初始浓度 c_{HA} 和 c_{A^-}，则式（2.26）可近似写成

$$pH = pK_a^\ominus + \lg \frac{c_{A^-}}{c_{HA}} \approx pK_a^\ominus + \lg \frac{c_{A^-}}{c_{HA}} \tag{2.27}$$

对共轭酸碱对来说，25 ℃时，$pK_a^\ominus + pK_b^\ominus = 14$，则

$$pH = 14 - pK_b^\ominus + \lg \frac{c_{A^-}}{c_{HA}} \tag{2.28}$$

计算 NH_3-NH_4Cl 这类碱性缓冲溶液的 pH 值时，人们常用式（2.28）来计算。

任何缓冲溶液的缓冲能力都有一定的限度，只有在加入的酸和碱不超过一定量时，才能有效地发挥缓冲作用，若加入的酸或碱的量过大，缓冲溶液的缓冲能力就将减弱乃至完全丧失。实验证明，缓冲比大于 10∶1 或小于 1∶10，即溶液的 pH 值与 $pK_a^\ominus$ 相差超过 1 个 pH 单位时，缓冲溶液几乎丧失缓冲能力。通常把缓冲比在 0.1～10 范围之间所对应的缓冲溶液的 pH 值称为缓冲溶液的缓冲范围（Buffer Effective Range）。据式（2.27）可得

$$pH = pK_a^\ominus \pm 1 \tag{2.29}$$

根据式（2.29）可以计算任意缓冲溶液的缓冲范围，不同的缓冲系统，因弱酸的 $pK_a^\ominus$ 不同，所以缓冲范围也各不相同。

2.4 多相离子平衡

以上讨论了可溶电解质单相系统的离子平衡。在科学研究和生产实践中，经常还需要研究在含有难溶电解质和水的系统中所存在的固相和液相中离子之间的平衡，也就是多相系统的离子平衡问题，如 $BaSO_4$、PbI_2、$AgCl$，它们虽然在水中的溶解度很小，但在水中溶解的部分是完全解离的。难溶强电解质在水溶液中，存在固体和溶液中离子之间的平衡，即多相离子平衡。

2.4.1 难溶电解质的多相离子平衡

1. 溶度积

难溶的电解质在水中不是绝对不能溶解。例如，AgCl 在水中的溶解度虽然很小，但还会有一定数量的 Ag^+ 和 Cl^- 离子离开晶体表面而溶入水中，同时，已溶解的 Ag^+ 和 Cl^- 又会不断地从溶液中回到晶体的表面而析出。在一定条件下，当溶解与结晶的速率相等时，达到溶解平衡，建立了固相和液相中离子之间的动态平衡，这是一个多相离子平衡，即

$$AgCl(s) \rightleftharpoons Ag^+(aq) + Cl^-(aq)$$

其标准平衡常数为

$$K^{\ominus} = K_s^{\ominus}(\text{AgCl}) = [c^{eq}(\text{Ag}^+)/c^{\ominus}] \cdot [c^{eq}(\text{Cl}^-)/c^{\ominus}]$$

此式可简化为

$$K^{\ominus} = K_s^{\ominus}(\text{AgCl}) = c^{eq}(\text{Ag}^+) \cdot c^{eq}(\text{Cl}^-)$$

此式表明：难溶电解质的饱和溶液中，当温度一定时，其离子浓度的乘积为一常数，这个平衡常数$K_s^{\ominus}$叫作溶度积常数，简称溶度积。与其他平衡常数一样，$K_s^{\ominus}$的数值既可由实验测得，也可以应用热力学数据计算得到。

根据平衡常数表达式的书写原则，对于难溶电解质A_mB_n，可用通式表示为

$$A_mB_n(s) \rightleftharpoons mA^{n+}(aq) + nB^{m-}(aq)$$

溶度积公式为

$$K_s^{\ominus}(A_mB_n) = [c^{eq}(A^{n+})/c^{\ominus}]^m \cdot [c^{eq}(B^{m-})/c^{\ominus}]^n \tag{2.30}$$

化简为

$$K_s^{\ominus}(A_mB_n) = [c^{eq}(A^{n+})]^m \cdot [c^{eq}(B^{m-})]^n \tag{2.31}$$

例 2.1 在 25 ℃时，AgCl 的溶度积为 1.77×10^{-10}，Ag_2CrO_4 的溶度积为 1.12×10^{-12}。试求 AgCl 和 Ag_2CrO_4 的溶解度（以 $mol \cdot L^{-1}$ 表示）。

解 （1）设 AgCl 的溶解度为 s_0（以 $mol \cdot L^{-1}$ 为单位），则

$$\text{AgCl}(s) \rightleftharpoons \text{Ag}^+(aq) + \text{Cl}^-(aq)$$
$$c^{eq}(\text{Ag}^+) = c^{eq}(\text{Cl}^-) = s_0$$
$$K_s^{\ominus} = c^{eq}(\text{Ag}^+) \cdot c^{eq}(\text{Cl}^-) = s_0 \cdot s_0 = s_0^2$$
$$s_0 = \sqrt{K_s^{\ominus}} = \sqrt{1.77 \times 10^{-10}} \ mol \cdot L^{-3} = 1.33 \times 10^{-5} \ mol \cdot L^{-3}$$

（2）设 Ag_2CrO_4 的溶解度为 s_1（以 $mol \cdot L^{-1}$ 为单位），则

$$Ag_2CrO_4(s) \rightleftharpoons 2Ag^+(aq) + CrO_4^{2-}(aq)$$
$$c^{eq}(CrO_4^{2-}) = s_1, c^{eq}(Ag^+) = 2s_1$$
$$K_s^{\ominus} = [c^{eq}(Ag^+)]^2 \cdot c^{eq}(CrO_4^{2-}) = (2s_1)^2 \cdot s_1 = 4s_1^3$$
$$s_2 = \sqrt[3]{K_s^{\ominus}/4} = \sqrt[3]{1.12 \times 10^{-12}/4} \ mol \cdot L^{-3} = 6.54 \times 10^{-5} \ mol \cdot L^{-3}$$

上述计算结果表明，AgCl 的溶度积虽比 Ag_2CrO_4 的要大，但 AgCl 的溶解度（$1.33 \times 10^{-5} \ mol \cdot L^{-1}$）却比 Ag_2CrO_4 的溶解度（$6.54 \times 10^{-5} \ mol \cdot L^{-1}$）要小。这是因为 AgCl 是 AB 型难溶电解质，$AgCrO_4$ 是 A_2B 型难溶电解质，两者的类型不同且两者的溶度积数值相差不大。对于同一类型的难溶电解质，可以通过溶度积的大小来比较它们的溶解度大小。例如，均属 AB 型的难溶电解质 AgCl、$BaSO_4$ 和 $CaCO_3$ 等，在相同温度下，溶度积越大，溶解度也越大，反之亦然。但对于不同类型的难溶电解质，则不能认为溶度积小的，溶解度也一定小。

必须指出，上述溶度积与溶解度的换算是一种近似的计算，忽略了难溶电解质的离子与水的作用等情况。

2. 溶度积与溶解度间的关系

溶度积和溶解度都可以表示难溶电解质的溶解能力，两者既有联系又有区别。在同一温度下，溶度积与溶解度之间可以进行互相换算。换算时，溶解度应以饱和溶液的物质的量浓度表示，其单位为 $mol \cdot L^{-1}$。由于难溶电解质的溶解度很小，即溶液很稀，可以近似地认

为它们饱和溶液的密度和纯水一样。

设难溶电解质 A_mB_n 的溶解度为 $s(\text{mol} \cdot \text{L}^{-1})$，在其饱和溶液中有

$$A_mB_n(s) \rightleftharpoons mA^{n+} + nB^{m-}$$

平衡浓度/(mol·L^{-1})　　　　　　　ms　　ns

根据式（2.31）知 $K_s^{\ominus}(A_mB_n) = [c(A^{n+})]^m \cdot [c(B^{m-})]^n = (ms)^m \cdot (ns)^n = m^m \cdot n^n \cdot s^{(m+n)}$

由此可知

$$s = \sqrt[m+n]{\frac{K_s^{\ominus}}{m^m \cdot n^n}} \tag{2.32}$$

式（2.32）为难溶电解质的溶解度与溶度积的定量关系式。

2.4.2 溶度积规则及应用

1. 溶度积规则

在任意条件下，难溶电解质的溶液中，溶解的各离子起始浓度以其化学计量数为指数的乘积称为离子积（Ion Product），即溶解平衡的反应商 Q。对于难溶电解质 A_mB_n，其反应商 Q 的表达式为 $Q = [c(A^{n+})/c^{\ominus}]^m \cdot [c(B^{m-})/c^{\ominus}]^n$，简写为 $Q = [c(A^{n+})]^m \cdot [c(B^{m-})]^n$。$Q$ 的表达形式与 $K_s^{\ominus}$ 类似，但其意义不同。$K_s^{\ominus}$ 表示难溶电解质达到沉淀-溶解平衡时，溶液中离子的平衡浓度幂的乘积，而 Q 表示任何情况下，离子起始浓度幂的乘积。对一给定难溶电解质来说，在一定条件下沉淀能否生成或溶解，可从反应商 Q 与溶度积 $K_s^{\ominus}$ 的比较来判断。

(1) $Q = [c(A^{n+})]^m \cdot [c(B^{m-})]^n > K_s^{\ominus}$，有沉淀析出。

(2) $Q = [c(A^{n+})]^m \cdot [c(B^{m-})]^n = K_s^{\ominus}$，饱和溶液。

(3) $Q = [c(A^{n+})]^m \cdot [c(B^{m-})]^n < K_s^{\ominus}$，不饱和溶液，无沉淀析出，或可使沉淀溶解。

该规则称为溶度积规则。

与其他任何平衡一样，难溶电解质在水溶液中的多相离子平衡也是相对的、有条件的。例如，若在 $CaCO_3(s)$ 溶解平衡的系统中加入 $NaCO_3$ 溶液，由于 CO_3^{2-} 的浓度增大，使 $c(Ca^{2+}) \cdot c(CO_3^{2-}) > K_s^{\ominus}(CaCO_3)$，平衡向生成 $CaCO_3$ 沉淀的方向移动，直到溶液中离子浓度乘积等于溶度积为止。当达到新平衡时，溶液中的 Ca^+ 浓度减小了，也就是降低了 $CaCO_3$ 的溶解度。这种因加入含有共同离子的强电解质，而使难溶电解质溶解度降低的现象也叫作同离子效应。

例 2.2　求 25 ℃时，AgCl 在 0.010 0 mol·L^{-1} NaCl 溶液中的溶解度。

解　设 AgCl 在 0.010 0 mol·L^{-1} NaCl 溶液中的溶解度为 1.00 mol·L^{-1}，则在 1.00 L 溶液中所溶解的 AgCl 的物质的量等于 Ag$^+$ 在溶液中的物质的量，即 $c(Ag^+) = x$ mol·L^{-1}，而 Cl$^-$ 的浓度则与 NaCl 的浓度及 AgCl 的溶解度有关，$c(Cl^-) = (0.010\ 0 + x)$ mol·L^{-1}。则

$$AgCl(s) \rightleftharpoons Ag^+(aq) + Cl^-(aq)$$

平衡浓度/(mol·L^{-1})　　　　　　　x　　　$0.010\ 0 + x$

将浓度代入溶度积公式，得

$$K_s^{\ominus} = c^{eq}(Ag^+) \cdot c^{eq}(Cl^-)$$
$$1.77 \times 10^{-10} = x(0.0100 + x)$$

由于 AgCl 溶解度很小，$0.0100 + x \approx 0.0100$，所以 $x \times 0.0100 = 1.77 \times 10^{-10}$，$x = 1.77 \times 10^{-8}$，即 AgCl 的溶解度为 1.77×10^{-8} mol·L^{-1}。

本例中所得 AgCl 的溶解度与 AgCl 在纯水中的溶解度（例 2.1 中求得的 1.33×10^{-5} mol·L^{-1}）相比要小得多。这说明由于同离子效应，使难溶电解质的溶解度大大降低了。

2. 沉淀的转化

在实践中，有时需要将一种沉淀转化为另一种沉淀。例如，锅炉中的锅垢的主要成分为 $CaSO_4$，锅垢的导热能力很小（导热系数只有钢铁的 1/50～1/30），影响传热，浪费燃料，还可能引起锅炉或蒸汽管的爆裂，造成事故。但 $CaSO_4$ 不溶于酸，难以除去。若用 Na_2CO_3 溶液处理，则可使 $CaSO_4$ 转化为疏松而可溶于酸的 $CaCO_3$ 沉淀，便于锅垢的清除：

$$CaSO_4(s) \rightleftharpoons Ca^{2+}(aq) + SO_4^{2-}(aq)$$
$$Na_2CO_3(s) \rightleftharpoons Na^{2+}(aq) + CO_3^{2-}(aq)$$
$$CO_3^{2-}(aq) + Ca^{2+}(aq) \rightleftharpoons CaCO_3(s)$$

由于 $CaSO_4$ 的溶度积（$K_s^{\ominus} = 7.10 \times 10^{-5}$）大于 $CaCO_3$ 的溶度积（$K_s^{\ominus} = 4.96 \times 10^{-9}$），在溶液中与 $CaSO_4$ 平衡的 Ca^{2+} 与加入的 CO_3^{2-} 结合生成溶度积更小的 $CaCO_3$ 沉淀，从而降低了溶液中 Ca^{2+} 浓度，破坏了 $CaSO_4$ 的溶解平衡，使 $CaSO_4$ 不断溶解或转化。

沉淀转化的程度可以用以下反应的平衡常数来衡量：

$$CaSO_4(s) + CO_3^{2-}(aq) \rightleftharpoons CaCO_3(s) + SO_4^{2-}(aq)$$

$$K_s^{\ominus} = \frac{c^{eq}(SO_4^{2-})}{c^{eq}(CO_3^{2-})} = \frac{c^{eq}(SO_4^{2-}) \cdot c^{eq}(Ca^{2+})}{c^{eq}(CO_3^{2-}) \cdot c^{eq}(Ca^{2+})} = \frac{K_s^{\ominus}(CaSO_4)}{K_s^{\ominus}(CaCO_3)} = \frac{7.10 \times 10^{-5}}{4.96 \times 10^{-9}} = 1.43 \times 10^4$$

此转化反应的平衡常数较大，表明沉淀转化的程度较大。

对于某些锅炉用水来说，虽经 Na_2CO_3 处理，已使 $CaSO_4$ 锅垢转化为易除去的 $CaCO_3$，但 $CaCO_3$ 在水中仍有一定的溶解度。当锅炉中水不断蒸发时，溶解的少量 $CaCO_3$ 又会不断地沉淀析出。如果要进一步降低已经 Na_2CO_3 处理的锅炉水中的 Ca^{2+} 浓度，还可以再用磷酸钠 Na_3PO_4 补充处理，使生成磷酸钙 $Ca_3(PO_4)_2$ 沉淀而除去：

$$3CaCO_3(s) + 2PO_4^{3-}(aq) \rightleftharpoons Ca_3(PO_4)_2(s) + 3CO_3^{2-}(aq)$$

这是因为 $Ca_3(PO_4)_2$ 的溶解度为 1.14×10^{-7} mol·L^{-1}，比 $CaCO_3$ 的溶解度 7.04×10^{-5} mol·L^{-1} 更小，所以反应能向着生成更难溶解的 $Ca_3(PO_4)_2$ 的方向进行。

一般说来，由一种难溶的电解质转化为更难溶的电解质的过程是很易实现的；相反，由一种很难溶的电解质转化为不太难溶的电解质就比较困难。但应指出，沉淀的生成或转化除与溶解度或溶度积有关外，还与离子浓度有关。因此，当涉及两种溶解度或溶度积相差不大的难溶物质的转化，尤其有关离子的浓度有较大差别时，必须进行具体分析或计算，才能明确反应进行的方向。

3. 沉淀的溶解

根据溶度积规则，当 $Q < K_s^{\ominus}$ 时，通过降低难溶电解质饱和溶质中有关离子的浓度，即可

改变沉淀溶解平衡,使难溶电解质溶解。常用的方法有如下几种。

1) 酸碱反应

如果往含有 $CaCO_3$ 的饱和溶液中加入稀盐酸,能使 $CaCO_3$ 溶解,生成 CO_2 气体。这一类反应的实质是利用酸碱反应使 CO_3^{2-}(碱)的浓度不断降低,难溶电解质 $CaCO_3$ 的多相离子平衡发生移动,因而使沉淀溶解:

$$CaCO_3(s) + 2H^+(aq) \rightleftharpoons Ca^{2+}(aq) + CO_2(g) + H_2O(g)$$

其次,在难溶金属氢氧化物中加入酸后,由于生成 H_2O,使 OH^- 浓度大为降低,从而使金属氢氧化物溶解。例如,用 15% HAc 溶液洗去织物上的铁锈渍的反应可表示为

$$Fe(OH)_3(s) + 3HAc(aq) \rightleftharpoons Fe^{3+}(aq) + 3Ac^-(aq) + 3H_2O(g)$$

此外,部分不太活泼金属的硫化物如 FeS、ZnS 等也可用稀酸溶解。例如:

$$FeS(s) + 2H^+(aq) \rightleftharpoons Fe^{2+}(aq) + H_2S(g)$$

2) 配位反应

难溶电解质中的金属离子与某些试剂形成配离子时,会使沉淀或多或少地溶解。例如照相底片上未曝光的 AgBr,可用 $Na_2S_2O_3$ 溶液($Na_2S_2O_3 \cdot 5H_2O$,俗称海波)溶解,反应式为

$$AgBr(s) + 2S_2O_3^{2-}(aq) \rightleftharpoons [Ag(S_2O_3)_2]^{3-}(aq) + Br^-(aq)$$

制造氧化铝的工艺通常是由 Al^{3+} 与 OH^- 反应生成 $Al(OH)_3$,再由 $Al(OH)_3$ 焙烧而得 Al_2O_3。在制取 $Al(OH)_3$ 的过程中,根据同离子效应加入适当过量的沉淀剂 $Ca(OH)_2$,可使溶液中 Al^{3+} 更加完全地沉淀为 $Al(OH)_3$。应注意的是,不能加入过量强碱(如 NaOH),否则两性的 $Al(OH)_3$ 将会溶解在过量强碱中,形成诸如 $[Al(OH)_4]^-$ 的配离子。反应式为

$$Al(OH)_3(s) + OH^-(aq)(过量) \rightleftharpoons [Al(OH)_4]^-(aq)$$

或

$$4OH^-(aq) + Al^{3+}(aq) \rightleftharpoons [Al(OH)_4]^-(aq)$$

3) 氧化还原反应

有一些难溶于酸的硫化物如 Ag_2S、CuS、PbS 等,它们的溶度积太小,不能像 FeS 那样溶解于非氧化性酸,但可以加入氧化性酸使之溶解。例如,加入 HNO_3 作为氧化剂,使发生下列反应:

$$3CuS(s) + 8HNO_3(aq)(稀) \rightleftharpoons 3Cu(NO_3)_2(aq) + 3S(s) + H_2O(l) + 2NO(g)$$

由于 HNO_3 能将 S^{2-} 氧化为 S,大大降低 S^{2-} 的浓度,使 $c(Cu^{2+}) \cdot c(S^{2-}) < K_s^{\ominus}(CuS)$,从而使 CuS 溶解。

2.5 水的净化与废水处理

生活饮用水、工业用水、渔业用水、农业灌溉用水等都是有特定用途的水资源。人们对这些水中污染物或其他物质的最大容许浓度作出规定,称为水质标准。

对于要返回到环境中的工业废水和生活污水也应加以处理,使其达到国家规定的排放标准,若需要进一步提高水的纯度,可再用离子交换、电渗析或蒸馏等方法处理,从而

制得纯净水。

根据处理的程度，一般可以将处理分为三个级别：一级处理应用物理处理方法，即用格栅、沉淀池等构筑物，去除污水中不溶解的污染物等；二级处理应用生物处理方法，即主要通过微生物的代谢作用，将污水中各种复杂的有机物氧化降解为简单的物质；三级处理是用化学反应法、离子交换法、反渗透法、臭氧氧化法或活性炭吸附法等除去磷、氮、盐类和难降解有机物，以及用氯化法消毒等一种或几种方法对污水进行处理。

下面简单介绍几种与化学有关的水处理方法。

1. 混凝法

水中若有很细小的淤泥及其他污染物微粒等杂质存在，它们往往形成不易沉降的胶态物质悬浮于水中。此时可加入混凝剂使其沉降。铝盐和铁盐是最常用的混凝剂。以铝盐为例，铝盐与水的反应可生成 $Al(OH)^{2+}$、$Al(OH)_2^+$ 和 $Al(OH)_3$ 等，它们可从三个方面发挥混凝作用：中和胶体杂质的电荷；在胶体杂质微粒之间起黏结作用；自身形成氢氧化物的絮状体，在沉淀时对水中胶体杂质起吸附卷带作用。

影响混凝过程的因素有 pH 值、温度、搅拌强度等。其中以 pH 值最为重要。采用铝盐作为混凝剂时，pH 值应控制在 6.0~8.5 的范围内。采用铁盐时，pH 值控制在 8.1~9.6 时效果最佳。

在混凝过程中，有时还同时投加细黏土、膨润土等作为助凝剂。其作用是形成核心，使沉淀物围绕核心长大，增大沉淀物密度，加快沉降速度。

新型的无机高分子混凝剂如聚氯化铝 $[Al_2(OH)_nCl_{6-n}xH_2O]_m$，由于其价廉、净水效果好，因此得到普遍采用。有机高分子絮凝剂，如聚丙烯酰胺（俗称3#絮凝剂）能强烈、快速地吸附水中胶体颗粒及悬浮物颗粒形成絮状物，大大加快凝聚速率。

在实际操作中，有时使用复合配方的混凝剂，净化的效果更加理想。例如，投加铁盐和聚丙烯酰胺的复合配方处理皮毛工业废水，要比使用单一药剂的效果更好。

2. 化学法

1) 以沉淀反应为主的处理法

对于有毒有害的金属离子，可加入沉淀剂与其反应，使生成氢氧化物、碳酸盐或硫化物等难溶性沉淀而除去。常用的沉淀剂有 CaO、Na_2CO_3、Na_2S 等。例如，硬水软化方法之一是用石灰-苏打使水中的 Mg^{2+}、Ca^{2+} 转变为 $Mg(OH)_2$、$CaCO_3$ 沉淀而除去。若欲去除酸性废水中的 Pb^{2+}，一般可投加石灰水，使生成 $Pb(OH)_2$ 沉淀。废水中残留的 Pb^{2+} 浓度与水中 OH^- 浓度有关。根据同离子效应，加入适当过量的石灰水，可使废水中残留的 Pb^{2+} 进一步减小。但石灰水的用量不宜过多，否则会使两性的 $Pb(OH)_2$ 沉淀部分溶解。

又如，向含 Hg^{2+} 的废水中加入 Na_2S，可使 Hg^{2+} 转变成 HgS 沉淀而除去。用 FeS 处理含 Hg^{2+} 的废水，发生以下反应：

$$FeS(s) + Hg^{2+}(aq) \rightleftharpoons HgS(s) + Fe^{2+}(aq)$$

该反应的平衡常数 $K^{\ominus}$ 值相当大（约 7.9×10^{33}），因此沉淀转化程度很高，且成本低。

近年来，在沉淀法的基础上发展出了吸附胶体浮选处理含重金属离子废水的新技术。该方法是利用胶体物质，如 $Fe(OH)_3$ 胶体作为载体，使重金属离子，如 Hg^{2+}、Cd^{2+} 和 Pb^{2+} 等吸附在载体上，然后加表面活性剂（或称为捕收剂，如十二烷基磷酸钠与正己醇以 1∶3 比例的混合物），使载体疏水，则重金属离子会附着于预先在加压下溶解的空气所产生的气泡表面上，浮至液面而除去。

2) 以氧化还原反应为主的处理法

利用氧化还原反应将水中有毒物转变成无毒物、难溶物或易于除去的物质是水处理工艺中较重要的方法之一。常用的氧化剂有 O_2（空气）、Cl_2（或 $NaClO$）、H_2O_2、O_3 等，常用的还原剂有 $FeSO_4$、Fe 粉、SO_2、Na_2SO_3 等。例如，水处理中常用曝气法（即向水中不断鼓入空气）使水中的 Fe^{2+} 氧化，并生成溶度积很小的 $Fe(OH)_3$ 沉淀而除去。又如，使用 Cl_2 可将废水中的 CN^- 氧化成无毒的 N_2、CO_2 等。

处理 $Cr_2O_7^{2-}$ 时，可加入 $FeSO_4$ 作为还原剂，使发生以下反应：

$$Cr_2O_7^{2-}(aq)+6Fe^{2+}(aq)+14H^+(aq) \Longrightarrow 6Fe^{3+}(aq)+2Cr^{3+}(aq)+7H_2O(l)$$

然后再加 NaOH，调节溶液的 pH 值为 6~8，使 Cr^{3+} 生成 $Cr(OH)_3$ 沉淀而从污水中除去。

3. 离子交换法

离子交换法在硬水软化和含重金属离子的污水处理方面得到广泛应用，其原理是利用离子交换树脂与水中的杂质离子进行交换反应，将杂质离子交换到树脂上去，达到使水纯化的目的。

离子交换树脂是不溶于水的合成高分子化合物，常用的有阳离子交换树脂和阴离子交换树脂。它们均由树脂母体（有机聚合物）及活性基团（能起交换作用的基团）两部分组成。阳离子交换树脂含有的活性基团，如磺酸基（$-SO_3H$），能以 H^+ 离子与溶液中的金属离子或其他正离子发生交换；阴离子交换树脂含有的活性基团，如季氨基[$-N(CH_3)_3OH$]，能以 OH^- 离子与溶液中的负离子发生交换。若以 R 表示树脂母体部分，则阳离子交换树脂可表示为 $R-SO_3H$ 剂，阴离子交换树脂可表示为 $R-N(CH_3)_3OH$。杂质离子（正离子以 M^+ 表示，负离子以 X^- 表示）与离子交换树脂的交换反应可分别表示为

$$R-SO_3H+M^+ \Longrightarrow R-SO_3H+H^+$$
$$R-N(CH_3)_3OH+X^- \Longrightarrow RN(CH_3)_3X+OH^-$$

离子交换过程是可逆的，离子交换树脂使用一段时间后，$R-SO_3H$ 转变成 $R-SO_3M$，$R-N(CH_3)_3OH$ 转变成 $R-N(CH_3)_3OHX$，丧失了交换能力。此时的树脂就需进行化学处理，使其恢复交换能力，这一过程称为离子交换树脂的再生。

4. 电渗析法和反渗透法

电渗析法和反渗透法都是应用薄膜分离新技术的水处理工艺，可用于海水淡化。电渗析法的原理是在外加直流电源作用下，使水中的正、负离子分别向阴、阳两极迁移。在阴、阳两极之间布置了若干对离子交换膜（一张阳离子交换膜（简称阳膜）和一张阴离子交换膜（简称阴膜）称为一对离子交换膜），由于阳膜只允许正离子通过，阴膜只允许负离子通过，在电场作用下，水中的正离子在向阴极迁移过程中能透过阳膜则不能透过阴膜，负离子在向阳极迁移过程中能透过阴膜而不能透过阳膜。待处理水经这样处理后，造成了淡水区和浓水区，把淡水引出，可得到较纯的水（或称为除盐水）。

反渗透法是应用一种强度足以经受所用的高压力，同时又只能让水分子透过，不让待处理水中杂质离子透过的薄膜（半透膜），在相当大的外加压力下，将纯水从含杂质离子的水中分离出来的方法。

水污染及其危害

水是生命的源泉，是生命存在与经济发展的必要条件，是构成人体组织的重要部分。水在人体内的含量达70%，成年人每天需水2.5~3 L，其中直接饮用1 L左右，食物中补充1 L，人体新陈代谢形成0.5 L。人体60%的水在细胞内，40%在流体内（血、消化液、唾液、胆液、泪水、汗液、肠液、胃液）。地球表面约70%被水覆盖，其中海水占97.3%，可用淡水仅有2.7%。在2.7%的淡水中，77.2%存在于雪山冰川中，22.4%为土壤中的水和地下水（降水与地表水渗入），只有0.4%为地表水（河流、湖泊、冰川等水体）。我国大小河川总长42万千米，湖泊7.56万平方千米，占国土总面积的0.8%，水资源总量28 000亿立方米，人均2 300立方米，只占世界人均拥有量的1/4，居121位，为13个贫水国之一。我国600多个城市有300多个缺水，2.32亿人年均用水量严重不足。

近年来，随着我国工业化发展、城镇化提速以及人口数量的膨胀，水资源质量在不断下降，水环境持续恶化。据调查，全国河流长度有67.8%被污染，约占监测河流长度的2/3，导致我国地表水资源污染非常严重。水污染分为自然污染和人为污染。自然污染是自然因素造成的环境污染，如特殊地质条件使一些地区某种化学元素大量富集，天然植物腐烂时产生的某些毒物或生物病原体进入水体，污染水质。人为污染是指人类生活和生产活动中引起地表水水体污染，如生活污水、工业废水、农田排水和矿山排水等。

水体污染物类型较多，常见的为有机污染物和无机污染物。

有机污染物主要有碳氧化合物、脂肪和蛋白质，杀虫剂、合成洗涤剂和多氯联苯，石油产品等。

城市生活污水和食品、造纸等工业废水中含有大量的碳氢化合物、蛋白质、脂肪等。它们在水中的好氧微生物（指生活时需要氧气的微生物）的参与下，与氧作用分解（通常也称为降解）为结构简单的物质（如CO_2、H_2O、NO_3^-、SO_4^{2-}等）时，要消耗水中溶解的氧，所以常常称这些有机物为好氧有机物。水中含有大量耗氧有机物时，水中溶解的氧将急剧下降，降至低于$4\ mg\cdot L^{-1}$时，鱼就难以生存。若水中含氧量太低，这些有机物又会在厌氧微生物（指在缺氧的环境中才能生活的微生物）作用下，与水作用产生甲烷、硫化氢、氨等物质，即发生腐败，使水变质。

随着现代石油化学工业的高速发展，产生了多种原来自然界没有的有机毒物，如有机氯农药、有机磷农药、合成洗涤剂、多氯联苯（工业上用于油漆和油墨的添加剂，热交换剂和塑料软化剂等）。这些化合物在水中很难被微生物降解，因而称为难降解有机物。它们被生物吸收后，在食物链中逐步被浓缩而造成严重危害。其中多氯联苯等还有致癌作用。

在开采、加工、贮运、使用石油的过程中，原油和各种石油制品进入环境而造成的污染可带来严重的后果。这是因为石油成分有一定的毒性，具有破坏生物的正常生活环境、造成生物机能障碍的物理作用。石油比水轻又不溶于水，覆盖在水面上形成薄膜层，一方面阻止大气中氧在水中溶解，另一方面因石油膜的生物分解和自身的氧化作用，消耗水中大量的溶解氧，致使水体缺氧。同时，油膜堵塞鱼的鳃部，使鱼呼吸困难，甚至引起鱼死亡。若以含油污水灌田，也可因油黏膜黏附在农作物上而使其枯死。

无机污染物主要有重金属、氧化物、酸、碱等。

重金属主要包括汞、镉、铅、铬、砷等（砷虽不是金属，但其毒性与重金属相似，故经常和重金属一起讨论），这五种污染物常称为"金属五毒"。重金属的致害作用在于使人体中的酶失去活性，它们的共同特点是即使含量很小也有毒性，因为它们能在生物体内积累，不易排出体外，因此危害很大。

水中的汞来源于汞极电解食盐厂、汞制剂农药厂、用汞仪表厂等的废水。人体在汞中毒后，会引起神经损害、瘫痪、精神错乱、失明等症状。汞的毒性的大小与其存在形态有关，+1 价汞的化合物（如甘汞 Hg_2Cl_2 难溶于水）毒性小，而 +2 价汞的化合物毒性大。有机汞，如甲基氯化汞，其毒性更大。1953 年发生在日本的水俣病就是无机汞转变为有机汞，造成的累积性的汞中毒事件。

水中镉的主要存在形态是 Cd^{2+}，来源于金属矿山、冶炼厂、电镀厂、某些电池厂、特种玻璃制造厂及化工厂等的废水。镉有很高的潜在毒性，饮用水中含量不得超过 $0.01\ mg\cdot L^{-1}$，否则将因累积而引起人体贫血、肾脏损害，并且使大量钙质从尿中流失，引起骨质疏松。1955 年发生在日本富山县的骨痛病就是镉污染所引起的。人在中毒后骨骼变脆，全身骨节疼痛难忍，最终剧痛死亡。

水中铅的主要存在形态为 Pb^{2+}，来源于金属矿山、冶炼厂、电池厂、油器厂等的废水及汽车尾气。铅是重金属污染中数量最大的一种，能毒害人体的神经系统和造血系统，引起痉挛、精神迟钝、贫血等。

水中铬的主要存在形态是铬酸根离子（CrO_4^{2-}）或重铬酸根离子（$Cr_2O_7^{2-}$）。来源于冶炼厂、电镀厂及制革、颜料等工业的废水。铬的毒害作用是引起人的皮肤溃痛、贫血、肾炎等，并可能有致癌作用。Cr^{3+} 是人体中的一种微量营养元素，但过量也会造成伤害。

水中砷的主要存在形态是亚砷酸根离子（AsO_3^{3-}）和砷酸根离子（AsO_4^{3-}）。AsO_3^{3-} 的毒性比 AsO_4^{3-} 的要大。冶金工业、玻璃陶瓷、制革、染料和杀虫剂等的生产废水中都含有砷或砷的化合物。砷中毒会引起人体细胞代谢紊乱、肠胃道失常、肾衰退等。

氰化物的毒性很强，在水中以 CN^- 存在。若遇酸性介质，则 CN^- 能生成毒性极强的挥发性氢氰酸 HCN。氰化物主要来源于电镀、煤气、冶金等工业废水。CN^- 的毒性是由于它与人体中的氧化酶结合，使氧化酶失去传递氧的作用，引起人体呼吸困难，全身细胞缺氧而窒息死亡。口腔黏膜如果吸进约 50 mg 氢氰酸，瞬时即能致死。

在水中还有一些金属离子，如 Cu^{2+}、Zn^{2+}、Fe^{3+}、Mn^{2+}、Ca^{2+}、Mg^{2+} 等，它们虽然都是人体必要的微量营养元素，但过量时也会对人体造成伤害。此外，水中的 Ca^{2+}、Mg^{2+} 还会增加水的硬度。含 Fe^{2+} 或 Fe^{3+} 量高的水不仅会产生水垢，还会形成锈斑。冶金和金属加工时的酸洗工序、合成纤维等工业所排放的酸性废水中含有 H^+ 或其他离子酸，以及氯碱、造纸、印染、制革、炼油等工业所排放的碱性废水含有 OH^-、CO_3^{2-} 等离子均可使废水的 pH 值发生变化（pH 值过低或过高），会消灭或抑制一些有助于水净化的细菌及微生物的生长，从而影响了水的自净能力（水中某些微生物能分解有机污染物而使水净化），同时也增加了对水下设备和船舶的腐蚀作用。我国规定对酸、碱废水 pH 值的最大允许排放标准是大于 6、小于 9。

本 章 小 结

(1) 重要的基本概念：蒸气压；稀溶液的依数性；渗透与反渗透；酸的解离常数$K_a^\ominus$与碱的解离常数$K_b^\ominus$；共轭酸碱对；缓冲溶液；溶度积$K_s^\ominus$；溶度积规则；离子交换树脂。

(2) 难挥发性非电解质的稀溶液的蒸气压下降、沸点升高、凝固点降低和产生的渗透压与一定量溶剂中溶质的物质的量成正比。难挥发性的电解质溶液也具有溶液蒸气压下降、沸点升高、凝固点降低和产生渗透压等现象，但稀溶液定律所表明的这些依数性与溶液浓度的定量关系却发生偏差。

(3) 酸碱质子理论认为，凡能给出质子的物质都是酸，凡能与质子结合的物质都是碱。酸和碱的共轭关系为

$$酸 \rightleftharpoons 质子 + 碱 \qquad K_a^\ominus \cdot K_b^\ominus = K_w^\ominus$$

酸碱电子理论认为，凡能接受电子对的物质称为酸，凡能给出电子对的物质称为碱。

酸碱的解离常数$K_a^\ominus$和$K_b^\ominus$可应用热化学数据按本章的方法计算求解，也可由实验测定，并且已有一套完整的数据可查阅引用。

(4) 缓冲溶液是由弱酸及其共轭碱或弱碱及其共轭酸所组成的溶液。缓冲溶液具有在外加少量酸、碱或稀释时，pH值保持基本不变的性质。计算pH值的一般公式为

$$pH = pK_a^\ominus + \lg \frac{c_{共轭碱}}{c_{共轭酸}}$$

(5) 难溶电解质在溶液中存在着溶解平衡，即

$$A_m B_n(s) \rightleftharpoons m A^{n+}(aq) + n B^{m-}(aq)$$

溶度积公式为

$$K_s^\ominus(A_m B_n) = [c^{eq}(A^{n+})/c^\ominus]^m \cdot [c^{eq}(B^{m-})/c^\ominus]^n$$

化简为

$$K_s^\ominus(A_m B_n) = [c^{eq}(A^{n+})]^m \cdot [c^{eq}(B^{m-})]^n$$

注意，对于不同类型的难溶电解质，$K_a^\ominus$越小，溶解度不一定越小。

(6) 溶度积规则：

① $Q = [c(A^{n+})]^m \cdot [c(B^{m-})]^n > K_s^\ominus$，有沉淀析出；

② $Q = [c(A^{n+})]^m \cdot [c(B^{m-})]^n = K_s^\ominus$，饱和溶液；

③ $Q = [c(A^{n+})]^m \cdot [c(B^{m-})]^n < K_s^\ominus$，不饱和溶液，无沉淀析出，或可使沉淀溶解。

(7) 水的净化和废水处理任务很重。常用的与化学有关的水处理方法有混凝法、化学法、离子交换法、电渗析法和反渗透法等。

练 习 题

一、选择题

1. 不是共轭酸碱对的一组物质是（   ）。
   A. HS^-, S^{2-} B. $NaOH$, Na^+ C. NH_3, NH_4^+ D. H_2O, OH^-

2. 往 1 L 0.10 mol·L^{-1} HAc 溶液中加入一些 NaAc 晶体并使之溶解，会发生的情况是（   ）。
   A. HAc 的解离度 α 值增大   B. HAc 的解离度 α 值减小
   C. 溶液的 pH 值增大   D. 溶液的 pH 值减小

3. 向 100 mL 0.10 mol·L^{-1} HAc 溶液中加入少量 NaAc 固体，则溶液的 pH 值（   ）。
   A. 变小   B. 不能判断   C. 不变   D. 变大

4. 设氨水的浓度为 c，若将其稀释 1 倍，则溶液中 $c(OH^-)$ 为（   ）。
   A. $1/2c$ B. $\frac{1}{2}\sqrt{K_b^\ominus \cdot c}$ C. $\sqrt{\frac{K_b^\ominus \cdot c}{2}}$ D. $2c$

5. 下列各种物质的溶液浓度均为 0.01 mol·L^{-1}，按它们的渗透压递减的顺序排列正确的是（   ）。
   A. HAc-$NaCl$-$C_6H_{12}O_3$-$CaCl_2$ B. $C_6H_{12}O_3$-HAc-$NaCl$-$CaCl_2$
   C. $CaCl_2$-$NaCl$-HAc-$C_6H_{12}O_3$ D. $CaCl_2$-HAc-$C_6H_{12}O_3$-$NaCl$

6. 在 25 ℃时，PbI_2 溶解度为 1.28×10^{-3} mol·L^{-1}，其溶度积常数为（   ）。
   A. 2.8×10^{-8} B. 8.4×10^{-9} C. 2.3×10^{-6} D. 4.7×10^{-6}

7. 设 AgCl 在水中、在 0.01 mol·L^{-1} $CaCl_2$ 中、在 0.01 mol·L^{-1} NaCl 中以及在 0.05 mol·L^{-1} $AgNO_3$ 中的溶解度分别为 s_0、s_1、s_2、s_3，这些量之间的正确关系是（   ）。
   A. $s_0>s_1>s_2>s_3$ B. $s_0>s_2>s_1>s_3$ C. $s_0>s_1=s_2>s_3$ D. $s_0>s_2>s_3>s_1$

8. 在 $FeCl_3$ 和 KSCN 的混合溶液中，加入少量 NaF 溶液，其现象是（   ）。
   A. 变成红色   B. 颜色变浅   C. 颜色加深   D. 产生沉淀

9. 下列固体物质在同浓度 $Na_2S_2O_3$ 溶液中溶解度（以 1 L $Na_2S_2O_3$ 溶液中能溶解该物质的物质的量计）最大的是（   ）。
   A. Ag_2S B. AgBr   C. AgCl   D. AgI

10. 某稀水溶液的质量摩尔浓度为 b，沸点上升值为 ΔT_b，凝固点下降值为 ΔT_f，则正确的表示为（   ）。
    A. $\Delta T_f>\Delta T_b$ B. $\Delta T_f=\Delta T_b$ C. $\Delta T_f<\Delta T_b$ D. 无确定关系

二、填空题

1. 已知 $K_s^\ominus(ZnS)=2.0\times10^{-22}$，$K_s^\ominus(CdS)=8.0\times10^{-27}$，在 Zn 和 Cd 两溶液（浓度相同）分别通入 H_2S 至饱和，_____ 离子在酸度较大时生成沉淀，而 _____ 离子应在酸度较小时生成沉淀。

2. 在 25 ℃时，$Ca(OH)_2$ 的 $K_s^\ominus=4\times10^{-6}$，则 $Ca(OH)_2$ 饱和溶液中 $c(OH^-)=$ _____。

3. 在 25 ℃时，用一半透膜，将 0.01 mol·L^{-1}和 0.001 mol·L^{-1}糖水溶液隔开，欲使系统达平衡，需在_____溶液上方施加的压力为_____kPa。

4. 有一种树橘红色的硫化锑（Sb_2S_3）胶体，将其装入 U 形管，插入电极后通以直流电，发现阳极附近橘红色加深，这叫_____现象。它证明 Sb_2S_3 胶粒带_____电荷，它之所以带有该种电荷，是因为_____。

5. 人体血液的 pH 值为 7.4 ± 0.5，维持该 pH 值的缓冲溶液主要成分有_____和_____。

三、判断题

1. 一定温度下，AB 型和 AB_2 型难溶电解质，溶度积大者，溶解度也一定大。（　　）

2. 将相同质量的葡萄糖和甘油分别溶于 100 g 水中，所得到两种溶液的凝固点相同。
（　　）

3. 常温时，弱电解质溶液浓度越低，解离度越大，而解离常数却不变。（　　）

4. $MgCO_3$ 的溶度积 $K_s^{\ominus} = 6.82 \times 10^{-6}$，这意味着在所有含有固体 $MgCO_3$ 的溶液中，$c(Mg^{2+}) = c(CO_3^{2-})$ 而且 $c(Mg^{2+}) \cdot c(CO_3^{2-}) = 6.82 \times 10^{-6}$。（　　）

5. 难挥发电解质稀溶液的依数性不仅与溶质种类有关，而且与溶液浓度成正比。
（　　）

6. PbI_2 和 $CaCO_3$ 的溶度积均近似为 10^{-9}，从而可知在它们的饱和溶液中，前者的 Pb^{2+} 浓度与后者的 Ca^{2+} 浓度近似相等。（　　）

7. 某两种配离子的 $K_f^{\ominus}(1) > K_f^{\ominus}(2)$，1 的配离子比 2 的配离子更稳定。（　　）

8. 多元弱酸，其酸根离子浓度近似等于该酸的一级解离常数。（　　）

9. 0.10 mol·L^{-1} NaCN 溶液的 pH 值比相同浓度的 NaF 溶液的 pH 值要大，这表明 CN$^-$ 的 $K_b^{\ominus}$ 值比 F$^-$ 的 $K_b^{\ominus}$ 值要大。（　　）

10. 由 HAc-Ac$^-$ 组成的缓冲溶液，若溶液中 $c(HAc) > c(Ac^-)$，则该缓冲溶液抵抗外来酸的能力大于抵抗外来碱的能力。（　　）

四、综合题

1. 将下列水溶液按其凝固点的高低顺序排列。

    (1) 0.1 mol·kg^{-1} $CaCl_2$ (2) 0.1 mol·kg^{-1} NaCl

    (3) 0.1 mol·kg^{-1} CH_3COOH (4) 1 mol·kg^{-1} H_2SO_4

    (5) 0.1 mol·kg^{-1} $C_6H_{12}O_6$ (6) 1 mol·kg^{-1} $C_6H_{12}O_6$

    (7) 1 mol·kg^{-1} NaCl

2. 对极稀的同浓度溶液来说，$MgSO_4$ 的摩尔电导率差不多是 NaCl 摩尔电导率的两倍，而凝固点降低却大致相同，试解释之。

3. 海水中盐的总浓度约为 0.60 mol·L^{-1}（以质量分数计约为 3.5%），若均以主要组分 NaCl 计，试估算海水开始结冰的温度和沸腾的温度，以及在 25 ℃时用反渗透法提取纯水所需的最低压力（设海水中盐的总浓度若以质量摩尔浓度 m 表示时，也近似为 0.60 mol·kg^{-1}）。

4. 在烧杯中盛有体积为 20 mL、浓度为 0.10 mol·L^{-1} 的氨水，逐步向其中加入体积为 V、浓度为 0.10 mol·L^{-1} 的 HCl 溶液，试计算当加入 HCl 溶液的体积 V_{HCl} 分别为 10 mL、20 mL、30 mL 时混合液的 pH 值。

5. 利用水蒸发器提高卧室的湿度。卧室温度为 25 ℃，体积为 3.0×10⁴ L。假设开始时室内空气完全干燥，也没有潮气从室内逸出（假设水蒸气符合理想气体行为）。

（1）问需使多少克水蒸发才能确保室内空气为水蒸气所饱和（25 ℃水蒸气压＝3.2 kPa）？

（2）如果将 800 g 水放入蒸发器中，室内最终的水蒸气压力是多少？

（3）如果将 400 g 水放入蒸发器中，室内最终的水蒸气压力是多少？

6.（1）求 $Zn(OH)_2 + 2OH^- \rightleftharpoons [Zn(OH)_4]^{2-}$ 的平衡常数。

（2）0.010 mol Zn(OH)₂ 加到 1.0 L NaOH 溶液中，NaOH 浓度要多大，才能使之完全溶解（完全生成 $[Zn(OH)_4]^{2-}$）？已知 $K_f^\ominus([Zn(OH)_4]^{2-}) = 3.2×10^{15}$，$K_s^\ominus(Zn(OH)_2) = 1.0×10^{-17}$。

7. 在某温度时 0.10 mol·L⁻¹ 氢氰酸（HCN）溶液的解离度为 0.007%，试求在该温度时 HCN 的解离常数。

8. 今有两种溶液：一种为 3.6 g 葡萄糖（$C_6H_{12}O_6$）溶于 200 g 水中。另一种为 200 g 未知物质溶于 500 g 水中。这两种溶液在同一温度下结冰，求未知物的摩尔质量。已知 $M(C_6H_{12}O_6) = 180$ g·mol⁻¹。

9. 若加入 F⁻ 来净化水，使 F⁻ 在水中的质量分数为 1.0×10⁻⁴%。问往含 Ca²⁺ 浓度为 1.0×10⁻⁴ mol·L⁻¹ 的水中按上述情况加入 F⁻ 时，是否会产生沉淀？

10. 已知氨水溶液的浓度为 0.20 mol·L⁻¹。

（1）求该溶液中的 OH⁻ 的浓度、pH 值和氨的解离度。

（2）在上述溶液中加入 NH₄Cl 晶体，使其溶解后 NH₄Cl 的浓度为 0.20 mol·L⁻¹。求所得溶液的 OH⁻ 的浓度、pH 和氨的解离度。

（3）比较上述两小题的计算结果，说明了什么？

11. 试计算 25 ℃时 0.10 mol·L⁻¹ H₃PO₄ 溶液中 H⁺ 的浓度和溶液的 pH 值（提示：在 0.10 mol·L⁻¹ 酸溶液中，当 $K_a > 10^{-4}$ 时，不能应用稀释定律近似计算）。

12. 向含 Cl⁻ 和 CrO₄²⁻ 浓度各为 0.05 mol·L⁻¹ 的溶液中缓慢滴加 AgNO₃ 溶液，假定溶液体积的变化可忽略不计。

（1）先生成 AgCl 还是 Ag₂CrO₄ 沉淀？

（2）当 AgCl 和 Ag₂CrO₄ 开始共同沉淀时，溶液中的 Cl⁻ 浓度为多少？已知 $K_s^\ominus(AgCl) = 1.77×10^{-10}$，$K_s^\ominus(Ag_2CrO_4) = 5.4×10^{-12}$。

13. 取 50.0 mL 0.100 mol·L⁻¹ 某一元弱酸溶液，与 20.0 mL 0.100 mol·L⁻¹ KOH 溶液混合，将混合溶液稀释至 100 mL 测得此溶液的 pH 值为 5.25。求此一元弱酸的解离常数。

14. 100 mL 30.0% 的过氧化氢（H₂O₂）水溶液（密度 1.11 g·cm⁻³）在 MnO₂ 催化剂的作用下，完全分解变成 O₂ 和 H₂O。

（1）在 18.0 ℃、102 kPa 下用排水集气法收集氧气（未经干燥时）的体积是多少？

（2）干燥后，体积又是多少？

15. 现有 125 mL 1.0 mol·L⁻¹ NaAc 溶液，欲配制 250 mL pH 为 5.0 的缓冲溶液，需加入 6.0 mol·L⁻¹ HAc 溶液体积多少立方厘米？

16. 将磷溶于苯配制成饱和溶液，取此饱和溶液 3.747 g 加入 15.401 g 苯中，混合溶液的凝固点是 5.155 ℃，而纯苯的凝固点是 5.400 ℃。已知磷在苯中以 P₄ 分子存在，求磷在苯中的溶解度（g/100 g 苯）。

17. 判断下列反应进行的方向，并作简单说明（设各反应物质的浓度均为 1 mol·L^{-1}）。

(1) $[Cu(NH_3)_4]^{2+} + Zn^{2+} \rightleftharpoons [Zn(NH_3)_4]^{2+} + Cu^{2+}$。

(2) $PbCO_3(s) + S^{2-} \rightleftharpoons PbS(s) + CO_3^{2-}$。

18. 根据 PbI$_2$ 的溶度积，计算在 25 ℃时以下各值。

(1) PbI$_2$ 在水中的溶解度（mol·L^{-1}）。

(2) PbI$_2$ 饱和溶液中 Pb^{2+} 和 I$^-$ 离子的浓度。

(3) PbI$_2$ 在 0.010 mol·L^{-1} KI 的饱和溶液中 Pb^{2+} 离子的浓度。

(4) PbI$_2$ 在 0.010 mol·L^{-1} Pb(NO$_3$)$_2$ 溶液中的溶解度（mol·L^{-1}）。

19. 将 Pb(NO$_3$)$_2$ 溶液与 NaCl 溶液混合，设混合液中 Pb(NO$_3$)$_2$ 的浓度为 0.20 mol·L^{-1}。

(1) 当在混合溶液中 Cl$^-$ 的浓度等于 5.0×10^{-4} mol·L^{-1}时，是否有沉淀生成？

(2) 当混合溶液中 Cl$^-$ 的浓度多大时，开始生成沉淀？

(3) 当混合溶液中 Cl$^-$ 的浓度为 6×10^{-2} mol·L^{-1}时，残留于溶液中 Pb 的浓度为多少？

第 2 章练习题答案

第3章 电化学与金属腐蚀

内容提要和学习要求

电化学主要是研究电能和化学能之间的相互转化以及相互转化过程中相关规律的科学。能量的转变需要一定的条件（即要提供一定的装置和介质）。其中，将化学能转变成电能的装置称为原电池或简称为电池，使电能转变成化学能的装置称为电解池。本章在介绍原电池组成和原电池中化学反应的基础上，重点讨论电极电势及其在化学上的应用，并简单介绍化学电源、电解及其应用、电化学腐蚀及其防护的原理。

本章学习要求可分为以下几点。
（1）了解原电池的组成、理解电池反应的热力学原理。
（2）了解电极电势的产因，掌握能斯特方程用于计算电极电势及电池电动势。
（3）能运用电极电势判断电池的正、负极，比较氧化剂、还原剂的强弱，判断反应进行的方向和程度。
（4）了解常用的化学电源的类型和工作原理及优缺点。
（5）掌握电解的原理及其在工业生产中的一些应用。
（6）了解金属电化学腐蚀的原理和常用的防腐措施。

3.1 原 电 池

3.1.1 原电池的组成

原电池是一种利用氧化还原反应对环境输出电功的装置。下面以铜锌原电池为例进行说明，如图3.1所示，向一只烧杯中放入硫酸锌溶液和锌片，向另一只烧杯中放入硫酸铜溶液和铜片，将两只烧杯中的溶液用盐桥联系起来。用导线将锌片和铜片分别连接到电流计的两接线端，就可以看到电流计的指针发生偏转，原电池就对外做了电功。

该原电池对外做电功的过程可以这样理解：左边锌片上 Zn 原子失去电子氧化成为 Zn^{2+} 进入溶液，右边溶液中 Cu^{2+} 离子从铜片上得到电子，还原成为 Cu 原子沉积在铜片上；锌片上的电子经过导线和电流计流到铜片；右边溶液中的负离子通过盐桥向左边溶液移

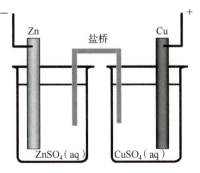

图 3.1 铜锌原电池

动,同时左边溶液中的正离子通过盐桥向右边溶液移动。

可见,原电池是由两个电极置于相应的电解质溶液中,再用盐桥连接两溶液而构成的装置。

1. **盐桥**

盐桥通常是一倒插的 U 型管,其中装入饱和 KCl 或 KNO_3 溶液,并用琼脂溶胶或多孔塞保护,使 KCl 或 KNO_3 溶液不会自动流出。盐桥的存在使得正、负离子能够在左右溶液之间移动,又能防止两边溶液迅速混合,起到沟通电路、补充电荷、维持电荷平衡的作用。

2. **电极**

电极由氧化态的物质和对应的还原态的物质构成(惰性电极除外)。这里的氧化态的物质和对应的还原态物质被称作氧化还原电对。

金属与其正离子是最常见的氧化还原电对。在图 3.1 所示的原电池中,锌电极由金属 Zn 与 Zn^{2+} 离子组成,其氧化还原电对用符号 $Zn^{2+}(c_1)/Zn$ 表示;铜电极由金属 Cu 与 Cu^{2+} 离子组成,用符号 $Cu^{2+}(c_2)/Cu$ 表示铜电极的氧化还原电对。符号中的 c 表示溶液中离子的浓度。

在原电池放电过程中,组成原电池的两个电极上分别发生氧化和还原反应。在图 3.1 所示的原电池放电过程中,锌电极和铜电极分别发生氧化反应和还原反应:

$$Zn(s) - 2e^- = Zn^{2+}(aq)$$
$$Cu^{2+}(aq) + 2e^- = Cu(s)$$

电极上发生的氧化反应或还原反应均称为电极反应。

常见的可逆电极主要有以下几种类型。

1) 第一类电极

第一类电极由金属浸在含有该金属离子的溶液中构成,如 Zn(s) 插在 $ZnSO_4$ 溶液中。

当 Zn(s) 起氧化作用,为负极 $Zn(s) \longrightarrow Zn^{2+} + 2e^-$。

当 Zn(s) 起还原作用,为正极 $Zn^{2+} + 2e^- \longrightarrow Zn(s)$。

则该 Zn(s) 电极相应的书面表示如下:

(1) 作负极时,为 $Zn(s) | ZnSO_4(aq)$;

(2) 作正极时,为 $ZnSO_4(aq) | Zn(s)$。

这样的 Zn(s) 电极的氧化和还原作用恰好互为逆反应。属于第一类电极的除金属电极外,还有氢电极、氧电极、卤素电极和汞齐电极等。由于气态物质是非导体,故借助于铂或其他惰性物质起导电作用。例如,氯电极完整的表示为 $Cl^-(c) | Cl_2(p) | Pt$。其中,p 和 c 分别表示气体的压强和溶液中离子的浓度。

2) 第二类电极

第二类电极由金属及其表面覆盖一薄层该金属的难溶盐,然后浸入含有该难溶盐的负离子的溶液中所构成,又称为难溶盐电极(或微溶盐电极)。例如,银-氯化银电极和甘汞电极就属于这一类。其作为正极的电极表示式和还原电极反应分别为

$Cl^-(c) | AgCl(s) | Ag(s)$　　$AgCl(s) + e^- = Ag(s) + Cl^-(c)$

$Cl^-(c) | Hg_2Cl_2(s) | Hg(l)$　　$Hg_2Cl_2(s) + 2e^- = 2Hg(l) + 2Cl^-(c)$

属于第二类电极的还有难溶氧化物电极,即在金属表面覆盖一薄层该金属的氧化物,然后浸入在含有 H^+ 或 OH^- 的溶液中构成电极。例如:

$$OH^-(c) \mid Ag_2O(s) \mid Ag(s) \qquad Ag_2O(s)+H_2O+2e^- \Longrightarrow 2Ag(s)+2OH^-(c)$$

3) 第三类电极

第三类电极又称氧化还原电极，由惰性金属（如铂片）插入含有某种离子的不同氧化态的溶液中构成电极。这里的金属只起导电作用，而氧化还原反应是溶液中不同价态的离子在溶液与金属的界面上进行。例如：

电极　　　　　　　　　$Fe^{3+}(c_1),Fe^{2+}(c_2) \mid Pt(s)$

电极反应　　　　　　　$Fe^{3+}(c_1)+e^- \Longrightarrow Fe^{2+}(c_2)$

类似的电极还有 Sn^{4+} 与 Sn^{2+}，$[Fe(CN)_6]^{3-}$ 与 $[Fe(CN)_6]^{4-}$ 等。

3. 电池反应

原电池放电过程所发生的化学反应，实际为两电极上的电极反应之和，称为电池反应。

在图 3.1 所示的铜锌原电池中，锌电极发生氧化反应，铜电极发生还原反应：

锌电极反应　　　　　　$Zn(s)-2e^- \Longrightarrow Zn^{2+}(aq)$

铜电极反应　　　　　　$Cu^{2+}(aq)+2e^- \Longrightarrow Cu(s)$

所以，电池反应为

$$Zn(s)+Cu^{2+}(aq) \Longrightarrow Zn^{2+}(aq)+Cu(s)$$

在铜电极（Cu^{2+}/Cu）与银电极（Ag^+/Ag）构成的原电池中，由于相同浓度的 Ag^+ 和 Cu^{2+} 相比，Ag^+ 更容易得到电子，所以铜电极发生氧化反应，银电极发生还原反应：

铜电极反应　　　　　　$Cu(s)-2e^- \Longrightarrow Cu^{2+}(aq)$

银电极反应　　　　　　$2Ag^+(aq)+2e^- \Longrightarrow 2Ag(s)$

此时，银铜原电池反应为

$$Cu(s)+2Ag^+(aq) \Longrightarrow Cu^{2+}(aq)+2Ag(s)$$

从以上铜锌原电池和银铜原电池两个例子可以看到，同样一个铜电极 $Cu \mid Cu^{2+}(aq)$，在铜锌原电池中发生的是还原反应（电极作为原电池的正极），而在银铜原电池中则发生氧化反应（成为原电池的负极）。一个电极在原电池中究竟是正极还是负极，即在电池反应中该电极究竟是发生还原反应还是氧化反应，显然与原电池中的另一个电极有关，这部分内容将在 3.3 节中进一步讨论。

4. 原电池图式

原电池可以用图式表示，图 3.1 所示的原电池可以用以下图式表示：

$$(-)Zn \mid Zn^{2+}(c_1) \parallel Cu^{2+}(c_2) \mid Cu(+)$$

用图式表示原电池时，通常约定负极写在左边，正极写在右边；以单垂线表示两相的界面；以双垂线或双锤虚线表示盐桥，盐桥的两边是两个电极所处的溶液。

书写电池图式时，要注明温度、物态，气体要注明压力和依附的不活泼金属，溶液要注明浓度或活度。

3.1.2 原电池的热力学

若原电池将化学能转变为电能的过程是以热力学可逆方式进行的，则称为可逆电池（本章讨论对象均为可逆电池），此时电池是在平衡态或无限接近于平衡态的情况下工作。在等温、等压条件下，当系统发生变化时，系统吉布斯函数变 $\Delta_r G$ 等于系统对外所做的最

大非膨胀功，用公式表示为

$$\Delta_r G = W_{f,max} \quad (3.1a)$$

如果非膨胀功只有电功（在本章中只讨论这种情况），当反应进度为 1 mol 时，摩尔吉布斯函数变等于电池所做的电功，即

$$\Delta_r G_m = W_{f,max} = -nFE \quad (3.1b)$$

式中，n 为按所写的电极反应，在反应进度为 1 mol 时，反应式中电子的计量系数，其单位为 1；F 为法拉第（Faraday）常数，通常将单位物质的量的电子所带的电荷量称为 1 法拉第，简写为 1 F，即 1 F = 96 485 C·mol^{-1}。

如果原电池的各组分都处于标准状态下，则

$$\Delta_r G_m^\ominus = -nFE^\ominus$$

式中，E 为电池的电动势，$E^\ominus$ 为电池的标准电动势。

通过第 2 章的学习，我们知道化学反应的标准平衡常数与反应的标准摩尔吉布斯函数变 $\Delta_r G_m^\ominus$ 有如下关系：

$$-RT \ln K^\ominus = \Delta_r G_m^\ominus$$

又因为

$$\Delta_r G_m^\ominus = -nFE^\ominus$$

所以

$$\ln K^\ominus = nFE^\ominus/(RT) \quad (3.2a)$$

在 T = 298.15 K 时，如果将上式改用常用对数表示，则

$$\lg K^\ominus = nE^\ominus/(0.059\ 17\ \text{V}) \quad (3.2b)$$

可见，如果已知原电池的标准电动势 $E^\ominus$，就容易求得该电池反应的平衡常数 $K^\ominus$。

3.2 电极电势和电池电动势

3.2.1 电极电势的产生及标准电极电势

当金属置于溶液中时，在极性水分子的作用下，金属晶体中处于热运动的金属离子离开金属表面进入溶液，这个过程称为溶解。溶液中的金属离子由于受到金属表面电子的吸引而在金属表面沉积，这个过程称为沉积。金属性质愈活泼，越倾向于发生溶解过程，溶液中金属离子的浓度越大越有利于沉积过程。溶液达到平衡后，在金属和溶液两相界面上形成了一个带相反电荷的双电层，电极电势形成示意图如图 3.2 所示。双电层的厚度虽然很小（约为 10^{-8} cm 数量级），却在金属和溶液之间产生了电势差。通常人们就把产生在金属和盐溶液之间的双电层间的电势差称为金属的电极电势，以符号 $\varphi(M^{n+}/M)$ 表示，单位为 V。

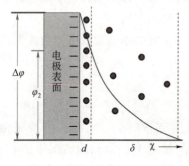

图 3.2　电极电势形成示意图

通过电极电势的大小，可以方便地比较氧化剂、还

原剂的相对强弱。然而，各个电极的电极电势 φ 的绝对数值无法直接测量出。与之相反，电池的电动势 E（即两电极电势差值）可以用仪器测量出。这就好比容易测量两地的高度差，但无法测量高度的绝对值一样。例如，2020 年 12 月 8 日，中国、尼泊尔两国向全世界正式宣布，珠穆朗玛峰（以下简称"珠峰"）的最新高程为 8 848.86 m。事实上，珠峰高程即珠峰海拔高，是峰顶到"大地水准面"的距离，是一个相对值。在电化学中，也用类似的方法来获取电极电势，原电池的电动势就是构成原电池的两个电极的电极电势的差值，即 $E = \varphi(\text{正极}) - \varphi(\text{负极})$。通常规定标准氢电极的电极电势为零，其他电极与标准氢电极组成原电池，通过测量该电池电动势（即电势差值），即可得到其他电极的标准电极电势。

标准氢电极是指处于标准状态下的氢电极，可表示为

$$\text{Pt} \mid \text{H}_2(p = 100 \text{ kPa}) \mid \text{H}^+(c = 1 \text{ mol} \cdot \text{L}^{-1})$$

在 H^+ 浓度为 1 mol·L^{-1} 的酸溶液中插入镀铂黑的铂片（用电镀法在铂片的表面上镀一层黑色的铂微粒铂黑），并不断用 100 kPa 的纯氢气冲打到铂片上，标准氢电极示意图如图 3.3 所示。在标准氢电极上进行的电极反应为

$$2\text{H}^+(\text{aq}) + 2\text{e}^- \Longrightarrow \text{H}_2(\text{g})$$

严格地说，H^+ 的标准状态应该为 H^+ 的活度等于 1，活度与浓度的关系可参看物理化学教材。为讨论问题方便，本书中近似地用浓度代替活度。

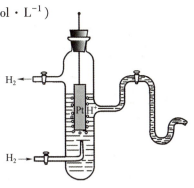

图 3.3　标准氢电极示意图

对于任意给定的电极，使其与标准氢电极组一起构成如下原电池：

标准氢电极　　给定电极

规定标准氢电极的电极电势 $\varphi^{\ominus}(\text{H}^+/\text{H}_2) = 0$，与标准氢电极组成原电池的某电极的电极电势的绝对值与电池电动势大小相等，即

$$\varphi(\text{某电极}) = \varphi(\text{某电极}) - \varphi^{\ominus}(\text{H}^+/\text{H}_2) = E$$

或者

$$-\varphi(\text{某电极}) = \varphi^{\ominus}(\text{H}^+/\text{H}_2) - \varphi(\text{某电极}) = E$$

在上述电池中，某电极的电极电势取正值还是负值，取决于电极上实际进行的是氧化反应还是还原反应。

根据上述方法，一系列电极在标准状态下的电极电势 $\varphi^{\ominus}$ 已被测定，部分电极在 298.15 K 标准状态下的电极电势 $\varphi^{\ominus}$ 列于本书附录 8 中。

由于标准氢电极对使用时的条件要求得十分严格，而且其制备和纯化也较为复杂，一般的实验室难以满足条件，因此在实验测定时，往往采用二级标准电极。甘汞电极就是其中最常用的一种二级标准电极，在定温下，它具有稳定的电极电势，并且制备容易，使用方便，其示意图如图 3.4 所示，将少量 Hg 放在容器底部，加少量由 Hg_2Cl_2、Hg 及 KCl 溶液制成的糊状物，再用饱和了 Hg_2Cl_2 的 KCl 溶液将器皿装满。

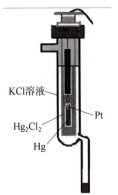

图 3.4　甘汞电极示意图

其电极反应为

$$Hg_2Cl_2(s)+2e^- \Longrightarrow 2Hg(l)+2Cl^-(aq)$$

电极电势为

$$\varphi(Hg_2Cl_2/Hg) = \varphi^{\ominus}(Hg_2Cl_2/Hg) - \frac{RT}{2F}\ln[c(Cl^-)/c^{\ominus}]^2$$

由上式可知，甘汞电极的电极电势大小与 KCl 溶液中 Cl^- 浓度有关。常用的有饱和甘汞电极、Cl^- 浓度为 1 mol·L^{-1} 和 0.1 mol·L^{-1} 的甘汞电极。在 298.15 K 时，相应的电极电势分别为 0.243 8 V、0.282 8 V 和 0.336 5 V。

甘汞电极应在低于 80 ℃ 时使用，高于此温度，由于发生歧化反应使电极电位发生漂移现象。与之不同，银-氯化银电极结构牢固，温度滞后小，电极材料没有毒性，使用较方便，可用于较高的温度，一般可用至 110 ℃，在除氧的 HCl 溶液中，可用至 275 ℃。

氯化银电极的电极反应为

$$AgCl(s)+e^- \Longrightarrow Ag(s)+Cl^-(aq)$$

电极电势为

$$\varphi(AgCl/Ag) = \varphi^{\ominus}(AgCl/Ag) - \frac{RT}{F}\ln[c(Cl^-)/c^{\ominus}]$$

与甘汞电极一样，银-氯化银电极的电极电势大小也与 KCl 溶液中 Cl^- 浓度有关。当 Cl^- 浓度为 1 mol·L^{-1}，温度为 298.15 K 时，电极电势为 0.222 3 V。

3.2.2 电极电势的能斯特方程

通过与标准氢电极组成原电池，可以获得给定电极的标准电极电势，然而，大多数情况下，电极并不处在标准状态。式（3.3）反映了 298 K 时非标准电极电势与标准电极电势的关系，称为电极电势的能斯特（Nernst）方程

$$\varphi = \varphi^{\ominus} + \frac{0.059}{n}\ln\frac{[Ox]}{[Red]} \tag{3.3}$$

注意，能斯特方程中的［氧化型］和［还原型］（即［Ox］和［Red］）必须严格按照电极反应式写。下面通过一个例子说明这个问题，298 K 时电极反应：

$$Cr_2O_7^{2-}+14H^++6e^- \Longrightarrow 2Cr^{3+}+7H_2O$$

的能斯特方程为

$$\varphi = \varphi^{\ominus} + \frac{0.059}{6}\lg\frac{c_{Cr_2O_7^{2-}} \cdot c_{H^+}^{14}}{c_{Cr^{3+}}^2}$$

此外，任何电极都可能发生氧化反应，也可能发生还原反应。无论发生氧化还是还原，该电极的电极电势是一样的。例如，铜电极 Cu^{2+}/Cu 上无论进行的是 $Cu^{2+}(aq)+2e^- \Longrightarrow Cu(s)$ 的还原反应，还是发生 $Cu(s)-2e^- \Longrightarrow Cu^{2+}(aq)$ 的氧化反应，在 298 K 时，其能斯特方程形式均为

$$\varphi = \varphi^{\ominus} + \frac{0.059}{2}\lg[Cu^{2+}]$$

应用能斯特方程时，对于反应组分浓度的表达，应注意以下两点：

（1）电池反应或电极反应中，某物质若是纯的固体或纯的液体（不是混合物），则能斯

特方程中该物质的浓度作为 1（因为热力学规定纯固体和纯液体的活度等于 1）。

（2）电池反应或电极反应中，某物质若是气体，则能斯特方程中该物质的相对浓度 $c/c^{\ominus}$ 改用相对压力 $p/p^{\ominus}$ 表示。例如，对于氢电极，电极反应 $2H^+(aq)+2e^- \Longleftrightarrow H_2(g)$，能斯特方程中氢离子用相对浓度 $c(H^+)/c^{\ominus}$ 表示，氢气用相对分压 $p(H_2)/p^{\ominus}$ 表示，即

$$\varphi = \varphi^{\ominus} + \frac{0.059}{2} \lg \frac{[c(H^+)]^2}{\dfrac{p(H_2)}{p^{\ominus}}}$$

例 3.1 计算 298.15 K，$c(Zn^{2+})=0.001\,00\ \text{mol}\cdot L^{-1}$ 时，锌电极的电极电势。

解 从本书附录 3 查得锌电极的标准电极电势 $\varphi^{\ominus}(Zn^{2+}/Zn)=-0.761\,8\ V$。

电极反应 $\qquad Zn^{2+}(aq)+2e^- \Longleftrightarrow Zn(s)$

根据能斯特方程，当 $c(Zn^{2+})=0.001\,00\ \text{mol}\cdot L^{-1}$ 时，有

$$\varphi(Zn^{2+}/Zn) = \varphi^{\ominus}(Zn^{2+}/Zn) + 0.059/2\lg\{[c(Zn^{2+})/c^{\ominus}]\}$$
$$= -0.761\,8\ V + (0.059\,17\ V/2)\lg(0.001\,00)$$
$$= -0.850\,6\ V$$

从本例可以看出，离子浓度的改变对电极电势有影响，但在通常情况下影响不大。与标准状态 $c(Zn^{2+})=1\ \text{mol}\cdot L^{-1}$ 时的电极电势（$-0.761\,8\ V$）相比，当锌离子浓度减小到 1/1 000 时，锌电极的电极电势改变不到 0.1 V。

例 3.2 已知 $c(MnO_4^-)=c(Mn^{2+})=1.000\ \text{mol}\cdot L^{-1}$，计算 298.15 K，不同 pH 值时，$MnO_4^-/Mn^{2+}$ 电极的电极电势。

（1）pH=5。

（2）pH=1。

解 电极反应 $\qquad MnO_4^- + 8H^+ + 5e^- \Longleftrightarrow Mn^{2+} + 4H_2O$

标准电极电势为 $\varphi^{\ominus}(MnO_4^-/Mn^{2+}) = 1.507\ V$。

（1）pH=5 时，$c(H^+)=1.000\times10^{-5}\ \text{mol}\cdot L^{-1}$，有

$$\varphi = \varphi^{\ominus} + \frac{0.059}{5}\lg\frac{c_{MnO_4^-}\cdot c_{H^+}^8}{c_{Mn^{2+}}}$$
$$= 1.507\ V + (0.059\,17\ V/5)\lg(1.000\times10^{-5})^8$$
$$= 1.507\ V - 0.473\ V = 1.034\ V$$

（2）pH=1 时，$c(H)=1.000\times10^{-1}\ \text{mol}\cdot L^{-1}$，有

$$\varphi = \varphi^{\ominus} + \frac{0.059}{5}\lg\frac{c_{MnO_4^-}\cdot c_{H^+}^8}{c_{Mn^{2+}}}$$
$$= 1.507\ V + (0.059\,17\ V/5)\lg(1.000\times10^{-1})^8$$
$$= 1.507\ V - 0.095\ V = 1.412\ V$$

从本例可以看出，电解质溶液的酸碱性对含氧酸盐的电极电势有较大的影响。酸性增强，电极电势明显增大，则含氧酸盐的氧化性显著增强。

3.2.3 原电池的电动势

电极电势 φ 表示电极中极板与溶液之间的电势差。当用盐桥把两个电极的溶液连通时，

若忽略两溶液之间的电势差,则两个电极的电极电势之差就是两极板之间的电势差,也就是原电池的电动势,用 E 表示电动势,则有

$$E = \varphi_+ - \varphi_-$$

若构成两电极的各物质均处于标准状态,则原电池具有标准电动势 $E^{\ominus}$,且 $E^{\ominus} = \varphi_+^{\ominus} - \varphi_-^{\ominus}$。

例 3.3 测得某铜锌原电池的电动势为 1.06 V,并已知其中 $c(Cu^{2+}) = 0.02 \text{ mol} \cdot L^{-1}$,则该原电池中 $c(Zn^{2+})$ 为多少?

解 该原电池反应为

$$Cu^{2+}(aq) + Zn(s) \Longrightarrow Cu(s) + Zn^{2+}(aq), n = 2$$

从本书附录 8 查得 $\varphi^{\ominus}(Zn^{2+}/Zn) = -0.7618 \text{ V}, \varphi^{\ominus}(Cu^{2+}/Cu) = 0.3419 \text{ V}$。

根据能斯特方程

$$\varphi = \varphi^{\ominus} + \frac{0.059}{2}\lg[Cu^{2+}]$$

$$= 0.3419 \text{ V} + (0.05917 \text{ V}/2)\lg 0.02$$

$$= 0.3419 \text{ V} - 0.0503 \text{ V} = 0.2916 \text{ V}$$

该原电池的标准电动势为

$$E = \varphi_+ - \varphi_-$$

$$= 0.2916 \text{ V} - \varphi_- = 1.06 \text{ V}$$

$$\varphi_- = -0.7684 \text{ V}$$

代入能斯特方程,得

$$\varphi = \varphi^{\ominus} + \frac{0.059}{2}\lg[Zn^{2+}]$$

$$-0.7684 \text{ V} = -0.7618 \text{ V} + 0.02959 \text{ V} \lg(c(Zn^{2+}))$$

解得 $c(Zn^{2+}) = 0.59 \text{ mol} \cdot L^{-1}$。

电极电势因离子浓度的不同而不同。可以想象,若将同一金属离子不同浓度的两个溶液分别与该金属组成电极,因为两电极的电极电势不相等,所以组成电池的电动势不为零。这种原电池称为浓差电池。

3.3 电极电势的应用

利用电极电势可以计算原电池的电动势的大小,以及相应氧化还原反应的摩尔吉布斯自由能变。本节继续讨论电极电势与电池反应中氧化剂和还原剂的相对强弱,以及电池反应方向和程度等之间的关系。

1. 利用电极电势代数值比较氧化剂和还原剂的相对强弱

电极电势的大小,反映了电极中氧化态物质和还原态物质在溶液中氧化还原能力的相对强弱。电极电势代数值越小,则该电极上越容易发生氧化反应,或者说该电极的还原态物质越容易失去电子,是较强的还原剂;而该电极的氧化态物质越难得到电子,是较弱的氧化剂。若电极电势代数值越大,则该电极上越容易发生还原反应,该电极的氧化态物质越容易

得到电子,是较强的氧化剂;而该电极的还原态物质越难失去电子,是较弱的还原剂。

例如,标准状态下有三种氧化剂:$K_2Cr_2O_7$、$KMnO_4$、$Fe_2(SO_4)_3$,为了使含有 I^-、Br^-、Cl^- 的混合液中 I^- 被氧化成 I_2,而 Br^-、Cl^- 不被氧化,应选何种氧化剂?已知 $\varphi^{\ominus}(Cr_2O_7^{2-}/Cr^{3+}) = 1.36\ V$,$\varphi^{\ominus}(I_2/I^-) = 0.535\ 5\ V$,$\varphi^{\ominus}(MnO_4^-/Mn^{2+}) = 1.51\ V$,$\varphi^{\ominus}(Br_2/Br^-) = 1.065\ V$,$\varphi^{\ominus}(Fe^{3+}/Fe^{2+}) = 0.771\ V$,$\varphi^{\ominus}(Cl_2/Cl^-) = 1.358\ 3\ V$。

从标准电极电势大小可以判断,在标准状态下,要将 I^- 被氧化成 I_2,则对应电对的氧化型的氧化能力要比 I_2 强,即电极电势大于 $\varphi^{\ominus}(I_2/I^-) = 0.535\ 5\ V$,而 Br^-、Cl^- 不被氧化,则要求电对的氧化能力比 Br_2 和 Cl_2 弱,即电极电势小于 $\varphi^{\ominus}(Br_2/Br^-) = 1.065\ V$ 和 $\varphi^{\ominus}(Cl_2/Cl^-) = 1.358\ 3\ V$。由此可知,符合要求的只有 $\varphi^{\ominus}(Fe^{3+}/Fe^{2+}) = 0.771\ V$,即该氧化剂应为 $Fe_2(SO_4)_3$。

非标准状态下,不能直接用标准电极电势的大小来判断氧化剂和还原性的强弱,需先用能斯特方程计算电极电势后,再作比较。

例 3.4 下列三个电极中,在标准条件下哪个是最强的氧化剂?若其中的 MnO_4^-/Mn^{2+} 电极改为在 pH = 5.00 的条件下,它们的氧化性相对强弱次序将怎样改变?

$$\varphi^{\ominus}(MnO_4^-/Mn^{2+}) = +1.507\ V$$
$$\varphi^{\ominus}(Br_2/Br^-) = +1.066\ V$$
$$\varphi^{\ominus}(I_2/I^-) = +0.535\ 5\ V$$

解 (1) 在标准状态下,可用 $\varphi^{\ominus}$ 值的相对大小进行比较。$\varphi^{\ominus}$ 值的相对大小次序为
$$\varphi^{\ominus}(MnO_4^-/Mn^{2+}) > \varphi^{\ominus}(Br_2/Br^-) > \varphi^{\ominus}(I_2/I^-)$$
所以在上述物质中,MnO_4^-(或 $KMnO_4$)是最强的氧化剂,I^- 是最强的还原剂,即氧化性的强弱次序为
$$MnO_4^- > Br_2 > I_2$$

(2) $KMnO_4$ 溶液中的 pH = 5.00,即 $c(H^+) = 1.00 \times 10^{-5}\ mol \cdot L^{-1}$ 时,根据能斯特方程进行计算,得 $\varphi(MnO_4^-/Mn^{2+}) = 1.034\ V$。此时电极电势大小次序为
$$\varphi^{\ominus}(Br_2/Br^-) > \varphi(MnO_4^-/Mn^{2+}) > \varphi^{\ominus}(I_2/I^-)$$
这就是说,当 $KMnO_4$ 溶液的酸性减弱成 pH = 5.00 时,氧化性的强弱次序变为
$$Br_2 > MnO_4^- > I_2$$

还需指出,在选择氧化剂和还原剂时,除了需要考虑上面所讨论的电极电势大小以外,有时还必须注意其他的因素。例如,欲从溶液中将 Cu^{2+} 还原成金属铜,若只从电极电势大小考虑,可选用金属钠作为还原剂。但实际上,金属钠放入水溶液中,首先便会与水作用,生成 NaOH 和 H_2,而生成的 NaOH 进而与 Cu^{2+} 反应,生成 $Cu(OH)_2$ 沉淀。

2. 利用电极电势(电动势)判断反应的方向

在恒温恒压不做非体积功的条件下,若一个化学反应的吉布斯自由能变 $\Delta G < 0$,意味着该化学反应可自发进行;若反应的 $\Delta G > 0$,反应就不能自发进行;若反应的 $\Delta G = 0$,则反应处于平衡状态。

如果能设计一个原电池,使电池反应正好是所需判断的化学反应,由于反应的吉布斯自由能变 ΔG 与原电池电动势的关系为 $\Delta G = -nEF$,若 $E > 0$,则 $\Delta G < 0$,在没有非体积功的恒温

恒压条件下，反应就可以自发进行。

例 3.5 判断下列氧化还原反应进行的方向。

(1) $Sn+Pb^{2+}(1\ mol\cdot L^{-1}) \Longrightarrow Sn^{2+}(1\ mol\cdot L^{-1})+Pb$。

(2) $Sn+Pb^{2+}(0.100\ 0\ mol\cdot L^{-1}) \Longrightarrow Sn^{2+}(1.000\ mol\cdot L^{-1})+Pb$。

解 先从本书附录 8 中查出各电极的标准电极电势

$$\varphi^{\ominus}(Sn^{2+}/Sn)=-0.137\ 5\ V,\varphi^{\ominus}(Pb^{2+}/Pb)=-0.126\ 2\ V$$

(1) 当 $c(Sn^{2+})=c(Pb^{2+})=1\ mol\cdot L^{-1}$，因为 $\varphi^{\ominus}(Pb^{2+}/Pb)>\varphi^{\ominus}(Sn^{2+}/Sn)$，所以 Pb^{2+} 作氧化剂、Sn 作还原剂。反应按下列反应正向进行

$$Sn+Pb^{2+}(1\ mol\cdot L^{-1}) \Longrightarrow Sn^{2+}(1\ mol\cdot L^{-1})+Pb$$

(2) 当 $c(Sn^{2+})=1.000\ mol\cdot L^{-1}$，$c(Pb^{2+})=0.100\ 0\ mol\cdot L^{-1}$，根据能斯特方程

$$\varphi=\varphi^{\ominus}+\frac{0.059}{2}\lg[Pb^{2+}]$$

$$=-0.126\ 2\ V+(0.059\ 17\ V/2)\lg(0.1)=-0.155\ 8\ V$$

$$\varphi^{\ominus}(Sn^{2+}/Sn)>\varphi(Pb^{2+}/Pb)$$

所以反应按（2）中反应的逆向进行，即

$$Pb+Sn^{2+}(1.000\ mol\cdot L^{-1}) \Longrightarrow Pb^{2+}(0.100\ 0\ mol\cdot L^{-1})+Sn$$

3. 利用电极电势（电动势）衡量反应进行的程度

在原电池的热力学讨论中，我们已经知道 $T=298.15\ K$ 时，电池反应的平衡常数 $K^{\ominus}$ 与电池的标准电动势 $E^{\ominus}$ 的关系为

$$\lg K^{\ominus}=nE^{\ominus}/(0.059\ 17\ V)$$

所以，如能设计一个原电池，其电池反应正好是需讨论的化学反应，就可以通过该原电池的 $E^{\ominus}$ 推算该反应的平衡常数 $K^{\ominus}$，分析该反应能够进行的程度。

例 3.6 在标准状态下，计算 298.15 K 时下面反应的标准平衡常数，并分析该反应能够进行的程度：

$$Sn(s)+Pb^{2+}(aq) \Longrightarrow Sn^{2+}(aq)+Pb(s)$$

解 从例 3.5 已知上述反应在标准条件下能自发正向进行，对应原电池的标准电动势：

$$E^{\ominus}=\varphi^{\ominus}(Pb^{2+}/Pb)-\varphi^{\ominus}(Sn^{2+}/Sn)=-0.126\ 2\ V-(-0.137\ 5\ V)=0.011\ 3\ V$$

$$\lg K^{\ominus}=nE^{\ominus}/(0.059\ 17\ V)$$

$$=2\times0.011\ 3/0.059\ 17$$

$$=0.382$$

$$K^{\ominus}=2.41$$

即 $c(Sn^{2+})=2.41c(Pb^{2+})$

从计算结果可知，当溶液中 Sn^{2+} 浓度等于 Pb^{2+} 浓度的 2.41 倍时，反应便达到平衡状态。由此可见，该反应进行得不是很完全。

例 3.7 计算下列反应在 298.15 K 时的标准平衡常数 $K^{\ominus}$：

$$2MnO_4^-(aq)+5C_2O_4^{2-}(aq)+16H^+(aq) \Longrightarrow 2Mn^{2+}(aq)+10CO_2(g)+8H_2O(l)$$

解 先设计一个原电池以实现上述氧化还原反应：

负极 $C_2O_4^{2-}(aq) \Longrightarrow 2CO_2(g)+2e^-$；$\varphi^{\ominus}(CO_2/H_2C_2O_4)=-0.595\ V$

正极 $MnO_4^-(aq) + 8H^+ + 5e^- \rightleftharpoons Mn^{2+}(aq) + 4H_2O(l)$；$\varphi^{\ominus}(MnO_4^-/Mn^{2+}) = 1.512\ V$

该原电池的标准电动势为

$$E^{\ominus} = \varphi^{\ominus}(MnO_4^-/Mn^{2+}) - \varphi^{\ominus}(CO_2/H_2C_2O_4)$$
$$= 1.512\ V - (-0.595\ V)$$
$$= 2.107\ V$$

$$\lg K^{\ominus} = \frac{nE^{\ominus}}{0.059\ 17\ V}$$

$$K^{\ominus} = 1.0 \times 10^{356}$$

从以上结果可以看出，该反应进行得相当彻底。

3.4 化学电源

化学电源是将化学能转变为电能的装置，其种类繁多，按其使用的特点，大致可分为一次电池、二次电池和燃料电池三类。其中，一次电池是指电池中的反应物质在进行一次电化学反应放电之后就不能再次使用的电池，如干电池、纽扣电池等。

一次电池中的锌锰干电池如图 3.5（a）所示，由于使用方便、价格低廉，它至今仍是一次电池中使用最广，产值、产量最大的一种电池。它以锌壳作为负极，正极物质为石墨棒（导电材料），两极间为 MnO_2、$ZnCl_2$ 和 NH_4Cl 的糊状混合物。锌锰干电池的电动势为 1.5 V，与电池体积的大小无关。由于电池在放电时，正极上发生如下反应：$2MnO_2(s) + 2NH_4^+(aq) + 2e^- \rightleftharpoons Mn_2O_3(s) + 2NH_3(aq) + H_2O(l)$，产生的 NH_3 气能被石墨棒吸附，导致电池内阻增大，电动势下降，性能较差。与之相比，图 3.5（b）所示的锌汞纽扣电池工作电压稳定，整个放电过程中电压变化不大，保持在 1.34 V 左右，可用作手表、计算器、助听器、心脏起搏器等小型装置的电源。

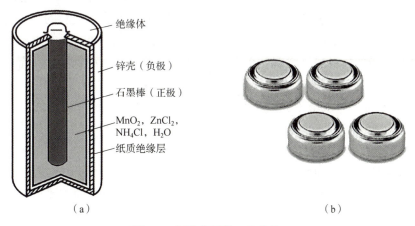

图 3.5 两种常见的一次电池
(a) 锌锰干电池；(b) 锌汞纽扣电池

放电后能通过充电使其复原的电池称为二次电池，常用的二次电池有铅蓄电池、镉镍电池和氢镍电池。其中，铅蓄电池历史最早，较成熟、价廉，但质量较大、保养要求严格、易损坏。放电时两极反应为：负极 $Pb(s)+SO_4^{2-}(aq)\rightleftharpoons PbSO_4(s)+2e^-$；正极 $PbO_2(s)+4H^+(aq)+SO_4^{2-}(aq)+2e^-\rightleftharpoons PbSO_4(s)+2H_2O(l)$。电池总反应为：$Pb(s)+PbO_2(s)+2H_2SO_4(aq)\rightleftharpoons 2PbSO_4(s)+2H_2O(l)$。铅蓄电池主要用作汽车和柴油机车的启动电源；搬运车辆、坑道、矿山车辆和潜艇的动力电源，以及变电站的备用电源。镉镍电池由于镉有毒性，废电池的处理比较麻烦，有些国家已经禁止使用。

氢镍电池以新型储氢材料——钛镍合金或镧镍合金、混合稀土镍合金为负极，镍电极为正极，氢氧化钾水溶液为电解质溶液，电池电动势约为 1.20 V。氢镍电池被称为绿色环保电池，无毒、不污染环境。其突出优点是循环寿命很长，因此有望成为航天、电子、通信领域中应用最广的高能电池之一。

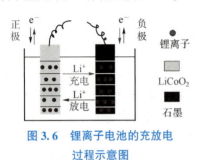

图 3.6 锂离子电池的充放电过程示意图

锂离子电池是我们日常生活中应用较多的另一类二次电池，它主要依靠锂离子在正极和负极之间移动来工作。锂离子电池的充放电过程示意图如图 3.6 所示。在充放电过程中，Li^+ 在两个电极之间往返嵌入和脱嵌：充电时，Li^+ 从正极脱嵌，经过电解质嵌入负极，负极处于富锂状态；放电时则相反，因此锂离子电池又称"摇椅"电池。

锂离子电池能量密度大，平均输出电压高；自放电小，没有记忆效应；工作温度范围宽为−20 ℃~60 ℃；循环性能优越，可快速充放电，充电效率高达 100%，而且输出功率大；使用寿命长；不含有毒有害物质，被称为绿色电池。2019 年 10 月 9 日，瑞典皇家科学院宣布将 2019 年诺贝尔化学奖授予约翰·古迪纳夫（John Bannister Goodenough）、斯坦利·惠廷厄姆（Stanley Whittingham）和吉野彰，以表彰他们在锂离子电池研发领域作出的贡献。

直接燃烧燃料获得热能，然后再使热能转变为机械能和电能，在这一过程中，燃料的利用效率很低，还不到 20%。如果能够把燃料燃烧的化学反应组成一个原电池，让化学能直接转变为电能，其利用效率将大大提高。这种以燃料作为能源，将燃料的化学能直接转换为电能的装置称为燃料电池。和一般的化学电源相比，燃料电池的特点是在电极上所需要的物质（即提供化学能的燃料和氧化剂）储存在电池的外部，它是一个敞开系统，可以根据需要连续加入，而产物也可同时排出，电极本身在工作时并不消耗和变化。一般化学电源（即一般的一次电池和二次电池），其反应物质在电池体内，系统和环境之间只有能量交换而反应物不能继续补充，因而其容量受电池的体积和质量的限制。燃料电池的另一优点是能量的转换效率高。

燃料电池以还原剂（如氢气、甲醇、煤气、天然气等）为负极反应物质，以氧化剂（如氧气、空气等）为正极反应物质。为了使燃料便于进行电极反应，要求电极材料兼具有催化剂的特性，可用多孔碳、多孔镍和铂、银等贵金属作电极材料。电解质则有碱性、酸性、熔融盐、固体电解质以及聚合物电解质离子交换膜等。下面简单介绍两种燃料电池。

碱性燃料电池常用 30%~50% 的 KOH 为电解液，燃料是 H_2，氧化剂是 O_2，碱性燃料电池示意图如图 3.7 所示。氢氧燃料电池的燃烧产物为水，因此对环境无污染。电池可用图式表示为

$$(-)C\mid H_2(p)\mid KOH(aq)\mid O_2(p)\mid C(+)$$

电极反应为

负极 $\quad 2H_2(g)+4OH^-(aq)===4H_2O(l)+4e^-$

正极 $\quad O_2(g)+2H_2O(l)+4e^-===4OH^-(aq)$

电池总反应 $\quad 2H_2(g)+O_2(g)===2H_2O(l)$

当 H_2 和 O_2 的分压均为 100 kPa，KOH 的浓度为 30%时，电池的理论电动势约为 1.23 V。设计并制造一个好的燃料电池具有非常重大的实际意义，它涉及能源的利用效率问题。目前在这方面还需要进行大量的研究工作，也还有不少具体的困难，如使用的电极材料比较贵重，要寻找合适的催化剂，电解液的腐蚀性也比较强等，这些都有待于进一步解决。

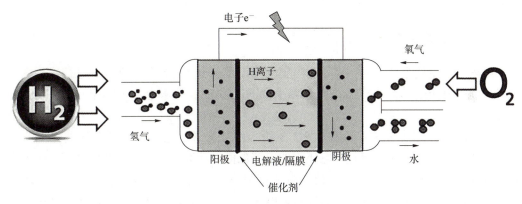

图 3.7 碱性燃料电池示意图

燃料电池的最佳燃料是氢，当地球上化石燃料逐渐减少时，人类赖以生存的能最将是核能和太阳能。那时可用核能和太阳能发电，以电解水的方式制取氢气，然后利用氢作为载能体，采用燃料电池的技术与大气中的氧转化为各种用途的电能，如汽车动力、家庭用电等，那时世界将进入氢能时代。燃料电池作为一种高效且对环境友好的发电方式，备受各国政府的重视，最近两次奥运会上登台亮相的氢能源汽车就有近 2 000 台。其中，东京奥运会上有 600 多台，北京冬奥会上有 1 200 多台。两次奥运会提供了全球范围内的大规模燃料电池汽车示范场所，而北京冬奥会在氢燃料电池汽车投入总数量、电池功率、性能等更是超越了东京奥运会。

在一次电池和二次电池中含有汞、锰、镉、铅、锌等重金属，使用后如果随意丢弃，就会造成环境污染。重金属通过食物链后在人体内聚积，就会对人的健康造成严重的危害。重金属聚积到一定量后，会使人发生中毒现象，严重的将导致人死亡。因此，加强废电池的管理，不乱扔废电池，实现有害废弃物的"资源化、无害化"管理已迫在眉睫。无污染电池的开发和无害化处理是目前亟待解决的两个问题。

3.5 电 解

电解是环境对系统做电功的电化学过程，在电解过程中，电能转变为化学能。例如，水的分解反应：$H_2O(l)===H_2(p^\ominus)+\frac{1}{2}O_2(p^\ominus)$，因为 $\Delta_r G_m^\ominus(298.15K)=+237.19\ kJ\cdot mol^{-1}>$

0，所以在没有做非体积功的情况下，反应不能自发进行。但是，如果环境对上述系统做非体积功（例如电功），就有可能进行水的分解反应，所以可以认为电解是利用外加电能的方法迫使反应进行的过程。

在电解池中，与直流电源的负极相连的极叫作阴极，与直流电源的正极相连的极叫作阳极。电子从电源的负极沿导线进入电解池的阴极；另一方面，电子又从电解池的阳极离去，沿导线流回电源正极。这样在阴极上电子过剩，在阳极上电子缺少，电解液（或熔融液）中的正离子移向阴极在阴极上得到电子，进行还原反应；负离子移向阳极，在阳极上给出电子，进行氧化反应。在电解池的两极反应中，氧化态物质得到电子或还原态物质并给出电子的过程都叫作放电。通过电极反应这一特殊形式，使金属导线中电子导电与电解质溶液中离子导电联系起来。

3.5.1 分解电压和超电势

在电解一给定的电解液时，需要对电解池施以多少电压才能使电解顺利进行？下面以铂作电极，电解 0.100 mol·L^{-1} Na$_2$SO$_4$ 溶液为例进行说明，分解电压的测定示意图如图 3.8 所示。

将 0.100 mol·L^{-1} Na$_2$SO$_4$ 溶液按图 3.8 所示的装置进行电解，通过可变电阻调节外电压，从电流计可以读出在一定外加电压下的电流数值。接通电路并逐渐增大外加电压，可以发现在外加电压逐渐增加到 1.23 V 时，电流仍很小，电极上没有气泡发生。当电压增加到约 1.7 V 时，电流开始明显增大。而以后随电压的增加，电流迅速增大，同时在两极上有明显的气泡发生，电解能够顺利进行。通常把能使电解顺利进行的最低电压称为实际分解电压，简称分解电压。

把上述实验结果以电压对电流密度（单位面积电极上通过的电流）作图，可得图 3.9 所示的测定分解电压时的电流密度-电压曲线，图中 D 点的电压读数即为实际分解电压。各种物质的分解电压可通过实验测定。

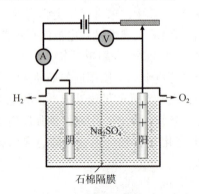
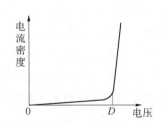

图 3.8 分解电压的测定示意图　　图 3.9 测定分解电压时的电流密度-电压曲线

不同电解反应的分解电压不相同，原因可以从电极反应和电极电势来分析。理论分解电压的产生和理论计算如下。

以电解水为例（以硫酸钠为导电物质）

阴极反应析出氢气　　　　　　　　$2H^+ + 2e^- \rightleftharpoons H_2$

阳极反应析出氧气 $2OH^- \rightleftharpoons H_2O + 1/2 O_2 + 2e^-$

而部分氢气和氧气分别吸附在铂电极表面，组成了氢氧原电池：

$$Pt \mid H_2(100 \text{ kPa}) \mid Na_2SO_4(0.100 \text{ mol} \cdot L^{-1}) \mid O_2(100 \text{ kPa}) \mid Pt$$

该原电池的电动势与外加直流电源的电动势相反，只有当外加直流电源（例如蓄电池）的电压大于该原电池的电动势，才能使电解顺利进行。可以想象，如果外加的电压小于该原电池的电动势，原电池将对外加电源输出电功，使外加电源发生电解反应；如果外加的电压等于该原电池的电动势，则电路中不会有电流通过，电解池和外加电源（蓄电池）中也不会有氧化还原反应发生。这样看来，分解电压是由于电解产物在电极上形成某种原电池，产生反向电动势而引起的。

分解电压的理论数值可以根据电解产物及溶液中有关离子的浓度计算得到。例如，对于上述电解水时形成的氢氧原电池，容易通过计算得出该原电池的电动势 E。

$0.100 \text{ mol} \cdot L^{-1}$ Na_2SO_4 水溶液中 $pH = 7$，即 $c(H^+) = c(OH^-) = 1.000 \times 10^{-7} \text{mol} \cdot L^{-1}$。

氧电极反应 $H_2O + 1/2 O_2 + 2e^- \rightleftharpoons 2OH^-$

氧电极电势 $\varphi(O_2/OH^-) = \varphi^{\ominus} + \dfrac{0.059}{2} \lg \dfrac{[p(O_2)/p^{\ominus}]}{[c(OH^-)/c^{\ominus}]^2}$

$= 0.401 \text{ V} - (0.059\ 17 \text{ V}/2) \lg(1.000 \times 10^{-7}) = 0.815 \text{ V}$

氢电极反应 $H_2 \rightleftharpoons 2H^+ + 2e^-$

氢电极电势

$$\varphi(H^+/H_2) = \varphi^{\ominus} - \dfrac{0.059}{2} \lg \dfrac{p(H_2)/p^{\ominus}}{[c(H^+)/c^{\ominus}]^2}$$

$= (0.059\ 17 \text{ V}/2) \lg(1.000 \times 10^{-7})^2 = -0.414 \text{ V}$

此电解产物组成的氢氧原电池的电动势为

$$E = 0.815 \text{ V} - (-0.414 \text{ V}) = 1.23 \text{ V}$$

这就是说，为使电解水的反应能够发生，外加直流电源的电压不能小于 1.23 V，这个电压称为理论分解电压。然而，实验中所测得的实际分解电压约为 1.7 V，比理论分解电压高出很多，下面分析其原因。

按照能斯特方程计算得到的电极电势，是在电极上几乎没有电流通过的条件下的平衡电极电势。当有可察觉量的电流通过电极时，电极的电势会与上述的平衡电势有所不同。这种电极电势偏离了没有电流通过时的平衡电极电势值的现象，在电化学上称为极化。电解池中实际分解电压与理论分解电压之间的偏差，除了因电阻所引起的电压降以外，就是由于电极的极化所引起的。

电极极化包括浓差极化和电化学极化两个方面。

（1）浓差极化。浓差极化现象是由于离子扩散速率缓慢所引起的。它可以通过搅拌电解液和升高温度，使离子扩散速率增大而得到一定程度的消除。

在电解过程中，离子在电极上放电的速率总是比溶液中离子扩散速率快，使得电极附近的离子浓度与溶液中间部分的浓度有差异（在阴极附近的正离子浓度小于溶液中间部分的浓度，而在阳极附近的正离子浓度大于溶液中间部分的浓度），这种差异随着电解池中电流密度的增大而增大。不难理解，在浓差极化的情况下，为使电解池阳极上发生氧化反应，外电源加在阳极上的电势必须比没有浓差极化时的更正（大）一些。同样可以理解，为使电解池阴极上发生还原反应，外电源加在阴极上的电势必须比没有浓差极化时的更负（小）一些，也就是说，在浓差极化的情况下，实际分解电压（外电源两极之间的电势差）比理论分解电压更大。

（2）电化学极化。电化学极化是由电解产物析出过程中，某一步骤（如离子的放电、原子结合为分子、气泡的形成等）反应速率迟缓而引起电极电势偏离平衡电势的现象。电化学极化是由电化学反应速率决定的，对电解液的搅拌一般不能消除电化学极化的现象。

有显著大小的电流通过时，电极的电势 φ（实）与没有电流通过时电极的电势 φ（理）之差的绝对值被定义为电极的超电势 η，即

$$\eta = |\varphi(实) - \varphi(理)|$$

电解时电解池的实际分解电压 E（实）与理论分解电压 E（理）之差则称为超电压 E（超），即

$$E(超) = E(实) - E(理)$$

显然，超电压与超电势之间的关系为

$$E(超) = \eta(阴) + \eta(阳)$$

在上述电解 0.100 mol·L^{-1} Na$_2$SO$_4$ 水溶液的电解池中，超电压为

$$E(超) = E(实) - E(理) = 1.70 \text{ V} - 1.23 \text{ V} = 0.47 \text{ V}$$

影响超电势的因素主要有以下三个方面。

① 电解产物。金属超电势较小，气体的超电势较大而氢气、氧气的超电势则更大。

② 电极材料和表面状态。同一电解产物在不同电极上的超电势数值不同，且电极表面状态不同时超电势数值也不同。

③ 电流密度。随着电流密度增大超电势增大，使用超电势的数据时必须指明电流密度的数值或具体条件。

3.5.2 电解池中两极的电解产物

在讨论了分解电压和超电势的概念以后，下面进一步讨论电解时两极的产物。

如果电解的是熔融盐，电极采用铂或石墨等惰性电极，则电极产物只可能是熔融盐的正、负离子分别在阴、阳两极上进行还原和氧化后所得的产物。例如，电解熔融 CuCl$_2$，将在阴极得到金属铜，在阳极得到氯气。

如果电解的是盐类的水溶液，电解液中除了盐类离子外，还有 H$^+$ 和 OH$^-$ 离子存在，电解时究竟是哪种离子先在电极上析出就值得讨论了。

从热力学角度考虑，在阳极上进行氧化反应的首先是析出电势（考虑超电势因素后的实际电极电势）代数值较小的还原态物质，在阴极上进行还原反应的首先是析出电势代数值较大的氧化态物质。

简单盐类水溶液电解产物的一般情况如下。

1）阴极析出的物质

（1）电极电势的代数值比 $\varphi(\text{H}^+/\text{H}_2)$ 大的金属正离子首先在阴极还原析出。

（2）一些电极电势代数值比 $\varphi(\text{H}^+/\text{H}_2)$ 小的金属正离子（如 Zn^{2+}、Fe^{2+} 等），则由于 H$_2$ 的超电势较大，这些金属正离子的析出电势仍可能大于 H$^+$ 的析出电势（可小于 -1.0 V），因此这些金属也会首先析出。

(3) 电极电势很小的金属离子（如 Na^+、K^+、Mg^{2+}、Al^{3+} 等），在阴极不易被还原，而总是水中的 H^+ 被还原成 H_2 而析出。

2) 阳极析出的物质

(1) 金属材料（除 Pt 等惰性电极外，如 Zn 或 Cu、Ag 等）作为阳极时，金属阳极首先被氧化成金属离子溶解。

(2) 用惰性材料作为电极时，溶液中存在 S^{2-}、Br^-、Cl^- 等简单负离子时，如果从标准电极电势代数值来看，$\varphi^\ominus(O_2/OH^-)$ 比它们的小，似乎应该是 OH^- 在阳极上易于被氧化而产生氧气。然而，由于溶液中 OH^- 浓度对 $\varphi^\ominus(O_2/OH^-)$ 的影响较大，再加上 O_2 的超电势较大，OH^- 析出电势可大于 1.7 V，甚至还要大。因此在电解 S^{2-}、Br^-、Cl^- 等简单负离子的盐溶液时，在阳极可以优先析出 S、Br_2 和 Cl_2。

(3) 用惰性阳极且溶液中存在复杂离子（如 SO_4^{2-} 等）时，由于其电极电势代数值比 $\varphi^\ominus(O_2/OH^-)$ 还要大，因而一般都是 OH^- 首先被氧化而析出氧气。

例如，在电解 NaCl 浓溶液（以石墨作阳极，铁作阴极）时，在阴极能得到氢气，在阳极能得到氯气。在电解 $ZnSO_4$ 溶液（以铁作阴极，石墨作阳极）时，在阴极能得到金属锌，在阳极能得到氧气。

3.5.3 电解的应用

电解的应用很广，在机械工业和电子工业中广泛应用电解进行金属材料的加工和表面处理，最常见的是电镀、阳极氧化、电解加工等。我国于 20 世纪 80 年代兴起应用电刷镀的方法对机械的局部破损进行修复，此方法在铁道、航空、船舶和军事工业等领域均已得到广泛推广和应用。下面简单介绍电镀、阳极氧化和电刷镀的原理。

1. 电镀

电镀是应用电解的方法将一种金属覆盖到另一种金属零件表面上的过程。下面以电镀锌为例说明电镀的原理。它是将被镀的零件作阴极材料，金属锌作阳极材料，在锌盐溶液中进行电解。电镀用的锌盐通常不能直接用简单锌离子的盐溶液。若用硫酸锌作电镀液，由于锌离子浓度较大，结果使镀层粗糙、厚薄不均匀，镀层与基体金属结合力差。若采用碱性锌酸盐镀锌，则镀层较细致光滑。这种电镀液是由氧化锌、氢氧化钠和添加剂等配制而成的。氧化锌在氢氧化钠溶液中形成配合物 $Na_2[Zn(OH)_4]$，过程为

$$2NaOH+ZnO+H_2O \Longrightarrow Na_2[Zn(OH)_4]$$
$$[Zn(OH)_4]^{2-} \Longrightarrow Zn^{2+}+4OH^-$$

NaOH 一方面作为配位剂，另一方面又可增加溶液导电性。由于 $[Zn(OH)_4]^{2-}$ 配离子的形成，降低了 Zn^{2+} 离子的浓度，使金属晶体在镀件上析出的过程中有个适宜（不致太快）的晶核生成速率，可得到结晶细致的光滑镀层。随着电解的进行，Zn^{2+} 不断放电，同时 $[Zn(OH)_4]^{2-}$ 不断解离，能保证电镀液中 Zn^{2+} 的浓度基本稳定。两极主要反应为

阴极　　　　　　　　　　　$Zn^{2+}+2e^- \Longrightarrow Zn$
阳极　　　　　　　　　　　$Zn \Longrightarrow Zn^{2+}+2e^-$

2. 阳极氧化

有些金属在空气中就能生成氧化物保护膜，而使内部金属在一般情况下免遭腐蚀。例如，金属铝与空气接触后，即形成一层均匀而致密的氧化膜（Al_2O_3），从而起到保护作用。

但是这种自然形成的氧化膜厚度仅 0.02~1 pm，保护能力不强。另外，为使铝具有较大的机械强度，常在铝中加入少量其他元素，组成合金。但一般铝合金的耐蚀性能不如纯铝，因此常用阳极氧化的方法使其表面形成氧化膜以达到防腐耐蚀的目的。阳极氧化就是把金属在电解过程中作为阳极，使之氧化而得到厚度达到 5~300 pm 的氧化膜。

阳极氧化所得氧化膜能与金属结合得很牢固，从而大大地提高铝及其合金的耐腐蚀性和耐磨性，并可提高表面的电阻和热绝缘性。经过阳极氧化处理的铝导线可做电机和变压器的绕组线圈。除此以外，氧化物保护膜还富有多孔性，具有很好的吸附能力，能吸附各种染料。实际应用中，常用各种不同颜色的染料使吸附于表面孔隙中，以增强工件表面的美观或作为使用时的区别标记。例如，光学仪器和仪表中，有些需要降低反光性的铝合金制件的表面往往用黑色染料填封。对于不需要染色的表面孔隙，需进行封闭处理，使膜层的疏孔缩小，并可改善膜层的弹性、耐磨性和耐蚀性。所谓封闭处理，通常是将工件浸在重铬酸盐或铬酸盐溶液中，此时重铬酸根或铬酸根离子能为氧化膜所吸收而形成碱式盐。

3. 电刷镀

当较大型或贵重的机械发生局部损坏后，整个机械就不能使用，这样就会造成经济上的损失。那么，能不能对局部损坏进行修复呢？电刷镀是能以很小的代价修复价值较高的机械的局部损坏的一种技术，它也因此被誉为"机械的起死回生术"。电刷镀工作原理示意图如图 3.10 所示。

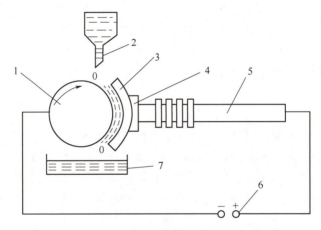

1—工件（阴极）；2—电镀液加入管；3—棉花包套；4—石墨（阳极）；5—镀笔；6—直流电源；7—电镀液回收盘；

图 3.10　电刷镀工作原理示意图

电刷镀的阴极是经清洁处理的工件（受损机械零部件），阳极采用石墨（或铂铱合金、不锈钢等），外面包以棉花包套，称为镀笔。在镀笔的棉花包套中浸满金属电镀溶液，工件在操作过程中不断旋转，与镀笔间保持相对运动。当把直流电源的输出电压调到一定的工作电压后，将镀笔的棉花包套部分与工件接触，使电镀液刷于工件表面，就可将金属镀到工件上。

电刷镀的电镀液不是放在电镀槽中，而是在电刷镀过程中不断滴加电镀液，使之浸湿在棉花包套中，在直流电的作用下不断刷镀到工件阴极上。这样就把固定的电镀槽改变为不固定形状的棉花包套，从而摆脱了庞大的电镀槽，使设备简单，操作方便。

3.6 金属的腐蚀及防护

当金属与周围介质接触时,由于发生化学作用或电化学作用而引起金属的破坏叫作金属的腐蚀。了解腐蚀发生的原理及防护方法具有十分重要的意义。

3.6.1 腐蚀的分类

根据腐蚀过程的不同特点,金属的腐蚀可以分为化学腐蚀和电化学腐蚀两大类。

1. 化学腐蚀

单纯由化学作用引起的腐蚀叫作化学腐蚀。金属在干燥气体或无导电性的非水溶液中的腐蚀都属于化学腐蚀。温度对化学腐蚀的影响很大。例如,钢材在高温下容易被氧化,生成一层由 FeO、Fe_2O_3 和 Fe_3O_4 组成的"氧化皮",同时还会发生脱碳现象。这主要由于钢铁中的渗碳体(Fe_3C)按下式与气体介质作用所产生的结果:

$$Fe_3C + O_2 \Longrightarrow 3Fe + CO_2$$
$$Fe_3C + CO_2 \Longrightarrow 3Fe + 2CO$$
$$Fe_3C + H_2O \Longrightarrow 3Fe + CO + H_2$$

反应生成的气体产物离开金属表面,而碳从邻近尚未反应的金属内部逐渐地扩散到这一反应区,于是金属层中的碳逐渐减少,形成了脱碳层。钢铁表面由于脱碳致使硬度减小、疲劳极限降低。

2. 电化学腐蚀

当金属与电解质溶液接触时,由电化学作用而引起的腐蚀叫作电化学腐蚀。金属在大气中的腐蚀,在土壤及海水中的腐蚀和在电解质溶液中的腐蚀都是电化学腐蚀。

电化学腐蚀的特点是形成腐蚀电池,电化学腐蚀过程的本质是腐蚀电池放电的过程。电化学腐蚀过程中,金属通常作为阳极,被氧化而腐蚀;阴极则根据腐蚀类型不同,可发生氢或氧的还原,析出氢气或氧气。

钢铁在大气中的腐蚀通常为析氧腐蚀,腐蚀电池的阴极反应为

$$1/2\ O_2(g) + H_2O(l) + 2e^- \Longrightarrow 2\ OH^-(aq)$$

将铁完全浸没在酸溶液中,由于溶液中氧气含量较低,阴极反应也可以是析氢反应:

$$2H^+(aq) + 2e^- \Longrightarrow H_2(g)$$

3.6.2 金属腐蚀的防护

金属防腐的方法很多。例如,可以根据不同的用途选用不同的金属或非金属使组成耐腐合金以防止金属的腐蚀;也可以采用油漆、电镀、喷镀或表面钝化等使形成非金属或金属覆盖层而与介质隔绝的方法以防止腐蚀。下面介绍缓蚀剂法和阴极保护法。

1. 缓蚀剂法

在腐蚀介质中加入少量能减小腐蚀速率的物质以防止腐蚀的方法叫作缓蚀剂法。所加的物质叫作缓蚀剂。缓蚀剂按其组分可分成无机缓蚀剂和有机缓蚀剂两大类。

(1)无机缓蚀剂。在中性或碱性介质中主要采用无机缓蚀剂,如铬酸盐等。它们主要在金属的表面形成氧化膜或沉淀物。例如,铬酸钠(Na_2CrO_4)在中性水溶液中,可使铁氧

化成氧化铁（Fe_2O_3），并与铬酸钠的还原产物 Cr_2O_3 形成复合氧化物保护膜：

$$2Fe+2Na_2CrO_4+2H_2O \rlap{=}= Fe_2O_3 + Cr_2O_3 +4NaOH$$

又如，在含有氧气的近中性水溶液中，硫酸锌对铁有缓蚀作用。这是因为锌离子能与阴极上经 $O_2+2H_2O+4e^- \rlap{=}= 4OH^-$ 反应产生的 OH^- 生成难溶的氢氧化锌沉淀保护膜：

$$Zn^{2+}+2OH^- \rlap{=}= Zn(OH)_2(s)$$

（2）有机缓蚀剂。在酸性介质中，无机缓蚀剂的效率较低，因而常采用有机缓蚀剂。它们一般是含有 N、S、O 的有机化合物，常用的有机缓蚀剂有乌洛托品、若丁（其主要组分为邻苯二甲基硫醚）等。

在有机缓蚀剂中，还有一类气相缓蚀剂，它们是一类挥发速率适中的物质，其蒸气能溶解于金属表面的水膜中。当金属制品吸附缓蚀剂后，再用薄膜包起来，就可达到缓蚀的作用。常用的气相缓蚀剂有亚硝酸二环己烷基胺、碳酸环己烷基胺和亚硝酸二异丙烷基胺等。

不同的缓蚀剂各自对某些金属在特定的温度和浓度范围内才有效，具体需由实验决定。

2. 阴极保护法

阴极保护法就是将被保护的金属作为腐蚀电池的阴极（原电池的正极）或作为电解池的阴极而不受腐蚀。前一种是牺牲阳极（原电池的负极）保护法，后一种是外加电流法。

（1）牺牲阳极保护法。这是将较活泼金属或其合金连接在被保护的金属上，使形成原电池的方法。较活泼金属作为腐蚀电池的阳极而被腐蚀，被保护的金属则得到电子作为阴极而达到保护的目的。常用的牺牲阳极材料一般有铝合金、镁合金、锌合金和锌铝镉合金等。牺牲阳极保护法常用于保护海轮外壳、锅炉和海底设备。

（2）外加电流法。这是在外加直流电的作用下，用废钢或石墨等难溶性导电物质作为阳极，将被保护金属作为电解池的阴极而进行保护的方法。

海湾建筑物（如防波堤、闸门、浮标）、地下建筑物（如输油管、水管、煤气管、电缆、铁塔脚）等大多采用阴极保护法来保护，防腐效果十分明显。

应当指出，工程上制造金属制品时，除了应该使用合适的金属材料以外，还应从金属防腐的角度对结构进行合理的设计，以避免因机械应力、热应力、流体的停滞和聚集等原因加速金属的腐蚀过程。由于金属的缝隙、拐角等应力集中部分容易成为腐蚀电池的阳极而受到腐蚀，所以合理地设计金属构件的结构是十分重要的。此外，还要注意避免使电极电势相差很大的金属材料互相接触。当必须把不同的金属装配在一起时，最好使用橡皮、塑料及陶瓷等不导电的材料把金属隔离开。

案例一：锂离子电池彻底改变了我们的生活

2019 年的诺贝尔化学奖颁给了开发锂离子电池的三位科学家。这种轻巧、可充电且性能强劲的电池今天早已进入寻常百姓家，被每一部手机、笔记本电脑和其他电子设备所使用。它还能用于存储太阳能和风能，从而让构建一个"零化石燃料使用"的社会成为可能。

锂离子电池在全球范围被广泛用于为便携式电子设备提供电力，以便于人类通信、工作、开展研究、听音乐或者检索知识。锂离子电池的发明还让可以长距离行驶的电动汽车研发成为可能，它同时也被广泛用于可再生能源的存储。

锂离子电池的研发基础构建于20世纪70年代的石油危机期间。当时，斯坦利·惠廷厄姆正致力于研制一种可以摆脱石油燃料的能源技术。他开始对超导体材料进行研究，并很快发现了一种极端富能的材料二硫化钛，他将这种材料创造性地用于制作锂离子电池的阴极，在分子层面上，其内部空隙可以容纳锂离子。

电池的正极部分由金属锂制成，锂有很强的释放电子的驱动力。这就形成了一个具有一定电势（超过2 V）的电池。然而，金属锂是活性的，电池爆炸的风险太大，在商业上并不可行。

约翰·古迪纳夫预测，如果用一种金属氧化物而不是金属硫化物来制造阴极，那么电池将具有更大的电势。经过系统地研究，1980年，他证明了嵌入锂离子的氧化钴可以产生高达4 V的电压。这是一个重要的突破，将带来更强大的电池。

20世纪70年代初，斯坦利·惠廷厄姆开发出第一块可工作的锂离子电池，他利用锂的巨大动力释放其外部电子。

以约翰·古迪纳夫的阴极理论为基础，吉野彰在1985年发明了第一个商业上可行的锂离子电池。他没有在阳极使用活性锂，而是使用石油焦，这是一种碳材料，像阴极的钴氧化物一样，可以插入锂离子。于是，他获得了一种重量轻且耐用的电池，在性能衰竭之前可以充电数百次。锂离子电池的优点是：它们不是基于分解电极的化学反应，而是基于锂离子在正极和负极之间来回流动。

自1991年首次投入市场以来，锂离子电池已经彻底改变了我们的生活。它们为无线通信和建立无化石燃料社会奠定了基础，为人类带来了巨大的利益。

此前，美国化学会周刊《化学化工新闻》做出了相当准确的预测。该期刊当时表示，2019年的诺贝尔化学奖很有可能会在电池研究、基因编辑技术、金属有机框架材料研究等改变人类世界生活的三大领域中产生，并猜测今年的获奖者可能会是97岁高龄的"锂离子电池之父"、美国得克萨斯大学奥斯汀分校机械工程系教授约翰·古迪纳夫。

案例二：氢燃料电池汽车助力北京冬奥会

北京冬奥会是首个真正实现"碳中和"奥运赛事。除了建设低碳场馆、提供绿电等方式促进碳中和外，在低碳交通体系中，北京冬奥会还以氢能为清洁能源车辆群承担了场地间主要运输任务，积极推动符合相关车型目录氢燃料车辆的示范应用。

根据北京冬奥组委公布的数据，本届冬奥会示范运行超1 000辆氢能源汽车，并配备30多个加氢站，是全球最大的一次燃料电池汽车示范。氢燃料电池汽车已成为绿色冬奥中一抹亮色，来自丰田汽车、北汽集团、宇通客车、福田汽车等车企的氢燃料电池汽车均积极投入北京冬奥会之中。

值得一提的是，从2008年北京奥运会的3辆氢燃料电池大巴，到2010年上海世博会的196辆氢燃料电池车，再到2022年北京冬奥会的上千辆氢燃料电池车，经过十几年发展，我国氢能和燃料电池汽车正迎来新的发展机遇。

在"双碳"目标的指引下，以绿色冬奥为契机，氢燃料电池汽车产业也将步入新的发展阶段。

本 章 小 结

1. 原电池

自发进行的氧化还原反应可以组装成原电池,从而将化学能转变为电能。在原电池放电过程中,组成原电池的两个电极上分别发生氧化和还原反应。如铜锌原电池放电过程中,锌电极和铜电极分别发生氧化反应和还原反应:

$$Zn(s) - 2e^- =\!=\!= Zn^{2+}(aq)$$
$$Cu^{2+}(aq) + 2e^- =\!=\!= Cu(s)$$

电极由氧化还原电对组成,书写成氧化型/还原型,如用符号 $Cu^{2+}(c_2)/Cu$ 表示铜电极的氧化还原电对。若电极中包含导电用的惰性材料(如 Pt),则书写成 $Fe^{3+}(c_1)$,$Fe^{2+}(c_2) \mid Pt(s)$。

原电池可用图式表示,如 $(-)\ Zn \mid Zn^{2+}(c_1) \parallel Cu^{2+}(c_2) \mid Cu\ (+)$。

原电池的电动势与电池反应的摩尔吉布斯函数变为

$$\Delta_r G_m^\ominus = -nFE^\ominus \quad \text{或} \quad \Delta_r G_m = -nFE$$

2. 电极电势和电池电动势

标准电极电势:通常规定标准氢电极的电极电势为零,其他电极与标准氢电极组成原电池,通过测量该电池电动势(即电势差值),即可得到其他电极的标准电极电势。

非标准电极电势:利用能斯特方程计算得到。即

$$\varphi = \varphi^\ominus + \frac{0.059}{n} \ln \frac{[Ox]}{[Red]}$$

注意,能斯特方程中的[氧化型]和[还原型]必须严格按照电极反应式书写。

应用能斯特方程时,对于反应组分浓度的表达,应注意以下两点。

(1)电池反应或电极反应中,某物质若是纯的固体或纯的液体(不是混合物),则能斯特方程中该物质的浓度作为 1(因为热力学规定纯固体和纯液体的活度等于 1)。

(2)电池反应或电极反应中,某物质若是气体,则能斯特方程中该物质的相对浓度 $c/c^\ominus$ 改用相对压力 $p/p^\ominus$ 表示。例如,对于氢电极,电极反应 $2H^+(aq) + 2e^- =\!=\!= H_2(g)$,能斯特方程中氢离子用相对浓度 $c(H^+)/c^\ominus$ 表示,氢气用相对分压 $p(H_2)/p^\ominus$ 表示,即

$$\varphi = \varphi^\ominus + \frac{0.059}{2} \lg \frac{[c(H^+)]^2}{\dfrac{p(H_2)}{p^\ominus}}$$

电动势:两个电极的电极电势之差就是两极板之间的电势差,也就是原电池的电动势,用 E 表示电动势,则有

$$E = \varphi_+ - \varphi_-$$

若构成两电极的各物质均处于标准状态,则原电池具有标准电动势 $E^\ominus$,且 $E^\ominus = \varphi_+^\ominus - \varphi_-^\ominus$。

3. 电极电势的应用

(1)利用电极电势代数值比较氧化剂和还原剂的相对强弱。

电极电势的大小反映了电极中氧化态物质和还原态物质在溶液中氧化还原能力的相对强

弱。电极电势代数值越小,则该电极上越容易发生氧化反应,或者说该电极的还原态物质越容易失去电子,是较强的还原剂,而该电极的氧化态物质越难得到电子,是较弱的氧化剂。若电极电势代数值越大,则该电极上越容易发生还原反应,该电极的氧化态物质越容易得到电子,是较强的氧化剂,而该电极的还原态物质越难失去电子,是较弱的还原剂。

(2) 利用电极电势(电动势)判断反应的方向。

在恒温恒压、不做非体积功的条件下,若一个化学反应的吉布斯自由能变 $\Delta G<0$,意味着该化学反应可自发进行;若反应的 $\Delta G>0$,反应就不能自发进行;若反应的 $\Delta G=0$,则反应处于平衡状态。

如果能设计一个原电池,使电池反应正好是所需判断的化学反应,由于反应的吉布斯自由能变 ΔG 与原电池电动势的关系为 $\Delta G=-nEF$,若 $E>0$,则 $\Delta G<0$,在没有做非体积功的恒温恒压条件下,反应就可以自发进行。

(3) 利用电极电势(电动势)衡量反应进行的程度。

在原电池的热力学讨论中,我们已经知道 $T=298.15\ \text{K}$ 时,电池反应的平衡常数 $K^{\ominus}$ 与电池的标准电动势 $E^{\ominus}$ 的关系为

$$\lg K^{\ominus} = nE^{\ominus}/(0.059\ 17\ \text{V})$$

所以如能设计一个原电池,其电池反应正好是需讨论的化学反应,就可以通过该原电池的 $E^{\ominus}$ 推算该反应的平衡常数 $K^{\ominus}$,分析该反应能够进行的程度。

4. 化学电源

化学电源是将化学能转变为电能的装置,其种类繁多,按其使用的特点大致可分为一次电池、二次电池和燃料电池三类。

5. 电解

电解是环境对系统做电功的电化学过程,在电解过程中,电能转变为化学能。在电解池中,与直流电源的负极相连的极叫作阴极,与直流电源的正极相连的极叫作阳极。电子从电源的负极沿导线进入电解池的阴极,另一方面,电子又从电解池的阳极离去,沿导线流回电源正极。

按照能斯特方程计算得到的电极电势,是在电极上几乎没有电流通过的条件下的平衡电极电势。但有可察觉量的电流通过电极时,电极的电势会与上述的平衡电势有所不同。这种电极电势偏离了没有电流通过时的平衡电极电势值的现象,在电化学上称为极化。电解池中实际分解电压与理论分解电压之间的偏差,除了因电阻所引起的电压降以外,就是由于电极的极化所引起的。

从热力学角度考虑,在阳极上进行氧化反应的首先是析出电势(考虑超电势因素后的实际电极电势)代数值较小的还原态物质,在阴极上进行还原反应的首先是析出电势代数值较大的氧化态物质。

简单盐类水溶液电解产物的一般情况如下。

1) 阴极析出的物质

(1) 电极电势代数值比 $\varphi(\text{H}^+/\text{H}_2)$ 大的金属正离子首先在阴极还原析出。

(2) 一些电极电势代数值比 $\varphi(\text{H}^+/\text{H}_2)$ 小的金属正离子(如 Zn^{2+}、Fe^{2+} 等),则由于 H_2

的超电势较大，这些金属正离子的析出电势仍可能大于 H^+ 的析出电势（可小于 –1.0 V），因此这些金属也会首先析出。

（3）电极电势代数值很小的金属离子（如 Na^+、K^+、Mg^{2+}、Al^{3+} 等）在阴极不易被还原，总是被水中的 H^+ 还原成 H_2 而析出。

2）阳极析出的物质

（1）金属材料（除 Pt 等惰性电极外，如 Zn 或 Cu、Ag 等）作阳极时，金属阳极首先被氧化成金属离子溶解。

（2）用惰性材料作电极时，溶液中存在 S^{2-}、Br^-、Cl^- 等简单负离子时，如果从标准电极电势代数值来看，$\varphi^{\ominus}(O_2/OH^-)$ 比它们的小，似乎应该是 OH^- 在阳极上易于被氧化而产生氧气。然而，由于溶液中 OH^- 浓度对 $\varphi^{\ominus}(O_2/OH^-)$ 的影响较大，再加上 O_2 的超电势较大，OH^- 析出电势可大于 1.7 V，甚至还要大。因此，在电解 S^{2-}、Br^-、Cl^- 等简单负离子的盐溶液时，在阳极可以优先析出 S、Br_2 和 Cl_2。

（3）用惰性阳极且溶液中存在复杂离子（如 SO_4^{2-} 等）时，由于其电极电势代数值比 $\varphi^{\ominus}(O_2/OH^-)$ 还要大，因而一般都是 OH^- 首先被氧化而析出氧气。

6. 金属的腐蚀及防止

金属的腐蚀有化学腐蚀、电化学腐蚀。金属防腐的方法很多。例如，可以根据不同的用途选用不同的金属或非金属，使组成耐腐合金以防止金属的腐蚀；也可以采用油漆、电镀、喷镀或表面钝化等，使形成非金属或金属覆盖层，从而与介质隔绝以防止腐蚀。

练 习 题

一、选择题

1. 在原电池中，下列叙述中正确的是（　　）。
   A. 作为正极的物质的 $\varphi^{\ominus}$ 值必须大于零
   B. 作为负极的物质的 $\varphi^{\ominus}$ 值必须小于零
   C. $\varphi^{\ominus}_+ > \varphi^{\ominus}_-$
   D. 电势较高的电对中的氧化态物质在正极得电子

2. 已知 $E^{\ominus}(Sn^{4+}/Sn^{2+}) = 0.14$ V，$E^{\ominus}(Fe^{3+}/Fe^{2+}) = 0.77$ V，则不能共存于同一溶液中的离子对是（　　）。
   A. Sn^{4+}，Fe^{2+}　　B. Sn^{4+}，Sn^{2+}　　C. Fe^{3+}，Fe^{2+}　　D. Fe^{3+}，Sn^{2+}

3. 为了提高 $Fe_2(SO_4)_3$ 的氧化能力，可采取的措施：（　　）。
   A. 增加 Fe^{2+} 的浓度，降低 Fe^{3+} 的浓度　　B. 增加 Fe^{3+} 的浓度，降低 Fe^{2+} 的浓度
   C. 增加溶液的 pH　　D. 降低溶液的 pH

4. 对于下列两个半反应：$H^+ + e^- = 1/2 H_2$，$2H^+ + 2e^- = H_2$，电极电势分别用 E_1 和 E_2 表示。当 $c(H^+)$ 和 $P(H_2)$ 分别相同时，E_1 和 E_2 的关系为（　　）。
   A. $E_1 = 2E_2$　　B. $2E_1 = E_2$　　C. $E_1 = E_2$　　D. $E_1 \neq E_2$

5. 有一个由两个氢电极组成的原电池，其中一个是标准氢电极，为了得到最大的电动

势，另一个电极浸入的酸性溶液[设 $p(H_2)=100$ kPa]应为（　　）。

A. 0.1 mol·dm^{-3} HCl　　　　B. 0.1 mol·dm^{-3} HAc+0.1 mol·dm^{-3} NaAc

C. 0.1 mol·dm^{-3} HAc　　　　D. 0.1 mol·dm^{-3} H_3PO_4

6. 已知原电池$(-)Sn|Sn^{2+}(c_1)\|Pb^{2+}(c_2)|Pb(+)$的电动势 $E=0$ V，今欲将 Pb 电极为负极，Sn 电极为正极，则应该采取的措施是（　　）。

A. c_1 和 c_2 同倍减少　　　　B. c_1 和 c_2 同倍增加

C. 减少 c_1，增加 c_2　　　　D. 增加 c_1，减少 c_2

7. 电镀工艺是将欲镀零件作为电解池的（　　）。

A. 阴极　　　B. 阳极　　　C. 正极　　　D. 负极

8. 暴露于潮湿的大气中的钢铁，其发生的腐蚀主要是（　　）。

A. 化学腐蚀　　B. 吸氧腐蚀　　C. 析氢腐蚀　　D. 阳极产生 CO_2 的腐蚀

9. 采取牺牲阳极法保护船体，选用阳极的原则是（　　）。

A. 阳极电极电势高于阴极电极电势　　B. 阳极采用废钢铁

C. 阳极采用不活泼金属　　D. 阳极电极电势低于阴极电极电势

二、填空题

1. 原电池的能量变化是由_____变为_____；原电池的反应是_____。

2. 原电池的正极发生_____反应，负极发生_____反应。

3. 有下列原电池：

$(-)Pt|Fe^{2+}(1mol/dm^3),Fe^{3+}(0.01mol/dm^3)\|Fe^{2+}(1mol/dm^3),Fe^{3+}(1mol/dm^3)|Pt(+)$

该原电池的负极反应为_____，正极反应为_____。

4. 将 $Ni+2Ag^+ =\!=\!= 2Ag+Ni^{2+}$ 氧化还原反应设计为一个原电池，则原电池符号为_____，已知 $\varphi^\ominus(Ni^{2+}/Ni)=-0.25$ V，$\varphi^\ominus(Ag^+/Ag)=0.80$ V，则原电池的电动势 $E^\ominus$ 为_____，$\Delta_r G_m^\ominus$ 为_____。（$F=96\,485$ C·mol^{-1}）

5. 欲使原电池反应 $Zn(s)+2Ag^+(aq)=Zn^{2+}(aq)+2Ag(s)$ 的电动势增加，可采取的措施有：_____Zn^{2+} 浓度；_____Ag^+ 浓度（填不变，增加，降低）。

6. 用两极反应表示下列物质的主要电解产物：电解 $NiSO_4$ 溶液，阳极用镍，阴极用铁，_____；（2）电解熔融 $MgCl_2$，阳极用石墨，阴极用铁，_____。

7. 对于氧化还原反应，若以电对的电极电势作为判断的依据时，其自发的条件必为_____。

8. 在电解反应中，若阴极发生极化作用，将使实际分解电压_____。

三、判断题

1. 已知某电池反应为 $A+0.5B^{2+}\longrightarrow A^++0.5B$，而当反应式改写成 $2A+B^{2+}\longrightarrow 2A^++B$ 时，则此反应的 $E^\ominus$ 不变，而 $\Delta_r G_m^\ominus$ 改变。（　　）

2. 在原电池的组装中，$\varphi^\ominus$ 值大的电对设置为正极，而 $\varphi^\ominus$ 值小的电对应设置为负极。（　　）

3. 电动势 E（或电极电势 φ）的数值与电极反应的写法无关，平衡常数 K 的数值随反应式的写法（即化学计量数不同）而变。（　　）

4. 在 Fe^{3+} 溶液中加入 NaF 后，会使 Fe^{3+} 的氧化性降低。 (   )

5. 由于 $\varphi^{\ominus}(K^+/K) < \varphi^{\ominus}(Al^{3+}/Al) < \varphi^{\ominus}(Co^{2+}/Co)$，因此在标准状态下 Co^{2+} 的氧化性最强，而 K 的还原性最强。 (   )

6. 某氧化还原反应的 $E^{\ominus} > 0$，则此反应的 $\Delta G^{\ominus} > 0$，该反应不能自动进行。 (   )

7. 对于电极反应 $Pb^{2+}(aq) + 2e^- \longrightarrow Pb(s)$ 和 $1/2 Pb^{2+}(aq) + e^- \longrightarrow 1/2 Pb(s)$，当 Pb^{2+} 浓度均为 1 mol/L 时，若将其分别与标准氢电极组成原电池，则它们的电动势相同。 (   )

8. 原电池工作时，系统的 ΔG 增大，而电动势 E 也增大。 (   )

9. 电极电势的绝对值是无法知道的，通常测量的是相对电极电势。 (   )

10. 取两根铜棒，将一根插入盛有 $0.1\ mol \cdot dm^{-3}\ CuSO_4$ 溶液的烧杯中，另一根插入盛有 $1\ mol \cdot dm^{-3}\ CuSO_4$ 溶液的烧杯中，并用盐桥将两只烧杯中的溶液连接起来，可以组成一个浓差原电池。 (   )

四、简答题

1. 书写电池符号（图示）的规则是什么？
2. 怎么确定电池的正、负极，电池的电极电势与电动势之间是什么关系？
3. 构成原电池的两极材料是否必须不一样？同一种金属及其盐溶液可否组成原电池？
4. 如何判断氧化剂、还原剂的强弱？
5. 为什么电解过程中，实际分解电压大于理论分解电压？
6. 金属在大气中的腐蚀通常主要是析氢腐蚀还是吸氧腐蚀？
7. 常见的金属防腐措施有哪些？

五、计算题

1. 根据下列反应设计原电池，写出电池符号，并根据 $\varphi^{\ominus}$ 计算 298 K 时的 $E^{\ominus}$、$K^{\ominus}$、$\Delta_r G_m^{\ominus}$。 $6Fe^{2+} + Cr_2O_7^{2-} + 14H^+ \Longrightarrow 6Fe^{3+} + 2Cr^{3+} + 7H_2O$（已知 $\varphi^{\ominus}(Cr_2O_7^{2-}/Cr^{3+}) = 1.23\ V$，$\varphi^{\ominus}(Fe^{3+}/Fe^{2+}) = 0.77\ V$）。

2. 下列反应组成原电池（温度为 298.15 K）：$Ag^+(aq) + Fe^{2+}(aq) \Longrightarrow Fe^{3+}(aq) + Ag(s)$。

（1）计算原电池的标准电动势 $E^{\ominus}$。

（2）计算反应的 $\Delta_r G_m^{\ominus}$ 和 $K^{\ominus}$。

（3）用图式表示原电池。

（4）若 $c(Ag^+) = 0.100\ mol \cdot dm^{-3}$、$c(Fe^{3+}) = 10c(Fe^{2+})$ 时，计算原电池的电动势 E，并判断电池反应的方向。已知 $\varphi^{\ominus}(Ag^+/Ag) = 0.799\ V$，$\varphi^{\ominus}(Fe^{3+}/Fe^{2+}) = 0.771\ V$，$F = 96\ 500\ C \cdot mol^{-1}$。

3. 已知 $E^{\ominus}(MnO_4^-/Mn^{2+}) = 1.512\ V$，$E^{\ominus}(CO_2/H_2C_2O_4) = -0.595\ V$，求反应的平衡常数 $K^{\ominus}$。

4. 由标准氢电极和镍电极组成原电池，当 $c(Ni^{2+}) = 0.01\ mol \cdot L^{-1}$ 时，电池的电动势为 0.316 V。其中镍为负极，试计算镍电极的标准电极电势。

第 3 章练习题答案

第4章 表面活性剂和胶体化学

 内容提要和学习要求

表面张力是表面化学中的一个重要概念,它是产生表面现象的根源。表面活性剂是重要的工业助剂,其应用已渗透到工农生产的各个领域,且与人们的日常生活密切相关。胶体在自然界中普遍存在,它具有特定的分散度、巨大的表面能等特点,对现代生产和科学研究起着重要的作用。因此,研究和掌握表面活性剂和胶体的基础知识具有重要的意义。

本章学习要求可分为以下几点。
(1) 了解表面活性剂的分类、结构特点。
(2) 掌握表面活性剂的胶束、临界胶束浓度的概念及其影响因素。
(3) 了解各类表面活性剂的结构特点、主要作用及应用。
(4) 熟悉胶体的基本性质,包括胶体的分类、结构。
(5) 了解浆体的流变性质。

4.1 表面活性剂

表面活性剂是指在较低浓度下就能够显著降低两相间的界面张力的一类物质。将两种极性相差很大的物质(如水和油)通过机械方式混在一起,不一会儿它们就会自动分层,各成一相,很难形成一个均匀、稳定的单相系统。加入表面活性剂之后,能够显著降低水的表面张力,使水油系统不再分层,相互分散、均匀而稳定地存在。

人类使用最早且最普遍的一种表面活性剂就是肥皂。表面活性剂作为洗涤用品的主要活性成分,从家用领域慢慢扩展到工农业等各个领域,甚至渗透到一切生产和技术经济领域中,素有"工业味精"的美称。

4.1.1 表面活性剂的分类

表面活性剂的种类繁多,有天然的,如磷脂、蛋白质、皂甙等,还有人工合成的,如硬脂酸盐、磺酸盐、胺盐等。表面活性剂的分类方法有很多,可以从化学结构、组成结构、分子量大小、用途等多个方面来分类。

1. 根据表面活性剂的化学结构来分类

表面活性剂分子的结构不对称,由极性部分和非极性部分组成,极性部分(如—OH、—COOH、—COO$^-$、—NH$_3^+$、—SO$_2$OH 等)是亲水性的,非极性部分(碳氢基)是憎水性的。物质的表面活性与分子中的极性部分、非极性部分的结构相关,因此按照化学结构,也就是极性部分和非极性部分的结构性质,可以将表面活性剂分为四大类。

(1) 阴离子型表面活性剂。这一类表面活性剂应用最广泛,在水中电离后,亲水基阴离子显示活性,主要有羧酸盐类(如肥皂)、烷基硫酸盐类、烷基磺酸盐类和烷基苯磺酸盐类。

(2) 阳离子型表面活性剂。这一类表面活性剂的水溶性好,在水中电离后,亲水基阳离子显示活性,主要是胺盐,如 $C_{18}H_{37}NH_3^+Cl^-$ 等。

(3) 两性表面活性剂。这一类表面活性剂同时具有两种离子的表面活性剂,如氨基酸(R—NH—CHCOOH)、氨基酸盐、氨基磺酸和氨基磺酸盐。

(4) 非离子型表面活性剂。这一类表面活性剂在水中不电离,整个分子起表面活性作用,在酸性或碱性条件下都比较稳定,表面活性好,可与阳离子型表面活性剂或阴离子型表面活性剂一同使用,如脂肪酸甘油酯、脂肪酸山梨坦(司盘)、聚山梨酯(吐温)、聚乙二醇类 $HOCH_2(CH_2OCH_2)_nCH_2OH$。常用的洗衣粉就是这类表面活性剂。

2. 根据表面活性剂的组成结构来分类

根据表面活性剂的组成结构,可将表面活性剂分为两类。

(1) 常规表面活性剂。由 C、H、O、N、S 等元素组成的表面活性剂。

(2) 特殊表面活性剂。含有其他元素、结构特殊、产量少、性能独特的表面活性剂。

3. 根据表面活性剂分子量大小来分类

根据表面活性剂分子量大小,可将表面活性剂分为三类。

(1) 低分子量表面活性剂(相对分子质量 200~1 000)。

(2) 中分子量表面活性剂(相对分子质量 1 000~10 000)。

(3) 高分子量表面活性剂(相对分子质量 10 000 以上)。

4. 根据表面活性剂的用途来分类

根据表面活性剂的用途,可将表面活性剂分为增溶剂、乳化剂、破乳剂、润湿剂、发泡剂、消泡剂、洗涤剂、去污剂、分散剂、絮凝剂等。

在以上几种分类方法中,较常用的还是根据表面活性剂的化学结构来分类,此种分类方法有利于表面活性剂的正确选用。例如,阳离子型表面活性剂不能使用于阴离子型的物质中,否则可能会产生沉淀等不良后果。

4.1.2 表面张力和表面自由能

1. 表面张力的概念

任何一个相,其相界面层中的分子与相内部的分子二者所具有的能量是不相同的。下面以与饱和蒸气相接触的纯液体表面分子及其内部分子受力情况为例进行介绍,其相界面与相内的分子受力情况如图 4.1 所示,圆圈代表分子的引力范围。在液体内部的任意分子 A,因四面八方均被同类分子包围着,平均来看,该分子所受周围分子的引力是对称的,各个相反方向上的力可以相互抵消而合力为零,因此它在液体内部移动时并不需要消耗功。然而,处于表面的分子 B 就

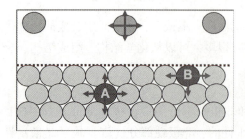

图 4.1 相界面与相内的分子受力情况

与内部分子 A 的情况大不相同。表面分子 B 处于力场不对称的环境当中，下方密集的液体分子对它的吸引力，远远大于上方稀疏气体分子对它的吸引力，这些力的合力垂直于液面而指向液体内部，表面分子 B 因而受到指向液体内部的拉力。在没有其他作用力存在时，表面分子总是趋向于向液体内部移动，都有缩小其表面积而呈球形的趋势，因为球形的比表面最小。反之，若要扩张液体的表面，把一部分分子由内部移到表面上来，则需要克服向内的拉力而消耗功。由此可见，表面分子比内部分子具有更高的能量。

假如用细钢丝制成一个框架，其中一端是可以自由活动的金属丝，则液体的表面张力示意图如图 4.2 所示。将此框架上端固定后，使框架蘸上一层肥皂膜。若将金属丝放松，肥皂膜会自动收缩以减小表面积。这时欲使肥皂膜维持不变，可在金属丝上挂一重物，此时总重力 G 为金属丝质量 W_1 和重物质量 W_2 所产生的重力之和：

$$G = (W_1 + W_2)g \quad (4.1)$$

该重力 G 与表面张力 F 大小相等、方向相反。表面张力 F 的大小与金属丝的长度 l 成正比，比例系数以 γ 表示，因膜有两个表面，所以边界总长度为 2l，由此可得

$$F = 2\gamma l \quad (4.2a)$$

即

$$\gamma = F/(2l) \quad (4.2b)$$

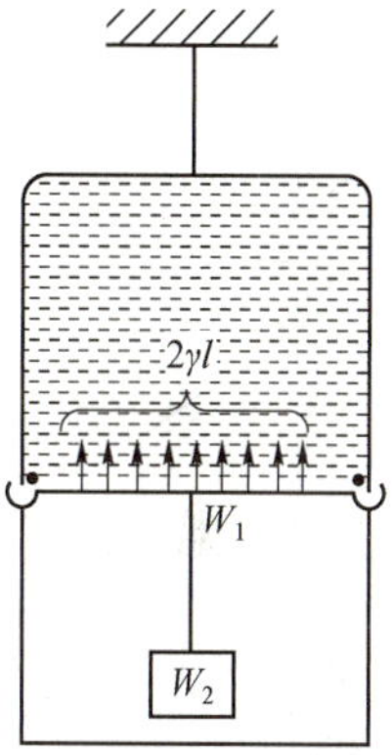

图 4.2 液体的表面张力示意图

γ 为表面张力，它可看作是引起液体表面收缩的单位长度上的力，其单位为 mN·m^{-1}。

表面张力的大小与物质的种类、共存另一相的性质、温度、压力等因素有关。对于纯液体来说，共存的另一相一般指空气或其饱和蒸气。一些纯液体在常压、298 K 时的表面张力如表 4.1 所示。

表 4.1 一些纯液体在常压、298 K 时的表面张力

液体	表面张力/(mN·m^{-1})	液体	表面张力/(mN·m^{-1})
水	72.8	苯	28.9
正己烷	18.4	甲苯	28.5
正庚烷	20.3	甲醇	22.5
正辛烷	21.8	乙醇	22.3
环己烷	25.0	丙酮	23.7
四氯化碳	26.9	苯乙酮	39.8

2. 表面自由能的概念

由于表面层分子的受力情况与内部分子不同，因此若要把分子从内部移到界面，或可逆地增加表面积，就必须克服系统内部分子之间的作用力，对系统做功。

在温度、压力和组成恒定的情况下，对一定的液体来说，扩张表面所需要消耗的功 W 应与增加的表面积 ΔS 成正比，即

$$W = -\sigma \Delta S \quad (4.3)$$

由式（4.3）可以看出，σ 的物理意义是：在恒温恒压条件下，增加单位表面积所引起

的系统能量的增量。σ 也就是单位表面积上的分子比相同数量的内部分子多余的能量,因此称 σ 为表面自由能,单位为 J/m^2。由于 J 可化为 N·m,所以 σ 的单位又可为 N/m,因此 σ 有时也被称为表面张力。

虽然一种物质的表面自由能与表面张力在数值上完全相同,量纲也一样,但是它们的物理意义却截然不同。表面张力的物理意义是:沿着与表面相切的方向垂直作用于表面上任意单位长度线段的表面紧缩力。表面自由能的物理意义是:保持相应的特征变量不变,增加单位表面积时相应的热力学吉布斯函数自由能的增加值。二者是从不同角度看同一问题的结果。

4.1.3 表面张力与浓度

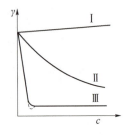

图 4.3 不同物质水溶液的表面张力与浓度的关系

表面活性就是指由于溶质在表面发生吸附而使溶液表面张力降低的性质。纯液体的表面张力在恒温恒压条件下是一定值,且表面层的组成与内部的相同。而对于溶液来说,由于加入的溶质会在溶液的表面发生吸附,表面张力就会发生变化,且溶液表面层的浓度不同于其内部的浓度。通过实验发现,在一定温度的纯水中,分别加入不同种类的溶质时,不同种类物质的水溶液的表面张力与浓度的关系主要有以下三种情况,如图 4.3 所示。

(1) 曲线 I 表明,溶液的表面张力随浓度的增加而缓慢上升,大致呈直线关系。这一类能使表面张力明显升高的溶质称为非表面活性物质,这些物质的离子有水合作用,趋向于把水分子拖入水中,其在表面的浓度低于在内部的浓度。若要增加单位表面积,所做的功还必须包括克服静电引力所消耗的功,所以表面张力升高。就水溶液而言,此种类型溶质有无机盐类(如 NaCl、Na_2SO_4),不挥发性酸(如 H_2SO_4)、碱(如 NaOH),及多羟基有机物(如蔗糖、甘露醇)。

(2) 曲线 II 表明,溶液的表面张力随溶质浓度的增加而逐渐下降。这一类物质为表面活性物质,这类物质常含有亲水的极性基团和憎水的非极性基团。亲水基进入水相中,憎水基离开水相而指向另一相,在界面定向排列。这类物质的表面浓度大于内部浓度,增加单位面积所需要做的功较纯水小。非极性成分越大,表面活性也越大。大部分的低分子极性有机物皆属于此类(如醇、醛、酮酯、醚等)。

(3) 曲线 III 表明,溶液的浓度较低时,表面张力显著下降,很快达到最低点,此后溶液的表面张力随浓度的变化很小。这一类物质也是表面活性物质,常被称为表面活性剂,加入少量即能大幅度降低溶液的表面张力,而随着浓度继续增大,表面张力降低不再明显。属于此类的化合物可以表示为 RX,其中 R 代表含有 10 个或 10 个以上碳原子的烷基;X 代表极性基团,如—OH、—COOH、—CN,也可以是离子基团,如—SO_3、—NH_3 等。这类曲线有时会出现如图 4.3 拐角处所示的虚线部分,这可能是由于化合物含有某种杂质而引起的。

一般说来,具有表面活性的物质称为表面活性物质,表面活性剂都是表面活性物质,反之则不成立。

4.1.4 表面活性剂的结构特点

表面活性剂结构的特殊性决定了它们能够降低溶液的表面张力。表面活性剂的分子具有独特的双亲结构(Amphiphilic Structure):一端为亲水的极性基团,如—OH、—COOH、—CHO、—SO_3H、—NH_2 等,它们对水的亲和力很强,因此称为亲水基,也称为疏油基或憎油基，有时形象地称为亲水头；另一端为亲油的非极性基团，如 R—（脂肪烃基）、Ar—（芳香烃基）等，它们对油性物质的亲和力很强，因此称为亲油基，也称为疏水基或憎水基。常常用符号长方形加一个圆圈来表示表面活性剂分子模型，如图 4.4 所示，其中圆圈代表亲水基，长方形代表亲油基。

图 4.4　表面活性剂分子模型

这两种结构与性能截然相反的基团分别处于同一分子的两端，以化学键相连接，形成了一种不对称的线性结构，从而使得这类特殊分子既具有亲水性、又具有亲油性。这种特有结构称为双亲结构，表面活性剂分子因而也被称作双亲分子。

4.2　胶束

4.2.1　胶束的形成

在水溶液中，表面活性剂的亲水基受到极性很强的水分子的吸引，会有钻入水中的趋势，亲油基则会倾向于翘出水面或者钻入油相中，从而使表面活性剂分子定向排列在界面层中，形成单分子膜，降低溶液的表面张力。

当表面活性剂在溶液中的浓度大到一定值时，亲油基会相互吸引，从而使得分子自发形成有序的聚集物，使亲油基向内、亲水基向外，以减少亲油基与水分子的接触，使系统能量下降。这种从单个分子缔合而成的多分子有序聚集体，称为胶束。这个聚集的过程称为胶束化作用。胶束是分子有序组合体的最基本和最常见的形式。

4.2.2　临界胶束浓度

1. 临界胶束浓度的概念

临界胶束浓度（critical micelle concentration，cmc）是指开始形成胶束所需要的表面活性剂的最低浓度。cmc 是表面活性剂应用性能中最重要的物理量之一，cmc 不是一个确定的数值，而是一个窄的浓度范围。cmc 越小，表面活性剂形成胶束和达到表面吸附饱和所需要的浓度越低，表面活性剂使用效率越高。

那么，当表面活性剂的浓度逐渐增加时，表面活性剂的分子在水溶液中及表面层中的存在状态是怎样发生变化的呢？这个问题可以借助图 4.5 进行解释说明。

图 4.5（a）所示为当表面活性剂的浓度极稀时，空气和水的界面上几乎没有表面活性剂的聚集，空气和水是直接接触的，水的表面张力下降不多，接近于纯水状态，表面张力近似等于纯水的表面张力。

图 4.5（b）所示为当表面活性剂的浓度较稀时，有一部分表面活性剂分子在表面上自动产生了聚集，从而使空气和水的接触面减小，溶液的表面张力急剧下降。此时，表面活性剂的分子在表面上不全是直立的，有可能东倒西歪而使亲油基翘出水面。另一部分表面活性剂分子则分散在水中，有的是以单分子的形式存在，有的是相互接触聚集到一起，互相把亲油基靠在一起，开始形成小型胶束。

图 4.5（c）所示为当表面活性剂的浓度达到临界胶束浓度时，此时水溶液表面上的

表面活性剂浓度足够大，达到了饱和状态，表面活性剂分子定向排列于液面上，形成一层紧密的单分子膜。空气与水处于完全隔绝的状态，溶液的表面张力降到最低值。多余的分子在水溶液中三三两两地与亲油基相互靠拢，聚集在一起形成球状胶束。胶束中的表面活性剂分子能够及时补充表面上单分子膜中的分子损失，从而使表面活性得以充分发挥。

图 4.5（d）所示为当表面活性剂的浓度超过临界胶束浓度的情况。表面活性剂在表面上的吸附已达到饱和状态，早已形成紧密、定向排列的单分子膜。若表面活性剂的浓度继续增加，溶液的表面张力也不再下降，只是增加了溶液中的胶束个数，以及胶束中所包含分子的数目。

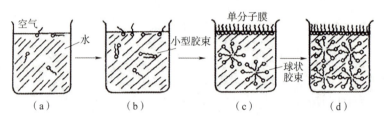

图 4.5　表面活性剂的分子在溶液本体及表面层中的分布

2. 临界胶束浓度的测定方法

X 射线衍射图谱及光散射实验证实了胶束的存在。cmc 和在液面上开始形成单分子膜时对应的浓度范围一致。在 cmc 附近狭小的浓度范围内，不仅表面张力变化明显，其他物理化学性质也产生较大的变化。原则上可以利用这一个物理化学性质的突变点来测定表面活性剂的 cmc。

测定 cmc 的常用的方法有表面张力法、电导法、染料法、浊度法、光散射法等。

1) 表面张力法

开始时，表面活性剂分子在溶液中的浓度逐渐增加，而溶液的表面张力却急剧下降，到达一定浓度（即 cmc）后，则变化缓慢或不再变化。通常以表面张力 γ 对浓度的对数 $\lg c$ 作图，得到 γ-$\lg c$ 曲线，将曲线转折点两侧的直线部分延长，相交点处的浓度即为此系统中表面活性剂的 cmc。

表面张力法适用于各类表面活性剂 cmc 的测定。该方法操作简单方便，不受表面活性剂类型、活性高低、浓度高低等影响。一般认为这种方法是测定表面活性剂 cmc 的标准方法。

2) 电导法

测定出表面活性剂溶液不同浓度时的电阻，计算出电导率或摩尔电导率，利用电导率或摩尔电导率对浓度的平方根作图得到关系曲线，转折点的浓度即为此系统中表面活性剂的 cmc。

电导法适用于测定离子型表面活性剂 cmc 的测定。该方法操作简单方便，对具有较高活性的表面活性剂准确性高、灵敏度较好，对 cmc 较大的表面活性剂灵敏度较差，无机盐的存在会影响测定的灵敏度。

3) 染料法

利用某些染料在水中和胶束中的颜色有明显差别的性质，采用滴定的方法测定该系统表面活性剂的 cmc。先加入少量染料在较高浓度（>cmc）的表面活性剂溶液中，此染料溶于胶束后呈现某种颜色。再用滴定的方法，用水将此溶液稀释，直至颜色发生显著变化，此时溶液的浓度即为此系统中表面活性剂的 cmc。

染料法的关键是根据表面活性剂的性质找到颜色或荧光变化合适的染料，一般要求染料离子与表面活性剂离子的电荷相反。

4）浊度法

非极性有机物（如烃类）在表面活性剂稀溶液（<cmc）中一般不溶解，系统为浑浊状。当表面活性剂浓度大于 cmc 后，溶解度剧增，系统变清，浊度突变点的浓度即为此系统中表面活性剂的 cmc。

浊度法中加溶物会影响表面活性剂的 cmc，cmc 降低的程度随所用烃的类型而异。若用苯作为加溶物，有时 cmc 可降低 30%。

5）光散射法

当表面活性剂在溶液中缔合成胶束时，其尺寸进入光波波长范围，具有较强的光散射。利用散射光强度-溶液浓度曲线中的突变点，可以测定此系统中表面活性剂的 cmc。

光散射法不仅可以测定 cmc，还可以测定胶团的聚集数、胶团的形状和大小。

3. 影响临界胶束浓度的因素

影响临界胶束浓度的因素有很多，如表面活性剂的类型、碳氢链的长度、碳氢链的分支、极性基团的位置、碳氢链中其他取代基的影响、亲油基的性质等。

4.2.3 胶束的形状和大小

1. 胶束的形状

根据表面活性剂的分子结构、浓度、温度等多种影响因素的不同，形成的胶束会呈现出多种不同的形态，如球状、扁球状、棒状、层状等，常见胶束的形状如图 4.6 所示。一般认为表面活性剂的浓度不大时，形成的胶束多为球状；增加表面活性剂的浓度，胶束中聚集的分子数目增多，胶束的形状会逐渐变成扁球状、棒状、层状。

图 4.6 常见胶束的形状

2. 胶束的大小

胶束的大小是指缔合成一个胶束的表面活性剂分子（或离子）的平均数量，一般用胶束聚集数来表示。通常采用光散射方法来测定胶束聚集数，其原理是用光散射法测出胶束的分子量——胶束量，将胶束量除以表面活性剂的分子量得到胶束聚集数。也可以用扩散法、超离心法、黏度法等方法来测定胶束聚集数。

4.2.4 胶束作用

由于胶束的存在，系统的界面状态发生变化，因而产生了乳化、泡沫、分散、增溶、催化等作用。

(1) 乳化作用。将一种液体的细小颗粒分散于另一种不相溶的液体中,得到乳液。表面活性剂的存在导致油-水界面张力下降,使得乳液能够稳定存在。

(2) 泡沫作用。泡沫实际上是气体分散于液体分散系统。形成泡沫的基本条件是低表面张力和高强度表面膜。表面活性剂的存在主要有起泡和稳泡两个作用。

(3) 分散作用。表面活性剂的加入使固液界面形成吸附层,降低界面自由能,增强固体离子的稳定性,使之容易分散于液体中。

(4) 增溶作用。在水溶液中,表面活性剂的存在使不溶或微溶于水的有机化合物溶解度显著增加。这种作用只在表面活性剂的浓度超过 cmc 时才体现。

(5) 催化作用。表面活性剂胶束的直径多为 3~5 nm,其大小、结构、性质与酶相似,因此具有与酶类似的催化作用。

4.3 表面活性剂的作用

表面活性剂的化学结构决定了其具有以下性质:增溶作用、乳化与破乳作用、润湿作用、起泡和消泡作用、洗涤和去污作用、分散和絮凝作用等。

4.3.1 增溶作用

非极性有机物,如苯在水中溶解度很小,加入油酸钠等表面活性剂后,苯在水中的溶解度大大增加,这称为增溶作用。增溶作用与普通的溶解概念是不同的,增溶的苯不是均匀分散在水中,而是分散在油酸根分子形成的胶束中。经 X 射线衍射证实,增溶后各种胶束都有不同程度的增大,而整个溶液的依数性变化不大。

向油类物质中加入表面活性剂后,才能将其溶解,但是这种溶解只有在表面活性剂的浓度达到胶体的临界浓度时才能发生,溶解度的大小根据增溶对象和性质来决定。就增溶作用而言,长的疏水基因烃链要比短烃链强,饱和烃链比不饱和烃链强,非离子表面活性剂增溶作用一般比较显著。

增溶作用的特点如下。

(1) 增溶作用可以使被溶物的化学势大大降低,是自发过程,能使整个系统更加稳定。

(2) 增溶作用是一个可逆的平衡。

(3) 增溶后不存在两相,溶液是透明的。

增溶作用应用广泛。例如,增溶作用是去污作用中很重要的一部分,工业上合成丁苯橡胶时,常利用增溶作用将原料溶于肥皂溶液中再进行乳化聚合。

4.3.2 乳化与破乳作用

乳化是指两种不相混溶的液体(如油和水)中的一种以极小的粒子均匀地分散到另一种液体中形成乳状液的过程。分散成小球状的液体称为分散质或内相,包围在外面的液体称为分散剂或外相。当油是分散质、水是分散剂时,称为水包油(油/水或 O/W)型乳状液;反之,当水是分散质,油是分散剂时,称为油包水(水/油或 W/O)型乳状液。

不相混溶的油和水二相借机械力振摇搅拌之后,由于剪切力的作用,使二相的界面积大大增加，从而使某一相呈小球状分散于另一相之中，形成暂时的乳状液。这种暂时的乳状液是不稳定的，因为二相之间的界面分子具有比内部分子高的能量，它们有自动降低能量的倾向，所以小液珠会相互聚集，力图缩小界面积，降低界面能，这种乳状液经过一定时间的静置后，分散的小球会迅速合并，从而使油和水重新分开，成为两层液体。乳化剂能显著降低分散系统的界面张力，在其微液珠的表面上形成薄膜或双电层等，来阻止这些微液珠相互凝结，增大乳状液的稳定性。这种能够帮助乳状液形成的作用叫乳化作用。能够帮助乳化作用发生的表面活性剂叫作乳化剂。

影响乳状液稳定性的因素有界面张力、界面膜的强度、界面电荷、黏度等。

有时，为了破坏乳状液，需要加入另外一种表面活性剂。这种表面活性剂称为破乳剂，用于将乳状液的分散质和分散剂分开。例如，原油中需加入破乳剂将油与水分开。

4.3.3 润湿作用

润湿是广泛存在于自然界的一种现象，最普通的润湿是固体表面的气体被液体所取代，或是固液界面上的一种液体被另一种液体取代，如洗涤、印染、润滑、农药喷洒等。还有一些场合往往不希望润湿发生，如防水、防油、防锈等场合。

1. 润湿过程

润湿过程分为三类：沾湿、浸润和铺展，不同润湿过程的产生条件也不同。

（1）沾湿：主要指液气表面和固气表面的气体被液体取代的过程，如喷洒农药时，农药附着于植物的叶面上。

（2）浸润：指固体浸入液体的过程，如洗衣时，将衣物泡在水中。

（3）铺展：液体取代固体表面上的气体，将固气表面用固液表面取代的同时，液体表面能够扩展的现象。

2. 表面活性剂的润湿作用

表面活性剂具有双亲结构，能够在表面发生定向吸附，降低液体表面张力，故可用来改变系统的润湿性质。其润湿作用主要表现在以下两个方面。

（1）在固体表面发生定向吸附。极性基（亲水基）朝向固体，亲油基（非极性基）朝向气体，从而吸附在固体表面，形成定向排列的吸附层，是自由能较高的固体表面转化为低能表面，达到改变润湿性能的目的。

（2）提高液体的润湿能力。水在低能表面不能铺展，为改善系统的润湿性质，常在水中加入表面活性剂，降低水的表面张力，使其能够润湿固体的表面。

3. 表面活性剂在润湿方面的应用

（1）矿物的泡沫浮选。
（2）金属的防锈与缓蚀。
（3）织物的防水防油处理。

4.3.4 起泡和消泡作用

"泡"就是由液体薄膜包围着的气体。有的表面活性剂和水可以形成一定强度的薄膜，包围着空气而形成泡沫，用于浮游选矿、泡沫灭火和洗涤去污等，这种表面活性剂称为起泡剂。有时还需要使用消泡剂，在制糖、制中药过程中，如果泡沫太多，就要加入适当的表面活性剂降低薄膜强度，消除气泡，防止事故发生。

泡沫的形成主要是因为活性剂的定向吸附作用，是气液两相间的表面张力降低所致。一般来说，低分子量活性活性剂容易发泡，高分子量活性活性剂泡沫少，如豆蔻酸黄发泡性最高，硬脂酸钠发泡性最差，阴离子型表面活性剂发泡性和泡沫稳定性比非离子型表面活性剂好，如烷基苯磺酸钠发泡性很强。通常使用的泡沫稳定剂有脂肪醇酰胺、羧基甲基纤维素等，泡沫抑制剂有脂肪酸、脂肪酸酯、聚醚等及其他非离子型表面活性剂。

起泡剂的主要作用为：降低表面张力；使泡沫膜结实，有一定的机械强度和弹性；使泡沫有适当的外表黏度。

表面活性剂在医药行业也有广泛应用。在药剂中，一些挥发油脂溶性纤维素、甾体激素等许多难溶性药物利用表面活性剂的增溶作用可形成透明溶液及增加浓度；药剂制备过程中，它是不可缺少的乳化剂、润湿剂、助悬剂、起泡剂和消泡剂等。

4.3.5　洗涤和去污作用

洗涤作用可以简单地定义为，自浸在某种液体介质（一般为水）中的固体表面去除污垢的过程。在此过程中，借助于某些化学物质（洗涤剂）以减弱污物与固体表面的黏附作用，并施以机械力搅动，使污垢与固体表面分离而悬浮于液体介质中，最后将污物洗净、冲去。

在洗涤过程中，洗涤剂是必不可少的。当今，烷基苯磺酸钠、烷基硫酸钠以及聚氧乙烯链的非离子表面活性剂作为洗涤剂的重要组分，已大量地取代了肥皂。洗涤剂的一种作用是去除物品表面上的污垢，另一种作用则是对污垢的悬浮、分散作用，使之不易在物品表面上再沉积，整个过程是在介质（水）中进行的。整个过程是平衡、可逆的。若洗涤剂性能较差（一是使污垢与物品表面分离的能力差；二是分散、悬浮污垢的能力差，易于再沉积），则洗涤过程不能很好地完成。

好的洗涤剂需要具备几点特性：良好的润湿性；能有效地降低被清洗固体与水及污垢与水的表面张力，降低沾湿功；有一定的起泡或增溶作用；能在干净固体外表面构成维护膜，防止污物重新堆积。

去污作用是将带有污垢的固体浸入水中，在洗涤剂的作用下，降低污垢与固体外表的沾湿功，使污垢零落而达到去污目的。

表面活性剂的去污过程包含以下几步。

（1）水的表面张力大，对油污润湿性能差，不容易把油污洗掉。

（2）加入表面活性剂后，憎水基团朝向织物外表面和吸附在污垢上，使污垢逐渐脱离外表面。

（3）污垢悬浮在水中或随泡沫浮到水面后被去除，干净的外表面被表面活性剂分子占领。

影响洗涤和去污作用的因素有表面张力、加溶作用、吸附作用、表面活性剂疏水链长、表面活性剂亲水基数量、乳化与起泡、温度、水硬度、助剂等。

4.3.6　分散和絮凝作用

1. 分散作用

分散作用从广义上讲是指固体物质粉碎并分散于固体、液体和气体等介质中的作用。分散系统由于具有很大的相界面和界面能，因此有自动减小界面、粒子相互聚结的趋势，即成为热力学不稳定系统。为获得良好的分散系统，需要采取适当的方法将物体分散成粒子，并使其具有良好的润湿性，以提高分散系统的稳定性。通常的方法是使用分散剂，分散剂可分为无机分散剂、低相对分子质量有机分散剂和高分子化合物（简称高分子）等。一般而言，低相对分子质量有机分散剂和部分高分子化合物都属于表面活性剂。

表面活性剂是良好的分散剂，具有促进研磨效果、改进润湿能力和防止凝聚等作用。不溶性固体（如尘土、烟灰、污垢）在水中容易下沉，当在水中加入表面活性剂后，就可将固体粒子分割成极细的微粒，使其分散悬浮在溶液中。狭义上讲，这种促使固体粒子粉碎，均匀分散于液体中的作用叫作分散作用。表面活性剂的分散作用在钙皂分散、颜料分散、纳米粒子分散、农药及其他方面的应用越来越广泛，优势越来越突出。

灰尘和污粒等固体粒子比较容易聚集在一起，在水中容易发生沉降，表面活性剂的分子能使固体粒子聚集体分割成细小的微粒，使其分散悬浮在溶液中，起到促使固体粒子均匀分散的作用。

2. 絮凝作用

凝聚作用：使用凝聚剂中和质点和悬浮物颗粒表面电荷，使其克服质点和悬浮物颗粒间的静电排斥力，从而使颗粒脱稳的过程。

絮凝作用：质点和悬浮物粒子在有机高分子絮凝剂的桥连作用下，形成粗大的絮凝体的过程。在此过程中也存在着电荷的中和作用。

高分子的絮凝作用机理：絮凝作用主要是在系统中加入有机高分子絮凝剂，有机高分子絮凝剂通过自身的极性基或离子基团与质，点形成氢键或离子对，加之范德华力的作用，从而被吸附于质点表面，在质点间进行桥连形成体积庞大的絮状沉淀而与水溶液分离。

絮凝作用的特点是絮凝剂用量少，体积增大的速度快，形成絮凝体的速度快，絮凝效率高。

吸附高分子的絮凝机理如下。

（1）静电中和，颗粒表面的正电荷区和负电荷区。

（2）有机高分子絮凝剂的桥连作用。（桥连作用：质点和悬浮物通过有机高分子絮凝剂架桥而被连接起来形成絮凝体的过程。）主要通过高分子絮凝剂在质点表面的环式和尾式吸附架桥形成的桥连。

4.4 胶体化学理论

胶体在自然界中普遍存在，具有广泛的实用性，对农业生产、医疗卫生、科学研究等都有重要作用。例如，医疗卫生上利用胶体离子来作为药物的载体治疗癌症，日常生活中利用明矾来净水，陶瓷制造中添加胶粒改进材料性能，国防工业中将火药制成胶体等。因此、研究和掌握胶体的基础理论和知识具有重要的意义。

4.4.1 胶体分类与结构

1. 胶体的分类

在自然界和生产实践中，经常遇到的并不是纯的气体、液体或固体，而是一种或几种物质分散在另一种物质之中构成的系统。例如，水滴分散在空气中形成的云雾，奶油和蛋白质分散在水中形成的牛奶，染料分散在油中形成的油漆和油墨，各种矿物分散在岩石中形成的矿石等，这些系统都称为分散系统。系统中被分散的物质称为分散质（或分散相），包含分散质的物质称为分散剂（或分散介质）。在上述分散系统中，水滴、奶油、蛋白质、染料、各种矿物是分散质，而空气、水、油、岩石则是分散剂。

在分散系统中，分散质和分散剂可以是固体、液体或气体，故根据分散质或分散剂的聚集状态，分散系统可以分为九种，如表4.2所示。

表 4.2 分散系统根据分散质或分散剂的聚集状态分类

分散质	分散剂	系统名称	实例
气	气	气溶胶	空气
液	气	气溶胶	云、雾
固	气	气溶胶	烟、尘
气	液	泡沫	肥皂泡
液	液	乳浊液	牛奶、原油、农药乳浊液
固	液	溶胶、悬浊液	油漆、泥浆、农药悬浊液
气	固	固体泡沫	泡沫塑料、浮石、馒头
液	固	固溶胶	珍珠、肉冻
固	固	固溶胶	大部分合金、有色玻璃

根据分散质颗粒大小，可将分散系统分为三类，如表4.3所示。

表 4.3 分散系统根据分散质颗粒大小分类

类型	分散质颗粒直径/nm	主要特征
小分子（离子）溶液	<1	颗粒能通过半透膜，扩散快，普通显微镜及超显微镜下不可见
胶体高分子溶液	1~100	颗粒能通过普通滤纸，不能通过半透膜，扩散慢，普通显微镜不可见，超显微镜可见
粗分散系统	>100	颗粒不能通过滤纸，不扩散，普通显微镜可见

胶体是一种高度分散的多相系统，分散质颗粒直径在1~100 nm之间，介于溶液和粗分散系统之间，具有聚结不稳定性。

当然，根据分散质颗粒大小来分类不是绝对的。例如，某些物质在粒子直径大到500 nm的情况下，还可以表现出胶体的性质。

高分子溶液的分散质颗粒直径也在胶体范围，因而具有溶胶的某些特性，但其分散质颗粒是单个的分子，对分散剂有强烈的亲和能力，分散质颗粒与分散剂间无界面存在，具有均相性，这又与真溶液相似。所以，高分子溶液又称为亲液溶胶，而将难溶性固体分散在水中形成的胶体称为憎液溶胶。

2. 分散度和比表面

胶体和粗分散系统都是多相系统，分散质与分散剂之间存在相界面。但是，这两种分散系统的分散程度不同，很多性质都不相同。分散程度简称分散度，常用单位体积物质的表面积来表示，称为比表面。若以 V 表示物质的总体积，S 表示总表面积，S_0 表示比表面，则有

$$S_0 = \frac{S}{V}$$

一个立方体，若边长为 L，体积就为 L^3，总表面积为 $6L^2$，则比表面 S_0 为

$$S_0 = \frac{S}{V} = \frac{6L^2}{L^3} = \frac{6}{L}$$

显然，立方体的边长 L 越小，比表面 S_0 越大。若将一个边长为 1 cm 的立方体分割成胶体分散质的大小，即边长为 1×10^{-6} cm，可得到 1 018 个小立方体，总表面积可达 600 m²，比表面为 6×10^6 cm⁻¹。由此可见，胶体的比表面是相当大的，分散质与分散剂之间存在着巨大的相界面，因此将表现出一系列特殊的表面现象，这些表面现象使溶胶具有不同于其他分散系统的特征。

3. 胶体的结构

因胶粒带有电荷，则分散剂一定带有相反的电荷，这样才能使整个胶体保持电中性。而处在分散剂中的反电荷离子（简称反离子或异电离子），由于受到胶粒表面带电离子（称为电势离子）的静电引力作用，环绕在胶粒周围，并在固液界面间形成双电层。在溶液中的反离子一方面受到胶粒表面的电势离子的引力，力图把它们拉向表面；另一方面，离子本身的热运动使它们离开胶粒表面扩散到溶液中去。这两种效应的结果，是使靠近胶粒表面处反离子浓度最大，随着与表面距离的增大，反离子浓度逐渐变小，形成扩散层。基于上述情况，可以认为胶团由胶核和周围的扩散双电层所构成。扩散双电层又分内外两层，内层叫吸附层，外层叫扩散层。胶核是由许多分子、原子或离子形成的固态微粒，胶核常具有晶体结构，它是胶团的核心部分，固体微粒可以从周围的介质中选择性地吸附某种离子，或者通过表面分子的解离使之成为带电体。带电的胶核与介质中的反离子存在着静电引力作用，使一部分反离子紧靠在胶核表面与电势离子牢固地结合在一起，形成吸附层，另一部分反离子则呈扩散状态分布在介质中，成为扩散层。吸附层与扩散层的分界面称为滑动面，滑动面所包围的带电体称为胶粒。溶胶在外加电场作用下，胶粒向某一电极移动，而扩散层的反离子与介质一起则向另一电极移动。胶粒和扩散层结合在一起，就形成电中性的胶团。

以下面 AgI 胶体为例来进一步说明胶团的结构。前面已说明，胶核优先吸附与其结构组成相似的离子，所以在制备 AgI 胶体过程中，若 AgNO₃ 过量，则胶核优先吸附 Ag⁺ 而带正电，若 KI 过量，则胶核优先吸附 I⁻ 而带负电。如果是前一种情况，那么由 m 个 AgI 分子组成的胶核选择吸附 n 个 Ag⁺ 而带正电，除 n 个 Ag⁺ 外，一部分反离子 $(n-x)$ NO₃⁻ 也会进入吸附层，而另一部分反离子 x NO₃⁻ 则分布在扩散层中。整个胶团结构（见图 4.7）可以用下式表示：

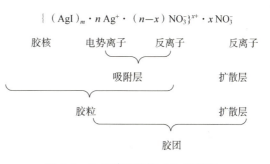

图 4.7 AgI 胶团结构（Ag⁺过量）

$$[(AgI)_m \cdot nAg^+ \cdot (n-x)NO_3^-]^{x+} \cdot xNO_3^-$$

如果是后一种情况，AgI 的胶团结构式则可写成

$$[(AgI)_m \cdot nI^- \cdot (n-x)K^+]^{x-} \cdot xK^+$$

再如 SiO_2 胶体，当 SiO_2 微粒与水接触时，可生成弱酸 H_2SiO_3，它的解离产物 SiO_3^{2-} 部分地固定在 SiO_2 微粒表面上，形成带负电荷的胶粒，H^+ 成为反离子。反应过程表示如下：

$$SiO_2 + H_2O \Longleftrightarrow H_2SiO_3$$
$$H_2SiO_3 \Longleftrightarrow 2H^+ + SiO_3^{2-}$$

SiO_2 胶体的胶团结构式可写成

$$[(SiO_2)_m \cdot nSiO_3^{2-} \cdot 2(n-x)H^+]^{2x-} \cdot 2xH^+$$

4.4.2 液溶胶的性质

分散剂为液体的胶体称为液溶胶，也简称为溶胶。溶胶的性质包括光学性质、动力学性质和电学性质三个方面。

1. 溶胶的光学性质

在暗室中，让一束经聚集的强光通过溶胶时，从垂直于入射光前进的方向观察，可以看到溶胶中出现一个浑浊发亮的光锥，这种现象称为丁达尔（John Tyndall）效应，如图 4.8 所示。丁达尔效应的实质是溶胶粒子强烈散射可见光的结果。当光束投射到一个分散系统上时，可以发生光的吸收、反射、散射和透射等。究竟产生哪一种现象，则与入射光的波长（或频率）和分散质粒子的大小有密切关系。当入射光的频率与分散质粒子的振动频率相同时，主要发生光的吸收，如有颜色的真溶液；当入射光束与系统不发生任何相互作用时，则发生透射，如清晰透明溶液；当入射光的波长小于分散质粒子的直径时，则发生光反射现象，使系统呈现浑浊，如悬浊液；当入射光的波长略大于分散质粒子的直径时，则发生光散射现象，如溶胶。可见光的波长为 400~740 nm，胶粒的大小为 1~100 nm，因此当可见光束投射于溶胶时，会发生光的散射现象。

2. 溶胶的动力学性质

超显微镜是利用溶胶粒子对光的散射现象设计而成，具有强光源、暗视野的目视显微镜，其分辨能力比普通显微镜强 200 多倍。在超显微镜下观察胶体溶液，可以看到代表胶粒的发光点在介质中间不停地作不规则的运动，这种运动称为布朗（Robert Brown）运动，如图 4.9 所示。布朗运动是溶胶的重要动力学特性之一，它是介质分子的热运动和胶粒的热运动的综合表现。

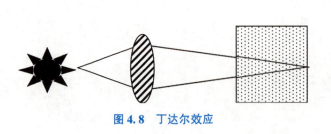

图 4.8 丁达尔效应

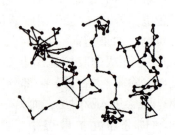

图 4.9 布朗运动

在分散系统中,分散剂分子均处于无规则的热运动状态,它们可以从四面八方不断地撞击悬浮在介质中的分散质粒子。对于粗分散系统的粒子来说,在某一瞬间可能受到的撞击达千百次。从统计的观点来看,各个方向上所受撞击的概率应当相等,合力为零,所以不能发生位移。即使是在某一方向上遭受撞击的次数较多,但由于粒子的质量较大,发生的位移并不明显,故无布朗运动。对于胶粒来说,由于它的大小比粗分散系统的粒子要小得多,因而分散剂分子从各个方向对它的撞击次数相应的也要少得多,在各个方向上所受到的撞击力不易完全抵消,它们在某一瞬间从某一方向受到较大冲击,而在另一瞬间又从另一方向受到较大的冲击,这样就使得胶粒发生不断改变方向、改变速度的不规则运动(即布朗运动)。在小分子分散系统中,由于分散质粒子的大小与分散剂分子大小相近,故只具有热运动而无布朗运动。

胶粒的布朗运动必然导致溶胶具有扩散作用。由于胶粒的质量比普通分子的质量大得多,因此溶胶的扩散速度比普通溶液要小得多。

由于重力作用,悬浮在分散剂中的胶粒有向下沉降的趋势,沉降的结果将使底部粒子浓度增大,造成上下粒子浓度不均匀。与此同时,布朗运动引起的扩散作用又会使底部的粒子向上浮,试图使粒子趋于均匀。沉降和扩散是两个相反的作用,当沉降速率与扩散引起的上浮速率相等时,在一定高度的粒子浓度不再随时间改变,这种状态称为沉降平衡。溶胶粒子的沉降和扩散均很慢,要达到沉降平衡,往往需要很长的时间。

由布朗运动引起的扩散作用在一定程度上可以抵消胶粒受重力作用而引起的沉降,使溶胶具有一定的稳定性,称为溶胶的动力学稳定性。

3. 溶胶的电学性质

在外电场的作用下,溶胶中的分散质与分散剂发生相对移动的现象,称为溶胶的电动现象。电动现象主要有电泳和电渗。

1)电泳

在电解质液中插入两根电极,接通直流电,就会发生离子的定向迁移,即阳离子移向负极、阴离子移向正极。在图 4.10 所示的电泳管中先后加入有色溶胶 $Fe(OH)_3$ 和 NaCl 溶液,仔细地加入,使两者之间有明显的界面,在电泳管的两个管中插入两个电极,并通以直流电,就可以看到胶粒向电极的某个方向移动,使电泳管一侧溶胶的界面下降,另一侧溶胶的界面上升。在外电场作用下,带电的固体分散质粒子在液体介质中作定向移动的现象称为电泳。溶胶能产生电泳,说明胶粒带有电荷。根据胶粒在电泳时移动的方向,就可以确定它们所带的电荷符号。电泳时移向负极的胶粒带正电荷,移向正极的带负电荷。

研究溶胶的电泳现象不仅有助于了解溶胶粒子的结构及电学性质,而且对生产科研也有很大帮助。例如,利用不同蛋白质分子、核酸分子电泳速度的不同对它们进行分离,已成为生物化学中的一项重要实验技术。又如,利用电泳的方法使橡胶的乳状液凝结而浓缩;利用电泳使橡胶电镀在金属模具上,可

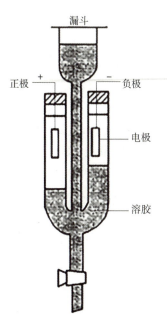

图 4.10 电泳管

得到易于硫化、弹性好及拉力强的产品。

2) 电渗

与电泳现象相反,将分散质粒子固定不动而使液体介质在电场中发生定向移动的现象称为电渗。把溶胶充满在具有多孔性物质如棉花或凝胶中,使胶粒被吸附而固定,用图 4.11 所示的电渗仪在多孔物质两侧施加电压之后,可以观察到电渗现象。如果胶粒带正电而液体介质带负电,则液体向正极所在一侧移动。观察侧面的刻度毛细管中液面的升或降,就可清楚地分辨出液体移动的方向。

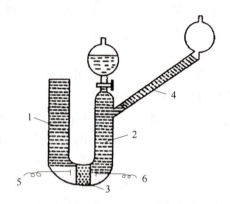

1,2—盛液管;3—多孔膜;4—毛细管;5,6—电极

图 4.11 电渗仪

电泳和电渗现象是胶粒带电的最好证明。胶粒带电是溶胶能保持长期稳定的重要因素之一。胶粒带电的原因主要有以下两点。

(1) 溶胶是高度分散的多相系统,具有巨大的表面积,因此胶粒有选择吸附介质中某种离子的特性,从而使胶粒周围带上一层电荷。例如,$Fe(OH)_3$ 溶胶常常用 $FeCl_3$ 水解制备,水解反应为

$$FeCl_3 + 3H_2O =\!=\!= Fe(OH)_3 + 3HCl$$

由于水解是分步进行的,因此除 $Fe(OH)_3$ 外,还有 FeO^+ 离子产生:

$$FeCl_3 + 2H_2O =\!=\!= Fe(OH)_2Cl + 2HCl$$

$$Fe(OH)_2Cl =\!=\!= FeO^+ + Cl^- + H_2O$$

当 $Fe(OH)_3$ 分子聚集到胶粒的大小时,就会选择吸附与其结构相似的 FeO^+ 离子,从而使胶粒带正电荷,形成正电溶胶。在电泳管中,这种 $Fe(OH)_3$ 溶胶的胶粒会向负极移动。

又如,As_2S_3 溶胶是用亚砷酸 H_3AsO_3 和 H_2S 气体制备的,制备反应为

$$2H_3AsO_3 + 3H_2S =\!=\!= As_2S_3 + 6H_2O$$

溶胶中过量的 H_2S 解离,产生 HS^- 离子:

$$H_2S =\!=\!= H^+ + HS^-$$

As_2S_3 粒子容易吸附 HS^- 离子而使胶粒周围带负电,形成负电溶胶,这种溶胶的粒子电泳时会向正极移动。

(2) 有些胶粒与分散剂接触时,固体表面分子会发生解离,使某种离子进入液体,从

而本身带电。例如，硅酸溶胶粒子是由很多 $SiO_2 \cdot H_2O$ 组成的，表面上的 H_2SiO_3 分子发生解离：

$$H_2SiO_3 \Longleftrightarrow H^+ + HSiO_3^-$$
$$HSiO_3^- \Longleftrightarrow H^+ + SiO_3^{2-}$$

$HSiO_3^-$、SiO_3^{2-} 离子留在晶格上不能离开胶粒表面，而 H^+ 离子可以离开胶粒自由地进入分散剂中，结果就使胶粒带负电荷，生成负电溶胶。再如，肥皂本身可以解离出 Na^+ 离子和脂肪酸根离子，Na^+ 离子离开分散质表面进入溶液中，而硬脂酸根离子留在胶粒上，因此肥皂溶胶也是负电溶胶。

4.4.3 溶胶的稳定性与聚沉

1. 溶胶的稳定性

前面已经指出，溶胶是高度分散的多相系统。拥有巨大的表面积和较高的表面能，属于热力学不稳定系统。溶胶分散质粒子有自动聚结，由小颗粒合并变成大颗粒以降低表面积和减小表面能的倾向，这种倾向就称为溶胶的聚结不稳定性。但事实表明，用正确的方法制取的溶胶却能稳定地存在很长时间。例如，法拉第制备的金溶胶放置了几十年才沉淀。溶胶为什么能相对稳定地存在呢？有以下三方面原因。

（1）胶粒存在布朗运动，由它产生的扩散作用能克服重力场的影响而不下沉，溶胶的这种性质称为动力稳定性。一般说来，分散质与分散剂的密度差越小，分散剂的黏度越大、分散质颗粒越小，布朗运动越强烈，溶胶的动力稳定性就越大。

（2）胶粒表面都带有相同电荷，由于同种电荷之间的排斥作用，可阻止胶粒因相互碰撞而聚结成大颗粒沉淀。这种情况可用 ζ 电势来描述，ζ 电势被定义为胶束吸附层与扩散层之间的电势差。ζ 电势大，则溶胶较为稳定，即胶粒带的电荷越多，溶胶越稳定。

（3）胶粒中的吸附离子和反离子都是水化离子，所以胶粒实际上是被一层水化离子所包围，在胶粒周围形成了一层牢固的水化薄膜，这层水化膜具有一定的强度和弹性，可以阻止胶粒相互接触，从而增强了溶胶的稳定性。

2. 溶胶的聚沉

溶胶的稳定性是相对的、暂时的、有条件的，一旦稳定条件被破坏，溶胶中的分散质粒子就会相互聚结变大而发生沉淀，这种现象称为溶胶的聚沉。在生产和科学实验中，有时需要制备稳定的溶胶，有时却需要破坏溶胶的稳定性，使溶胶物质聚沉下来，以达到分离提纯的目的。例如，净化水时就需要破坏泥沙形成的溶胶；在蔗糖的生产中，蔗汁的澄清需要除去硅酸溶胶、果胶及蛋白质等。

要使溶胶聚沉，必须破坏其稳定因素，增加溶胶的浓度、辐射、强烈振荡、加入电解质或另一种带相反电荷的溶胶都能导致溶胶的聚沉。最常用的方法是加入电解质和溶胶的相互聚沉。

1）加入电解质使溶胶聚沉

在溶胶中加入适量的强电解质时，就会使溶胶发生明显的聚沉现象。其主要原因是电解质的加入会使分散剂中的反电荷离子浓度增大，由于浓度和电性的影响，使扩散层中一些反离子被挤入吸附层内，降低了 ζ 电势，胶粒间的斥力变小，当胶粒相互碰撞时，就易合并成大颗粒而下沉。其次，加入电解质后，由于加入的电解质离子的水化作用，夺取了胶粒水化膜中的水分子，使胶粒水化膜变薄，因此有利于溶胶的聚沉。

这里需要指出的是，只有当外加电解质的浓度达到一定的程度，才能使溶胶明显聚沉。不同电解质对溶胶的聚沉能力是不同的，为了比较各种电解质的聚沉能力，提出了聚沉值的概念。所谓聚沉值，是指一定量的溶胶在一定的时间内明显聚沉所需要电解质的最低浓度，单位常用 mmol/L。聚沉值是衡量电解质聚沉能力大小的尺度，电解质的聚沉值越小，聚沉能力越强，聚沉值越大，聚沉能力越弱。表 4.4 所示为不同电解质对一些正负溶胶的聚沉值。值得注意的是，聚沉值与实验条件有关。

表 4.4　不同电解质对一些正负溶胶的聚沉值　　（单位：mmol·L^{-1}）

电解质	负离子	$Fe(OH)_3$ 正电溶胶	电解质	正离子	As_2S_3 负电溶胶
NaCl	Cl^-	9.25	LiCl	Li^+	58
KCl	Cl^-	9.0	NaCl	Na^+	51
$Ba(NO_3)_2$	NO_3^-	14	KNO_3	K^+	50
KNO_3	NO_3^-	12	K_2SO_4	K^+	65.5
K_2SO_4	SO_4^{2-}	0.205	$CaCl_2$	Ca^{2+}	0.65
$MgSO_4$	SO_4^{2-}	0.22	$BaCl_2$	Ba^{2+}	0.69
			$AlCl_3$	Al^{3+}	0.093

研究结果表明，起聚沉作用的主要离子是可降低 ζ 电势的反离子，即与胶粒带电符号相反的离子，对带正电的溶胶起聚沉作用的是阴离子，对带负电的溶胶，起聚沉作用的是阳离子。其次，反离子的价数越高，其聚沉能力越强，聚沉能力随反离子价数的增高而迅速增大。一般来说，一价反离子的聚沉值约在 25～150，二价反离子的聚沉值在 0.5～2，三价反离子的聚沉值约在 0.01～0.1。这个规律称为叔采-哈迪（Schulze-Hardy）规则。

同价反离子的聚沉值虽然相近，但仍有差别，一价反离子的差别尤其明显，若将一价反离子按其聚沉能力的大小排列，某些一价阳离子对负电溶胶的聚沉能力大致为

$$H^+>Cs^+>Rb^+>NH_4^+>K^+>Na^+>Li^+$$

某些一价阴离子，对正电溶胶的聚沉能力排列顺序为

$$F^->Cl^->Br^->I^->CNS^->OH^-$$

同价反离子聚沉能力的这一顺序称为感胶离子序，它和离子水化半径从小到大的排列次序大致相同，因此聚沉能力的差别可能受水化离子大小的影响。

利用加入电解质使溶胶发生聚沉的例子很多。例如，豆浆是蛋白质的负电胶体，在豆浆中加卤水，豆浆就变为豆腐，这是由于卤水中的 Na^+、Ca^{2+}、Mg^{2+} 等离子加入后，破坏了蛋白质负电溶胶的稳定性，从而使其聚沉。

2）溶胶的相互聚沉

把两种电性相反的溶胶混合，也能发生聚沉，溶胶的这种聚沉现象称为相互聚沉。发生相互聚沉的原因是带有相反电荷的两种溶胶混合后，不同电性的胶粒之间相互吸引，降低了

胶粒中的ζ电势。此外，两种溶胶中的稳定剂也可能相互发生反应，从而破坏了溶胶的稳定性。这种聚沉作用与加入电解质的聚沉作用不相同的地方在于，它要求的浓度条件比较严格，只有其中一种溶胶的总电荷量恰好能中和另一种溶胶的总电荷量时，才能发生完全聚沉，否则只能部分聚沉，甚至不聚沉。

溶胶的相互聚沉具有很大的实际意义。例如，明矾净水的原理就包含了溶胶的相互聚沉。明矾在水中水解产生带正电的$Al(OH)_3$胶体和$Al(OH)_3$沉淀，而水中的污物主要是带负的黏土及SiO_2等溶胶，二者发生相互聚沉，使胶体污物下沉。另外，由于$Al(OH)_3$絮状沉淀的吸附，两种作用结合就能清除污物，达到净化水的目的。

3. 高分子溶液对溶胶稳定性的影响

前边曾讨论过，高分子溶液具有溶胶和真溶液的双重性质，称为亲液溶胶。由于高分子中常含有大量的—OH、—COOH、—NH_2等亲水基团，因此对分散剂有较强的亲和力，属于热力学稳定分散系统。由于高分子分散质粒子表面带电和粒子周围有一层水化膜，因此对于高分子溶液来说，加入少量电解质时，它的稳定性并不会受到影响，需要加入大量电解质，才能使它发生聚沉。高分子溶液的这种聚沉现象称为盐析作用。

在溶胶中加入高分子可使溶胶更稳定，也可使溶胶易聚沉。在溶胶中加入足够量的高分子，就能降低溶胶对电解质的敏感性，从而提高溶胶的稳定性，高分子的这种作用称为对溶胶的保护作用。产生保护作用的原因是高分子附着在胶粒表面，把胶粒包住而使胶粒不易聚结。这种现象在动植物的生理过程中具有重要意义，例如健康人血液中的$CaCO_3$、$MgCO_3$、$Ca_3(PO_4)_2$等难溶盐都是以溶胶的状态存在并被血清蛋白等高分子保护着，若保护物质减少，就可能使这些溶胶在身体的某些部分聚沉下来成为结石。

在溶胶中加入少量高分子，不仅不能对溶胶起保护作用，反而使溶胶更易发生聚沉，这种现象称为敏化作用。产生敏化作用的原因主要是加入高分子所带的电荷少。附着在带电的胶粒表面上可以中和胶粒表面的电荷，胶粒间的斥力降低而更易发生聚沉。另外，具有长链形的高分子可同时吸附在许多胶粒上，把许多胶粒连在一起，变成较大的聚集体而聚沉。高分子的加入，还可脱去胶粒周围的溶剂化膜，使溶胶更易聚沉。

4.5　浆体的胶体化学原理

浆体是指溶胶-悬浮液-粗分散系统混合成的一种流动的物体，包括黏土颗粒分散在水介质中所形成的泥浆、非黏土的固体颗粒形成的具有流动性的泥浆体。研究浆体的流动性、稳定性以及悬浮性、触变性等，对于制备无机材料具有重要意义。

4.5.1　黏土水浆体的流变性质

1. 流变学概念

流变学是研究在外力作用下物质流动和变形的性质。不同类型的物质，由于其流动和变形的形式不同，导致其流变学方程、流变学模型和流动曲线也不尽相同。黏土水浆体的流体主要分为两大类：牛顿流体和非牛顿流体。

1)牛顿流体（理想流体、黏性体）

牛顿流体遵循牛顿流动定律，即纯液体和大多数小分子溶液在流动时的剪切应力与剪切速率成正比，符合公式 $\sigma = \eta dv/dx$。

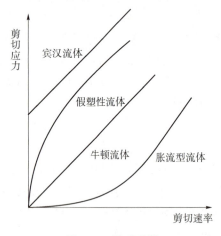

图 4.12　流动曲线

根据公式得知，牛顿流体的剪切应力与剪切速率之间呈直线关系且直线经过原点，流动曲线如图 4.12 所示。说明当在物体上施加剪切应力时，物体开始流动，剪切速率与剪切应力成正比。当剪切应力消除后，变形不再复原。

属于这类流体的物质有水、甘油、高分子稀溶液。

2)非牛顿流体

大多数液体不符合牛顿流动定律，这些物质称为非牛顿流体。在流动的过程中，它们的黏度随剪切速率的变化而变化。常见的非牛顿流体有以下三种。

（1）宾汉流体。当剪切应力超过一个极限值（屈服值）后才开始发生剪切变形，且剪切应力随着剪切速率呈线性变化，这一类非牛顿流体称为宾汉流体。这类流体流动特点是在低剪切应力的条件下，物体是刚性的；在高剪切应力的条件下，物体会像牛顿流体一样流动。

属于这类流体的主要有牙膏、油漆、沥青、新拌混凝土等。

（2）假塑性流体。表观黏度随着剪切应力的增大而下降。这一类流体的特点是没有屈服值，流动曲线过原点，随着剪切速率的增大，形成一条向上弯曲的上升曲线。

属于这类流体的有甲基纤维素、某些亲水性高分子溶液等。

（3）胀流型流体。这一类型的流动曲线与假塑性流体曲线刚好相反，表观黏度随着剪切应力的增大而上升。这一类流体的特点是没有屈服值，流动曲线通过原点，随着剪切速率的增大，形成一条凹向剪切应力轴的上升曲线。这些含有大量固体微粒的高浓度悬浮液在搅动时好像变得比较黏稠，而停止搅动后又恢复原来的流动状态。

属于这类流体的一般是非塑性原料，如氧化铝、滑石粉等。

2. 泥浆系统

1)泥浆系统的结构

泥浆系统指的是黏土加水后形成的胶体-悬浮液的混合物。

黏土颗粒通常是片状的，即使另外两个方向的尺寸很大，其层厚的尺寸往往也符合胶粒的范围，因此整体上仍可将其视为胶体。在层状结构中，以共价键联结的原子层层面称为板面（垂直于 C 轴的面），而原子层面中，层状结构的断裂处称为棱边。

黏土中的水可分为吸附水和结构水。前者是指吸附在黏土矿物层间的水，在 100~200 ℃ 的较低温度下可以脱去；后者是以羟基形式存在于黏土晶格中的水，其脱水温度随黏土类不同而异，一般为 400~600 ℃。对于泥浆系统性质而言，吸附水往往是更为重要的。

2)黏土颗粒的带电性

通过实验证实，分散在水中的黏土颗粒在电流的影响下向正极移动。这说明黏土颗粒是带负电的。黏土的带电原因如下。

（1）黏土板面上的负电荷。

黏土晶格内，离子的类质同晶置换造成电价不平衡，使板面上带负电。例如，部分硅氧四面体中，Si^{4+} 被 Al^{3+} 所置换；或者部分铝氧八面体中，Al^{3+} 被 Mg^{2+}、Fe^{2+} 铁等所置换，就产生了过剩的负电荷，这种电荷的数量取决于晶格内同晶置换的多少。黏土内这些由同晶置换所产生的负电荷，大部分存在于层状铝硅酸盐的板面上，因而实际在黏土板面上可以依靠静电引力吸引一些介质中的阳离子，以平衡其负电荷。

黏土的负电荷还可以由吸附在黏土表面的腐殖质离解而产生。由于黏土板面上常吸附一些腐殖质，腐殖质的羧基和酚羧基产生解离，解离出 H^+ 而产生更多的负电荷。例如，羧基上的 H^+ 解离出来以后，羧基就变成了带负电的 COO^- 离子团。这部分负电荷的数量是随介质的 pH 值而改变的，在碱性介质中有利于 H^+ 的离解而产生更多的负电荷。

（2）黏土棱边上的正电荷。

黏土颗粒在一定条件下也可以带正电荷。当黏土颗粒沿垂直层方向断键时，棱边上存在的活性破键在不同的 pH 值条件下，会接受或释放质子（H^+）而带电荷。因此黏土颗粒所带的正电荷主要分布在棱边上。实验证实在酸性条件下，黏土棱边由于从介质中接受质子（H^+）而带正电荷。

（3）黏土颗粒的净电荷。

黏土的正、负电荷的代数和就是黏土颗粒的净电荷。黏土板面上的负电荷通常会被其他正离子抵消，但在溶液中易发生解离而显现出黏土板面所带的负电荷，黏土棱边局部的正电荷抵消部分后，整个黏土颗粒表现出带负电荷。由于黏土的负电荷一般都远大于正电荷，因此黏土是带有负电荷的。

黏土颗粒的带电性是泥浆系统具有一系列胶体化学性质的主要原因之一。

3.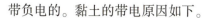

1）离子交换概念

黏土颗粒因黏土晶格内离子的类质同晶置换和吸附在黏土表面腐殖质离解而带负电荷。因此，为了中和其所带的负电荷，它就会吸附介质中的阳离子，而被黏土吸附的阳离子是能够被溶液中其他浓度更大、价数更高的阳离子所取代的。这就是黏土的阳离子交换性质，即一种阳离子取代原先吸附在黏土上的另外一种阳离子的现象。

2）离子交换特点

带相同电荷的离子之间才能相互交换。离子交换时，所带电荷数必须相等。交换和吸附均为可逆过程。离子交换对黏土本身结构不会产生影响。

3）吸附与交换的区别

下面举例说明。

离子吸附：黏土 + $2Na^+$ ⇌ 黏土 - $2Na^+$。

离子交换：黏土 - $2Na^+$ + Ca^{2+} ⇌ 黏土 - Ca^{2+} + $2Na^+$。

以上过程对 Ca^{2+} 而言是离子的吸附过程，它由溶液中转移到黏土胶体上，但对被黏土吸附的 Na^+ 而言则是解吸过程，它由黏土中转入溶液中。吸附和解吸的结果，是使 Na^+、Ca^{2+} 相互交换了位置，即进行了离子交换。由此可见，离子吸附和离子交换是一个反应中同时进行的两个不同过程。离子吸附是黏土胶体与离子之间的相互作用，而离子交换则是相同电荷离子之间的相互作用。

4) 阳离子交换容量

（1）黏土的阳离子交换容量定义为 pH=7 时，每 100 g 干黏土所吸附离子的物质的量，单位为 mmol。常见土的阳离子交换容量如表 4.5 所示。

表 4.5　常见土的阳离子交换容量

矿物	高岭石	多水高岭石	伊利石	蒙脱石	蛭石
阳离子交换容量/mmol	3~15	20~40	10~40	75~150	100~150

同一种矿物组成的黏土，其交换容量不是一个固定数值，而是在一定范围内波动。由于黏土的阳离子交换容量通常代表黏土在一定 pH 值时的净负电荷数，各种黏土矿物的交换容量数值差距较大，因此可以通过测定黏土的阳离子交换容量来鉴定黏土矿物的组成。

（2）影响离子交换的因素有很多，如矿物组成、黏土的细度、含腐殖质数量、溶液的 pH 值、离子浓度、黏土与离子之间吸力、结晶度、粒子的分散度等。

5) 黏土的阳离子交换顺序

阳离子交换顺序主要取决于黏土与离子之间作用力的大小。黏土吸附的阳离子的电荷及其水化半径是影响黏土与离子间作用力的大小的主要因素。所谓水化半径，是指阳离子在水中吸附极化的水分子而形成的水化阳离子的半径。

（1）当环境条件相同时，阳离子价数越高，与黏土之间吸力越强，置换能力越强，一旦被吸附于黏土上，就很难被置换。因此，黏土对不同价阳离子的吸附能力依次为 $M^{3+}>M^{2+}>M^{+}$（M 为阳离子）。如果 M^{3+} 被黏土吸附，则在相同浓度下 M^{+}、M^{2+} 不能将它交换出来，而 M^{3+} 能把已被黏土吸附的 M^{2+}、M^{+} 交换出来。但 H^{+} 是特殊的，由于它的容积小，电荷密度高，黏土对它吸力最强。

（2）当阳离子的价数相同时，阳离子半径越小，水膜越厚，水化半径越大，黏土对其吸力越小。因此，黏土对同价阳离子的吸附能力依次为 $K^{+}>Na^{+}>Li^{+}$，$Ba^{2+}>Sr^{2+}>Ca^{2+}>Mg^{2+}$。

（3）根据离子价效应及离子水化半径，可将黏土的阳离子交换序排列如下：

$$H^{+}>Al^{3+}>Ba^{2+}>Sr^{2+}>Ca^{2+}>Mg^{2+}>NH_{4}^{+}>K^{+}>Na^{+}>Li^{+}$$

氢离子由于离子半径小，电荷密度大，占据交换吸附序首位。在离子浓度相等的水溶液里，位于序列前面的离子能交换出序列后面的离子。

4. 泥浆系统的电动性质

1) 黏土与水的作用

黏土能与水作用，主要有以下三方面的原因。

（1）在黏土晶粒表面上，O 与 OH 可以与靠近表面的水分子通过共价的氢键键合，继而发生第二层氢键键合，直至水分子的热运动足以克服氢键的键合为止。

（2）黏土颗粒表面的负电荷在黏土附近形成一个静电场，使极性水分子定向排列，水分子的正电荷中心向着黏土。

（3）黏土颗粒表面的交换性阳离子在有水时会发生水化。

上述原因使黏土颗粒表面吸附着一层层定向排列的水分子层，极性分子依次重叠排列，直至水分子的热运动足以克服上述引力作用时，水分子逐渐过渡到不规则的排列，从而使黏土颗粒与阳离子水分子构成黏土胶团。

2）黏土颗粒束缚的水分子类型

随着水分子在黏土颗粒周围距离的增大、结合力的减弱，黏土颗粒束缚的水分子可以分成三种类型：牢固结合水、疏松结合水、自由水。

（1）牢固结合水。吸附在黏土矿物层间及表面的、完全定向排列的水分子层和水化阳离子，这部分水与黏土胶核形成一个整体，并一起在介质中移动，其中的水称为牢固结合水，又称吸附水膜，其厚度为 3~10 个水分子层。

（2）疏松结合水。黏土表面定向排列过渡到非定向排列的水分子层，即在牢固结合水周围定向程度较差的水，又称扩散水膜，其作用范围小于 20 nm。

（3）自由水。黏土胶团外的非定向水分子层，在疏松结合水以外的不受黏土颗粒影响的水，其作用范围大于 20 nm。

牢固结合水与疏松结合水统称为结合水，具有密度大、热容小、介电常数小、冰点低等特点，其物理性质与自由水是不相同的。黏土与这三种水结合的状态与数量将会影响泥浆的工艺性能。

3）影响黏土结合水量的因素

影响黏土结合水量的因素有黏土矿物的种类、黏土的分散度、黏土吸附阳离子的种类等。

黏土结合水量一般与黏土阳离子交换量成正比。对于含同一种交换性阳离子的黏土，蒙脱石的阳离子交换容量要比高岭石大，水化程度好，分散度也更好。高岭石粒度越细，边面越多，结合水量越大，而蒙脱石与蛭石的结合水量与粒度关系不大。

黏土中不同价的阳离子吸附后的结合水量可通过实验证明，如表 4.6 所示，黏土与一价阳离子结合的水量>与二价阳离子结合的水量>与三价阳离子结合的水量。同价离子与黏土结合水量则是随着离子半径的增大，结合水量会减少。

表 4.6　被黏土吸附的 Na 和 Ca 的结合水量

黏土	吸附容量		结合水量/（g/100g 土）	每个阳离子水化分子数
	Ca	Na		
Na-黏土	—	23.7	75	175
Ca-黏土	18.0	—	24.5	76.2

4）黏土胶体的电动电位

带电荷的黏土胶体分散在水中时，除了润湿、铺展和吸附外，还会呈现出带电的现象，使胶体颗粒和液相的界面上出现特殊的双电层结构。在电场或其他力场作用下，胶体中固体颗粒与液相之间发生相对位移，从而导致电位或电流的产生所表现出来的电学性质称为电动性质。

黏土质点的扩散双电层如图 4.13 所示。在外电场作用下，黏土质点与一部分吸附牢固的

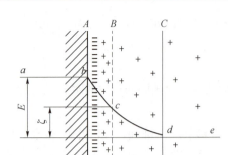

图 4.13 黏土质点的扩散双电层

水化阳离子向正极移动,这一层称为吸附层(图 4.13 中 AB 之间)。吸附层会随黏土质点一起向正极移动。

另一部分水化阳离子不随黏土质点移动,却向负极移动,这一层称为扩散层(图 4.13 中 BC 之间)。扩散层不会随黏土质点移动,而是向负极移动。

因为吸附层与扩散层各带有相反的电荷,所以相对移动时两者之间就存在着电位差,这个电位差称为电动电位或 ζ-电位。图 4.13 中的 BB 线和 bd 曲线交点至 de 线的高度表示电位大小,de 线代表零电位。

黏土质点表面与扩散层之间的总电位差称为热力学电位差(用 E 表示),ζ-电位则是吸附层与扩散层相对移动时两者之间的电位差,显然 $E>\zeta$。

5) ζ-电位的影响因素

(1) 阳离子的电价影响 ζ-电位的高低。当黏土吸附了不同阳离子后,由于阳离子半径、阳离子电价不同,因此阳离子所饱和的黏土其 ζ-电位值也不同。有高价阳离子或某些大的有机离子存在时,双电层厚度有可能小于吸附层厚度,这时往往会出现 ζ-电位改变符号的现象。用不同价阳离子饱和的黏土其 ζ-电位次序为:$M^+ > M^{2+} > M^{3+}$(其中吸附 H_3O^+ 为例外)。同价离子饱和的黏土,其 ζ-电位次序随着离子半径增大,对应水化离子半径变小,双电层厚度变薄,电位下降快,ζ-电位降低。这些规律主要与离子水化度及离子同黏土吸引力强弱有关。

(2) 阳离子的浓度影响 ζ-电位的高低。ζ-电位随扩散层的厚度增加而增大。当溶液中离子浓度较低时,阳离子容易扩散,从而使扩散层增厚。随着离子浓度继续增加,进入吸附层的机会就增大,颗粒净负电荷减小,致使扩散层被压缩变薄,ζ-电位也随之下降。当阳离子浓度进一步持续增加,直至扩散层中的阳离子全部压缩至吸附层内时,ζ-电位将会降为零,即等电态。

(3) 黏土表面的电荷密度、双电层厚度、介质介电常数也会影响 ζ-电位的高低。由于黏土的静电荷和电动电荷会对黏土胶体的电动电位产生一定的影响,因此凡是影响黏土这些带电性能的因素也都会对电动电位产生作用。另外,一般黏土内腐殖质都带有大量负电荷,它能够起到加强黏土颗粒表面净负电荷的作用。如果黏土内有机质含量增加,则会导致黏土 ζ-电位升高。

(4) 影响黏土 ζ-电位的因素还有黏土的矿物组成、电解质阴离子的作用、黏土颗粒的形状和大小、表面的光滑程度等。

5. 泥浆的胶体性质

1) 泥浆的流动性和稳定性

泥浆的流动性:泥浆含水量低,黏度小而流动度大的性质。

泥浆的稳定性:泥浆不随时间变化而聚沉,长时间保持初始的流动度。

黏土在加水量相同时,电解质加入量增加会引起泥浆黏度的变化。当电解质加入量在某一范围内,泥浆黏度显著下降,黏土在水介质中充分分散,这种现象称为泥浆的胶溶或泥浆的稀释。也就是说,在一定含水量的情况下,要尽量降低系统的黏度。

从流变学观点看,要制备流动性好的泥浆,必须拆开泥浆内原有的一切结构。在片状黏土颗粒的几种结合方式中,只有面-面排列能使泥浆黏度降低,所以泥浆胶溶过程实际上是拆开泥浆的内部结构,使边-边、边-面结构转变成面-面排列的过程。这种转变进行得越彻底,黏度降低也越显著。从拆开泥浆内部结构来考虑,泥浆胶溶必须具备以下几个条件。

(1) 介质呈碱性。

欲使泥浆内边-面、边-边结构拆开,必须首先消除边-面、边-边结构的力。黏土在酸介质中边面带正电,因而易与带负电的板面之间通过强烈的静电吸引而结合成边-面或边-边结构。在碱性介质中,黏土边面和板面均带负电,这样就消除边-面或边-边结构的静电吸力。同时增加了黏土表面净负电荷,使黏土颗粒间静电斥力增加,为泥浆胶溶创造了条件。

(2) 必须有一价碱金属阳离子交换黏土原来吸附的离子。

欲使黏土颗粒在介质中充分分散,必须使黏土颗粒间有足够的静电斥力及溶剂化膜。天然黏土一般都吸附大量 Ca^{2+}、Mg^{2+}、H^+ 等阳离子,即自然界黏土以 Ca-黏土、Mg-黏土或 H-黏土形式存在。这类黏土的 ζ-电位较低,因此用 Na^+ 交换 Ca^{2+}、Mg^{2+} 等使之转变为 ζ-电位高及扩散层厚的 Na-黏土。这样一来,Na-黏土就具备了溶胶稳定的条件。

(3) 阴离子的作用。

不同阴离子的 Na 盐电解质对黏土胶溶效果是不相同的。阴离子的作用概括起来有以下两方面。

①阴离子与黏土上吸附的 Ca^{2+}、Mg^{2+} 形成不可溶物或形成稳定的络合物,可促进 Na^+ 对 Ca^{2+}、Mg^{2+} 等离子交换反应更趋完全。例如,NaOH、Na_2SiO_3 与 Ca-黏土交换反应如下:

$$Ca-黏土 + 2NaOH \Longrightarrow 2Na-黏土 + Ca(OH)_2$$
$$Ca-黏土 + Na_2SiO_3 \Longrightarrow 2Na-黏土 + CaSiO_3$$

由于 $CaSiO_3$ 的溶解度比 $Ca(OH)_2$ 低得多,因此后一个反应比前一个反应更容易进行。

②聚合阴离子在胶溶过程中的特殊作用。一些聚合阴离子,由于几何位置上与黏土边表面相适应,因此被牢固地吸附在边面上或吸在 OH 面上。当黏土边面带正电时,它能有效地中和边面正电荷;当黏土边面不带电,它能够物理吸附在边面上建立新的负电荷位置。这些吸附和交换的结果导致原来黏土颗粒间边-面、边-边结构转变为面-面排列,原来颗粒间面-面排列进一步增加颗粒间的斥力,因此泥浆得到充分的胶溶。

2) 泥浆的触变性

当泥浆静止不动时,类似凝固体;当搅拌或振荡时,凝固的泥浆内部结构会暂时被破坏,又重新获得流动性;当再次静止时,又重新凝固,恢复原来的结构……这样的循环可以重复无数次,泥浆的这种性质称为触变性。泥浆从流动状态过渡到触变状态是逐渐进行的、非突变的变化,并伴随着黏度的变化。触变状态是介于分散和凝聚之间的中间状态。

泥浆具有触变性是与泥浆胶体的结构有关的。图 4.14 所示是黏土颗粒触变结构示意图,这种结构称为"纸牌结构"或"卡片结构"。在不完全胶溶的黏土片状颗粒的活性边面上,尚残留少量正电荷未被完全中和或边-面负电荷还不足以排斥板面负电荷的聚集,以致形成局部边-面或边-边结构,组成三维网状架构,直至充满整个容器,并将大量自由水包裹在网状空隙中，形成疏松而不活动的空间架构。由于结构仅存在部分边-面吸引，又有另一部分仍保持边-面相斥的情况，因此这种结构是很不稳定的。只要稍加剪切应力就能破坏这种结构，而使包裹的大量自由水释放，泥浆又恢复流动性。但是，由于存在部分边-面吸引，一旦泥浆静止，三维网状架又将重新建立。

泥浆触变性影响因素有以下几点。

(1) 泥浆含水量。泥浆越稀，黏土颗粒间距离越远，边-面静电引力越小，颗粒定向性越弱，不易形成触变结构。

(2) 黏土矿物组成。黏土触变效应与矿物结构遇水膨胀有关。水化膨胀有两种方式：一种是溶剂分子渗入颗粒间；另一种是溶剂分子渗入单位晶格之间。蒙脱石与拜来石两种水化方式都存在，因此蒙脱石遇应力破坏时释放的水多，静止时消耗的水也多，触变更明显。

图 4.14 黏土颗粒触变结构示意图

(3) 黏土颗粒大小与形状。黏土颗粒越细，活性边表面越多，越易形成触变结构。呈平板状、条状等颗粒形状越不对称，形成"卡片结构"所需要的颗粒数目越小，形成触变结构浓度越小。

(4) 电解质种类与数量。触变效应与吸附的阳离子及吸附离子的水化密切相关。黏土吸附阳离子价数越小，或价数相同而离子半径越小者，触变效应越小。

(5) 温度的影响。温度升高，质点热运动剧烈，颗粒间联系减弱，触变不易建立。

3) 泥浆的膨胀性

膨胀性即与触变性相反的现象。当搅拌时，泥浆变稠而凝固，而静止后又恢复流动性，也就是泥浆黏度随剪切速率增加而增大。

产生膨胀性的原因是在除重力外没有其他外力干扰的条件下，片状黏土颗粒趋于定向平行排列，相邻颗粒间隙由粒子间斥力决定，当流速慢而无干扰时，反映出符合牛顿流体特性。但当受到扰动后，颗粒平行取向被破坏，部分形成架状结构，故泥浆黏度增大甚至出现凝固状态。

4) 泥浆的可塑性

可塑性是指物体在外力作用下可塑造成各种形状，并保持这形状而不失去物料颗粒之间联系的性能。也就是说，物体既能可塑变形，又能保持变形后的形状。在大于流动极限应力作用下流变，但泥料又不应产生裂纹。

泥浆产生可塑性的原因如下。

(1) 可塑性是黏土-水界面键力作用的结果。

(2) 可塑性是黏土颗粒间隙的毛细管作用对黏土颗粒的结合产生了影响。

(3) 可塑性是带电黏土胶团与介质中离子之间的静电引力和胶团间的静电斥力作用的结果。

一般来说，泥浆的可塑性总是发生在黏土和水界面上。因此，黏土的含水量、电解质种类和浓度、颗粒大小和形状、矿物组成、处理工艺以及腐殖质含量和是否添加塑化剂等都会影响其可塑性。

（1）含水量的影响。可塑性只发生在某一最适宜含水量范围，水分过多或过少都会使泥料的流动特性发生变化。

（2）电解质的影响。加入电解质会改变黏土吸附层中的吸附阳离子，颗粒表面形成的水层厚度也随之变化，从而改变其可塑性。

（3）颗粒大小和形状的影响。颗粒尺寸越小，比表面积越大，接触点也多，变形后形成新的接触点的机会也多，可塑性就好。

（4）黏土的矿物组成的影响。黏土的矿物组成不同，比表面积相差很大。蒙脱石的比表面积比高岭石大，毛细管力也大，吸力强，因此蒙脱石的可塑性更高。

（5）泥浆处理工艺的影响。泥料经过真空练泥可以排除气体，使泥料更为致密，可以提高塑性。泥料经过一定时间的陈腐，使水分尽量均匀，也可以有效地提高可塑性。

（6）腐殖质含量、添加塑化剂的影响。腐殖质含量对可塑性的影响也较大，一般来说，适宜的腐殖质含量会提高可塑性。添加塑化剂也是人工提高可塑性的一种有效方法。

4.5.2 非黏土的泥浆体

天然原料的成分波动较大，会影响材料的性能。可以使用一些瘠性料（如氧化物或其他化学试剂）来制备材料，在提高材料各种性能的同时，解决瘠性料的悬浮和塑化，从而获得性能优异的材料。

1. 非黏土的泥浆体悬浮

瘠性料种类繁多，性能各异，需要区别对待。通常使用以下两种方法来使瘠性料泥浆悬浮：一是控制料浆的 pH 值；二是通过有机表面活性物质的吸附，使粉料悬浮。

1）控制料浆的 pH 值

制备料浆所用的粉料大多数都属于两性氧化物，如氧化铝、氧化铬、氧化铁等。它们在中性介质中时容易絮凝，在酸性或碱性介质中均能胶溶。两性氧化物在酸性、碱性介质中分别可以发生以下的离解过程：

$$MOH \Longrightarrow M^+ + OH^- \quad 酸性介质中$$
$$MOH \Longrightarrow MO^- + H^+ \quad 碱性介质中$$

介质的 pH 值决定了解离程度。介质 pH 值的变化，会引起胶粒 ζ-电位的增减甚至变号，而 ζ-电位的变化又会引起胶粒表面吸引力和排斥力平衡的改变，以致使这些氧化物泥浆体胶溶或絮凝。

2）添加有机表面活性剂

为了提高料浆的稳定性，常常添加有机高分子化合物或表面活性物质作为瘠性料的悬浮剂，如甲基纤维素、阿拉伯胶（又称阿拉伯树胶）、明胶等。需要注意，同一物质，用量不同时所起的作用可能完全相反。比如，在 Al_2O_3 料浆中添加呈卷曲链状的阿拉伯树胶，当阿拉伯树胶量足够多时，它的线性分子层会在水中形成网络结构，从而在 Al_2O_3 粒子周围形成一层保护膜，以阻止 Al_2O_3 粒子相互吸引和聚凝。但是，当添加量不足时，Al_2O_3 粒子黏附在阿拉伯树胶的某些链节上，会引起重力沉降而聚沉，反而无法起到稳定的作用。

2. 瘠性料的塑化

瘠性料塑化一般使用两种添加物：无机黏土类矿物或有机高分子。

1) 添加无机黏土类矿物

黏土是廉价的天然塑化剂，但是含有较多杂质，在对制品性能要求不太高时，可采用它作为塑化剂。黏土中一般使用膨润土作为塑化剂，可颗粒细，可塑性高，水化能力强，遇水后能分散成粒径约零点几微米的胶粒。水化后的胶粒周围带有一层黏稠的水化膜，水化膜外是松结合水。瘠性料与膨润土均匀分散在连续介质的水中，以及分散在黏稠的膨润土胶粒之间。当受到外力作用的时候，粒子之间沿连续水膜滑移，当去除外力后，膨润土颗粒间的作用力仍能使它维持原状，这时泥团也就呈现可塑性。

2) 添加有机高分子

有机高分子塑化剂是一种表面活性物质，能够使瘠性料颗粒表面周围形成一层水化膜。由于高分子黏度大，能将分散的瘠性料颗粒连在一起，受力发生位移，当去除外力后，仍能连在一起。

瘠性料塑化常用的有机塑化剂有石蜡、聚乙烯醇（PVA）、甲基纤维素（CMC）、聚醋酸乙烯酯（PVAC）、聚乙烯醇缩丁醛（PVB）等。塑化机理主要是通过表面物理化学吸附，达到瘠性料表面的改性。上述塑化剂常用于干压法成型、挤压法成型、热压铸法成型、流延法成型、注浆和车坯成型中。

诺贝尔化学奖的故事——斯维德伯格

斯维德伯格（Svedberg）是瑞典著名物理学家，他致力于胶体化学基础理论的研究。他于1907年发表的博士论文《胶体溶液的理论研究》就表明了他在胶体领域的巨大贡献。他所研究的胶粒的运动规律为布朗运动提供了实验根据。

早在1827年，英国植物学家罗伯特·布朗（Robert Brown）就发现藤黄微粒悬浮在液体中不停地作不规则运动的现象。后来，科学家们指出这种运动是液体中分子与藤黄微粒间不平衡碰撞所引起的。1905年，爱因斯坦（Albert Einstein）和斯莫鲁霍夫斯基（Smoluchowski）又研究了这种运动的数学理论，认为它与分子运动相类似。1906年，斯维德伯格通过实验进一步指出，布朗运动平均位移的平方与时间间隔成正比，与液体黏性成反比。在这以前，分子动力学理论虽已成为最完善的理论之一，但总缺乏事实根据。分子和原子也从来没有人看见过，它们的存在只是一种假设，因而一些人表示怀疑。这就导致出现了离开物质从能量方面寻找解决途径的唯能论倾向。比如，以马赫（Mach）和威廉·奥斯特瓦尔德（Willhelm Ostwald）为首的唯能论学派就曾声称所有化学方面的基本定律，都可以从"能量"的原理推导出来。他们的观点得到了许多学者的支持。正在这时，斯维德伯格用席格蒙迪（Zsigmondy）的超显微镜对金溶胶内微粒数目的变动进行了观察和研究，他从实验统计中得到有关的方程式，竟与爱因斯坦的粒子平均位移方程式完全符合，他所计算的阿伏伽德罗（Avogadro）常数值为 6.2×10^{23}。这与爱因斯坦从动力学说所得的数值 $6.0×10^{23}$ 很接近，从而使布朗运动这一理论得到了充分的证实。斯维德伯格的研究成果巩固了分子动力学理论和唯物的宇宙观，这时他才 23 岁。在斯维德伯格的研究论文发表后，奥斯特瓦尔德在评语中承认了自己的错误，他还说："这篇论文的年轻的、天才的和有精力的作者，将来还可能有重大成果，预计他一定是正确的。"

果真不出所料，斯维德伯格不久就发明了超速离心机，这对研究蛋白质化学起了很大的促进作用。使用他所设计的每分钟旋转八万转以上的超速离心机，可以得到比在地球表面上的重力加速度大几十万倍的力场。利用这种离心机，人们可以很容易测定蛋白质的分子量。斯维德伯格和他的同事曾用沉降平衡和沉降速度测定了不同蛋白质的分子量，并发现蛋白质的分子量在 12 000 到几百万之间。

除了超速离心机之外，在他的主持下，乌普萨拉大学斯维德伯格研究所还创造了两种研究胶体和高分子物质的有效方法，即利用电泳和吸附现象来分离和纯化上述物质。后来，他的学生蒂塞留斯（Tiselius）进一步完善了这些方法。斯维德伯格崇敬老校长，更学习老校长的作风，对学生严格要求。在乌普萨拉大学任教的 30 多年的漫长岁月里，他对学生的期望之殷切、管教之严格，在瑞典的各学校中是有名的，他也因此培养了不少青年专家。他常以自己的经历激励学生发愤读书。他曾说："我记得爱因斯坦说过，'毫无准备的人休想在学术上有成就；而填了一肚皮稻草的人也讲究学问，则必然误尽苍生'，这句充满哲理的话，对于当今立志成才的青年，是一个忠告。只有对自己严格要求，扎扎实实地打下基础，将来在学术上才能有所成就。" 1971 年，斯维德伯格逝世于斯德哥尔摩，享年 87 岁。

本 章 小 结

（1）表面活性剂指在较低浓度下就能够显著降低两相间的界面张力的一类物质。

（2）表面活性剂的分类：阴离子型表面活性剂、阳离子型表面活性剂、两性表面活性剂、非离子型表面活性剂。

（3）表面活性指由于溶质在表面发生吸附而使溶液表面张力降低的性质。表面活性剂分子具有独特的双亲结构。

（4）胶束指从单个分子缔合而成的多分子有序聚集体。临界胶束浓度指开始形成胶束所需要的表面活性剂的最低浓度。

（5）表面活性剂的主要作用包括增溶、乳化与破乳、润湿、起泡和消泡、洗涤和去污、分散和絮凝等。

（6）分散系统由分散质和分散剂构成。分散质是被分散的物质，分散剂是分散其他物质的物质。

（7）分散质粒子直径为 1~100 nm 的分散系统称为胶体。胶体的光学性质、动力学性质和电学性质是因胶体是多相系统有大的比表面、具有聚结不稳定性而产生的。

（8）胶粒由三部分组成：胶核、吸附层、扩散层。

（9）溶胶的性质体现为丁达尔效应、布朗运动、电泳和电渗现象。

（10）溶胶的稳定性和聚沉。溶胶稳定的原因包括胶粒存在布朗运动、胶粒带电、水化膜形成。

（11）黏土水浆体的流体分类：牛顿流体和非牛顿流体（宾汉流体、假塑性流体、胀流型流体）。

（12）泥浆指黏土加水后形成的胶体-悬浮液的混合物。泥浆的性质包括：黏土颗粒的带电性、黏土的离子吸附与交换、电动性质、胶体性质。

练 习 题

一、选择题

1. 产生丁达尔效应的原因是发生了光的（　　　）。
   A. 散射　　　　B. 反射　　　　C. 折射　　　　D. 透射
2. 外加直流电场于胶体溶液，向某一电极作定向运动的是（　　　）。
   A. 胶核　　　　B. 胶粒　　　　C. 胶团　　　　D. 扩散层
3. 当在溶胶中加入大分子化合物时（　　　）。
   A. 一定使溶胶更加稳定　　　　　　B. 一定使溶胶更容易为电解质所聚沉
   C. 对溶胶稳定性影响视其加入量而定　　D. 对溶胶的稳定性没有影响

二、填空题

1. 溶液是一种分散系统。通常将被分散的物质称为＿＿＿＿＿＿＿＿＿＿，另一种物质称为＿＿＿＿＿＿＿＿＿＿。根据颗粒大小的不同，分散系统可以分成三类：＿＿＿＿＿＿＿＿，＿＿＿＿＿＿＿＿和＿＿＿＿＿＿＿＿。
2. 溶胶较稳定的主要原因是＿＿＿＿＿＿＿＿和＿＿＿＿＿＿＿＿，使溶胶聚沉的方法主要有＿＿＿＿＿＿＿＿和＿＿＿＿＿＿＿＿。
3. 与溶胶相比，高分子溶液具有更大的＿＿＿＿＿＿＿＿和＿＿＿＿＿＿＿＿。
4. 向高分子溶液中加入大量电解质，可使高分子从溶液中析出的作用称为＿＿＿＿＿＿＿＿。
5. 电解质使溶胶发生聚沉时，起作用的是与胶粒带电符号相＿＿＿＿＿＿＿＿的离子，离子价数越高，其聚沉能力越＿＿＿＿＿＿＿＿。
6. 氢氧化铁溶胶显红色，由于胶粒吸附正电荷，当把直流电源的两极插入该溶胶时，在＿＿＿＿＿＿＿＿极附近颜色逐渐变深，这是＿＿＿＿＿＿＿＿现象的结果。

三、判断题

1. 胶体表现为粒子能通过滤纸，扩散极慢，能渗透。（　　）
2. 碘分散在酒精溶液中形成的碘酒，碘是分散质，酒精是分散剂。（　　）
3. 有无丁达尔效应是溶胶和分子分散系统的主要区别之一。（　　）
4. 在外加直流电场中，碘化银正溶胶向负电极移动，而其扩散层向正电极移动。（　　）
5. 在溶胶中加入电解质对电泳没有影响。（　　）

四、简答题

1. 测定临界胶束浓度的方法有哪些？影响临界胶束浓度的因素有哪些？
2. 表面活性剂的增溶作用的特点有哪些？
3. 什么是高分子溶液对溶胶的保护作用？
4. 黏土的离子吸附与交换的区别是什么？

第 4 章练习题答案

第 5 章　金属材料及其腐蚀

内容提要和学习要求

在如今的生活中，无论是城市里的高楼大厦，街道上的各种车辆，还是我们手中的智能手机，都离不开一种重要的材料——金属材料。金属材料被人类广泛地应用，便利了我们的生活，它也总是因各种环境因素而遭受腐蚀，给我们的生活造成危害。通过对本章的学习，我们将会从各方面对金属这一重要材料有一个全新的认识。

本章学习要求可分为以下几点。

（1）了解金属及其结构特点，知晓常见金属的相关分类。

（2）了解金属的特征及其应用，能够认识金属材料在生产、生活和社会发展中的重要作用。

（3）知道生活中金属腐蚀的危害，提高经济意识和环保意识。

5.1　金属晶体与金属材料

金属是指具有良好的导电性和导热性，有一定强度和塑性，并具有光泽的物质，如铝、铁、铜等。羊毛、橡胶、塑料、陶瓷等则属于非金属材料。

材料的性能取决于材料的化学成分和其内部的组织结构。金属在固态时一般都是晶体。晶体结构的基本特征是原子（或分子、离子）在三维空间呈周期性重复排列，即存在长程有序。

金属材料通常分为黑色金属材料和有色金属材料（非铁材料）两类。黑色金属材料包括钢和铸铁。钢按照化学成分分为碳素钢和合金钢；按照品质分为普通钢、优质钢和高级优质钢；按照冶炼方法分为平炉钢、转炉钢、电炉钢和奥氏体钢；按照用途分为建筑及工程用钢、结构钢、工具钢、特殊性能钢及专业用钢。铸铁通常分为灰铸铁、可锻铸铁、球墨铸铁、蠕墨铸铁和特殊性能铸铁等。钢铁是现代工业中的主要金属材料。在机械产品中，钢铁占整个用材消耗的60%以上。有色金属材料是指除 Fe 以外的其他金属及其合金。这些金属有八十余种，分为轻金属（相对密度小于4）、重金属（相对密度大于4.5）、贵金属、类金属和稀有金属五类。工程上最重要的有色金属是 Al、Cu、Zn、Sn、Pb、Mg、Ni、Ti 及其合金。有色金属材料的消耗虽然只占金属材料总消耗的5%，但是因其具有优良的导电、导热性，同时密度小、化学性质稳定、耐热、耐腐蚀，所以在工程上占有重要地位。

金属材料的基本特性如下：

（1）结合键为金属键，用常规方法生产的金属为晶体结构；

（2）金属在常温下一般为固体，熔点较高；

(3) 具有金属光泽;

(4) 纯金属范性大,展性、延性也大;

(5) 强度较高;

(6) 自由电子的存在,使金属的导热和导电性好;

(7) 多数金属在空气中易被氧化。

5.1.1 金属晶体结构

金属在固态时一般都是晶体。在已知的 80 余种金属元素中,除十几种金属具有复杂的晶体结构以外,其他大多数金属都具有比较简单的晶体结构。其中,最典型、最常见的金属晶体结构有三种:体心立方晶格、面心立方晶格和密排六方晶格(它们的晶胞分别称为体心立方晶胞、面心立方晶胞和密排六方晶胞)。随着温度的变化,部分金属的晶体结构会发生同素异构转变。

(1) 体心立方晶格。体心立方晶胞如图 5.1 所示,六面体的各边长 $a=b=c$,六面体的各面夹角 $\alpha=\beta=\gamma=90°$,因此体心立方晶格是一个立方体,用 a 表示其晶格常数。

在体心立方晶胞中,八个角上各有一个原子,每个原子为附近八个晶胞所共有,对每一个晶胞而言,它只占有 1/8 个原子;在晶胞的中心有一个原子,此原子完全属于该晶胞。这样一来,体心立方晶胞中的原子数有 $(1/8)\times 8+1=2$ 个。

具有体心立方晶格结构的金属有 α-Fe、Cr、V、Mo、Nb、W 等,约 30 种。它们一般具有较高的强度、硬度和熔点,但塑性和韧性较差。

(2) 面心立方晶格。面心立方晶胞如图 5.2 所示。面心立方晶格的晶格常数 $a=b=c$,$\alpha=\beta=\gamma=90°$。

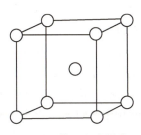

图 5.1 体心立方晶胞

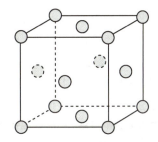

图 5.2 面心立方晶胞

在面心立方晶胞中,八个角上各有一个原子,每个原子为附近八个晶胞所共有(1/8);在六个面的中心处各有一个原子,每个原子分别属于两个晶胞(1/2)。因此,一个晶胞的原子数为 $(1/8)\times 8+(1/2)\times 6=4$ 个。

具有面心立方晶格结构的金属有 γ-Fe、Cu、Al、Ag、Au 等。它们一般具有良好的塑性和韧性。

(3) 密排六方晶格。密排六方晶胞如图 5.3 所示。它由两个简单六方晶胞从相反方向穿插而成,其形状为八面体,上下两个底面呈六角形,六个侧面为长方形。密排六方晶格的晶格常数有两个:一个是

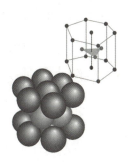

图 5.3 密排六方晶胞

正六边形底面的边长 a，另一个是上下底面的距离（晶胞高度）c。每个晶胞中实际含有的原子数为 $(1/6) \times 12 + 2 \times (1/2) + 3 = 6$ 个。典型的密排六方晶格的晶格常数 c 和 a 之比约为 1.633。具有密排六方晶格结构的金属有 Co、Mg、Ti、Zn 等。它们一般强度较低，塑性和韧性较差。

5.1.2 合金的基本结构类型

所谓合金，是指由两种或两种以上的金属或金属与非金属经熔炼、烧结或其他方法组合而成的具有金属特性的物质。组成合金的基本的独立的物质称为组元。组元可以是金属或非金属元素，也可以是化合物。例如，应用最普遍的碳钢和铸铁就是主要由铁和碳所组成的合金；黄铜则为铜和锌的合金。

要改变和提高金属材料的性能，合金化是最主要的途径。要知道合金元素加入后是如何起到改变和提高金属性能的作用，首先必须知道合金元素加入后的存在状态，即可能形成的合金相及其组成的各种不同组织形态。所谓相，是合金中具有同一聚集状态、同一晶体结构和性质并以界面相互隔开的均匀组成部分。由一种相组成的合金称为单相合金，而由几种不同的相组成的合金称为多相合金。

尽管合金中的组成相多种多样，但根据合金组成元素及其原子相互作用的不同，固态下所形成的合金相基本上可分为固溶体和中间相两大类。

（1）固溶体是以某一组元为溶剂，在其晶体点阵中溶入其他组元原子（溶质原子）所形成的均匀混合的固态溶体，它保持着溶剂的晶体结构类型。如果组成合金相的异类原子有固定的比例，所形成的固相的晶体结构与所有组元均不同，则称这种合金相为金属化合物。根据溶质原子在溶剂点阵中所处的位置，可将固溶体分为置换固溶体和间隙固溶体两类。电负性、电子浓度和原子尺寸对中间相的形成及晶体结构都有影响。

（2）两组元 A 和 B 组成合金时，除了可形成以 A 为基或以 B 为基的固溶体（端际固溶体）外，还可能形成晶体结构与 A、B 两组元均不相同的新相。由于它们在二元相图上的位置总是位于中间，故通常把这些相称为中间相。中间相可以是化合物，也可以是以化合物为基的固溶体（第二类固溶体或称二次固溶体）。中间相通常可用化合物的化学分子式表示。大多数中间相中原子间的结合方式属于金属键与其他典型键（如离子键、共价键和分子键）相混合的一种结合方式，因此它们都具有金属性。正是由于中间相中各组元间的结合含有金属的结合方式，所以表示它们组成的化学分子式并不一定符合化合价规律，如 CuZn。和固溶体一样，电负性、电子浓度和原子尺寸对中间相的形成及晶体结构都有影响。据此，可将中间相分为正常价化合物、电子化合物、原子尺寸因素有关的化合物和超结构（有序固溶体）等几大类。

5.1.3 轻质合金

铝、镁、钛等轻金属密度小，因此镁（1.74 g/cm^3）、铝（2.70 g/cm^3）、钛（4.5 g/cm^3）及其相应的铝合金、镁合金和钛合金被称为轻质合金。

1. 铝合金

1) 铝及铝合金的性能特点

纯铝为银白色金属，光泽度小（2.72），熔点低（660.4 ℃），导电、导热性能优良且耐大气腐蚀，易于加工成型，具有面心立方晶格，无同素异构转变，无磁性。铝合金则既具有高强度，又保持纯铝的优良特性。在铝合金常加入的元素主要有 Cu、Mn、Si、Mg、Zn 等，此外还有 Cr、Ni、Ti、Zr 等辅加元素。

2）铝合金的用途

铝合金在 20 世纪初才开始工业化应用，在二战期间主要用于制造军用飞机。战后，铝合金开始转入民用，应用范围由航空扩展到建筑、包装、交通运输、机械制造等行业。目前，铝合金用量和范围仅次于钢铁，已成为第二大金属材料。高强度、高韧性的领域是铝合金的主要应用方向。

2. 镁合金

1）镁及镁合金的性能特点

镁作为地球最轻的金属材料，具有许多优良的特性。镁的比强度很高，密度约为铝的 2/3，铁的 1/4，镁还具有良好的导热性、导电性、尺寸稳定性等。这些特性使其成为汽车工业、航空工业及电子工业中首选的材料。

镁合金的合金强化机制与铝合金大致相同，固溶强化和时效硬化是主要强化手段，只是没有铝合金那样明显。因此，凡是能在镁中大量固溶的元素，都是强化镁合金的有效合金元素。合金元素主要有 Al、Zn、Re、Li、Ag、Zr、Th、Mn、Ni 等。在镁合金中，有固溶强化、沉淀强化、细晶强化等作用。

镁合金的特点如下：密度小、质量轻；比强度和比刚度高；具有良好的导热导电性能；具有良好的电磁屏蔽能力；镁的标准电极电位比铝还低，并且它的表面氧化膜是不致密的，故抗蚀性较差，铸件均需进行表面氧化处理和涂层保护。

2）镁合金的分类

镁合金分为两类：变形镁合金（主要合金系：Mg-Zn-Zr、Mg-Al-Zn、Mg-RE-Zr、Mg-Mn、Mg-Li 系）和铸造镁合金（主要合金系：Mg-Zn-Zr、Mg-Al-Zn、Mg-RE-Zr、Mg-Th-Zr、Mg-Nd-Ag 系）。不过，许多镁合金既可做铸造合金，也可做变形合金。经锻造和挤压后，变形合金比同成分的铸造合金有更高的强度。

5.1.4 非晶态合金

1960 年，美国的杜威（Duwez）等人首先使用喷枪法使液态金属高速（10 ℃/s）急冷而制成 75%Au-25%Si 非晶态合金。自此以后，熔体急冷方法得到进一步改进和发展。到了 1970 年，人们开始采用熔体旋辊急冷方法制备非晶薄带。非晶态合金又称金属玻璃，具有很多特点，主要是高硬度和高强度，延伸率低但不脆，有很好的软磁铁性和优越的耐腐蚀性能。

熔体在过冷条件下的等温转变，需要经过成核和长大的过程才能形成晶体。正如一般相变一样，这个过程有一个孕育期，在此期限内不发生结晶。如果我们在温度-时间坐标轴中标出在各温度下过冷熔体开始结晶的时间，就可以作出一条 C 形曲线，这条曲线通常称为 TTT 曲线（Time, Temperature, Transition），在此曲线的右侧开始结晶，而在其左侧便是非晶态区。因此，当合金从熔化状态快速冷却时，其冷却速度只要能越过 C 曲线左边的顶部，便可以得到非晶态固体。

研究证明，合金是否易于形成非晶态是和它的成分密切相关的。由一种过渡金属或贵金属和类金属元素（B、C、N、Si、P）组成的合金易于形成非晶态，当它们的成分位于共晶点附近时,由于液相可以保持到较低温度,因此形成非晶态的倾向增大。无论使用何种方法,只要能使金属从气态或液态以足够快的冷速凝成固体,就可以形成非晶态。气态急冷方法一般称为气相沉积法,主要包括溅射法和蒸发法,这两种方法都要在真空中进行。

将非晶态材料加热,在它逐步向晶态转化的过程中,会出现一些既不同于非晶态又不同于晶态的过渡结构,从这些过渡结构中有可能发展出一些新的材料。

非晶态合金的发展是和快速淬火技术的发展密切相关的。这一技术的发展也促进了微晶材料的发展。在熔体急冷的条件下,有些合金并不能形成非晶态,但却可以形成晶粒非常小的微晶材料,这些微晶材料具有不同于一般晶态材料的若干特性,成为金属材料的又一分支。

5.1.5 其他合金

现代材料科学面临的重大挑战是研制出满足科技快速发展需求的高性能材料。通过"以一种或两种元素为主、添加其他特定元素改善性能"的传统设计理念,目前人类已经研发出大量的工程化应用材料。但由于材料成分和组织优化能力有限,性能改善已经趋于瓶颈,无法满足各领域对更高性能材料的迫切需求。近年来,由康托(Cantor)和叶均蔚等人提出的高熵合金设计理念打破了传统的单主元成分设计理念,高熵合金在力学、物理或化学方面表现出优异的性能,成为一种具有巨大应用潜力的新型材料。

高熵合金又称为多主元合金、成分复杂合金、等原子比多组元合金等。高熵合金最初定义为由五种或五种以上元素以等摩尔比或近等摩尔比方式组成,其中各元素的原子百分比在5%~35%之间。随着对高熵合金的深入研究,目前,三元和四元的近等摩尔比材料也被定义为高熵合金。传统合金设计认为,添加多种元素会生成金属间化合物(Intermetallic Compounds,IMCs)相,IMCs虽然可以提高材料强度,但必然导致塑性的降低,无法获得综合力学性能优异的材料。与传统材料不同,高熵合金成分复杂,组成元素原子随机无序的分布在晶格位置上,因此高熵合金在热力学上具有高熵效应,在动力学上具有缓慢扩散效应,在结构上具有晶格畸变效应,在性能上具有鸡尾酒效应。高熵合金的多种主元混合方式,导致了材料的混合熵达到最大,高混合熵抑制了金属间化合物的形成,促进了晶体结构简单的饱和固溶体形成。

最新研究发现,高熵合金的固溶体结构中存在明显的元素波动,通过控制高熵合金中的元素浓度波动,可以有效改善高熵合金的综合力学性能。高熵合金中还可能析出弥散分布的纳米晶甚至非晶结构,在固溶强化、析出强化、纳米/非晶复合强化等方面能够显著提高高熵合金的力学性能。在多种机制的耦合作用下,高熵合金具有很多传统材料无法比拟的优异性能,如在力学、电磁学、耐高温、抗腐蚀等方面表现突出,因此高熵合金被视为有望解决目前工程领域材料性能瓶颈问题的关键材料之一。

5.2 金属基复合材料

现代科学技术的飞速发展,对材料的要求也越来越高。在结构材料方面,不但要求强度高,还要求其重量要轻,尤其在航空航天领域。金属基复合材料正是为了满足上述要求而诞生的。与传统的金属材料相比,它具有较高的比强度与比刚度;与树脂复合材料相比,它具有优良的导电性与耐热性;与陶瓷材料相比,它具有高韧性和冲击性能。这些优良的性能决定了它从诞生之日起就成了新型材料家族中的重要一员，目前，它已经在一些领域里得到应用，并且其应用领域正在逐步扩大。

5.2.1 金属基复合材料的种类

金属基复合材料是以金属为基体，以高强度的第二相为增强体而制得的复合材料。因此，对这种材料的分类既可按基体来进行，也可按增强体来进行。按基体分类，金属基复合材料可分为铝基复合材料、镍基复合材料、钛基复合材料等。按增强体分类，金属基复合材料可分为颗粒增强复合材料、层状复合材料、纤维增强复合材料等。下面简单介绍上述各种复合材料。

1. 按基体分类

1）铝基复合材料

这是在金属基复合材料中应用得最广的一种。由于铝合金基体为面心立方晶格结构，因此铝基复合材料具有良好的塑性和韧性。加之它所具有的易加工性、工程可靠性及价格低廉等优点，为其在工程上应用创造了有利的条件。在制造铝基复合材料时，通常并不是使用纯铝，而是用各种铝合金。这主要是由于与纯铝相比，铝合金具有更好的综合性能。至于选择何种铝合金做基体，则往往根据实际情况中对铝基复合材料的性能需要来决定。

2）镍基复合材料

这种复合材料是以镍和镍合金为基体制造的。由于镍的高温性能优良，因此这种复材料主要用于制造高温下工作的零部件。人们研制镍基复合材料的一个重要目的，是希望用它来制造燃汽轮机的叶片，从而进一步提高燃汽轮机的工作温度，但目前其制造工艺及可靠性等问题尚未解决，所以还未能取得满意的效果。

3）钛基复合材料

钛的比强度比其他任何结构材料都要高。此外，钛在中温时能够比铝合金更好地保其强度。因此，对飞机结构来说，当速度从亚音速提高到超音速时，钛比铝合金显示出了更大的优越性。随着速度的进一步加快，还需要改变飞机的结构设计，采用更细长的机翼和其他翼型。为此，需要高刚度的材料，而钛基复合材料恰可满足这种需求。钛基复合材料中，最常用的增强体是硼，这是由于钛与硼的热膨胀系数比较接近，基体与增强体的热膨胀系数如表5.1所示。

表 5.1 基体与增强体的热膨胀系数

基体	膨胀系数（10^{-6}/℃）	增强体	膨胀系数（10^{-6}/℃）
铝	23.9	硼	6.3
钛	8.4	涂 SiC 硼	6.3
铁	11.7	碳化硅	4.0
镍	13.3	氧化铝	8.3

2. 按增强体分类

1）颗粒增强复合材料

这里的颗粒增强复合材料是指弥散的硬质增强相的体积超过20%的复合材料，而不包括那种弥散质点体积比很低的弥散强化金属。此外，这种复合材料的颗粒直径和颗粒间距很大，一般大于 1 μm。在这种复合材料中，增强相是主要的承载相，而基体的作用则在于传递载荷和便于加工。硬质增强相造成的对基体的束缚作用能阻止基体屈服。

颗粒增强复合材料的强度通常取决于颗粒的直径、间距和体积比，但基体性能也很重要。除此以外，这种材料的性能还对界面性能及颗粒排列的几何形状十分敏感。

2）层状复合材料

层状复合材料是指在韧性和成型性较好的金属基体材料中，含有重复排列的高强度、高模量片层状增强体的复合材料。片层的间距是微观的，所以在正常的比例下，层状复合材料按其结构组元看，可以认为是各向异性的和均匀的。这类复合材料是结构复合材料，因此不包括各种包覆材料。层状复合材料的强度和大尺寸增强体的性能比较接近，而与晶须或纤维类小尺寸增强体的性能差别较大。因为增强薄片在二维方向上的尺寸相当于结构件的大小，所以增强体中的缺陷可以成为长度和构件相同的裂纹的核心。由于薄片增强的强度不如纤维增强相高，因此层状复合材料的强度受到了限制。然而，在增强平面的各个方向上，薄片增强体对强度和模量都有增强效果，这与纤维增强复合材料相比具有明显的优越性。

3）纤维增强复合材料

纤维增强复合材料中的纤维根据其长度的不同，可分为长纤维、短纤维和晶须，它们均属于纤维增强体，因此纤维增强复合材料均表现出明显的各向异性特征。

基体的性能对纤维增强复合材料横向性能和剪切性能的影响，比对纵向性能的影响更大。当韧性金属基体用高强度脆性纤维增强时，基体的屈服和塑性流动是纤维增强复合材料性能的主要特征，纤维对纤维增强复合材料弹性模量的增强具有相当大的作用。

5.2.2　金属基复合材料的性能特点

1. 材料的强度

材料的强度与弹性性能不同，不代表整个测试段上的平均性能，而主要代表局部区的性能。材料的强度可以定义为材料发生破坏的最弱横截面上的平均应力。一般情况下，材料的强度是指原始横截面积上的应力，而不是瞬断面积上的应力。在静态拉伸应力条件下，判别抗拉强度很简单，就是按原始截面计算的材料试样能够承受的最大张应力或极限张应力。对于高模量的金属基复合材料的断裂，以纤维增强复合材料为例，则是由于载荷不断增加，纤维不断断裂，承载能力相继下降从而导致了材料的破坏。由于大多数金属基复合材料均表现出各向异性，所以在各个方向上的强度也不尽相同，主要表现为纵向强度与横向强度的差异。

如果所有纤维的强度相近，剩下的基体在纤维断裂时又不能承受载荷，这时强度 σ 就等于纤维的平均强度，而可以认为是在基体应变等于纤维断裂应变时的基体应力。

2. 相容性

由于复合材料包含有两种或两种以上的相，要使组分间具有良好的配合。则这两相间必须具备物理相容性和化学相容性，对金属基复合材料而言，用层状复合材料或纤维增强复合材料的物理相容性问题一般都和压力变化，或热变化时反映材料伸缩性能的材料常数有关。化学相容性问题主要与复合材料加工过程中的界面结合、界面化学反应以及环境的化学反应等因素有关。

所谓物理相容性问题，是指基体应有足够的韧性和强度，能够将外部结构载荷均匀地传递到增强体上，而不会有明显的不连续现象。此外，由于裂纹或位错移动，在基体上产生的局部应力不应该在纤维上形成高的局部应力。对很多应用来说，基体的机械性能要求应包括高的延展性和屈从性。基体和增强体之间的一个非常重要的物理关系是热膨胀系数，因为基体通常是韧性较好的材料，因此最好是基体有较高的热膨胀系数。这是因为膨胀系数较高的相从通常较高的加工温度冷却时将受到张应力。对于脆性材料的增强体，一般都是抗压强度大于抗拉强度，处于压缩状态比较有利。而对于像钛这类高屈服强度的基体，一般却要求避免高的残余热应力，因此热膨胀系数不应相差太大。

化学相容性是一个更加复杂的问题。对于原生复合材料，在制造过程中是热力学平衡的。例如，在平衡状态下凝固的共晶复合材料，对于这类共晶体，其两相化学势相等，而比表面能效应也最小。如果这种复合材料在偏离制造温度时有明显的相变或浓度变化，就会产生不稳定问题。在人造复合材料中，两相间发生有害反应的化学动力学过程也相当缓慢，一般可以满足相容性要求。

5.2.3 金属基复合材料的研究和应用

在过去的三十年里，金属基复合材料凭借其结构轻量化和优异的耐磨、热学和电学性能，逐渐在陆上运输（汽车和火车）、热管理、民航、工业和体育休闲产业等诸多领域实现商业化的应用，确立了作为新材料和新技术的地位。目前，金属基复合材料的应用主要是在铝基、钛基、镁基上的应用。

（1）铝基复合材料的应用。铝基复合材料在汽车领域的应用如下：日本丰田公司成功地用铝基复合材料制备了发动机活塞，与原来铸铁发动机活塞相比，重量减轻了5%~10%，导热性提高了4倍。在航空航天领域的应用如下：Cercast公司研制了20%Vol SiC+Al复合材料，代替钛合金制造飞机摄像镜方向架，成本和重量明显降低，还可用来制造卫星反动轮和方向架的支撑架。在电子和光学仪器中的应用如下：在精密仪器和光学仪器中，铝基复合材料用于制造望远镜的支架和副镜等部件。在体育用品上的应用如下：铝基复合材料代替木材及金属材料制造球拍、钓鱼竿、高尔夫球杆和滑雪板等。

（2）钛基复合材料的应用。美国SiC纤维增强钛基复合材料用于航天飞机机翼、机身蒙皮、支撑梁及加强筋、导弹尾翼、汽车发动机气门阀、连杆等。

（3）镁基复合材料的应用。镁基复合材料在汽车制造方面的应用如下：方向盘减震轴、活塞环、支架、变速箱、壳等。镁基复合材料在通信电子方面的应用如下：手机、便携式电脑等的外壳。镁基复合材料在机械工业方面的应用如下：SiC晶须增强镁基复合材料用于制造齿轮；SiC颗粒增强镁基复合材料耐磨性好，用于制造油泵的壳体、止推板、安全阀等。

5.3 金属用助剂

5.3.1 防锈剂

金属加工件在生产加工及运输的过程中很容易生锈，这时就需要使用防锈油在金属表面涂抹，以形成一层薄膜，防止金属锈蚀。所谓锈，是指由于氧和水作用在金属表面生成氧化物和氢氧化物的混合物，铁锈是红色的，铜锈是绿色的，而铝和锌的锈称为白锈。机械在运行和储存过程中，很难不与空气中的氧、湿气或其他腐蚀性介质接触，这些物质在金属表面将发生电化学腐蚀而生锈。要防止锈蚀，就得阻止以上物质与金属接触。防锈剂属于防锈产品的一种，其他类型的防锈产品还有防锈油、防锈纸等。

防锈剂外观为无色至淡黄色液体，是一种能使液体迅速而均匀地渗透到某种固体内部的表面活性剂，在印染工业中有着广泛的用途。防锈剂可分为工序间与工序后的防锈剂。工序间的称为防锈剂，工序后的称为防锈封闭剂（也可称为封闭剂）。防锈工序一般分为工序间防锈和封存防锈。工序间的防锈要使得零件在后序的加工过程中没有锈蚀，且表面的防锈油膜要容易清洗。封存防锈则直接影响着产品的外观、存放时间。防锈剂的特点是可以兑水使用，与防锈油相比，表面没有油感。防锈剂的缺点是防锈时间比防锈油短一些，所以防锈剂经常用于工序间防锈或一年以内的封存防锈。

5.3.2 切削液

切削液是一种用在金属切削、磨加工过程中，用来冷却和润滑刀具和加工件的工业用液体。切削液由多种超强功能助剂经科学复合配合而成，同时具备良好的冷却性能、润滑性能、防锈性能、除油清洗功能、防腐功能和易稀释的特点。它克服了传统皂基乳化液夏天易臭、冬天难稀释、防锈效果差的缺点，对车床漆也无不良影响，适用于黑色金属的切削及磨加工，属当前最领先的磨削产品。切削液各项指标均优于皂化油，它具有良好的冷却、清洗、防锈等特点，并且具备无毒、无味、对人体无侵蚀、对设备不腐蚀、对环境不污染等特点。

人类使用切削液的历史可以追溯到远古时代。人们在磨制石器、铜器和铁器时，就知道浇水可以提高效率和质量。在古罗马时代，车削活塞泵的铸件时就已经在使用橄榄油了。16世纪时，人们使用牛脂和水溶剂来抛光金属盔甲。从1775年英国的约翰·威尔金森（J. Wilkinson）为了加工瓦特蒸汽机的气缸而研制成功镗床开始，就已经出现了水和油在金属切削加工中的应用。到了1860年，车、铣、刨、磨、齿轮加工和螺纹加工等各种机床相继出现，这标志着切削液开始大规模地应用。

金属切削加工中常用的切削液有三大类：水溶液、乳化液、切削油。水溶液的主要成分为水和一定的添加剂。它的冷却性能好，同时具有良好的防锈性能和一定的润滑性能。液体呈透明状，便于操作者观察。乳化液是将乳化油用水稀释而成的。乳化油是由矿物油、乳化剂及添加剂配成的，用95%~98%的水稀释后即成为乳白色的或半透明状的乳化液。切削油的主要成分是矿物油，也有少量采用动植物油或复合油的。纯矿物油不能在摩擦界面上形成坚固的润滑膜，润滑效果一般。在实际使用中，常常加入油性添加剂、极压添加剂和防锈添加剂，以提高其润滑和防锈性能。常使用浓度不大于5%，即5 kg以下该产品加95 kg左右的普通自来水混合使用。根据使用的条件不同，使用浓度可在1%~5%；粗加工浓度低些，使用浓度可在1%~3%。

5.3.3 电镀添加剂

电镀添加剂是加入电镀溶液中对镀液和镀层性质有特殊作用的一类化学品的总称。电镀添加剂包括无机添加剂（如镀铜用的镉盐）和有机添加剂（如镀镍用的香豆素等）两大类。早期所用的电镀添加剂大多数为无机盐，随后有机物才逐渐在电镀添加剂的行列中取得了主导地位。电镀添加剂在电镀工业也有其特殊作用。按功能分类，电镀添加剂可分为络合剂、光亮剂、表面活性剂、整平剂、应力消除剂、除杂剂和润湿剂等，其中最重要的是光亮剂和表面活性剂。不同功能的电镀添加剂一般具有不同的结构特点和作用机理，但多功能的电镀添加剂也较常见。例如，糖精既可作为镀镍的光亮剂，又是常用的应力消除剂。不同功能的电镀添加剂也有可能遵循同一作用机理。电镀添加剂在电镀溶液中的作用有两种：

（1）形成胶体吸附在金属离子上，阻碍金属离子放电，增大阴极极化作用；

（2）吸附在阴极表面上，阻碍金属离子在阴极表面上放电，或阻碍放电离子的扩散，影响沉积结晶过程，并提高阴极极化作用。添加剂能改善镀层组织，表面形态，物理、化学和力学性能。

5.4 金属腐蚀

5.4.1 金属腐蚀的危害

1. 腐蚀造成巨大的经济损失

以金属材料为例，每年由于金属腐蚀（以下简称为腐蚀）造成的经济损失约占国民生产总值的2%~4%。美国1975年因腐蚀造成的经济损失约为700亿美元，约占国民生产总值的4.2%，1982年高达1 260亿美元，而2002年更高达高达5 520亿美元；英国1969年的腐蚀损失为1.65英镑，约占国民生产总值的3.5%；德国1974年的腐蚀损失为60亿美元，约占国民生产总值的3%。据我国1995年统计，腐蚀损失达1 500亿人民币，约占国民生产总值的4%；而2002年高达4 979亿人民币，占国民生产总值的5%。以上数据表明，因腐蚀而造成的经济损失是十分惊人的。腐蚀损失可分为直接损失和间接损失。

1）直接损失

直接损失包括更换已损坏设备的费用、采取防护措施（如更耐蚀的材料、电化学保护、缓蚀剂、表面覆盖层等）的费用、腐蚀试验与研究经费及构件费，以及修理费、防腐蚀费等。

2）间接损失

间接损失包括停工减少生产、产品污染、降级或报废、物料流失、设备效率降低、设计保守（腐蚀裕量取得过大，增加材料费用）等造成的损失。

间接损失很难计算，但肯定比直接损失大得多。例如，1975年，美国芝加哥一个大的炼油厂一根15 cm的不锈钢弯管破裂，引起爆炸和火灾，停产6周，这次腐蚀事故总维修费为50万美元，停产造成的税收损失高达500万美元，间接损失远较直接损失大，且难以估计。以化工流程设备腐蚀导致停产的损失为例，30万吨合成氨生成装置停产1天，经济损失达60万元。经济发达国家历来重视腐蚀调查工作，20世纪90年代末，美国、英国、日本等国家开展了一次较大规模的腐蚀调查。

2. 腐蚀造成金属资源和能源的大量浪费

据估计，全世界每年生产的钢铁中，约 1/3 因腐蚀而被破坏，按其中的 2/3 可以重新冶炼计算，也有大约 10% 的钢铁转变成了难以回收利用的腐蚀产物（如铁锈、氧化物）。生产金属材料不仅需要消耗大量金属矿石，而且需要消耗大量能源。所以，腐蚀造成的金属资源和能源的浪费是十分巨大的。另外，设备发生腐蚀会造成效率降低，也会增加能源的消耗。

3. 腐蚀造成设备破坏事故和环境污染问题

在化工类型工厂中，腐蚀造成的设备破坏事故在总的设备破坏中占很大的比例。由于设备穿孔、断裂等突发性事故带来的失火、爆炸、毒气弥散，往往导致灾难性后果，至于飞机、舰船、桥梁等因腐蚀而发生坠毁、沉没、倒塌，其损失更不是单用金钱就可以计算的。腐蚀是造成环境污染的一个重要原因。有人说，腐蚀问题首先是一个经济问题。现在的人们日益认识到，能源是有限的，生态环境对人类的生存和发展是至关重要的，可持续发展的观念深入人心，这个方面的共识已经并将继续为腐蚀科学技术的发展提供巨大的推动力。

4. 腐蚀阻碍新技术的发展

在一项新技术、新产品的生产过程中，往往会遇到需克服的腐蚀问题，只有解决了困难的腐蚀问题，新技术、新产品才能够迅速工业化。例如，只有在发现了不锈钢之后，生产硝酸和应用硝酸的工业才得以蓬勃发展。目前，人们已认识到石油资源是有限的，我国从战略角度考虑，已在利用蕴藏量巨大的煤转化生产液体燃料和气体燃料，但这就会遇到一连串的高温、高压和临氢腐蚀问题。只有解决了相应的腐蚀问题，才可以从煤中获得价格合理的、优质的液体燃料和气体燃料。

5.4.2 金属腐蚀的分类

金属腐蚀的分类包括化学腐蚀和电化学腐蚀，详见 3.6.1 节。

5.5 金属腐蚀的防护

5.5.1 电化学保护法

电化学保护法分为阳极保护法和阴极保护法两大类，其中应用较多的是阴极保护法，详见 3.6.2 节。

5.5.2 控制环境

根据腐蚀介质的成分和作用特点，处理腐蚀介质有以下方法：减少腐蚀介质的数量与浓度，控制环境温度、湿度等；减少或除去具有促进腐蚀的物质；加入缓蚀剂。常见的例子如下。

1) 控制环境介质中的有害成分

以下处理腐蚀介质的方法只能在腐蚀介质的数量有限的情况下才能应用。

（1）除氧。除氧的方法主要有加热除氧法和化学除氧法。加热除氧法就是将水加热或减压加热使其沸腾而除去氧。化学除氧法是往水中加入化学药品，消耗掉水中溶解氧，达到除氧的目的。常用的化学除氧剂主要有联氨（NH$_2$—NH$_2$）、亚硫酸钠等。

钢铁材料在高温环境中加热，为了防止氧化、脱碳等化学腐蚀，通常在加热环境中通入 N$_2$、CO、H$_2$ 等，使加热环境处于非氧化性气氛中；或者放入一定量木炭，既消耗氧气，又可以防止脱碳；也可将钢铁置入非氧化性熔盐（如 BaCl$_2$、NaCl 等）中加热，隔绝其与氧气的接触。

食品工业中广泛用到的脱氧剂有些也可用于金属腐蚀的防护。

（2）除去腐蚀产物。电池和 SIM 卡是手机的重要部件，电池触点和 SIM 卡上易出现氧化后的污斑，这样会造成电池接触不良或 SIM 卡数据读取错误等故障。这时可用脱水酒精或橡皮擦拭，除去污斑，以排除故障。出土的金属类文物大都腐蚀严重，为了长时间保存，一般都要除去腐蚀介质与腐蚀产物。控制冷却水系统中沉积物下腐蚀的最好办法是除去金属设备表面的沉积物，其方法包括：采用旁流过滤以除去水中的悬浮物；添加阻垢剂和分散剂，以防止产生沉积物；定期进行清洗以除去冷却设备金属表面的沉积物。

（3）降低气体介质湿度。降低气体介质湿度的方法包括：干燥空气封存法；用干燥剂吸收水分；采用冷凝法除去水分，或提高温度以降低湿度；经常揩净金属器材。常用的干燥剂有加入少量 CoCl$_2$ 的硅胶干燥剂。

（4）控制介质 pH 值。控制介质 pH 值的方法是向介质中加入碱性或酸性化学药剂。例如，炼油工艺中也常加碱或氨使生产流体保持中性至碱性。减少土壤的浸蚀性可用石灰处理酸性土壤，或在地下构件周围填充石灰石碎块，移入浸蚀性小的土壤，加强排水，以改善土壤环境，降低腐蚀性。需要注意的是，不同金属的腐蚀速度随介质 pH 值的变化不同。

2）降低环境温度

如环境温度太高，可以在器壁冷却降温，也可在设备内壁砌衬耐火砖隔热。

3）控制细菌腐蚀

细菌腐蚀的控制方法有以下几种。

（1）使用杀菌剂或抑菌剂：根据细菌种类及介质选择高效、低毒和无腐蚀性的药剂。

（2）改变环境条件：提高介质 pH 值及温度（pH>9.0，温度 T>50 ℃）、排泄积水、改善通气条件、减少有机物营养源等。

（3）覆盖防护层：采用涂覆非金属覆盖层或金属镀层使构件表面光滑、在有机涂层中加入适量杀菌剂等。

（4）阴极保护：阴极保护使构件表面附近形成碱性环境，抑制细菌活动。

4）使用缓蚀剂

缓蚀剂对特定的金属在特定的腐蚀介质中的缓蚀作用，受到缓蚀剂浓度、温度、介质流速及 pH 值等因素的影响。

（1）水溶性缓蚀剂可作为酸、碱、盐及中性水溶液介质的缓蚀剂。

（2）油溶性缓蚀剂主要是溶解在油、脂中制成各种防锈油、防锈脂。

（3）气相缓蚀剂主要是用作密闭包装中的缓蚀剂。通常将有一定挥发性的缓蚀剂（如尿素、三乙醇胺、碳酸氢铵等）溶于水，用包装纸浸透晾干，即为气相防锈纸。将固体缓蚀剂研磨混合均匀，即成气相防锈粉。防锈纸、防锈粉在使用过程中缓缓挥发出缓蚀剂，为金属零件表面吸附，延缓了腐蚀过程。使用最广的一种气相缓蚀剂是亚硝酸二环己烷基胺，室温下对钢铁制件可以有一年的有效防腐期。它的缺点是会加速一些有色金属如锌、锰、镉等的腐蚀,所以在使用时,应特别注意制件中有无有色金属。

5.5.3 覆盖保护层

对保护层的一般要求如下:膜层致密,完整无孔,不透介质;与基体金属结合强度高,附着力强;高硬度,耐磨;均匀分布。

在金属表面覆盖各种保护层,把被保护金属与腐蚀性介质隔开,是金属腐蚀的防护的有效方法。工业上普遍使用的保护层一般有非金属保护层和金属保护层两大类。详细来说,也可分为以下四类:金属保护层、非金属保护层、用化学或电化学方法形成的转化膜层、暂时性保护层。

1) 非金属保护层

常用的非金属保护层有涂料、塑料、橡胶、沥青、搪瓷、陶瓷、玻璃、石材等,当这些保护层完整时,能起保护的作用。搪瓷是含 SiO_2 量较高的玻璃瓷釉,有极好的耐腐蚀性能。

非金属保护层也可分为衬里和涂层两类。前者多用于液态介质对设备内部腐蚀的防护;后者多用于腐蚀性气体对环境腐蚀的防护。

涂装保护是金属腐蚀的防护最直接、最方便、最有效的一种手段,对于桥梁、船舶、储罐、输油管道等大型钢铁设备和构件的防腐,涂装保护几乎是唯一可行的有效防护措施。在世界范围内,金属的表面装饰与保护手段约有 2/3 是通过涂装实现的,而我国的防蚀费更是有 75.6% 用在涂装上。

2) 金属保护层

在被保护的金属上镀或包上另一种金属或合金,即为金属保护层。后一金属常称为镀层金属。要得到金属镀层,除可使用电镀、化学镀外,还可使用热浸镀(熔融浸镀)、热喷镀、火焰喷镀、渗镀、蒸气镀、真空镀等方法。

热浸镀是将金属制件浸入熔融的金属中以获得金属镀层的方法,镀层金属是低熔点金属,如 Zn、Sn、Pb 和 Al 及其合金等。热镀锌主要用于钢管、钢板、钢带和钢丝,应用最广;热镀锡主要用于薄钢板和食品加工等的储存容器;热镀铅主要用于化工防蚀和包覆电缆;热镀铝主要用于钢铁零件的抗高温氧化等。

衬里金属层是将较强耐腐蚀性的金属,如不锈钢和耐酸钢、铅、钛、铝等衬覆于设备内部的防腐方法。整体金属薄板包镀因无微孔,耐蚀性强,寿命也更长,但价格高些。这是化工防腐中广泛应用的一种方法。

3) 转化膜层

用含有 NaOH 和 $NaNO_2$ 的混合溶液处理形成氧化膜,称为氧化(发黑或发蓝)。用磷酸盐溶液处理形成磷酸盐膜,称为磷化。用草酸处理形成草酸盐膜,称为草酸化。用铬酸盐处理形成钝化膜,称为钝化处理。进行阳极氧化,则形成氧化铝膜。

(1) 磷化。磷化是指钢铁制品去油、除锈后,放入特定组成的磷酸盐溶液中浸泡,即可在金属表面形成一层不溶于水的磷酸盐膜。磷酸盐膜呈暗灰色至黑灰色,厚度一般为 5~20 μm,在大气中有较好的耐蚀性。磷酸盐膜是微孔结构,对油漆等的固持能力强,如其上再涂油漆,耐腐蚀性可进一步提高。

(2) 氧化。氧化是指将钢铁制品浸入含有 NaOH 和 NaNO$_2$ 的混合溶液中并加热，其表面即可形成一层厚度为 0.5~1.5 μm 的黑色或蓝色氧化膜（主要成分为 Fe$_3$O$_4$），此过程又称为发黑或发蓝。这种氧化膜很薄，防蚀能力不强，但其色泽美丽且具有较大的弹性和润滑性，不影响零件的精度。

(3) 阳极氧化。阳极氧化一般是指铝及其合金在相应的电解液和特定的工艺条件下，由于外加电流的作用，在铝制品（阳极）上形成一层氧化铝膜的过程。氧化铝膜的性质与电解液组成有关，根据其用途不同，可分为多孔型和无孔型两种。

4) 暂时保护层

金属需要进行短期防腐时，可涂抹机油、凡士林、石蜡、可剥塑料等材料，形成暂时保护层。

5.6 金属在某些环境中的腐蚀与防护

5.6.1 大气腐蚀与防锈

1. 大气腐蚀

空气中氧的含量约为 23%，是大量、主要的腐蚀剂，直接参与金属的腐蚀反应。当空气湿度达到 100% 时，会形成肉眼可见的水膜。当空气的相对湿度低于 100% 时，金属表面也可能形成水膜，原因可能是毛细凝聚、化学凝聚或吸附凝聚。由于金属表面上形成的水膜并不是纯净的水，会形成电解质溶液，因此大气腐蚀属于电化学腐蚀范畴。

1) 大气腐蚀的类型

(1) 干大气腐蚀：空气十分干燥，金属表面上不存在水膜，金属的腐蚀属于常温氧化。

(2) 潮大气腐蚀：相对湿度小于 100%，在金属表面上存在肉眼不可见的薄液膜，水膜厚度增加，负离子迅速增多。

(3) 湿大气腐蚀：相对湿度约等于 100%，金属表面上形成肉眼可见的水膜，水膜厚度增加，负离子逐渐减少。

2) 大气腐蚀的特点

氧分子还原反应速率较快，成为主要的阴极过程。即使液膜呈酸性，氧分子还原反应仍占阴极过程的主要地位。在薄液膜下，氧容易到达金属表面，有利于金属钝化；潮大气腐蚀受阳极极化控制，湿大气腐蚀受阴极极化控制。大气腐蚀受湿度、降水量、温度、日照量和大气污染物质的影响。

2. 防锈

对于机器设备和管道的外表面，构件和建筑物，最常用的防锈方法是油漆涂料覆盖层。化工大气防腐涂料有环氧树脂、过氯乙烯漆、乙烯漆、有机硅耐热漆、铝粉漆、聚氨酯漆等。金属镀层用得较多的是钢管和部件镀锌、镉和铬。含铜、磷、铬、镍的低合金钢有良好的耐大气腐蚀性能，但当存在污染物质时，腐蚀速度增大。

5.6.2 土壤腐蚀与地下金属管道保护

1. 土壤腐蚀

土壤是土粒、水和空气的混合物，由于水中溶有各类盐类，故土壤是一种腐蚀性电解质，金属在土壤中的腐蚀属于电化学腐蚀。土壤中含有多种无机和有机物质，还有大量微生物，这些物质既影响土壤的酸碱性，又影响土壤的导电性，对金属腐蚀起加速作用。

1) 土壤腐蚀的类型

(1) 全面腐蚀：对于小金属制品，主要是全面腐蚀。对于大型设备、长距离管道，以大电池造成的局部腐蚀为主。

(2) 氧浓差电池腐蚀：富氧区和贫氧区接触的金属部分组成氧浓差电池。富氧区接触的金属表面为阴极，贫氧区接触的金属表面为阳极。

(3) 杂散电池腐蚀：杂散电池是指直流电源设备漏电进入土壤产生的电流，对地下管道、储罐、电缆等金属设施造成严重的腐蚀破坏。杂散电流流出的部位成为腐蚀电池的阳极区，金属发生氧化反应转变为离子进入土壤。

(4) 细菌腐蚀或微生物腐蚀（MIC）：有的细菌的生命活动的代谢产物具有很强的腐蚀性；有的细菌的生命活动能促进金属腐蚀的阴极反应，影响电极反应动力学过程；有的细菌活动改变了金属周围的环境条件，如氧浓度、盐浓度、pH 值，增加土壤的不均匀性；有的细菌活动能破坏金属表面保护性覆盖层的稳定性，或使缓蚀分解失效。在土壤腐蚀中，常见的细菌有硫氧化菌和硫酸盐还原菌（SRB），与腐蚀有关的硫氧化菌主要是硫杆菌属的细菌，包括氧化硫杆菌、排硫杆菌和水泥崩解杆菌，它们属于喜氧性细菌，在有氧的条件下才能生存。而硫酸盐还原菌（SRB）属厌氧性细菌，在缺氧条件下才能生存。在缺氧的中性土壤中，腐蚀过程是很难进行的。

2) 土壤腐蚀的特点

(1) 阴极过程：主要是氧分子还原反应，土壤的结构和湿度（透气性）决定了氧的输送速度，从而决定了阴极反应速率。

(2) 阳极过程：在中性和碱性土壤中，腐蚀产物与土壤黏接在一起，形成一种紧密层，使阳极过程受到阻碍，对金属起到保护作用。

(3) 控制特征：对微电池腐蚀，在干燥疏松土壤中，氧易透过阴极，反应易进行，而铁转变为钝态，阳极反应阻力大，故腐蚀属于阳极极化控制。在大多数土壤中，氧的输送比较困难，阴极反应阻力大，故腐蚀属于阴极极化控制。对大电池腐蚀，如果阴极区和阳极区距离较远，欧姆电阻有重要作用，腐蚀过程属于阴极极化和欧姆电阻混合控制。土壤腐蚀性主要受含水量和 pH 值的影响。

2. 地下金属管道保护

(1) 减小土壤的腐蚀性：加强排水，保持土壤干燥。在酸性土壤地段，可以在钢管周围填充石灰石碎块，再埋置管道时用腐蚀性较小的土壤回填。

(2) 覆盖层保护：石油沥青层有良好的防水性和耐腐蚀性。环氧煤沥青耐腐蚀性很好，但毒性大。塑料黏结带适宜长距离管道的现场机械化施工，但使用成本较高。

(3) 阴极保护和涂料联合（保护地下金属管道最经济有效的方法）：地下金属管道的阴极保护可采用牺牲阳极保护法，也可以采用外加电流保护法。采用外加电流保护法时，阴极保护系统对其他地下金属管道（以及其他设施）会造成干扰，即杂散电流腐蚀。

控制杂散电流的方法如下：直流电源要加强绝缘，不使电流流入土壤以改善管道绝缘质量；将受干扰的管道与被护管道连接起来，共同保护，在多管道地区，最好采用多个阳极站，每个站的保护电流较小，以缩小保护电流范围；采用深井阳极；采取排流措施。

5.6.3 海水腐蚀与海洋设施防护

1. 海水腐蚀

海水可近似看作3%~3.5%的氯化钠溶液,其中几乎含有地壳中所有的自然状态的元素。海水中含氧量大,表层海水可以认为氧饱和,随温度变化,氧含量为5~10 mg/L,pH值为7.2~8.6,呈微碱性,温度为-2~35 ℃。

1) 海水腐蚀的环境类型

根据海洋环境不同,海水腐蚀分为几个环境类型:海洋大气区、飞溅区、潮汐区、全浸区和海泥区。

2) 海水腐蚀的特点

由于海水导电性好,腐蚀电池的欧姆电阻很小,因此异金属接触能造成阳极性金属发生显著的电偶腐蚀破坏。海水中含大量氯离子,容易造成金属钝态局部破坏。碳钢在海水中发生吸氧腐蚀,凡是使氧极限扩散电流密度增大的因素,如流速增大,都会使碳钢腐蚀速度增大。

2. 海洋设施防护

(1) 材料。不同材料在海水中的腐蚀速度不同,低合金钢与碳钢腐蚀速度的比较如表5.2所示。

表 5.2 低合金钢与碳钢腐蚀速度的比较

环境类型	腐蚀速度/(mm/y)	
	低合金钢	碳钢
海洋大气区	0.04~0.05	0.2~0.5
飞溅区	0.1~0.15	0.3~0.5
潮汐区	0~0.1	0~0.1
全浸区	0.15~0.2	0.2~0.25
海泥区	0~0.06	0~0.1

(2) 设计和施工。在选材、设计和施工中要避免造成电偶腐蚀和缝隙腐蚀,与高流速海水接触的设备(泵、推进器、海水冷却器等)要避免湍流腐蚀和空泡腐蚀。

(3) 涂料保护。涂料是一种可用特定的施工方法涂布在物体表面上,经过固化能形成连续性涂膜的物质,并能通过涂膜对被涂物体起到保护、装饰等作用。

(4) 阴极保护。阴极保护与涂料保护联合应用是最有效的防护方法,现在海洋船舶、军舰普遍采用这种防护方法。

5.6.4 高温气体腐蚀及防护

1. 高温气体腐蚀

高温气体腐蚀是指在高温环境中,气体中的一些成分会与金属表面发生化学反应导致金属表面发生腐蚀的现象。高温气体腐蚀是许多高温工业过程中不可避免的问题，特别是在石化、化工、冶金和能源等领域。高温气体腐蚀是一种普遍存在于高温工业领域中的现象，对工业生产的稳定性和安全性具有重要影响。针对不同的腐蚀类型和工业生产条件，需要采取相应的防护措施，以降低腐蚀速度，延长金属材料的使用寿命，确保工业生产的安全和稳定。

1) 高温气体腐蚀的类型

（1）氧化腐蚀：在高温氧气环境中，金属表面会与氧气发生反应，形成金属氧化物，导致金属表面氧化和损耗。

（2）硫化腐蚀：在高温硫化气体环境中，金属表面会与硫化气体发生反应，形成金属硫化物，导致金属表面硫化和损耗。

（3）氯化腐蚀：在高温氯气环境中，金属表面会与氯气发生反应，形成金属氯化物，导致金属表面氯化和损耗。

2) 高温气体腐蚀的特点

高温气体腐蚀的特点如下：腐蚀速度快，金属材料的损耗量大；形式多样，可能会同时发生多种腐蚀；对金属材料的力学性能、耐热性能等产生影响，可能会引起金属材料的断裂或者变形等问题。

高温气体腐蚀还有一些特殊的特点，比如会随着温度的升高而加剧，也会随着气体中腐蚀性物质的浓度的增加而加剧。

高温气体腐蚀还可能会在金属表面形成一些特殊的物质结构，比如在金属表面形成氧化物、硫化物、氯化物等，这些结构可能对金属表面的防护具有一定的作用。另外，高温气体腐蚀的影响不仅限于金属材料本身，还会影响到周围环境和设备的稳定性和安全性，对设备的正常运行产生影响。

2. 高温气体腐蚀防护

（1）选择耐腐蚀的材料，如高温合金、不锈钢等。

（2）在金属表面形成一层氧化膜或者硫化膜，以防止气体与金属直接接触。

（3）使用陶瓷涂层、金属涂层等防护层，可以起到隔绝气体和金属的作用。

（4）控制气体中的成分和温度，以降低腐蚀速度。

5.6.5 循环冷却水的腐蚀和水质稳定技术

1. 循环冷却水的腐蚀

循环冷却水系统是在工业生产中，通过水循环来吸收工业设备产生的热量，起到降温作用的一种水系统。循环冷却水的腐蚀问题是比较常见的，因为循环冷却水在循环过程中容易受到氧化、硫化、氯化等腐蚀性物质的影响，从而导致循环冷却水系统内的金属设备和管道产生腐蚀。

1) 循环冷却水腐蚀的类型

（1）金属的直接腐蚀。水中存在的酸性或碱性物质会直接侵蚀金属表面，形成腐蚀坑或者腐蚀痕迹。

（2）金属的电化学腐蚀。循环冷却水中的氧气、氯离子等物质会在金属表面形成电化学反应，导致金属离子的溶解和金属表面的损失。

（3）微生物腐蚀。循环冷却水中存在着各种微生物，它们在水中繁殖并形成生物膜，这些生物膜会侵蚀金属表面并产生腐蚀现象。

2）循环冷却水腐蚀的特点

（1）速度较快。循环冷却水腐蚀一般较快，可能在很短的时间内就会产生明显的腐蚀现象。

（2）难以发现。循环冷却水腐蚀通常发生在管道、设备等难以观察的地方，因此很难及时发现。

（3）影响设备寿命。循环冷却水的腐蚀会对循环冷却水系统内的设备和管道产生损害，缩短设备的使用寿命，影响工业生产的正常运行。

（4）影响水质稳定。循环冷却水腐蚀会使水质不稳定，水中的杂质会增加，从而影响工业生产的质量。

2. 水质稳定技术

水质稳定技术是指对水进行处理和管理的一系列措施，旨在维持水质的稳定性和安全性，防止水质受到污染和变质，保证水的品质和使用效果。

1）水质稳定技术的类型

（1）水质监测。通过对水进行定期的水质监测，可以及时发现水中的污染物质和水质变化，及时采取措施进行处理和调整。

（2）水质调节。通过对水中的pH值、硬度、碱度、氧化还原电位等指标进行调节，可以保持水质的稳定性，防止水质变化对生产、生活和环境造成影响。

（3）水质净化。通过对水进行物理、化学或生物净化处理，可以去除水中的悬浮物、溶解物、有机物和微生物等污染物质，从而保证水的纯净和安全。

（4）防腐技术。通过采用防腐材料、防腐涂料、防腐剂等技术手段，可以有效地控制水质中的腐蚀问题，保护设备和管道不受腐蚀的侵害。

（5）微生物控制。通过采用消毒剂、抑制剂等技术手段，可以控制水中的微生物数量和种类，避免微生物对水质造成污染和影响。

（6）其他技术手段。如采用滤网、沉淀池、膜分离等技术手段，可以去除水中的杂质和污染物质，保证水质的纯净和安全。实施水质稳定技术时，需要根据具体的水源特点和使用要求进行综合考虑和调整，以达到保证水质安全和稳定的目的。

2）水质稳定技术的方法

（1）选择合适的水质处理剂。例如，可以采用缓蚀剂、杀菌剂、分散剂等水质处理剂，以降低水中的腐蚀物质和微生物的浓度。

（2）控制水的pH值。水的pH值是影响水质稳定的重要因素之一。在循环冷却水系统中，水的pH值一般控制在7.5~8.5之间就可以降低水中的腐蚀物质和微生物的活性。

（3）使用防腐材料。在系统设计和设备选型时，应该选择具有一定防腐性能的材料，例如不锈钢、塑料等材料，以降低金属设备的腐蚀损失。

（4）进行定期清洗和维护。定期清洗和维护可以清除循环冷却水系统内的污垢和腐蚀产物，保证循环冷却水系统内的水质稳定和流动性能。

（5）实施水质在线监测。通过水质在线监测，可以及时发现水质问题，并采取相应的措施进行调整和修复。

5.6.6　工业建筑物和构筑物的腐蚀与保护

1. 工业建筑物和构筑物的腐蚀

工业建筑物和构筑物的腐蚀是指在工业生产中，由于化学反应或电化学反应等原因，导致材料表面逐渐失去原有的物理和化学性能，最终导致材料损坏、失效的过程。这种腐蚀可以发生在各种金属和非金属材料上，如钢结构、混凝土、铜管等，造成生产设施和设备的损坏和停机，同时也可能对生产和人员安全产生重大影响。工业建筑物和构筑物的腐蚀主要受到环境中氧化性物质、酸、碱等化学物质的影响，同时也受到温度、湿度等环境因素的影响。工业建筑物和构筑物的腐蚀是一个渐进的过程，如果不采取有效的腐蚀防护措施，将会逐渐加剧，最终导致设备和设施的失效，影响生产安全和稳定。

1）工业建筑物和构筑物的腐蚀类型

（1）大气腐蚀。由于工业建筑物和构筑物处在室外，受到大气中的腐蚀物质（如酸雨、大气污染物、氧气和潮湿空气等）的侵蚀，这种腐蚀类型通常表现为表面氧化和铁锈。

（2）土壤腐蚀。地下管道、油罐等设施处在土壤中，受到土壤中含有的腐蚀性物质（如酸性土壤、含盐土壤等）的侵蚀，这种腐蚀类型通常表现为金属材料表面的腐蚀和破损。

（3）水腐蚀。在水处理设备和管道中，水中含有腐蚀性物质，如氯、硫酸根离子、碳酸钙等，这些物质会对金属材料造成腐蚀损害。这种腐蚀类型通常表现为金属材料表面的腐蚀和破损。

（4）化学腐蚀。在一些化工厂和实验室中，化学物质会对金属材料造成腐蚀损害。这种腐蚀类型通常表现为金属材料表面的腐蚀和破损。

2）工业建筑物和构筑物的腐蚀特点

（1）腐蚀速度快。工业建筑物和构筑物暴露在环境中，受到腐蚀物质的侵蚀，腐蚀速度比较快。

（2）腐蚀程度深。由于工业建筑物和构筑物使用寿命长，腐蚀物质侵蚀时间长，因此腐蚀程度比较深。

（3）腐蚀部位多。由于工业建筑物和构筑物存在很多不同的材料和结构，腐蚀物质很容易侵蚀到不同的部位，因此腐蚀部位比较多。

（4）腐蚀损害严重。由于工业建筑物和构筑物的用途多样，因此一旦腐蚀损害严重，可能会对生产和人员安全产生重大影响。

2. 工业建筑物和构筑物的保护

（1）表面处理。对金属材料表面进行处理，如喷漆、电镀、热浸镀等，能够增加材料的表面硬度和抗腐蚀性。

（2）材料选择。选用抗腐蚀性能较好的材料，如不锈钢、钛合金、塑料等，能够减少腐蚀损害的发生。

（3）防蚀涂层。涂上一层防蚀涂层，如环氧涂层、聚氨酯涂层等，能够保护材料表面不受腐蚀。

（4）阴极保护。通过外加电位，在金属表面形成一个电化学反应，以减缓或阻止腐蚀的发生。

（5）定期检测和维护。对工业建筑物和构筑物进行定期检测和维护，及时发现和处理腐蚀损害，保障设施的正常运行。在工业建筑物和构筑物的保护中，不同的腐蚀类型需要采取不同的保护措施，可以有效地延长工业建筑物和构筑物的使用寿命，保障生产安全和稳定。

金属材料的发展及相关概念

1. 金属材料的发展

人类文明的发展和社会的进步同金属材料关系十分密切。继石器时代之后出现的铜器时代、铁器时代，均以金属材料的应用为其时代的显著标志。现代，种类繁多的金属材料已成为人类社会发展的重要物质基础。

2. 缓蚀剂

在金属周围产生的有害介质中加入少量能减缓腐蚀速率的物质来防止腐蚀，所加的物质称为缓蚀剂。由于缓蚀剂用量少，方便且经济，因此是工业生产中应用最为广泛的保护措施。

3. 钛及钛合金

钛是具有强烈钝化倾向的金属，在空气中、在氧化性或中性水溶液中能迅速生成一层稳定的氧化膜。这种氧化膜即使因为某些原因遭破坏，也能迅速自动恢复。因此钛在氧化性、中性介质中具有优异的耐腐蚀性。

由于钛的巨大钝化性能，在许多情况下与异种金属接触时，并不加快腐蚀，而可能加快异种金属的腐蚀。例如，在低浓度非氧化性的酸中，若将Pb、Sn、Cu或蒙乃尔合金与钛接触形成电偶时，这些材料腐蚀加快，而钛不受影响。而在盐酸中，钛与低碳钢接触时，由于钛表面产生新生氢，破坏了钛的氧化膜，不仅引起钛的氢脆，而且加快钛的腐蚀，这可能是由于钛对氢有高度的活性所致。

钛中的含铁量对某些介质中的耐腐蚀性能有影响，铁增多的原因除原材料的原因外，常常是焊接时沾污的铁渗入焊道，使焊道中局部含铁量增高，这时腐蚀具有不均匀的性质。使用铁件支撑钛设备时，铁钛接触面上的铁沾污几乎是不可避免地导致腐蚀加速，特别是在有氢存在的情况下。当沾污表面的钛氧化膜发生机械损坏时，氢就渗入金属，根据温度、压力等条件，氢发生相应的扩散，这使钛产生不同程度的氢脆。因此，钛在中等温度、中等压力和含氢系统中使用时，要避免表面铁污染。

4. 冲击韧性

以很大速度作用于机件上的载荷称为冲击载荷，金属在冲击载荷作用下抵抗破坏的能力叫作冲击韧性。

5. 晶间腐蚀

晶间腐蚀是发生在金属的晶粒边界上的化学或电化学攻击。发生晶间腐蚀的原因是在金属内部往往具有比晶界附近更高的杂质含量，致使这些边界相比内部金属更容易受到腐蚀。晶间腐蚀是晶界在一定条件下产生了化学和组成上的变化，耐蚀性降低所致，这种变化通常是由于热处理或冷加工引起的。以奥氏体不锈钢为例，含铬量必须大于11%才有良好耐蚀性。当焊接时，焊缝两侧2~3 mm处可被加热到400~910 ℃，在这个温度（敏化温度）下，晶界的铬和碳易化合形成Cr_3C_6，Cr从固溶体中沉淀出来，晶粒内部的Cr扩散到晶界很慢，晶界就成了贫铬区，铬量可降到远低于11%的下限，在适合的腐蚀溶液中就形成"碳化铬晶粒（阴极）-喷铬区（阳极）"电池，使晶界贫铬区腐蚀。

6. 脱合金化

脱合金化又称选择性浸出，是合金中特定元素的选择性腐蚀。脱合金化的最常见的类型是不稳定的黄铜发生脱锌。在这种情况下，腐蚀的结果是铜材劣化且多孔。其表现形式有均匀的层状脱锌和不均匀的带状或栓状脱锌两种。黄铜脱锌是选择性腐蚀，即合金中活性较强组元的选择性溶解，组元可以是单相固溶体合金中的一种元素，也可以是多相合金中的某一相。选择性腐蚀发生在二元或多元合金中，其中电极电位较负的组元或相优先溶解，如黄铜脱锌。

7. 高温腐蚀

在燃气涡轮机、柴油机等机械使用的燃料中含有钒或硫酸盐，在燃烧过程中，可以形成低熔点的化合物。这些化合物对于那些正常情况下既耐高温又抗腐蚀的金属合金（包括不锈钢）具有很强的腐蚀性，称为高温腐蚀。高温腐蚀也可能由高温氧化、硫化和碳化所致。

本章小结

(1) 金属晶体。金属在固态时一般都是晶体。晶体结构的基本特征是原子（或分子、离子）在三维空间呈周期性重复排列，即存在长程有序。

(2) 金属材料。金属材料通常分为黑色金属材料和有色金属材料（非铁材料）两类。

(3) 合金。所谓合金，是指由两种或两种以上的金属或金属与非金属经熔炼、烧结或其他方法组合而成并具有金属特性的物质。

(4) 轻质合金。铝、镁、钛等轻金属密度小，其相应的铝合金、镁合金和钛合金则被称为轻质合金。

(5) 非晶态合金的特点。非晶态合金的特点主要是高硬度和高强度，延伸率低但不脆，有很好的软磁铁性和优越的耐腐蚀性能。

(6) 金属基复合材料。以金属为基体，以高强度的第二相为增强体而制得的复合材料称为金属基复合材料，主要分为铝基复合材料、镍基复合材料、镁基复合材料、钛基复合材料等。其具有高比强度、比模量；良好的导热、导电性能；热膨胀系数小、尺寸稳定性好等特点。

(7) 金属用助剂。金属用助剂包括防锈剂、切削液和电镀添加剂。

(8) 金属腐蚀。金属腐蚀可分为化学腐蚀和电化学腐蚀。

① 危害。腐蚀造成巨大的经济损失；腐蚀给国民经济带来巨大损失；腐蚀造成金属资源和能源的大量浪费；腐蚀造成设备破坏事故和环境污染问题；腐蚀阻碍新技术的发展。

② 防护。电化学保护；控制环境；覆盖层保护。

（9）金属在某些环境中的腐蚀和防护。大气腐蚀与防锈；土壤腐蚀与地下金属管道保护；海水腐蚀与海洋设施防护；高温气体腐蚀及防护；循环冷却水的腐蚀和水质稳定技术；工业建筑物和构筑物的腐蚀与保护。

练 习 题

一、选择题

1. 2000 年 5 月，保利集团在香港拍卖会上花 3 000 多万港币购回在圆明园被抢的国宝：铜铸的牛首、猴首和虎首。普通铜器存放时间稍久容易出现铜绿，其主要成分是 [$Cu_2(OH)_2CO_3$]。这三件 1760 年铜铸的国宝在 240 年后看上去仍然熠熠生辉，不生锈，其原因可能是（　　）。

　　A. 它们的表面都电镀上了一层耐腐蚀的黄金

　　B. 环境污染日趋严重，它们表面的铜绿被酸雨溶解洗去

　　C. 铜的金属活动性比氢小，因此不宜被氧化

　　D. 它们是含一定比例金、银、锡、锌的合金

2. 下列叙述的方法中不正确的是（　　）。

　　A. 金属的电化学腐蚀比化学腐蚀更普遍

　　B. 用铝质钉子钉接铁板，铁板更易腐蚀

　　C. 钢铁在干燥空气中不易被腐蚀

　　D. 用牺牲锌块的方法来保护船身

3. 下列方法中不能用于金属防腐处理的是（　　）。

　　A. 油漆　　　　B. 表面打磨　　　　C. 制成合金　　　　D. 电镀

4. 在铜制品上的铝制铆钉，潮湿空气中易被腐蚀的原因是（　　）。

　　A. 形成原电池时，铝作为负极

　　B. 形成原电池时，铜作为负极

　　C. 形成原电池时，电流由铝经导线流向铜

　　D. 铝铆钉上发生了电化学腐蚀

5. 我国第五套人民币中的一元硬币材料为钢芯镀镍，依据你所掌握的电镀原理，你认为钢芯应作为（　　）。

　　A. 阴极　　　　B. 阳极　　　　C. 正极　　　　D. 负极

二、填空题

1. 金属基复合材料按增强体来分类可分为_____、_____、_____。

2. 化学相容性问题主要与复合材料加工过程中的_____、_____以及_____等因素有关。

3. 切削液各项指标均优于皂化油，它具有良好的易于冷却、清洗和_____等特点，

并且具备无毒、无味、对人体无侵蚀、_____和_____等特点。

    4. 电镀添加剂可分为络合剂、光亮剂、_____、_____、_____、_____和_____等。

    5. 金属腐蚀可分为_____和_____。

    6. 电化学腐蚀可分为_____和_____。

三、简单题

1. 金属材料的基本特性有哪些？
2. 合金材料有哪些优秀的物理性能？
3. 如何判别抗拉强度？
4. 为什么金属基体需要较高的热膨胀系数？
5. 金属生锈的原因是什么？
6. 切削液的主要组成及其分类有哪些？
7. 金属腐蚀有哪几类？分别是什么？
8. 电化学腐蚀和化学腐蚀有什么区别？
9. 电化学保护和覆盖层保护有什么不同？
10. 在金属腐蚀中，控制环境的方法有哪些？
11. 金属在环境中的腐蚀分为哪几类？
12. 什么是金属腐蚀？

第 5 章练习题答案

第6章 物质结构

内容提要和学习要求

人类对物质的认知经历了一个由浅入深的过程。如今，两种主要的原子结构近代理论为波函数和电子云。此外，了解电子的排布规律、化学键的本质、分子间相互作用、离子键与离子集化等理论，都有助于全面理解物质的结构。

本章学习要求可分为以下几点。

(1) 了解原子结构的近代理论，波函数，电子云。
(2) 熟悉多电子原子的电子排布方式、周期系、能级，核外电子排布原理和方式，原子的结构与性质的周期性规律。
(3) 了解化学键的本质，掌握共价键键长、键角等概念。
(4) 掌握杂化轨道理论的要点，能用该理论说明一些分子的空间构型。
(5) 了解分子的极性和分子的空间构型，分子间相互作用力。
(6) 了解离子极化理论及其对化合物性质的影响。

6.1 原子结构近代理论

6.1.1 波函数

在 20 世纪初，物理学的研究发现，原先被公认为是电磁波的光，其实还具有微粒性。在光的波粒二象性的启发下，1924 年德布罗意（Louisde Broglie）根据逆向思维提出了一个全新的假设：电子也具有波粒二象性，即具有静止质量的电子、原子等微观粒子，也应该具有波动性的特征，并预言了微观粒子的波长 λ、质量 m 和运动速率 v 的关系：

$$\lambda = \frac{h}{mv} \tag{6.1}$$

式中，h 为普朗克常量，数值为 6.626×10^{-34} J·s。例如，对于围绕原子核运动的电子（质量为 9.1×10^{-31} kg），若运动速率为 1.0×10^{6} m·s^{-1}，则通过式（6.1）可求得其波长为 0.73 nm，这与其直径（约 10^{-6} nm）相比，显示出明显的波动特征。对于宏观物体，因其质量大，所显示的波动性是极其微弱的，通常可不予考虑。

这种物质微粒所具有的波称为德布罗意波或物质波。1927 年德布罗意的大胆假设果然被电子衍射实验所证实。将一束很弱的电子束投射到极薄的金属箔上，电子穿透金属箔，在箔后的照相底片上记录下分散的感光斑点,这表明电子显示出微粒的性质。当电子束投射的时间较长,底片上出现了环状的衍射条纹,显示出电子的波动性。电子的波动性是电子多次行为的统计结果,就电子的一次行为来说,并不能确定它将会出现的具体位置。因此,也可以认为电子是一种遵循一定统计规律的概率波。

既然原子核外的电子可以被当作一种波,就应该可以用波动方程来描述电子的运动规律。物理学的研究表明,像电子这样的微观粒子的运动规律并不符合牛顿力学,而应该用量子力学来描述。量子力学与牛顿力学的最显著区别在于,量子力学认为微观粒子的能量是量子化的。粒子平时处在不同级别的能级上,当粒子从一个能级跃迁到另一个能级上时,粒子能量的改变是跳跃式的,而不是连续的。

在用量子力学描述原子核外电子的运动规律时,也不可能像牛顿力学描述宏观物体那样,明确指出物体某瞬间存在于什么位置,而只能描述某瞬间电子在某位置上出现的概率为多大。量子力学告诉我们,上述概率与描述电子运动情况的"波函数"(用希腊字母 ψ 表示)的数值的平方有关,而波函数本身是原子周围空间位置(用空间坐标表示)的函数。对于最简单的氢原子,描述其核外电子运动状况的波函数是一个二阶偏微分方程,称为薛定谔(Schrödinger)方程,形式如下:

$$\frac{\partial^2 \psi}{\partial x^2} + \frac{\partial^2 \psi}{\partial y^2} + \frac{\partial^2 \psi}{\partial z^2} + \left(\frac{8\pi^2 m}{h^2}\right)(E-V)\psi = 0 \tag{6.2}$$

式中,m 为电子的质量,E 为电子的总能量,V 为电子的势能。

因为波函数与原子核外电子出现在原子周围某位置的概率有关,所以又被形象地称为"原子轨道",使人感觉原子核外电子好像就在这种"原子周围的轨道"上围绕原子核运动似的。"轨道"一词带有"道路"的含义,而实际上原子核外电子并非沿着某条"道路"运动,因此,用"原子轨道"一词来代替物理学名词"波函数",看来并非很严格。但是,由于电子这样的微观粒子的运动情况,与人类所熟悉的宏观物体的运动情况有本质的不同,因此,用"原子轨道"这样形象的名词,对于理解"波函数"这样抽象的概念是很有帮助的。

氢原子中代表电子运动状态的波函数可以通过求解薛定谔方程而得到,但求解过程很复杂,下面只介绍求解所得到的一些重要概念。若设法将代表电子不同运动状态的各种波函数在空间坐标下用图表示出来,可直观看到各种波函数的图形。

尽管薛定谔方程是描述最简单的原子的核外电子运动的方程,但是对薛定谔方程的求解仍旧是一件非常复杂的数学物理工作。本书略去复杂的求解过程,只简单说明一些求解所得的主要结果。

1. 波函数与量子数

求解薛定谔方程不仅可得到氢原子中电子的能量 E 的计算公式,而且可以自然地导出三个量子数:主量子数 n、角量子数 l 和磁量子数 m,即波函数 ψ 与上述三个量子数有关。

(1) 主量子数 n 可取的数值为 1, 2, 3, …。n 是确定电子离原子核远近(平均距离)和能级的主要参数,值越大,表示电子离核的平均距离越远,所处状态的能级越高。

(2) 角量子数 l 可取的数值为 0, 1, 2, …, $n-1$,共可取 n 个值。l 受 n 限制,例如,

当 $n=1$ 时，l 只能取 0；当 $n=2$ 时，l 可取 0 或 1；当 $n=3$ 时，l 可取 0、1、2。l 值反映波函数（即原子轨道，简称轨道）的形状。$l=0$，1，2，3 的轨道分别称为 s，p，d，f 轨道。

（3）磁量子数 m 可取的数值为 0，±1，±2，±3，…，±l，共可取 $2l+1$ 个数值，m 受 l 限制，例如，当 $l=1$ 时，m 可取 $(2\times1+1)=3$ 个数值，即可取值为 -1，0，$+1$。m 反映波函数（轨道）在空间的取向。

当三个量子数的各自数值确定时，波函数的函数式也就随之而确定。例如，当 $n=1$ 时，l 只可取 0，m 也只可取 0，(n,l,m) 三个量子数组合形式只有一种，即 $(1,0,0)$，此时波函数的函数式也只有一种；当 $n=2$，3，4 时，(n,l,m) 三个量子数组合的形式分别有 4，9，16 种，并可得到相应数目的波函数或原子轨道。氢原子轨道与三个量子数的关系如表 6.1 所示。

表 6.1 氢原子轨道与三个量子数的关系

n	l	m	轨道名称	轨道数
1	0	0	1s	1
2	0	0	2s	1
2	1	0，±1	2p	3
3	0	0	3s	1
3	1	0，±1	3p	3
3	2	0，±1，±2	3d	5
4	0	0	4s	1
4	1	0，±1	4p	3
4	2	0，±1，±2	4d	5
4	3	0，±1，±2，±3	4f	7

除上述确定轨道运动状态的三个量子数以外，量子力学中还引入第四个量子数，称为自旋量子数 m_s（这原是从研究原子光谱线的精细结构中提出来的），但是从量子力学的观点来看，电子并不存在像地球那样绕自身轴而旋转的经典的自旋概念。m_s 可以取的数值只有 $+\dfrac{1}{2}$ 和 $-\dfrac{1}{2}$，通常用向上的箭头↑和向下的箭头↓来表示电子的两种自旋状态。如果两个电子处于不同的自旋状态则称为自旋反平行，用符号↑↓表示；处于相同的自旋状态则称为自旋平行，用符号↑↑或↓↓表示。

综上所述，所有原子核外的电子的运动状态可以用四个量子数来确定。

2. 波函数（原子轨道）的角度分布图

空间位置除可用直角坐标 x，y，z 来描述外，还可用球坐标 r，θ，φ 来表示。因为一般将电子看成绕原子核（球形微粒）运动，所以代表原子核外电子运动状态的波函数用球坐标 (r,θ,φ) 来表示更为方便。

直角坐标和球坐标的关系（见图 6.1）如下。

波函数 $\psi(r,\theta,\varphi)$ 可以用径向分布函数 R 和角度分布函数 Y 的乘积来表示：

$$\psi(r,\theta,\varphi)=R(r)Y(\theta,\varphi) \qquad (6.3)$$

式中，$R(r)$ 是波函数的径向部分，其自变量 r 为电子离原子核的距离；$Y(\theta,\varphi)$ 是波函数的角度部分，它是两个角度变量 θ 和 φ 的函数。

若将角度分布函数 $Y(\theta,\varphi)$ 随 θ 和 φ 变化的规律作图，可以获得波函数（原子轨道）角度分布图，如图 6.2 所示。

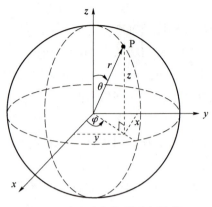

图 6.1 直角坐标与球坐标的关系

角量子数 $l=0$ 的原子轨道称为 s 轨道，此时主量子数 n 可以取 1，2，3，…。对应于 $n=1$，2，3 的 s 轨道分别被称为 1s 轨道、2s 轨道和 3s 轨道。各 s 轨道的角度分布函数都和 1s 轨道的相同，为 $Y_s=\left(\dfrac{1}{4\pi}\right)^{\frac{1}{2}}$，是一个与角度 (θ,φ) 无关的常数，所以 s 轨道的角度分布是球形对称的（见图 6.2）。

角量子数 $l=1$ 的原子轨道称为 p 轨道，此时主量子数 n 可以取 2，3，…。对应的轨道分别是 2p 轨道、3p 轨道等。从图 6.2 中可以看到，p 轨道是有方向性的，根据空间取向可分成 3 种 p 轨道：p_x、p_y 和 p_z 轨道。

所有 p_z 轨道波函数的角度部分为 $Y_{p_z}=\left(\dfrac{3}{4\pi}\right)^{\frac{1}{2}}\cos\theta$，若以 Y_{p_z} 对 θ 作图，可得两个相切于原点的球面，即为 p_z 轨道的角度分布图。从图 6.2 中可以看到，p_x，p_y，p_z 轨道角度分布的形状相同，只是空间取向不同，它们的极大值分别沿 x，y，z 三个轴取向。

上述这些原子轨道的角度分布图在说明化学键的形成中有着重要意义。要注意的是，图 6.2 中的正、负号表示波函数角度函数的符号，它们代表角度函数的对称性，并不代表电荷。

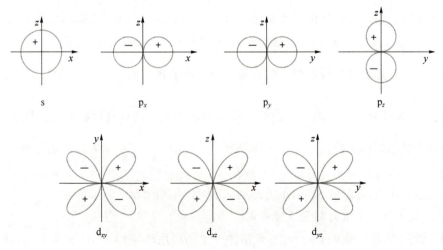

图 6.2 原子轨道角度分布图

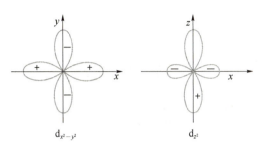

图 6.2　原子轨道角度分布图（续）

6.1.2　电子云

1. 电子云与概率密度

波函数 ψ 本身虽不能与任何可以观察的物理量相联系，但波函数绝对值平方 $|\psi|^2$ 可以反映电子在空间某位置上单位体积内出现的概率大小，即概率密度。

电子与光子一样具有二象性，所以可与光波的情况作比较。从光的波动性分析，光的强度与光波的振幅平方成正比，从光的粒子性来考虑，光的强度与光子密度成正比。若将波动性和微粒性统一起来，则光的振幅平方与光子密度成正比。把这个概念移用过来，电子波的 $|\psi|^2$ 与电子出现的概率密度就有正比关系。若 ρ 为电子在空间某处出现的概率密度，因为 $|\psi|^2 \propto \rho$，所以认为 $|\psi|^2$ 可用来反映在空间某位置上单位体积内电子出现的概率的大小，即电子的概率密度。例如，氢原子基态波函数的平方为

$$|\psi_{1s}|^2 = \frac{1}{\pi a_0^3} e^{-\frac{2r}{a_0}} \tag{6.4}$$

式（6.4）表明 1s 电子出现的概率密度是电子离原子核距离 r 的函数。r 越小，电子离原子核越近，出现的概率密度越大；反之，r 越大，电子离原子核越远，则概率密度越小。若以黑点的疏密程度来表示空间各点的概率密度的大小，则 $|\psi|^2$ 大的地方，黑点较密，表示电子出现的概率密度较大；$|\psi|^2$ 小的地方，黑点较疏，表示电子出现的概率密度较小。这种以黑点的疏密表示概率密度分布的图形叫作电子云。氢原子基态电子云呈球形，如图 6.3 所示。

当氢原子处于激发态时，也可以按上述规则画出各种电子云的图形，例如 2s、2p、3s、3p、3d、…，但要复杂得多。为了使问题简化，通常分别从电子云角度分布图和径向分布图这两个不同的侧面来反映电子云。

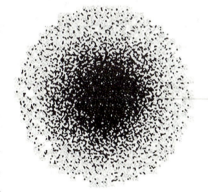

图 6.3　氢原子基态电子云

2. 电子云角度分布图

电子云角度分布图是波函数角度部分的平方 Y^2 随 θ，φ 角变化关系的图形（见图 6.4），其画法与波函数角度分布图相似。这种图形反映了电子出现在原子核外各个方向上的概率密度的分布规律，其特征如下。

（1）从外形上看到 s、p、d 电子云角度分布图的形状与波函数角度分布图相似，但电子云角度分布图稍 "瘦" 些。

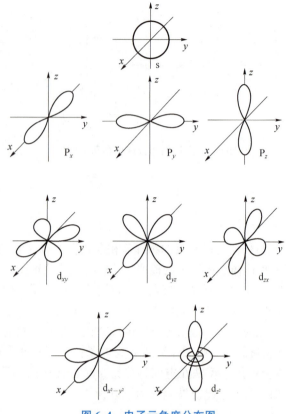

图 6.4 电子云角度分布图

（2）波函数角度分布图中有正、负之分，而电子云角度分布图则无正、负号。电子云角度分布图和波函数角度分布图只与 l、m 两个量子数有关，而与主量子数 n 无关。电子云角度分布图只能反映出电子在空间不同角度所出现的概率密度，并不反映电子出现概率离核远近的关系。

3. 电子云径向分布图

电子云径向分布图反映离核 r 远的地方、厚度为 Δr 的薄层球壳中（见图 6.5）电子出现的概率的大小。

由于以 r 为半径的球面的面积为 $4\pi r^2$，球壳厚度为 Δr，故薄层球壳的体积约为 $4\pi r^2 \Delta r$，概率密度为 $|\psi|^2$，所以在这个薄层球壳中电子出现的概率为 $4\pi r^2 |\psi|^2 \Delta r$。将 $4\pi r^2 |\psi|^2 \Delta r$ 除以厚度 Δr，即得单位厚度球壳中电子出现的概率 $4\pi r^2 |\psi|^2$。令

$$D(r) = 4\pi r^2 |\psi|^2 \tag{6.5}$$

$D(r)$ 是 r 的函数，式（6.5）成为径向概率分布函数。要注意的是，这种图形能反映电子出现的概率的大小与离核远近的关系，不能反映概率与角度的关系。

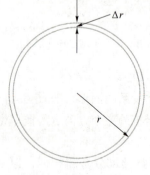

图 6.5 薄层球壳图

从电子云径向分布图（见图 6.6）可以看出，当主量子数 n 增大时，例如，从 1s、2s 变化到 3s 轨道，电子离核的距离越来越远。主量子数 n 为 3 的情况下，角量子数 l 可取不同的值，对应地

存在 3s、3p、3d 轨道。在这三个轨道上的电子其 n 同为 3，通常称这些电子处于同一电子层，在同一电子层中将 l 相同的轨道合称为一电子亚层。

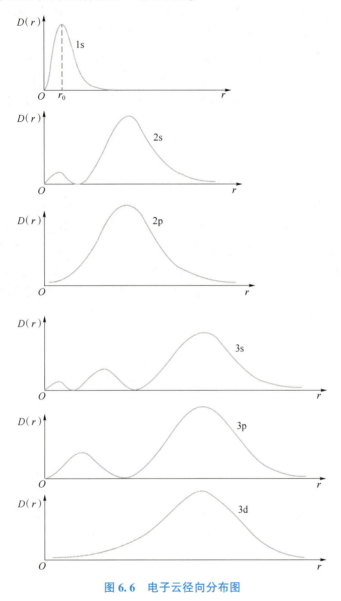

图 6.6　电子云径向分布图

6.2　多电子原子的电子排布和元素基本周期律

在已发现的一百多种元素中，除氢以外的原子，都属于多电子原子。在多电子原子中，电子不仅受原子核的吸引，而且还存在着电子之间的相互排斥，作用于电子上的核电荷数以及原子轨道的能级也远比氢原子中的要复杂。

6.2.1 多电子原子轨道能级

氢原子轨道能量取决于主量子数 n，但在多电子原子中，轨道能量除取决于主量子数 n 以外，还与角量子数 l 有关。根据光谱实验结果，可归纳出以下规律。

（1）角量子数 l 相同时，随着主量子数 n 增大，轨道能量升高。例如，$E_{1s}<E_{2s}<E_{3s}$。

（2）主量子数 n 相同时，随着角量子数 l 增大，轨道能量升高。例如，$E_{ns}<E_{np}<E_{nd}<E_{nf}$。

（3）当主量子数和角量子数都不同时，有时会出现能级交错现象。例如，在某些元素中 $E_{4s}<E_{3d}$ 等。

n、l 都相同的轨道，能量相同，称为等价（简并）轨道。所以同一层的 p、d、f 亚层各有 3、5、7 个简并轨道。

影响多电子原子能级的因素较复杂，随着原子序数的递增，原子轨道能级高低的变化规律还会发生改变。美国科学家科顿（F. A. Cotton）总结了前人的光谱实验和量子力学计算结果，画出了原子轨道能量随原子序数而变化的图，即科顿原子轨道能级图（见图 6.7）。从图 6.7 中可以看出，自 7 号元素氮（N）开始至 20 号元素钙（Ca），它们的 3d 轨道能量高于 4s 轨道能量，出现了能级交错现象。从 21 号元素钪（Sc）开始，3d 轨道能量急剧下降，出现了 3d 轨道能量又低于 4s 轨道能量。由此可知 3d 和 4s 轨道能级交错现象并不发生在所有元素之中。其余如 4d 和 5s 轨道，5d 和 6s 轨道等，也有类似情况。

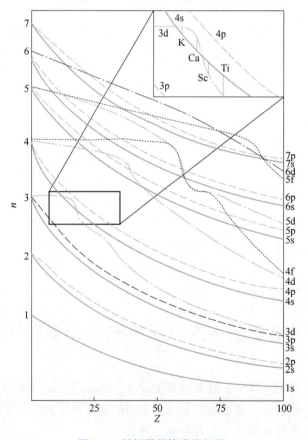

图 6.7　科顿原子轨道能级图

6.2.2 原子核外电子排布

1. 原子核外电子排布的三个规则

原子核外(核外)电子排布可根据光谱实验数据来确定。各元素原子核外电子排布规律基本上遵循三个规则,即:泡利(Pauli)不相容原理、能量最低原理,以及洪特(Hund)规则。

1) 泡利不相容原理

泡利不相容原理指的是同一个原子的核外电子不可能四个量子数完全相同。由这一原理可以确定,第 n 电子层可容纳的电子数最多为 $2n^2$。

2) 能量最低原理

能量最低原理则表明核外电子尽可能优先占据能级较低的轨道,使系统能量处于最低。它表达了在 n 或 l 不同的轨道中电子的排布规律。为了表示不同元素的原子电子在核外排布的规律,著名化学家鲍林(Pauling)根据大量光谱实验总结出多电子原子各轨道能级从低到高的近似顺序,即鲍林原子轨道近似能级图(见图6.8)。

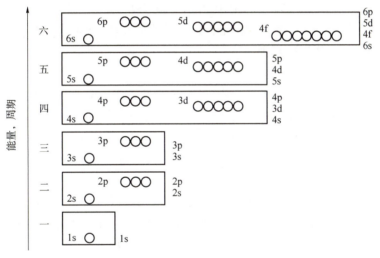

图 6.8 鲍林原子轨道近似能级图

鲍林原子轨道近似能级图,将所有能级按照从低到高分为 7 个能级组。能量相近的能级划为一个能级组;图 6.8 中的每个长方框为一个能级组。不同能级组之间的能量差较大,同一能级组内各能级的能量差较小。

第一能级组中只有 1 个能级 1s。1s 能级只有 1 条原子轨道,在图 6.8 中用 1 个 ○ 表示。

第二能级组中有 2 个能级 2s 和 2p。2s 能级只有 1 条原子轨道,而 2p 能级有 3 条能量简并的 p 轨道,在图 6.8 中用 3 个并列的 ○ 表示。该图中凡并列的 ○,均表示能量简并的原子轨道。

第三能级组中有 2 个能级 3s 和 3p。3s 能级只有 1 条原子轨道,而 3p 能级有 3 条能量简并的 p 轨道。

第四能级组中有 3 个能级 4s,3d 和 4p。4s 能级只有 1 条原子轨道,3d 能级有 5 条能量简并的 d 轨道,而 4p 能级有 3 条能量简并的 p 轨道。

第五能级组中有 3 个能级 5s, 4d 和 5p。5s 能级只有 1 条原子轨道, 4d 能级有 5 条能量简并的 d 轨道, 而 5p 能级有 3 条能量简并的 p 轨道。

第六能级组中有 4 个能级 6s, 4f, 5d 和 6p。6s 能级只有 1 条原子轨道, 4f 能级有 7 条能量简并的 f 轨道, 5d 能级有 5 条能量简并的 d 轨道, 而 6p 能级只有 3 条能量简并的 p 轨道。

第七能级组中有 4 个能级 7s, 5f, 6d 和 7p。7s 能级只有 1 条原子轨道, 5f 能级有 7 条能量简并的 f 轨道, 6d 能级有 5 条能量简并的 d 轨道, 而 7p 能级只有 3 条能量简并的 p 轨道。

值得注意的是, 除第一能级组只有一个能级外, 其余各能级组均从 ns 能级开始到 np 能级结束。

对于多电子原子能级高低次序, 我国化学家徐光宪教授曾经提出近似规则。对于一个能级, 其 ($n+0.7l$) 值越大, 则能量越高; 而且该能级所在能级组的组数, 就是 ($n+0.7l$) 的整数部分。以第七能级组为例进行计算和讨论:

$$7p \quad (n+0.7l) = 7+0.7 \times 1 = 7.7$$
$$6d \quad (n+0.7l) = 6+0.7 \times 2 = 7.4$$
$$5f \quad (n+0.7l) = 5+0.7 \times 3 = 7.1$$
$$7s \quad (n+0.7l) = 7+0.7 \times 0 = 7.0$$

结果表明, 各能级均属于第七能级组, 且能级顺序为 $E_{7s} < E_{5f} < E_{6d} < E_{7p}$。

这一规则称为 ($n+0.7l$) 规则。

3) 洪特规则

洪特规则说明主量子数 n 和角量子数 l 都相同的轨道中, 电子尽先占据磁量子数不同的轨道, 而且自旋量子数相同, 即自旋平行。它反映在 n、l 相同的轨道中电子的排布规律。例如, 碳原子核外电子排布为 $1s^2 2s^2 2p^2$, 其中 2 个 p 电子应分别占不同 p 轨道, 且自旋平行, 可用图 6.9 表示。

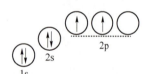

图 6.9 碳原子核外电子排布图

洪特规则虽然是一个经验规律, 但运用量子力学理论也可证明, 电子按洪特规则排列能使原子体系的能量最低。

作为洪特规则的补充: 等价轨道在全充满状态 (p^6、d^{10}、f^{14})、半充满状态 (p^3、d^5、f^7) 或全空状态 (p^0、d^0、f^0) 时比较稳定。

按上述核外电子排布的三个规则和近似能级顺序, 可以确定大多数元素原子电子在核外排布的方式。

2. 电子排布式

多电子原子核外电子排布的表达式叫作电子排布式, 又称电子构型。例如, 钛 (Ti) 原子有 22 个电子, 按上述三个规则和近似能级顺序, 核外电子排布的方式为

$$1s^2 2s^2 2p^6 3s^2 3p^6 4s^2 3d^2$$

但在书写电子排布式时, 一般习惯将内电子层放在前面, 所以把 3d 轨道写在 4s 前面, 即把钛原子的电子排布式写成

$$1s^2 2s^2 2p^6 3s^2 3p^6 3d^2 4s^2$$

为了避免电子排布式过长, 通常把内层电子已达到稀有气体结构的部分用稀有气体的元素符号外加方括号的形式来表示, 这部分称为"原子实"。于是, 上述钛原子的电子排布式也可以表示为

$[Ar]3d^24s^2$

铬（Cr）原子核外有 24 个电子，它的电子排布式为 $[Ar]3d^54s^1$，而不是 $[Ar]3d^44s^2$。这是因为根据洪特规则，$3d^5$ 的半充满状态能量较低且稳定。同样，铜（Cu）原子的电子排布式为 $[Ar]3d^{10}4s^1$，而不是 $[Ar]3d^94s^2$。

应当指出，当原子失去电子而成为正离子时，一般是能量较高的最外层的电子先失去，而且往往引起电子层数的减少。例如，Mn^{2+} 的外层电子构型是 $3s^23p^63d^5$，而不是 $3s^23p^63d^34s^2$，也不能只写成 $3d^5$。又如，Ti^{4+} 的外层电子构型是 $3s^23p^6$。原子成为负离子时，原子所得的电子总是排布在它的最外电子层上。例如，Cl^- 的外层电子排布式是 $3s^23p^6$。

核外电子排布的三个规则只是一般规律，因此对于某一元素原子的电子排布情况，要以光谱实验结果为准。表 6.2 列出了 1～103 号元素原子核外电子排布情况，原子序数更大的元素的有关信息见本书后元素周期表。

表 6.2　1～103 号元素原子核外电子排布情况

原子序数	元素符号	中文名称	英文名称	电子排布式
1	H	氢	Hydrogen	$1s^1$
2	He	氦	Helium	$1s^2$
3	Li	锂	Lithium	$[He]2s^1$
4	Be	铍	Beryllium	$[He]2s^2$
5	B	硼	Boron	$[He]2s^22p^1$
6	C	碳	Carbon	$[He]2s^22p^2$
7	N	氮	Nitrogen	$[He]2s^22p^3$
8	O	氧	Oxygen	$[He]2s^22p^4$
9	F	氟	Fluorine	$[He]2s^22p^5$
10	Ne	氖	Neon	$[He]2s^22p^6$
11	Na	钠	Sodium	$[Ne]3s^1$
12	Mg	镁	Magnesium	$[Ne]3s^2$
13	Al	铝	Aluminum	$[Ne]3s^23p^1$
14	Si	硅	Silicon	$[Ne]3s^23p^2$
15	P	磷	Phosphorus	$[Ne]3s^23p^3$
16	S	硫	Sulfur	$[Ne]3s^23p^4$
17	Cl	氯	Chlorine	$[Ne]3s^23p^5$
18	Ar	氩	Argon	$[Ne]3s^23p^6$
19	K	钾	Potassium	$[Ar]4s^1$
20	Ca	钙	Calcium	$[Ar]4s^2$
21	Sc	钪	Scandium	$[Ar]3d^14s^2$
22	Ti	钛	Titanium	$[Ar]3d^24s^2$

续表

原子序数	元素符号	中文名称	英文名称	电子排布式
23	V	钒	Vanadium	$[Ar]3d^34s^2$
24	Cr	铬	Chromium	$[Ar]3d^54s^1$
25	Mn	锰	Manganese	$[Ar]3d^54s^2$
26	Fe	铁	Iron	$[Ar]3d^64s^2$
27	Co	钴	Cobalt	$[Ar]3d^74s^2$
28	Ni	镍	Nickel	$[Ar]3d^84s^2$
29	Cu	铜	Copper	$[Ar]3d^{10}4s^1$
30	Zn	锌	Zinc	$[Ar]3d^{10}4s^2$
31	Ga	镓	Gallium	$[Ar]3d^{10}4s^24p^1$
32	Ge	锗	Germanium	$[Ar]3d^{10}4s^24p^2$
33	As	砷	Arsenic	$[Ar]3d^{10}4s^24p^3$
34	Se	硒	Selenium	$[Ar]3d^{10}4s^24p^4$
35	Br	溴	Bromine	$[Ar]3d^{10}4s^24p^5$
36	Kr	氪	Krypton	$[Ar]3d^{10}4s^24p^6$
37	Rb	铷	Rubidium	$[Kr]5s^1$
38	Sr	锶	Strontium	$[Kr]5s^2$
39	Y	钇	Yttrium	$[Kr]4d^15s^2$
40	Zr	锆	Zirconium	$[Kr]4d^25s^2$
41	Nb	铌	Niobium	$[Kr]4d^45s^1$
42	Mo	钼	Molybdenum	$[Kr]4d^55s^1$
43	Tc	锝	Technetium	$[Kr]4d^55s^2$
44	Ru	钌	Ruthenium	$[Kr]4d^75s^1$
45	Rh	铑	Rhodium	$[Kr]4d^85s^1$
46	Pd	钯	Palladium	$[Kr]4d^{10}$
47	Ag	银	Silver	$[Kr]4d^{10}5s^1$
48	Cd	镉	Cadmium	$[Kr]4d^{10}5s^2$
49	In	铟	Indium	$[Kr]4d^{10}5s^25p^1$
50	Sn	锡	Tin	$[Kr]4d^{10}5s^25p^2$
51	Sb	锑	Antimony	$[Kr]4d^{10}5s^25p^3$
52	Te	碲	Tellurium	$[Kr]4d^{10}5s^25p^4$
53	I	碘	Iodine	$[Kr]4d^{10}5s^25p^5$
54	Xe	氙	Xenon	$[Kr]4d^{10}5s^25p^6$

续表

原子序数	元素符号	中文名称	英文名称	电子排布式
55	Cs	铯	Cesium	$[Xe]6s^1$
56	Ba	钡	Barium	$[Xe]6s^2$
57	La	镧	Lanthanum	$[Xe]5d^16s^2$
58	Ce	铈	Cerium	$[Xe]4f^15d^16s^2$
59	Pr	镨	Praseodymium	$[Xe]4f^36s^2$
60	Nd	钕	Neodymium	$[Xe]4f^46s^2$
61	Pm	钷	Promethium	$[Xe]4f^56s^2$
62	Sm	钐	Samarium	$[Xe]4f^66s^2$
63	Eu	铕	Europium	$[Xe]4f^76s^2$
64	Gd	钆	Gadolinium	$[Xe]4f^75d^16s^2$
65	Tb	铽	Terbium	$[Xe]4f^96s^2$
66	Dy	镝	Dysprosium	$[Xe]4f^{10}6s^2$
67	Ho	钬	Holmium	$[Xe]4f^{11}6s^2$
68	Er	铒	Erbium	$[Xe]4f^{12}6s^2$
69	Tm	铥	Thulium	$[Xe]4f^{13}6s^2$
70	Yb	镱	Ytterbium	$[Xe]4f^{14}6s^2$
71	Lu	镥	Lutetium	$[Xe]4f^{14}5d^16s^2$
72	Hf	铪	Hafnium	$[Xe]4f^{14}5d^26s^2$
73	Ta	钽	Tantalum	$[Xe]4f^{14}5d^36s^2$
74	W	钨	Tungsten	$[Xe]4f^{14}5d^46s^2$
75	Re	铼	Rhenium	$[Xe]4f^{14}5d^56s^2$
76	Os	锇	Osmium	$[Xe]4f^{14}5d^66s^2$
77	Ir	铱	Iridium	$[Xe]4f^{14}5d^76s^2$
78	Pt	铂	Platinum	$[Xe]4f^{14}5d^96s^1$
79	Au	金	Gold	$[Xe]4f^{14}5d^{10}6s^1$
80	Hg	汞	Mercury	$[Xe]4f^{14}5d^{10}6s^2$
81	Tl	铊	Thallium	$[Xe]4f^{14}5d^{10}6s^26p^1$
82	Pb	铅	Lead	$[Xe]4f^{14}5d^{10}6s^26p^2$
83	Bi	铋	Bismuth	$[Xe]4f^{14}5d^{10}6s^26p^3$
84	Po	钋	Polonium	$[Xe]4f^{14}5d^{10}6s^26p^4$
85	At	砹	Astatine	$[Xe]4f^{14}5d^{10}6s^26p^5$
86	Rn	氡	Radon	$[Xe]4f^{14}5d^{10}6s^26p^6$

续表

原子序数	元素符号	中文名称	英文名称	电子排布式
87	Fr	钫	Francium	$[Rn]7s^1$
88	Ra	镭	Radium	$[Rn]7s^2$
89	Ac	锕	Actinium	$[Rn]6d^17s^2$
90	Th	钍	Thorium	$[Rn]6d^27s^2$
91	Pa	镤	Protactinium	$[Rn]5f^26d^17s^2$
92	U	铀	Uranium	$[Rn]5f^36d^17s^2$
93	Np	镎	Neptunium	$[Rn]5f^46d^17s^2$
94	Pu	钚	Plutonium	$[Rn]5f^67s^2$
95	Am	镅	Americium	$[Rn]5f^77s^2$
96	Cm	锔	Curium	$[Rn]5f^76d^17s^2$
97	Bk	锫	Berkelium	$[Rn]5f^97s^2$
98	Cf	锎	Californium	$[Rn]5f^{10}7s^2$
99	Es	锿	Einsteinium	$[Rn]5f^{11}7s^2$
100	Fm	镄	Fermium	$[Rn]5f^{12}7s^2$
101	Md	钔	Mendelevium	$[Rn]5f^{13}7s^2$
102	No	锘	Nobelium	$[Rn]5f^{14}7s^2$
103	Lr	铹	Lawrencium	$[Rn]5f^{14}6d^17s^2$

6.2.3 原子的结构与性质的周期性规律

原子的基本性质如原子半径、氧化值、电离能、电负性等都与原子的结构密切相关，因而也呈现明显的周期性变化。

1. 原子结构与元素周期律

原子核外电子分布的周期性是元素周期律的基础。而元素周期表（周期表）是周期律的表现形式。周期表有多种形式，现在常用的是长式周期表（见本书附录9）。

元素在周期表中所处的周期号数等于该元素原子核外电子的层数。对元素在周期表中所处族的号数来说，主族元素以及第Ⅰ、第Ⅱ副族元素的号数等于最外层的电子数；第Ⅲ至第Ⅶ副族元素的号数等于最外层的电子数与次外层d电子数之和。Ⅷ族元素包括3个纵列，最外层电子数与次外层d电子数之和为8至10。零族元素最外层电子数为8（氦为2）。

根据原子的外层电子构型可将长式周期表分成5个区，即s区、p区、d区、ds区和f区，如图6.10所示。

2. 电离能

金属元素易失电子变成正离子，非金属元素易得电子变成负离子。因此常用金属性表示在化学反应中原子失去电子的能力，非金属性表示在化学反应中原子得电子的能力。

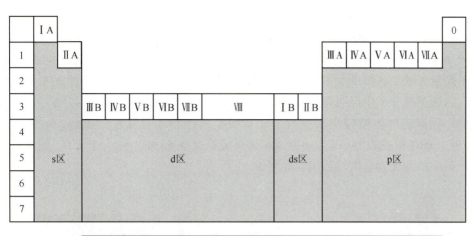

图 6.10　元素周期表中元素的分区

元素的原子在气态时失去电子的难易，可以用电离能来衡量。气态原子失去一个电子成为气态+1价离子，所需吸收的能量叫该元素的第一电离能 I_1，常用单位 $kJ \cdot mol^{-1}$。气态+1价离子再失去一个电子成为气态+2价离子，所需吸收的能量叫第二电离能 I_2，以此类推。电离能的大小反映原子得失电子的难易，电离能越大，失电子越难。电离能的大小与原子的核电荷、半径及电子构型等因素有关，图 6.11 表示出各元素的第一电离能随原子序数周期性的变化情况。对主族元素来说，第 I 主族元素的电离能最小，同一周期原子的电子层数相同，从左至右，随着原子核电荷数增加，原子核对外层电子的吸引力也增加，原子半径减小，电离能随之增大，所以元素的金属活泼性逐渐减弱。同一主族的原子最外层电子构型相同，从上到下，电子层数增加，原子核对外层电子的吸引力减小，原子半径随之增大，电离能逐渐减小，元素的金属活泼性逐渐增强。

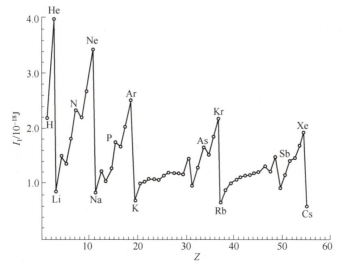

图 6.11　各元素的第一电离能随原子序数周期性的变化情况

副族元素原子的电离能的变化缓慢，规律性不明显。因为周期表从左到右，副族元素新增加的电子填入$(n-1)d$轨道，而最外电子层基本相同。

3. 电负性

为了衡量分子中各原子吸引电子的能力，鲍林在1932年引入了电负性的概念。电负性数值越大的原子在分子中吸引电子的能力越强；电负性数值越小的原子在分子中吸引电子的能力越弱。元素的电负性较全面反映了元素的金属性和非金属性的强弱。一般金属元素（除铝系外）的电负性数值小于2.0，而非金属元素（除Si外）则大于2.0。鲍林从热化学数据推算得出的各元素电负性数值，如图6.12所示。

H 2,1																	
Li 1,0	Be 1,6											B 2,0	C 2,5	N 3,0	O 3,5	F 4,0
Na 0,9	Mg 1,2											Al 1,5	Si 1,8	P 2,1	S 2,5	Cl 3,0
K 0,8	Ca 1,0	Sc 1,3	Ti 1,5	V 1,6	Cr 1,6	Mn 1,5	Fe 1,8	Co 1,9	Ni 1,9	Cu 1,9	Zn 1,6	Ga 1,6	Ge 1,8	As 2,0	Se 2,4	Br 2,8
Rb 0,8	Sr 1,0	Y 1,2	Zr 1,4	Nb 1,6	Mo 1,8	Tc 1,9	Ru 2,2	Rh 2,2	Pd 2,2	Ag 1,9	Cd 1,7	In 1,7	Sn 1,8	Sb 1,9	Te 2,1	I 2,5
Cs 0,7	Ba 0,9	La 1,0	Hf 1,3	Ta 1,5	W 1,7	Re 1,9	Os 2,2	Ir 2,2	Pt 2,2	Au 2,4	Hg 1,9	Tl 1,8	Pb 1,9	Bi 1,9	Po 2,0	At 2,1

图6.12 各元素电负性数值

6.3 分子结构和共价键理论

化学键是原子间的强结合力，这种结合力的物理学本质是什么呢？狭义相对论用质能转换理论来解释原子间的强结合力，但化学课程中并未普遍采用质能转换理论；经典物理学用正、负电荷互相吸引来解释离子键的形成，而化学中更普遍的是用量子力学（薛定谔方程）来解释共价键的形成，即价键理论。

6.3.1 价键理论

价键理论运用量子力学近似处理，以相邻原子之间电子相互配对为基础来说明共价键的形成。

两个氢原子相互靠近时，如果两个1s电子自旋状态反平行，电子就不再局限于各自原先的1s轨道，还可以出现于对方原子的1s轨道中。靠得很近的两个原子的轨道发生重叠，两核间电子出现的概率密度增大，增加了两核对电子的吸引，导致系统能量降低，原子间形成化学键，原子结合形成稳定的分子。如果两个靠近的氢原子的1s电子处于自旋平行状态，则两个原子轨道不能重叠，此时两核间电子出现的概率密度就会减小，好像处在自旋平行状态的电子之间存在一种排斥作用，使系统能量升高，因而这两个氢原子间不形成化学键。

在两个相互重叠的原子轨道中不可能出现两个自旋平行的电子，这与每一原子轨道中不可能出现两个自旋平行的电子一样，也是符合泡利不相容原理的。将上述结果定性地推广到其他分子，就发展为价键理论，主要内容有以下两点。

（1）组成分子的两个原子必须具有未成对的电子，且它们的自旋反平行，即原子中的 1 个未成对电子只有以自旋状态反平行的形式与另一原子中的 1 个未成对电子相遇时，才有可能配对成键。所以共价键数目受到未成对电子数的限制，具有饱和性。例如，H—H、Cl—Cl、H—Cl 等分子中，2 个原子各有 1 个未成对电子，可以相互配对，形成 1 个共价（单）键；又如，NH_3 分子中的 1 个氮原子有 3 个未成对电子，可以分别与 3 个氢原子的未成对电子相互配对，形成 3 个共价（单）键。而 N_2 分子就是 2 个氮原子共享了 3 对电子，以三重键结合而成。电子已完全配对的原子不能再继续成键，稀有气体如 He 以单原子分子存在，其原因就在于此。因此在分子中，某原子所能提供的未成对电子数一般就是该原子所能形成的共价（单）键的数目，称为共价数。

（2）原子轨道相互重叠形成共价键时，原子轨道要对称性匹配，并满足最大重叠的条件。即自旋相反的未成对电子相互接近时，必须考虑其波函数的正、负号，只有同号轨道（即对称性匹配）才能实行有效的重叠。因为电子运动具有波的特性，原子轨道的正、负号类似于经典机械波中含有波峰和波谷部分；当两波相遇时，同号则相互加强（如波峰与波峰或波谷与波谷相遇时相互叠加），异号则相互减弱甚至完全抵消（如波峰与波谷相遇时，相互减弱或完全抵消）。

同时，原子轨道重叠时，总是沿着重叠最大的方向进行，重叠部分越大，共价键越牢固，这就是原子轨道的最大重叠条件。除 s 轨道外，p、d 等轨道的最大值都有一定的空间取向，所以共价键具有方向性。例如，HCl 分子中氢原子的 1s 轨道与氯原子的 $3p_x$ 轨道有 4 种可能的重叠方式，如图 6.13 所示，其中图 6.13（c）为异号重叠，图 6.13（d）由于同号和异号两部分相互抵消而为零的重叠，所以图 6.13（c）、图 6.13（d）都不能有效重叠而成键。只有图 6.13（a）、图 6.13（b）为同号重叠，但当两核距离为一定时，图 6.13（a）的重叠比图 6.13（b）的要多。可以看出，HCl 分子采用图 6.13（a）中重叠方式成键可使 s 和 p_x 轨道的有效重叠最大。

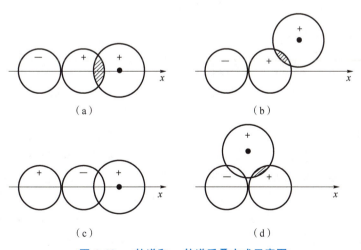

图 6.13　s 轨道和 p_x 轨道重叠方式示意图

根据上述原子轨道重叠的原则，s 轨道和 p 轨道有两类不同的重叠方式，即可形成重叠方式不同的两类共价键。一类称为 σ 键，另一类称为 π 键，如图 6.14 所示。σ 键的特点是原子轨道沿两核连线方向以"头碰头"的方式进行重叠，轨道重叠部分沿着键轴（两核连线）呈圆柱形对称。π键的特点是原子轨道沿两核连线方向以"肩并肩"的方式进行重叠，重叠部分对于通过键轴的一个平面具有镜面反对称（形状相同，符号相反）。共价单键一般是σ键，在共价双键和三键中，除σ键外，还有π键。例如，N原子有3个未成对的p电子分别处在p_x、p_y和p_z轨道上，当2个N原子形成N_2分子时，N原子间除形成p_x—p_x的σ键以外，还能形成p_y—p_y和p_z—p_z两个相互垂直的π键，如图6.15所示。

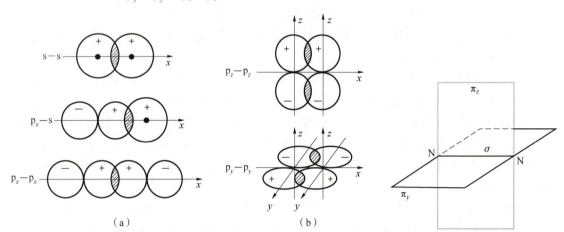

图6.14　σ键和π键重叠方式示意图
(a) σ键；(b) π键

图6.15　N_2分子成键示意图

一般说来，π键没有σ键牢固，2个以共价单键结合的原子间，往往优先形成σ键。π键比较容易断裂，所以含共价双键或三键的化合物，比较容易发生π键断裂的化学反应（如乙烯、乙炔的加成反应）。这是因为，π键不像σ键那样集中在两核的连线上，原子核对π键中电子的束缚力较小，π键中电子运动的自由性较大。但在某些分子（如N_2）也有可能出现强度很大的π键，使N_2分子的性质不活泼。

6.3.2　杂化轨道理论

分子结构测定的实验表明，在有机化合物的分子中，碳原子经常处于正四面体的中心，与碳原子相连的4个化学键互相并不垂直，而是形成约109°的键角。水分子的键角则是104.5°，都不是90°。显然，用价键理论无法解释此现象。

1931年，鲍林在量子力学的基础上提出了杂化轨道理论。这个理论从电子具有波动性可以叠加的观点出发，认为若干个能量相近的原子轨道可以混杂成同样数目的能量完全相同的新的原子轨道，这种新的原子轨道称为杂化轨道。形成杂化轨道的过程称为轨道杂化（简称杂化）。我国物理化学家唐敖庆等曾于1953年统一处理了s-p-d-f轨道杂化，提出了轨道杂化的一般方法，进一步丰富了杂化轨道理论的内容。杂化轨道理论较成功地解释了多原子分子的空间构型，较好地说明了普通的价键理论不能解释的某些共价分子的形成方式。

1. 杂化概念

鲍林假设，甲烷的中心碳原子在形成化学键时，价电子层的4条原子轨道并不维持原来的状态，而是发生杂化，得到4条等同的轨道，再与氢原子的1s轨道成键。杂化就是指在形成分子时，由于原子的相互影响，中心原子的若干能量相近的原子轨道重新组合成一组新的原子轨道。

原子轨道为什么要杂化？这是因为形成杂化轨道后成键能力增加，即杂化轨道的成键能力比未杂化的原子轨道强，形成的分子更稳定。在形成分子过程中，通常存在激发、杂化、轨道重叠等过程。下面以甲烷分子的形成为例加以说明。

1）激发

碳原子的基态电子构型为 $1s^2 2s^2 2p_x^1 2p_y^1$，在与氢原子结合时，为使成键数目等于 4，2s 轨道的一个电子被激发到空的 $2p_z$ 轨道上，如图 6.16（a）所示，碳原子以激发态参与成键。从基态变为激发态所需要的能量，可以由形成共价键数目的增加而释放出更多的能量来补偿。碳原子在基态只能形成两个化学键，而激发态可以形成 4 个化学键。

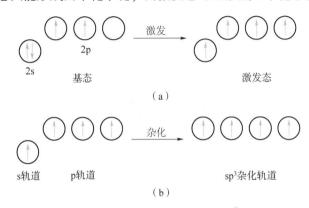

图 6.16 碳原子中电子的激发和 sp^3 杂化

2）杂化

处于激发态的 4 条不同类型的原子轨道，即一条 2s 轨道和 3 条 2p 轨道，线性组合成一组新的轨道，即杂化轨道。杂化轨道具有一定的形状和方向，杂化轨道的数目等于参与杂化的原子轨道的数目。应该注意的是，原子轨道的杂化，只有在形成分子过程中才会发生，孤立的原子其轨道不可能发生杂化。而且只有能量相近的轨道，如 2s 轨道和 2p 轨道，才能发生杂化，能量相差太大的轨道，如 1s 轨道和 2p 轨道，也不能发生杂化。在形成 CH_4 分子时，由碳原子激发态的 2s，$2p_x$，$2p_y$，$2p_z$ 轨道重新组合成 4 条杂化轨道，如图 6.16（b）所示。杂化轨道指向四面体的 4 个顶角。该杂化轨道由 1 条 s 轨道和 3 条 p 轨道杂化而成，称为 sp^3 杂化轨道。

事实上在成键的过程中，激发和杂化是同时发生的。

3）轨道重叠

杂化轨道与其他原子轨道重叠形成化学键时，同样要满足原子轨道最大重叠原理。原子轨道重叠越多，形成的化学键越稳定。由于杂化轨道的电子云分布更集中，所以杂化轨道成键能力比未杂化的各原子轨道的成键能力强。化合物的空间构型是由满足原子轨道最大重叠的方向决定的。在 CH_4 分子中，4 个氢原子的 1s 轨道在四面体的 4 个顶点位置与碳原子的 4 条杂化轨道重叠最大，因此，决定了 CH_4 分子的构型是正四面体形，H—C—H 的键角为 109°28′。

2. 杂化轨道类型

根据组成杂化轨道的原子轨道的种类和数目，以及杂化轨道之间能量的高低，可以将杂化轨道分成不同的类型。

1）sp 杂化

sp 杂化轨道是由 1 条 ns 轨道和 1 条 np 轨道组合而成的，其角度分布图的形状不同于杂化前的 s 轨道和 p 轨道，如图 6.17（a）所示。每条杂化轨道含有 $\frac{1}{2}$ 的 s 轨道成分和 $\frac{1}{2}$ 的 p 轨道成分。2 条杂化轨道在空间的伸展方向呈直线形，夹角为 180°，图 6.17（b）对此进行了粗略的表达。

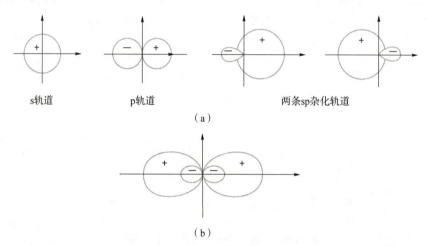

图 6.17　两条 sp 杂化轨道在空间的伸展方向

图 6.18 是 $BeCl_2$ 分子成键情况的示意图。当 Be 原子与 Cl 原子形成 $BeCl_2$ 分子时，基态是原子 2s 中的 1 个电子激发到 2p 轨道，1 条 s 轨道和 1 条 p 轨道杂化，形成 2 条 sp 杂化轨道，杂化轨道间夹角为 180°。原子的 2 条 sp 杂化轨道与 2 个 Cl 原子的 p 轨道重叠形成 σ 键，决定 $BeCl_2$ 分子的空间构型是直线形。

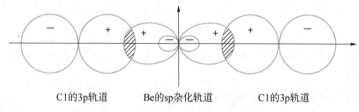

图 6.18　$BeCl_2$ 分子成键情况的示意图

2）sp^2 杂化

sp^2 杂化轨道是由 1 条 ns 轨道和 2 条 np 轨道组合而成的，每条杂化轨道含有 $\frac{1}{3}$ 的 s 轨道成分和 $\frac{2}{3}$ 的 p 的轨道成分，杂化轨道间夹角为 120°，3 条 sp^2 杂化轨道指向平面三角形的 3 个顶点。

图 6.19 是 BF_3 分子中 sp^2 杂化轨道形成的示意图。B 原子的基态电子构型为 $1s^22s^22p_x^1$，当 B 原子与 F 原子形成 BF_3 分子时，基态 B 原子 2s 中的一个电子激发到一条空的 2p 轨道，使 B 原子的电子构型变为 $1s^22s^12p_x^12p_y^1$。1 条 2s 轨道和 2 条 2p 轨道杂化，形成 3 条 sp^2 杂化轨道，它们分别指向平面三角形的 3 个顶点。

指向平面三角形的 3 个顶点的 B 原子的 3 条 sp^2 杂化轨道与 3 个 F 原子的 p 轨道重叠形成 3 个 σ 键，决定 BF_3 分子的空间构型是平面三角形。

图 6.19　BF_3 分子中 sp^2 杂化轨道形成的示意图

3）sp^3 杂化

sp^3 杂化轨道是由 1 条 ns 轨道和 3 条 np 轨道组合而成的，每条杂化轨道含有 $\frac{1}{4}$ 的 s 轨道成分和 $\frac{3}{4}$ 的 p 轨道成分，sp^3 杂化轨道间夹角为 109°28′，4 条轨道指向正四面体的 4 个顶点。

sp^3 杂化的典型例子是 CH_4 分子，即 C 原子的 1 个 2s 电子激发到空的 2p 轨道，1 条 2s 轨道和 3 条 2p 轨道杂化，形成 4 条 sp^3 杂化轨道，图 6.16 示意了这一过程。指向正四面体的 4 个顶点的 C 原子的 4 条 sp^3 杂化轨道与 4 个 H 原子的 1s 轨道重叠形成 4 个 σ 键，决定 CH_4 分子的空间构型是正四面体形。

此外还有 sp^3d、sp^3d^2、dsp^2 等杂化类型的情况较为复杂，在此不进行详细介绍。

4）等性杂化和不等性杂化

杂化过程中形成的杂化轨道可能是一组能量简并的轨道，也可能是一组能量彼此不相等的轨道。因此轨道的杂化可分为等性杂化和不等性杂化。

（1）等性杂化。

一组杂化轨道中，若各条轨道的成分相等，则杂化轨道的能量相等，这种杂化称为等性杂化。如上面讨论过的 CH_4 分子中，中心 C 原子为 sp^3 杂化，每条 sp^3 杂化轨道的成分都是等同的，4 条杂化轨道的能量相等，故 CH_4 分子中 C 原子的杂化属于 sp^3 等性杂化。

（2）不等性杂化。

一组杂化轨道中，若各条轨道的成分并不相等，则杂化轨道的能量不相等，这种杂化称为不等性杂化。若参与杂化的原子轨道不仅包含具有未成对电子的原子轨道，也包含具有成对电子的原子轨道，这种情况下的杂化经常是不等性杂化。

在水分子中，氧原子的电子构型为 $1s^22s^22p^4$，根据电子配对理论，氧原子的 2s 电子和 1 条 2p 轨道上的孤电子对不参与成键，另外 2 个成单的 p 电子与 2 个氢原子的 1s 电子形成 2 个共价键，H—O—H 的键角应为 90°。实验测得键角为 104°31′。理论与实际之间不符合。根据杂化轨道理论，氧原子的一条 2s 轨道和 3 条 2p 轨道也发生 sp^3 杂化，但形成的 4 条 sp^3 杂化轨道能量并不一致，为 sp^3 不等性杂化。有 2 条杂化轨道的能量较低时，被两对孤电子对所占据；另外 2 条杂化轨道的能量较高，为单电子所占据，这 2 条杂化轨道与 2 个氢原子的 1s 轨道形成 2 个 σ 键，如图 6.20 所示。

按 sp³ 杂化轨道的四面体空间取向，2 个 O—H 之间的夹角应为 109°28′，实际上由于两对孤电子对不参与成键，电子云集中在氧原子周围，对成键电子对所占据的杂化轨道有排斥作用，导致 2 个 O—H 之间的夹角减小，为 104°31′。

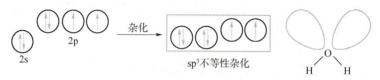

图 6.20　水分子中氧原子的 sp³ 不等性杂化与水分子的空间构型

同样，在氨分子中，N 原子的电子构型为 $1s^22s^22p_x^12p_y^12p_z^1$。2s 电子尽管是成对的，但仍和 $2p_x$、$2p_y$、$2p_z$ 轨道杂化，形成 4 条 sp³ 不等性杂化轨道。其中 3 条能量较高的杂化轨道被单电子所占据，1 条能量较低的杂化轨道为孤电子对所占据。3 条单电子的杂化轨道与 3 个氢原子的 1s 轨道成键，另一条孤电子对占据的轨道不参与成键。但是由于孤电子对对于 N—H 键成键电对的排斥作用，导致键角小于 109°28′。氨分子的空间构型称为三角锥形。

用杂化轨道理论讨论问题，是在已知分子的空间构型尤其是键角的基础上进行的。由于配体的不同等原因，可能导致键角的不同，这时参与杂化的轨道在形成杂化轨道中的分配就会不相等。这种杂化也应算作不等性杂化，尽管几个杂化轨道中的电子数是相等的。

6.3.3　π 键和大 π 键

苯分子的结构是一个平面六元环，每个键角均为 120°，因此每个碳原子都是 sp² 杂化。3 条含有单电子的 sp² 杂化轨道分别与相邻的 2 个碳原子的 sp² 杂化轨道和 1 个氢原子的 1s 轨道重叠形成 3 个 σ 键。同时，每个碳原子上还有 1 条具有单电子的未参与杂化的 $2p_z$ 轨道。它们垂直于苯的分子平面，互相平行、能量相同、对称性匹配。相邻两个碳原子的 $2p_z$ 轨道"肩并肩"重叠形成 π 键。于是苯分子的结构可以认为是单双键交替的六元环，如图 6.21 所示。

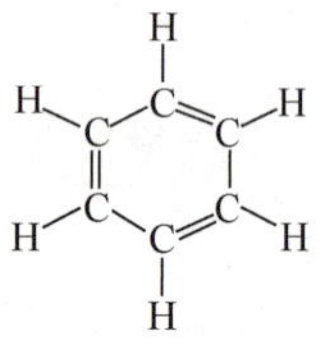

图 6.21　苯分子单双键交替的六元环结构

关于苯分子的结构研究表明，它的 6 个 C—C 键是完全一致的，没有单双键之分，每个键的强度均介于单键和双键之间。这一实验事实可以用下面讨论的大 π 键进行解释。苯分子中每个碳原子都是 sp² 杂化，3 条 sp² 杂化轨道分别与相邻的两个碳原子和一个氢原子成 σ 键。6 个碳原子上的未参与杂化的 $2p_z$ 轨道能量相同，对称性匹配，相互重叠形成一个大 π 键，用符号 Π_6^6 表示这个键。Π_6^6 中右下的 6 表示有 6 个原子的轨道互相重叠，即有 6 个中心；右上的 6 表示有 6 个电子在这些互相重叠的轨道中运动。图 6.22 为苯分子大 π 键示意图。

在一个具有平面结构的多原子分子中，如果彼此相邻的 3 个或多个原子中有垂直于分子平面的，对称性一致的，未参与杂化的原子轨道，那么这些轨道可以互相重叠，形成多

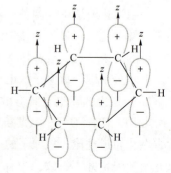

图 6.22　苯分子大 π 键示意图

中心 π 键。这种多中心 π 键又称为"共轭 π 键""离域 π 键"或"非定域 π 键",简称大 π 键。

在 NO_2、SO_2,以及 CO_2 分子中,都有大 π 键。

1985 年发现的 C_{60} 分子(富勒烯),具有酷似足球形状的笼状结构,相当于 1 个由二十面体截顶而得到的三十二面体,32 个面中包括 12 个正五边形和 20 个正六边形,每个正五边形均与 5 个正六边形共边,而正六边形则将 12 个正五边形隔开。量子化学计算表明每个碳原子的轨道发生 $sp^{2.28}$ 杂化,可以近似看成 sp^2 杂化。每个碳原子用 3 条具有单电子的 sp^2 杂化轨道与 3 个相邻的碳原子的 sp^2 杂化轨道重叠共形成 3 个 σ 键。此外,每个碳原子均剩余 1 条具有单电子的 2p 轨道,60 个 2p 轨道能量相同,对称性匹配,相互重叠形成 Π_{60}^{60} 的大 π 键。值得注意的是,C_{60} 分子并不是一个平面形分子,而是球形分子,在 C_{60} 分子中,形成 Π_{60}^{60} 的大 π 键的原子轨道在同一个球面上也满足了原子轨道的有效重叠,同样可以形成大 π 键。

6.4 分子间相互作用

离子键、共价键和金属键,都是原子间比较强的作用力,原子依靠这种作用力而形成分子或晶体。分子间相互作用力其性质与化学键相似,均属电磁力,但要弱得多。反映在分子结构上,当原子间距离小于或接近相应的离子半径、共价半径或金属半径之和时,可以认为原子间形成了化学键;当不同分子中的原子间距离接近范德华半径之和时,可以认为分子间有范德华力(又称分子间作用力),当原子间距离介于化学键与范德华力范围之间时,可以认为原子间生成了次级键(Secondary Bond)。例如,对一系列化合物的 Hg—N 键研究发现,化合物中 Hg 原子和 N 原子之间的距离是在从共价半径之和(约 0.21 nm)到范德华半径之和(约 0.33 nm)的区间内连续分布的。这说明次级键是普遍客观存在的,同时也说明化学键、次级键和范德华力三者之间的界限是很难明确划分的。

次级键中有相当一部分是有复原子参与的。氢键(Hydrogen Bond)是次级键的典型,也是最早发现和研究的次级键。分子间以氢键为代表的次级键作用也是分子间作用力的重要组成部分。

6.4.1 范德华力

气体分子能够凝聚成液体和固体,主要就是靠范德华力。分子间力的大小,对于物质的许多性质有影响。我国的著名化学家唐敖庆等在 20 世纪 60 年代就对分子间力做过完整的理论处理,在国际上处于领先地位。

范德华力可分为取向力、诱导力、色散力三种。共价分子相互接近时可以产生性质不同的作用力。当非极性分子相互靠近时,由于电子、原子核的不停运动,正、负电荷中心不能总是保持重合,在某一瞬间往往会有瞬间偶极存在。瞬间偶极之间的异极相吸而产生的范德华力称为色散力。

当极性分子相互靠近时,通过电偶极的相互作用,极性分子在空间就按异极相吸的状态取向。由固有电偶极之间的作用而产生的分子间力叫作取向力。由于取向力的存在，极性分子相互更加靠近，同时在相邻分子的固有偶极作用下，使每个分子的正、负电荷中心更加分开，产生了诱导偶极。诱导偶极与固有偶极之间产生的分子间力叫作诱导力。因此，在极性分子之间还存在着诱导力。诱导力还存在于非极性分子与极性分子之间。

总之，分子间力是永远存在于分子间的，在不同的分子之间，分子间力的种类和大小不相同。在非极性分子与非极性分子之间只存在着色散力；在极性分子之间存在着色散力、诱导力和取向力。其中色散力在各种分子之间都有，而且一般也是最主要的；只有当分子的极性很大（如 H_2O 分子）时才以取向力为主；而诱导力一般较小。范德华力的分配如表 6.3 所示。

表 6.3 范德华力的分配 （单位：$kJ \cdot mol^{-1}$）

分子	取向力	诱导力	色散力	范德华力
H_2	0	0	0.17	0.17
Ar	0	0	8.48	8.48
Xe	0	0	18.40	18.40
CO	0.003	0.008	8.79	8.79
HCl	3.34	1.100 3	16.72	21.05
HBr	0.69	0.502	21.94	23.11
HI	0.025	0.113	25.87	26.00
NH_3	13.28	1.55	14.72	29.65
H_2O	36.32	1.92	8.98	47.22

从表 6.3 可见，范德华力很小（一般为 $0.1 \sim 50 \ kJ \cdot mol^{-1}$），与共价键键能（一般为 $100 \sim 1\ 000 \ kJ \cdot mol^{-1}$）相比可以差 1~2 个数量级。范德华力没有方向性和饱和性。范德华力的作用范围很小，它随分子之间距离的增加而迅速减弱。所以气体在压力较低时分子间距离较大，可以忽略范德华力。

6.4.2 氢键

除上述范德华力之外，在某些化合物的分子之间或分子内还存在着与范德华力大小接近的另一种作用力——氢键。氢键是指氢原子与电负性较大的 X 原子（如 F、O、N 原子）以极性共价键相结合的同时，还能吸引另一个电负性较大而半径又较小的 Y 原子，其中 X 原子与 Y 原子可以相同，也可不同。氢键可简单示意如下：

$$X—H—Y$$

能形成氢键的物质相当广泛，例如，HF、H_2O、NH_3、无机含氧酸和有机股酸、醇、胺、蛋白质以及某些合成高分子等物质的分子（或分子链）之间都存在着氢键。因为这些物质的分子中，含有 F—H 键、O—H 键或 N—H 键。

氢键与分子间力最大的区别在于氢键具有饱和性和方向性。在大多数情况下，一个连接在 X 原子上的 H 原子只能与一个电负性大的 Y 原子形成氢键，键角大多接近 180°。

氢键的键能虽然比共价键要弱得多，但分子间存在氢键时，加强了分子间的相互作用，使物质的性质会发生某些改变。氢键在生物化学中也有着重要意义，例如蛋白质分子中存在着大量的氢键，有利于蛋白质分子空间结构的稳定存在；DNA 中碱基配对和双螺旋结构的形成也依靠氢键的作用。

6.4.3 范德华力和氢键对物质性质的影响

由共价型分子组成的物质的物理性质（如熔点、沸点、溶解性等）与分子的极性、范德华力以及氢键有关。

1) 物质的熔点和沸点

共价型分子之间如果只存在较弱的范德华力，则熔点较低。对于同类型的单质（如卤素或惰性气体）和化合物（如卤化氢），其熔点一般随摩尔质量增大而升高。这主要是由于在同类型的这些物质中，分子的变形程度一般随摩尔质量的增加而增大，从而使分子间的色散力随摩尔质量的增大而增强。这些物质的沸点变化规律与熔点的类似。

含有氢键的物质，熔点、沸点一般较高。例如，第Ⅶ主族元素的氢化物的熔点、沸点似乎应该随摩尔质量增大而升高。事实上 HF、HCl、HBr、HI 的沸点分别为 20 ℃、-85 ℃、-67 ℃、-36 ℃，看来上述规律并不适用于 HF。这是因为 HF 分子间存在着强的氢键，使其熔点、沸点比同类型氢化物更高。第Ⅴ、Ⅵ主族元素氢化物的情况也类似。

2) 物质溶解度的影响

物质溶解度的因素较复杂。一般说来，"相似者相溶"是一个简单而较有用的经验规律，即极性溶质易溶于极性溶剂，非极性（或弱极性）溶质易溶于非极性（或弱极性）溶剂。溶质与溶剂的极性越相近，越易互溶。例如，碘易溶于苯或四氯化碳，而难溶于水。这主要是碘、苯和四氯化碳等都为非极性分子，分子间存在着相似的作用力（都为色散力），而水为极性分子，分子之间除存在分子间力外还有氢键，因此碘难溶于水。

通常用的溶剂一般有水和有机物两类。水是极性溶剂，它既能溶解多数强电解质如 HCl、NaOH、SO_2 等，又能与某些极性有机物如丙酮、乙醚、乙酸等相溶。这主要是由于这些强电解质（离子型化合物或极性分子化合物）与极性分子相互作用而形成正、负水合离子；而乙醚和乙酸等分子不仅有极性，且其中羟基氧原子能与水分子中的 H 原子形成氢键，因此它们也能溶于水。但强电解质却难被非极性的有机溶剂所溶解。

有机溶剂主要有两类。一类是非极性（或弱极性）溶剂，如苯、甲苯、汽油以及四氯化碳、三氯甲烷、三氯乙烯、四氯乙烯和其他某些卤代烃。它们一般难溶或微溶于水，但都能溶解非极性（或弱极性）的有机物，如机油、润滑油。因此，在机械和电子工业中常用来清洗金属部件表面的润滑油等矿物性油污。另一类是极性溶剂，如乙醇、丙酮以及低分子量的羧酸等。这类溶剂的分子中，既包含有羟基、醛基、羧基这些极性较强的基团，还含有烷基类基团，前者能与极性溶剂（如水）相溶，而后者则能溶解于非极性（或弱极性）的有机物，如汽油等。根据这一特点，在金属部件清洗过程中，往往先以甲苯、汽油或卤代烃等去除零件表面的油污（主要是矿物油），然后再以这类极性溶剂（如丙酮）洗去残留在部件表面的非极性或弱极性溶剂，最后以水洗净。为使其尽快干燥，可将经水洗后的部件用少量乙醇擦洗表面，以加速水分挥发。这一清洗过程主要依赖于分子间力的相似，即"相似者相溶"的规律。

6.5 离子键与离子极化

离子键和共价键反映了人们从不同视角对化学键的理解，分别适用于不同的成键情况。对于阴、阳离子之间的强结合力，通常采用离子键解释；但对于中性原子间的强结合力，显然只能用共价键来解释了。事实上，有些化合物的化学键，用共价键或离子键都不能得到令人满意的解释，这时往往会认为，这些化学键中既有共价键成分也有离子键成分。

6.5.1 离子极化理论

离子极化理论能说明离子键向共价键的转变，并解释上述的熔点变化规律。离子极化理论是从离子键理论出发，把化合物中的组成元素看作正、负离子，然后考虑正、负离子间的相互作用。元素的离子一般可以看作球形，正、负电荷的中心分别重合于球心。在外电场的作用下，离子中的原子核和电子会发生相对位移，离子就会变形，产生诱导偶极，这种过程叫作离子极化。事实上所有的离子都带电荷，离子本身产生的电场能使带异号电荷的相邻离子极化。

离子极化的结果，使正、负离子之间发生了额外的吸引力，甚至有可能使 2 个离子的原子轨道（或电子云）发生变形，导致轨道相互重叠，使生成的化学键有部分的共价键成分，因而生成的化学键极性变小（见图 6.23），即离子键向共价键转变。从这个观点看，离子键和共价键之间并没有严格的界限，在两者之间存在着过渡状态。因而，极性键可以看成是离子键和共价键之间的一种过渡形式。

图 6.23 离子极化使化学键类型发生变化的示意图

离子极化作用的强弱与离子的极化力和变形性两方面因素有关。

离子使其他离子极化而发生变形的能力叫作离子的极化力。离子的极化力取决于它的电场强度，简单地说，主要取决于下列三个因素。

(1) 离子的电荷数越多，极化力越强。

(2) 离子的半径越小，极化力越强。

(3) 离子的外层电子构型。外层 8 电子构型（稀有气体原子结构）的离子（如 Na^+、Mg^{2+}）极化力弱，外层 9~17 电子构型的离子（如 Cu^{2+}、Mn^{2+}、Fe^{2+}、Fe^{3+}）极化力较强，外层 18 或 18+2 电子构型的离子（如 Cu^+、Zn^{2+}、Sn^{2+}）极化力最强。

离子的变形性（即离子可以被极化的程度）的大小也与离子的结构有关，主要取决于下列三个因素。

(1) 离子电荷。随正电荷的减少或负电荷数的增加，变形性增大。例如，变形性：
$$Si^{4+} < Al^{3+} < Mg^{2+} < Na^+ < F^- < O^{2-}$$

(2) 离子半径。随半径的增大，变形性增大。例如，变形性：

$F^-<Cl^-<Br^-<I^-$;$O^{2-}<S^{2-}$

（3）离子外层电子构型。外层 18+2，18，9~17 等电子构型的离子变形性较大，具有稀有气体外层电子构型的离子变形性较小。例如，变形性：

$$K^+<Ag^+；Ca^{2+}<Hg^{2+}$$

根据上述规律可见，负离子的极化力普遍较弱，正离子的变形性普遍较小（第 4 及以上周期的离子半径较大，需要考虑变形性），所以考虑离子间极化作用时，主要是考虑正离子的极化力引起负离子的变形。只有当正离子也容易变形（如外层 18 电子构型的+1、+2 价正离子）时，才不容忽视 2 种离子相互之间进一步引起的极化作用（称之为附加极化效应），从而加大了总的离子极化作用。

6.5.2 离子极化对化合物性质的影响

离子极化对晶体结构和熔点等性质的影响，可以第三周期的氯化物为例说明如下。如表 6.4 所示，由于 Na^+、Mg^{2+}、Al^{3+}、Si^{4+} 的离子电荷依次递增而半径减小，极化力依次增强，引起 Cl 发生变形的程度也依次增大，致使正负离子轨道的重叠程度增大，键的极性减小，相应的晶体由 NaCl 的离子晶体转变为 $MgCl_2$、$AlCl_3$ 的过渡型晶体，最后转变为 $SiCl_4$ 的分子晶体，其熔点、沸点、导电性也依次递减。

表 6.4　第三周期中一些氯化物的性质

氯化物	NaCl	$MgCl_2$	$AlCl_3$	$SiCl_4$
正离子	Na^+	Mg^{2+}	Al^{3+}	Si^{4+}
r_+/nm	0.097	0.066	0.051	0.042
熔点/℃	801	714	190（加压下）	−70
沸点/℃	1 413	1 412	177.8（升华）	57.57
摩尔电导率（熔点时）	大	尚大	很小	零
晶体类型	离子晶体	过渡型晶体	过渡型晶体	分子晶体

对于前述的第 ⅡA 族及 p 区、过渡金属的氯化物的熔点规律，可作如下解释。由于 Cl^- 离子半径较大，有一定变形性，而第 ⅡA 族的 Sr^{2+}、Ca^{2+}、Mg^{2+}、Be^{2+} 离子半径比同周期的第 ⅠA 族金属离子的半径要小得多，且电荷数为+2，因而正离子的极化力随之有所增强。这就使得第 ⅡA 族金属的氯化物的晶体结构，随着极化作用的增强，自下而上，由 $BaCl_2$ 的离子晶体逐渐转变为 $MgCl_2$ 的层状结构晶体或 $BeCl_2$ 的链状结构晶体（气态 $BeCl_2$ 是电偶极矩为零的共价型分子）。$BeCl_2$、$MgCl_2$ 可溶于有机溶剂，甚至 $SrCl_2$ 也能溶于乙醇。这些都说明第 ⅡA 族金属的氯化物，由于极化作用逐渐向分子晶体过渡。许多过渡金属及 p 区金属的氯化物，由于正离子电荷数较多，外层电子又多为 9~17，18 或 18+2 等电子构型，而具有较强的极化力，使这些氯化物往往具有自离子型向分子型转变的晶体结构，所以大多熔点、沸点比离子晶体的要低。而且由于较高价态离子电荷数较多、半径较小，因而具有较强的极化力，就易使其氯化物带有更多的共价性（易偏向分子晶体）。所以高价态金属氯化物比低价态的熔点、沸点往往要低些，挥发性也要强些。

又如，AgCl、AgBr、AgI 颜色逐渐加深，在水中的溶解度却依次减少；同种元素的硫化物的颜色常比相应的氧化物或氢氧化物的更深等，都可从离子极化作用的增强得到解释。

6.6 晶体结构

固体物质可分为晶体和非晶体两类。在晶体中，物质微粒的排列呈现周期性和对称性的特征。为方便研究，通常可根据晶体的周期性在晶体中划分出许多晶胞，晶胞是晶体中最小的周期重复单位。晶体中的微粒是周期排列的，晶体具有一定的熔点，还常表现出各向异性的物理特征。非晶体中微粒的排列不是周期的，非晶体无固定的熔点，加热时先软化，随温度的升高，流动性逐渐增大，直至熔融状态，非晶体的物理性质往往是各向同性的。

6.6.1 晶体的基本类型

根据晶体中微粒的不同，习惯上把晶体分为 4 种基本类型：离子晶体、原子晶体、分子晶体和金属晶体。

1. 离子晶体

离子晶体中的物质微粒是正离子和负离子，在离子晶体中，正负离子通常通过静电作用相结合，例如 NaCl。各个离子与尽可能多的异号离子接触，以使系统尽可能处于低能量状态。例如在 NaCl 晶体中，每个 Na^+ 离子周围有 6 个 Cl^- 离子，每个 Cl^- 离子周围有 6 个 Na^+ 离子（见图 6.24）。多数离子晶体易溶于水等极性溶剂，它们的水溶液或熔融液易导电。

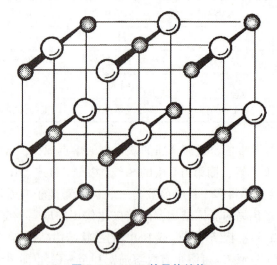

图 6.24 NaCl 的晶体结构

在离子晶体中，如果离子间以较强的离子键相互作用，则离子晶体具有较高的熔点和较大的硬度。离子晶体的熔点、硬度等物理性质与晶体的晶格能大小有关。晶格能是指在 100 kPa 和 298.15 K 条件下，由气态正、负离子形成单位物质的量的离子晶体所释放的能量。晶格能与正、负离子的所带的电荷及正、负离子的半径有关，离子所带的电荷越多、离子的半径越小，离子晶体的晶格能越大，晶体也越稳定。因此，当离子间距相差不远时，晶体的熔点和硬度取决于离子的电荷数。当离子的电荷数相同时，晶体的熔点和硬度随着正、负离子间距离的增大而降低。

2. 原子晶体

原子晶体中周期排列的物质微粒是原子。在原子晶体中，原子之间通常以共价键相互结合成一个整体。典型的原子晶体有金刚石和半导体材料单晶硅。由于共价键具有饱和性和方向性，所以在原子晶体中，围绕着一个原子周围排列的别的原子数目不会很多。晶体周围的原子数目取决于原子能够形成共价键的数目。以金刚石为例，每一个碳原子用 4 个 sp^3 杂化轨道与其他 4 个碳原子成键，因此构成正四面体的晶体结构。

原子晶体也可以由不同种类的原子构成，例如，Si 原子和 C 原子可以形成 SiC（原子晶体），Ga 原子和 As 原子可以形成 GaAs（原子晶体）。SiC 和 GaAs 的晶体结构与金刚石相似，相邻的原子以共价键互相结合成一个整体。方石英（SiO_2）也是原子晶体，晶体结构如图 6.25 所示。晶体中每 1 个 Si 原子位于四面体的中心，与 4 个 O 原子相结合，每 1 个 O 原子位于四面体顶端，与 2 个 Si 原子相结合。在原子晶体中，分子是由大量原子结合而成的，化学式 SiC、Si、SiO_2 等只表示了晶体中 2 种原子数之比。

3. 分子晶体

在分子晶体中周期排列的物质微粒是分子。在分子晶体中分子之间通常以范德华力，而分子内的原子则通过共价键相互结合。例如，低温下的 CO_2 是分子晶体，其晶体结构如图 6.26 所示，2 个 O 原子和 1 个 C 原子通过共价键结合形成 CO_2 分子，通过 CO_2 分子间的范德华力，把 CO_2 分子聚集成晶体。由于范德华力很弱，所以分子间的结合力不强，温度稍高晶体就转变成气体。

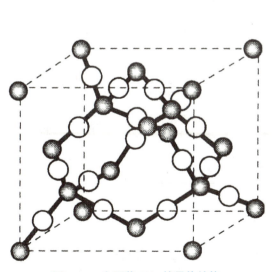

图 6.25 方石英 SiO_2 的晶体结构

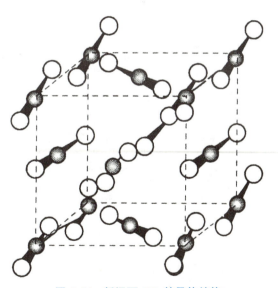

图 6.26 低温下 CO_2 的晶体结构

在分子晶体中存在着独立的分子，由于范德华力没有方向性和饱和性，分子晶体中的分子尽可能趋于紧密堆积的形式。

因分子间相互作用较弱，所以分子晶体硬度较小，熔点较低（一般低于 400 ℃）。有些分子晶体还具有较大的挥发性，如碘晶体。分子晶体在固态和熔融态不导电，但有些极性分子的晶体,如冰醋酸,溶于水后会生成水合离子,因此其水溶液能够导电。

值得注意的是 CO_2 和方石英这两种化合物。虽然 C 和 Si 都是第 IVA 族元素,但它们的氧化物,前者形成分子晶体,而后者为原子晶体。由于晶体结构不同,导致它们物理性质的重大差别,CO_2 在 -78.5 ℃时即升华,而 SiO_2 的熔点却高达 1 610 ℃。这说明在晶体结构中微粒间作用力不同会导致晶体物理性质的很大差异。

4. 金属晶体

在金属晶体中周期排列的物质微粒是金属原子或金属正离子,它们之间依靠金属键相互结合。绝大多数金属元素的单质和合金都属于金属晶体。

金属元素的电负性较小,电离能也较小,最外层的价电子容易脱离原子核的束缚而在金属晶粒间比较自由地运动,形成自由电子(或称为离域电子)。这些在三维空间运动、离域范围很大的自由电子,把失去价电子的金属正离子吸引在一起,形成金属晶体。金属中这种自由电子与原子(或正离子)间的作用力称为金属键。金属的一般特性都和金属中存在着这种自由电子有关。由于自由电子可以比较自由地在整个金属晶体中运动,使得金属具有良好的导电与传热性。自由电子能吸收可见光,并将能量向四周散射,使得金属不透明,具有金属光泽。由于自由电子的流动性,当金属受到外力时,金属原子间容易相对滑动,表现出良好的延性和展性。金属键没有方向性。

金属晶体中金属原子一般也尽可能采取密堆积的形式,配位数较高,可达 12。金属晶体中没有单独存在的原子,通常以元素符号代表金属单质的化学式。金属单质的熔点、硬度等差异较大,这主要与金属键的强弱有关。

以上 4 种晶体基本类型的特征概括在表 6.5 中。

表 6.5　4 种晶体基本类型的特征

晶体的基本类型	离子晶体	原子晶体	分子晶体	金属晶体
实例	NaCl	金刚石(C)	CO_2	Fe
微粒间作用力	离子键	共价键	范德华力	金属键
熔沸点	较高	高	低	一般较高,部分低
硬度	较大	大	小	一般较大,部分小
导电性	水溶液或熔融液易导电	绝缘体或半导体	一般不导电	良导体

6.6.2　链状和层状结构

近几十年中,随着 X 射线晶体结构测定技术的成熟与发展,大量的晶体结构被精确测定。结果表明,许多物质的晶体结构不能简单地用上述 4 种晶体基本类型来描述,表现为链状结构和层状结构。

1. 链状结构晶体

在天然硅酸盐中的基本结构单位是 1 个 Si 原子和 4 个 O 原子所组成的四面体,根据这种四面体的连接方式不同,可以得到不同结构的硅酸盐。若将各个四面体通过 2 个顶角的 O 原子分别与另外 2 个四面体中的 Si 原子相连,便构成链状结构的硅酸盐负离子,如

图 6.27 所示。图中虚线表示四面体,实线表示共价键。这些硅酸盐负离子具有由无数 Si、O 原子通过共价键组成的长链形式,链与链之间充填着金属正离子(如 Na^+、Ca^{2+} 等)。由于带负电荷的长链与金属正离子之间的静电作用能比链内共价键的作用能要弱,因此,若沿平行于链的方向用力,晶体往往易裂开成柱状或纤维状。石棉就是类似这类结构的双链状结构晶体。

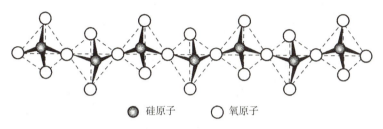

图 6.27 硅酸盐负离子的链状结构

2. 层状结构晶体

石墨是典型的层状结构晶体。在石墨中,每个碳原子以 sp^2 杂化形成 3 个 sp^2 杂化轨道,分别与相邻的 3 个碳原子形成 3 个 sp^2-sp^2 重叠的键,键角为 120°,从而得到由许多正六边形构成的平面结构,如图 6.28 所示。在平面层中的每个碳原子还有 1 个 2p 原子轨道垂直于 sp^2 杂化轨道,每个 2p 轨道中各有一个电子,由这些相互平行的 2p 轨道相互重叠可以形成遍及整个平面层的大 π 键。由于大 π 键的离域性,电子能沿平面层方向移动,使石墨具有良好的导电性和传热性。

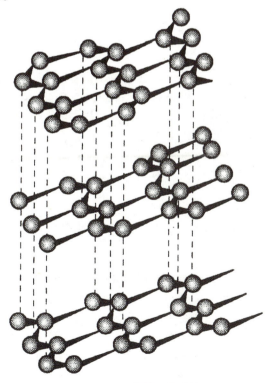

图 6.28 石墨的层状结构

在石墨中，在同一平面层内相邻 C 原子间的距离为 0.142 nm，但相邻平面层间的距离为 0.335 nm，因而相邻层间的作用力远弱于同一层中碳原子间的共价键，所以石墨的层间易滑动，工业上常用作固体润滑剂和铅笔芯的原料。类似石墨结构的六方氮化硼（BN）为白色粉末状，有"白色石墨"之称，是一种比石墨更耐高温的固体润滑剂。

层状结构的鳞片石墨（似鱼鳞的片状石墨）在常温下与浓硝酸和浓硫酸的混合酸溶液等氧化剂作用，可以形成结构较复杂的层间化合物，从而可使石墨层间距离由原来 0.335 nm 增大一倍左右。这些层间化合物在高温条件下大部分分解成气体逸出，所产生的气体足以克服石墨层间作用力，而使石墨层间距离大大膨胀，其体积可增大几十乃至上百倍，所以这种石墨称为膨胀石墨或柔性石墨。膨胀石墨很轻，密度是原来的 1% 左右。但膨胀石墨仍具有六方晶格结构，它既具有普通石墨所具有的化学性质稳定和耐高温、耐腐蚀、自润滑等特性，又具有普通石墨所没有的独特的柔软性和弹性；耐温范围宽（-200~3 600 ℃），能在高温、高压或辐射条件下工作，不发生分解、变形和老化。因此，近年来国内外常用压缩的膨胀石墨制品作为新颖的密封材料、隔音和防震材料、催化剂载体等，其广泛用于石油、化工、机械、电力和宇航等方面。

6.6.3 晶体缺陷与非整比化合物

1. 晶体缺陷

实际晶体大都存在着结构的缺陷。晶体缺陷通常有点缺陷、线缺陷、面缺陷和体缺陷。在晶体中，构成晶体的微粒在其平衡位置上作热振动，当温度升高时，有些微粒获得足够能量使振幅增大而脱离原来位置，这样在晶格中便出现空位（见图 6.29（a）中的 M 处）。

另一方面，从晶格中脱落的粒子又可进入晶格的空隙，形成间隙粒子，这类缺陷在实际晶体中较普遍存在。此外，晶体中某些位置能被杂质原子所取代，这样就使具有规整的晶体出现了无序的排列，如图 6.29（b）、（c）所示。上述三种缺陷都属于点缺陷。

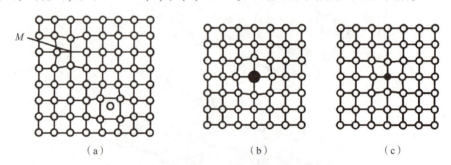

图 6.29 晶体中点缺陷示意图
(a) 晶格空位；(b) 正畸变；(c) 负畸变

在晶体中出现线状位置的短缺或错乱的现象叫作线缺陷，如图 6.30 所示。线缺陷又称位错。位错是晶体的某一部分相对于另一部分发生了位移。如果将点缺陷和线缺陷推及平面和空间即构成面缺陷和体缺陷，面缺陷主要指晶体中缺少一层粒子而形成了层错现象；体缺陷则指完整的晶体结构中存在着空洞或包裹物。

总之，在实际晶体中存在着各种缺陷。由于晶体的缺陷使正常晶体结构受到一定程度的破坏或搅乱，从而导致晶体的某些性质发生变化。例如，由于缺陷使晶体的机械强度降低，晶体的韧性、脆性等性能也会产生显著的影响。但当大量的位错存在时，由于位错之间的相互作用，阻碍位错运动，也会提高晶体的强度。此外，晶体的导电性与缺陷密切相关。例如，离子晶体在电场的作用下，离子会通过缺陷的空位而移动，从而提高了离子晶体的电导率；对于金属晶体来说，由于缺陷而使电阻率增大，导电性能降低；对于作半导体材料的固体而言，晶体的某些缺陷将会增加半导体的电导率。

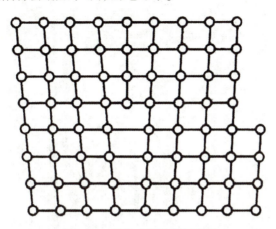

图 6.30　晶体中线缺陷示意图

实际上，有的晶体材料需要克服晶体缺陷，更多的晶体材料需要人们有计划、有目的地制造晶体缺陷，使晶体性质产生各种改变，以满足多种需要。如掺杂百万分之一 AgCl 的硫化锌可做蓝色荧光粉，掺杂半导体的应用则更广泛。

2. 非整比化合物

我们通常所讨论的化合物，其组成元素的原子数都具有简单的整数比。例如，纯的二组分化合物其中 A 原子数与 B 原子数之比为整数比，但是，随着对晶体结构和性质的研究工作深入，发现了一系列原子数目非整比的无机化合物，它们的组成可以用化学式来表示。非整比化合物的整个分子是电中性的，但是其中某些元素可能具有混合的化合价。

非整比化合物的存在，与实际晶体的缺陷也有关系。晶格的空位与间隙粒子的存在，都能引起原子数目非整比的结果。例如，将普通氧化锌（ZnO）放在 600~1 200 ℃ 的锌蒸气中加热，可以得到非整比氧化锌，晶体变为红色，是半导体。这是由于晶体中的锌原子进入普通氧化锌的晶格，成为间隙原子而形成的。非整比氧化锌的导电能力比普通氧化锌强得多，可归因于间隙锌原子的存在。

非整比化合物中元素的混合价态，可能是该类化合物具有催化性能的重要原因。非整比化合物中的晶体缺陷，可能对化合物的电学、磁学等物理性能有大的影响。因此，研究非整比化合物的组成、结构、价态及性能，对于探索新的无机功能材料是很有帮助的。熟练掌握晶体掺杂技术，生成各种各样的非整比化合物，可以获得各种性能各异的晶体材料。

6.6.4　晶体结构测定

晶体结构是由晶胞与晶胞中所有原子的位置决定的，测定晶体结构就是测定晶胞参数及一个晶胞中原子的坐标。

晶体中的微粒排布具有周期性，所以能对入射光产生衍射，类似于光学中杨氏双缝实验现象。晶体中微粒排布的周期为纳米数量级，所以入射光应是波长为纳米数量级的 X 射线。

用一束平行 X 射线照射晶体，能从晶体上产生很多衍射光束，射向四面八方。这些衍射光束投射到感光底片上，产生许许多多的感光斑点，得到如图 6.31 的衍射图。衍射图记录了衍射光强度、衍射光方向等物理量，它们中隐藏着晶体结构的信息。

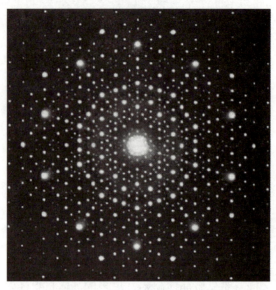

图 6.31　单晶 X 射线衍射图

根据衍射图上衍射斑点所携带的信息，通过复杂的计算，能够推算出晶胞参数及晶胞中原子的坐标，这样就测定了晶体的结构。以上计算用到的数学、物理知识比较复杂，此处不做进一步的阐述，有兴趣的读者，可以参考晶体结构测定的相关书籍。

计算得到晶胞中原子的坐标，就能够计算原子间的距离。相距较近的原子之间应该存在化学键，键长就是以上计算得到的原子间距。在原子位置上画指定半径的"球"来代表原子（见图 6.32（a）），在成键原子间画上"棍"代表化学键（见图 6.32（b）），这样就得到晶体结构图。从晶体结构图中，可以看到显示分子空间结构的球棍模型。

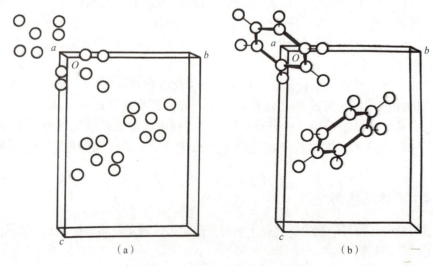

图 6.32　苯晶体结构的球棍模型

石墨烯

石墨烯（Graphene）是一种以 sp^2 杂化连接的碳原子紧密堆积成单层二维蜂窝状晶格结构的新材料。石墨烯具有优异的光学、电学、力学特性，在材料学、微纳加工、能源、生物医学和药物传递等方面具有重要的应用前景，被认为是一种未来革命性的材料。

实际上石墨烯本来就存在于自然界，只是难以剥离出单层结构。石墨烯一层层叠起来就是石墨，厚 1 mm 的石墨大约包含 300 万层石墨烯。铅笔在纸上轻轻划过，留下的痕迹就可能是几层甚至仅一层石墨烯。

2004 年，英国曼彻斯特大学的两位科学家安德烈·盖姆（Andre Geim）和康斯坦丁·诺沃消洛夫（Konstantin Novoselov）发现他们能用一种非常简单的方法得到越来越薄的石墨薄片。他们从高定向热解石墨中剥离出石墨片，然后将薄片的两面粘在一种特殊的胶带上，撕开胶带，就能把石墨片一分为二。不断地这样操作，于是薄片越来越薄，最后，他们得到了仅由一层碳原子构成的薄片，这就是石墨烯。他们共同获得 2010 年诺贝尔物理学奖。石墨烯常见的粉体生产的方法为机械剥离法、氧化还原法、SiC 外延生长法，薄膜生产方法为化学气相沉积法（CVD）。

在发现石墨烯以前，大多数物理学家认为，热力学涨落不允许任何二维晶体在有限温度下存在。所以，单层石墨烯的发现立即震撼了凝聚体物理学学术界。虽然理论和实验界都认为完美的二维结构无法在非绝对零度稳定存在，但是单层石墨烯能够在实验中被制备出来。

2018 年 3 月 31 日，中国首条全自动量产石墨烯有机太阳能光电子器件生产线在山东菏泽启动，该项目主要生产可在弱光下发电的石墨烯有机太阳能电池，破解了应用局限、对角度敏感、不易造型这三大太阳能发电难题。

2018 年 6 月 27 日，中国石墨烯产业技术创新战略联盟发布新制订的团体标准《含有石墨烯材料的产品命名指南》。这项标准规定了石墨烯材料相关新产品的命名方法。

1. 理化性质

石墨烯内部碳原子的排列方式与石墨单原子层一样以 sp^2 杂化轨道成键，并有如下的特点：碳原子有 4 个价电子，其中 3 个电子参与 sp^2 杂化，即每个碳原子都贡献 1 个位于 p_z 轨道上的未成键电子，近邻原子的 p_z 轨道与平面成垂直方向可形成 π 键，新形成的 π 键呈半填满状态。研究证实，石墨烯中碳原子的配位数为 3，键与键之间的夹角为 120°。除了 σ 键与其他碳原子链接成六角环的蜂窝式层状结构外，每个碳原子的垂直于层平面的 p_z 轨道可以形成贯穿全层的多原子的大 π 键（与苯环类似），因而具有优良的导电和光学性能。

石墨烯是已知强度最高的材料之一，同时还具有很好的韧性，且可以弯曲。而利用氢等离子改性的还原石墨烯也具有非常好的强度。由石墨烯薄片组成的石墨纸拥有很多的孔，因而石墨纸显得很脆，然而，经氧化得到功能化石墨烯，再由功能化石墨烯做成石墨纸则会异常坚固强韧。

石墨烯在室温下的载流子迁移率约为 15 000 cm/(V·s)，这一数值超过了硅材料的 10 倍，是已知载流子迁移率最高的物质锑化铟（InSb）的两倍以上。在某些特定条件下如低温下，石墨烯的载流子迁移率甚至可高达 250 000 cm/(V·s)。与很多材料不一样，石墨烯的电子迁移率受温度变化的影响较小，50~500 K 之间的任何温度下，单层石墨烯的电子迁移率都在 15 000 cm/(V·s)左右。

石墨烯具有非常好的热传导性能。纯的无缺陷的单层石墨烯的导热系数高达 5 300 W/(m·K)，是为止导热系数最高的碳材料，高于单壁碳纳米管（3 500 W/(m·K)）和多壁碳纳米管（3 000 W/(m·K)）。当它作为载体时，导热系数也可达 600 W/(m·K)。此外，石墨烯的弹道热导率可以使单位圆周和长度的碳纳米管的弹道热导率的下限下移。

石墨烯具有非常良好的光学特性，在较宽波长范围内吸收率约为 2.3%，看上去几乎是透明的。在几层石墨烯厚度范围内，厚度每增加一层，吸收率增加 2.3%。大面积的石墨烯薄膜同样具有优异的光学特性，且其光学特性随石墨烯厚度的改变而发生变化。这是单层石墨烯所具有的不寻常低能电子结构。室温下对双栅极双层石墨烯场效应晶体管施加电压，石墨烯的带隙可在 0~0.25 eV 间调整。施加磁场，石墨烯纳米带的光学响应可调谐至太赫兹范围。

石墨烯的化学性质与石墨类似，石墨烯可以吸附并脱附各种原子和分子。当这些原子或分子作为给体或受体时可以改变石墨烯载流子的浓度，而石墨烯本身却可以保持很好的导电性。但当吸附其他物质时，如 H 和 OH 时，会产生一些衍生物，使石墨烯的导电性变差，但并没有产生新的化合物。因此，可以利用石墨来推测石墨烯的性质。例如石墨烷的生成就是在二维石墨烯的基础上，每个碳原子多加上一个氢原子，从而使石墨烯中 sp^2 碳原子变成 sp^3 杂化。可以在实验室中通过化学改性的石墨制备石墨烯的可溶性片段。

2. 主要应用及发展前景

随着批量化生产以及大尺寸等难题的逐步突破，石墨烯的产业化应用步伐正在加快，基于已有的研究成果，最先实现商业化应用的领域可能会是移动设备、航空航天、新能源电池领域。

石墨烯对物理学基础研究有着特殊意义，它使得一些此前只能在理论上进行论证的量子效应可以通过实验验证。在二维的石墨烯中，电子的质量仿佛是不存在的，这种性质使石墨烯成了一种罕见的可用于研究相对论量子力学的凝聚态物质。因为无质量的粒子必须以光速运动，从而必须用相对论量子力学来描述，这为理论物理学家们提供了一个崭新的研究方向：一些原来需要在巨型粒子加速器中进行的试验，可以在小型实验室内用石墨烯进行。

石墨烯可以做成化学传感器，这个过程主要是通过石墨烯的表面吸附性能来完成的，根据部分学者的研究可知，石墨烯化学探测器的灵敏度可以与单分子检测的极限相比拟。石墨烯独特的二维结构使它对周围的环境非常敏感。石墨烯是电化学生物传感器的理想材料，石墨烯制成的传感器在医学上检测多巴胺、葡萄糖等具有良好的灵敏性。

石墨烯可以用来制作晶体管，由于石墨烯结构的高度稳定性，这种晶体管在接近单个原子的尺度上依然能稳定地工作。相比之下，目前以硅为材料的晶体管在 10 nm 左右的尺度上就会失去稳定性；石墨烯中电子对外场的反应速率超快这一特点，又使得由它制成的晶体管可以达到极高的工作频率。例如 IBM 公司在 2010 年 2 月就已宣布将石墨烯晶体管的工作频率提高到了 100 GHz，超过同等尺度的硅晶体管。

消费电子展上可弯曲屏幕备受瞩目,成为未来移动设备显示屏的发展趋势。柔性显示未来市场广阔,作为基础材料的石墨烯前景也被看好。韩国研究人员首次制造出了由多层石墨烯和玻璃纤维聚酯片基底组成的柔性透明显示屏。韩国三星公司和成均馆大学的研究人员在一个 63 cm 宽的柔性透明玻璃纤维聚酯板上,制造出了一块电视机大小的纯石墨烯。他们表示,这是迄今为止"块头"最大的石墨烯块。随后,他们用该石墨烯块制造出了一块柔性触摸屏。研究人员表示,从理论上来讲,人们可以卷起智能手机,然后像铅笔一样将其别在耳后。

新能源电池也是石墨烯最早商用的一大重要领域。美国麻省理工学院已成功研制出表面附有石墨烯纳米涂层的柔性光伏电池板,可极大降低制造透明可变形太阳能电池的成本,这种电池有可能在夜视镜、相机等小型数码设备中应用。另外,石墨烯超级电池的成功研发,也解决了新能源汽车电池的容量不足以及充电时间长的问题,极大加速了新能源电池产业的发展。这一系列的研究成果为石墨烯在新能源电池行业的应用铺就了道路。

此外,石墨烯还能用于海水淡化、储氢材料、航空航天、感光元件、复合材料、生物应用等。

石墨烯的研究与应用开发持续升温,石墨和石墨烯有关的材料广泛应用在电池电极材料、半导体器件、透明显示屏、传感器、电容器、晶体管等方面。鉴于石墨烯材料优异的性能及其潜在的应用价值,在化学、材料、物理、生物、环境、能源等众多学科领域已取得了一系列重要进展。研究者们致力于在不同领域尝试不同方法以求制备高质量、大面积石墨烯材料。并通过对石墨烯制备工艺的不断优化和改进,降低石墨烯制备成本,使其优异的材料性能得到更广泛的应用,并逐步走向产业化。

中国在石墨烯研究上也具有独特的优势,从生产角度看,作为石墨烯生产原料的石墨,在我国储能丰富,价格低廉。正是看到了石墨烯的应用前景,许多国家纷纷建立石墨烯相关技术研发中心,尝试使用石墨烯商业化,进而在工业、技术和电子相关领域获得潜在的应用专利。

石墨烯有望在诸多应用领域中成为新一代器件,为了探寻石墨烯更广阔的应用领域,还需继续寻求更为优异的石墨烯制备工艺,使其得到更好的应用。石墨烯虽然从合成和证实存在到今天只有短短十几年的时间,但是已成为各国学者研究的热点。其优异的光学、电学、力学、热学性质促使研究人员不断对其深入研究,随着石墨烯的制备方法不断被开发,石墨烯必将在不久的将来被更广泛地应用到各领域中。

石墨烯产业化还处于初期阶段,一些应用还不足以体现出石墨烯的多种"理想"性能,而世界上很多科研人员正在探索"撒手锏级"的应用,未来在检测及认证方面需要面对太多挑战,有待在手段及方法上不断创新。

本 章 小 结

1. 波函数、四个量子数和元素周期律

围绕原子核运动的电子具有能量量子化、波粒二象性和统计性的特性,其运动规律用波

函数（原子轨道）描述。波函数由三个量子数确定，主量子数 n、角量子数 l、磁量子数 m 分别确定原子轨道的能量、基本形状和空间取向等特征。此外，自旋量子数 m_s 的两个值分别代表两种不同的所谓自旋状态。

波函数的平方表示电子在核外空间某单位体积内出现的概率大小，即概率密度。用黑点疏密的程度描述原子核外电子的概率密度分布规律的图形叫作电子云。

多电子原子的轨道能量由主量子数 n、角量子数 l 决定，并随主量子数 n、角量子数 l 的增大而升高。主量子数 n、角量子数 l 都不同的轨道，能级可出现交错。

多电子原子核外电子排布一般遵循三个规则，以使系统的能量最低。元素原子的外层电子构型按周期系可分为 5 个区，各区元素原子的外层电子构型具有明显特征。

元素的性质随原子的外层电子构型的周期性变化而变化，主要表现如下。

（1）电离能。主族元素原子的电离能按周期表呈现规律性变化。同一周期中的元素，从左到右，原子的电离能逐渐变大，元素的金属性逐渐减弱。同一主族的元素，从上到下，原子的电离能逐渐变小，元素的金属性逐渐增大。

（2）电负性。主族元素的电负性具有明显的周期性变化规律。而副族元素的电负性则彼此较接近。元素的电负性数值越大，表明原子在分子中吸引电子的能力越强。元素的金属性与电负性值相关，一般金属元素（除铂系和金外）电负性值小于 2.0，而非金属元素（除 Si 外）的电负性值大于 2.0。

2. 分子结构

（1）共价键可用价键理论和分子轨道理论来说明。价键理论认为共价键的形成是由于相邻两原子之间自旋状态不同的未成对电子相互配对而形成的。在成键时原子轨道要对称性匹配并实现最大程度的重叠。所以共价键具有饱和性和方向性。

（2）分子的空间构型与杂化轨道理论。杂化轨道理论强调成键时能级相近的原子轨道互相杂化，以增强成键能力，可以用来解释分子的空间构型，一般有 sp、sp^2、sp^3 杂化等。对应于上述三种杂化的典型分子的空间构型分别呈直线形（如 $HgCl_2$）、平面三角形（如 BF_3）、正四面体形（如 CH_4），这些均为空间结构对称的非极性分子。对应于 sp^3 不等性杂化（有孤对电子）的典型分子的空间构型有三角锥形（如 NH_3）、V 形（如 H_2O），均为极性分子。

（3）在一个具有平面结构的多原子分子中，如果彼此相邻的 3 个或多个原子中有垂直于分子平面的，对称性一致的，未参与杂化的原子轨道，那么这些轨道可以互相重叠，形成多中心 π 键。这种多中心 π 键又称为"共轭 π 键""离域 π 键"或"非定域 π 键"，简称大 π 键。

（4）分子间普遍存在范德华力，它包括取向力、诱导力和色散力；氢键存在于氢原子和电负性较大的原子之间。对于分子晶体，有氢键存在（分子间）的物质的熔点、沸点稍高。

（5）离子极化的结果，使正、负离子之间的原子轨道（或电子云）发生变形，导致轨道相互重叠，使离子键向共价键转变。考虑离子间极化作用时，主要是考虑正离子的极化力引起负离子的变形。离子极化作用变大可以使晶体类型由离子晶体向分子晶体转变，其熔点、沸点、导电性也依次递减。

3. 晶体结构

（1）根据组成晶体结构的微粒间作用力的不同，可将晶体划分为离子晶体、原子晶体、分子晶体和金属晶体等四种基本类型。在不同类型的晶体中，由于微粒间作用力不同，所以熔点、硬度、导电性等物理性质明显不同。

（2）链状结构晶体——链内的原子以共价键结合构成长链。链与链之间易断裂，如石棉。层状结构晶体——层内各原子以共价键结合构成层片，层之间易断裂或相对移动，如石墨。

（3）用 X 射线衍射可以测量晶体的结构。早期的技术能够测量晶体的周期性和对称性，现代的技术则能测量出晶体中分子的空间结构，得到键长、键角等参数。

（4）实际晶体中存在着点缺陷、线缺陷、面缺陷和体缺陷。晶体的缺陷对晶体的物理性质有显著影响。

练 习 题

一、选择题

1. 下列关于元素周期表的说法错误的是（　　）。

A. 元素的族数等于原子最外层电子数

B. 周期数等于电子层数

C. 各周期元素的总数等于相应能级组中原子轨道所能容纳的电子总数

D. 同主族元素从上到下，原子半径逐渐增大

2. 用四个量子数 n、l、m、m_s 表示某一电子的运动状态，不合理的是（　　）。

A. 3,2,-1,+1/2　　B. 3,2,1,+1/2　　C. 3,0,1,-1/2　　D. 2,1,1,-1/2

3. 在某个多电子原子中，分别可用下列各组量子数表示相关电子的运动状态，其中能量最高的电子是（　　）。

A. 2,0,0,-1/2　　B. 2,1,0,-1/2　　C. 3,2,0,+1/2　　D. 3,1,0,+1/2

4. 具有下列外层电子构型的原子，第一电离能最大的是（　　）。

A. ns^2np^3　　B. ns^2np^6　　C. ns^2np^2　　D. ns^2np^1

5. H_2S-H_2O 之间不存在的分子间力是（　　）。

A. 色散力　　B. 诱导力　　C. 取向力　　D. 氢键

6. 下列分子中化学键具有极性而整个分子为非极性分子的是（　　）。

A. ZnS　　B. Cl_2　　C. H_2O　　D. CO_2

7. 下列说法正确的是（　　）。

A. 阴离子的电荷越低，极化能力越强

B. 阳离子电荷越高，极化能力越强

C. 阳离子半径较小，其变形性较大

D. 阴离子半径较小，其变形性较大

二、判断题

1. s 轨道为球形，表明 s 轨道上的电子是沿球面运动的。（   ）
2. 核外电子排布时最外层电子数一般不超过 18 个。（   ）
3. 多电子原子轨道的能级只与主量子数 n 有关。（   ）
4. 在同一原子中不可能有四个量子数完全相同的两个电子。（   ）
5. 同族元素的氧化物 CO_2 和 SiO_2，具有相似的物理性质和化学性质。（   ）
6. 分子中化学键有极性并不意味着整个分子也有极性。（   ）
7. 非极性分子之间存在的分子间作用力包括诱导力、色散力和取向力。（   ）
8. 晶体分为分子晶体、离子晶体、金属晶体、原子晶体等。（   ）
9. BF_3 和 NH_3 都具有平面三角形的空间构型。（   ）
10. HF、HCl、HBr、HI 四种酸分子间色散力依次增加，沸点也依次逐渐升高。（   ）

三、综合题

1. 微观粒子有何特性？
2. n、l、m 三个量子数的组合方式有何规律？这三个量子数各有何物理意义？
3. 在长式周期表中 s 区、p 区、d 区、ds 区和 f 区元素各包括哪几个族？每个区所有的族数与 s、p、d、f 轨道可分布的电子数有何关系？
4. 试简单说明电离能与电负性的含义及其在周期系中的一般递变规律。
5. 请写出 Cu，Cu^+，Cu^{2+} 的核外电子排布。
6. 将表 6.6 填空完整。

表 6.6　综合题第 6 题表

原子序数	原子符号	价电子构型	未成对电子数	周期	族	所属区
13						
19						
23						
29						

7. 有第四周期的 A、B、C、D 四种元素，其最外层电子数依次为 1、2、2、7，其原子序数依次增大。已知 A 与 B 的次外层电子数为 8，而 C 和 D 的次外层电子数为 18。请写出这几种元素的元素符号。
8. 为什么说共价键具有饱和性和方向性？
9. 试比较 BF_3 和 NF_3 两种分子结构（包括化学键、分子极性和空间构型等）。
10. 指出下列说法是否正确并说明原因。
 （1）氯化氢（HCl）溶于水后产生 H^+ 和 Cl^-，所以 HCl 分子是由离子键形成的。
 （2）四氯化碳的熔点、沸点低，所以 CCl_4 分子不稳定。
 （3）色散力仅存在于非极性分子之间。
 （4）凡是含有氢的化合物的分子之间都能形成氢键。

11. 下列每组物质中存在着何种分子间力？

(1) C_6H_6-CCl_4；(2) CH_3OH-H_2O。

12. 比较下列各对物质沸点的高低，并简单说明之：

(1) HF 和 HCl；(2) SiH_4 和 CH_4；(3) Br_2 和 F_2。

13. 为什么干冰（固态 CO_2）和石英的物理性质差异很大？金刚石和石墨都是碳元素的单质，为什么物理性质不同？

第 6 章练习题答案

第 7 章　无机非金属材料

内容提要和学习要求

人类建筑的变迁是从阴冷潮湿的洞穴到破败不堪的茅草屋,再到简陋粗糙的石屋、水泥、钢筋建的砖瓦房。其中所用的陶瓷、水泥、普通玻璃等都是材料家族中一大类材料——无机非金属材料。由于陶瓷、水泥、普通玻璃的主要成分是硅酸盐,因此又称此无机非金属材料为硅酸盐材料。由此可见,无机非金属材料在日常生活中,尤其是建筑行业内扮演着很重要的角色。学完本章,我们也将会对无机非金属材料有更深刻的理解。

本章学习要求可分为以下几点。

(1) 了解硅酸盐及其结构特点,传统硅酸盐制品(陶瓷、玻璃、水泥)的工业生产(原料、设备等)。

(2) 了解硅和二氧化硅的性质,认识碳化硅、氰化硅、纳米材料等新型无机非金属材料。

(3) 了解硅及其化合物在材料家族中的应用,增强关注社会的意识和责任感。

7.1　陶　　瓷

陶瓷在我国有悠久的历史,是中华民族古老文明的象征。从西安地区出土的秦始皇陵中大批陶兵马俑,气势宏伟,形象逼真,被认为是世界文化奇迹,人类的文明宝库。唐代的唐三彩、明清景德镇的瓷器均久负盛名。

传统陶瓷材料的主要成分是硅酸盐,自然界存在大量天然的硅酸盐,如岩石、土壤等,还有许多矿物如云母、滑石、石棉、高岭石等,它们都属于天然的硅酸盐。此外,人们为了满足生产和生活的需要,生产了大量人造硅酸盐,主要有玻璃、水泥、各种陶瓷、砖瓦、耐火砖、水玻璃以及某些分子筛等。硅酸盐制品性质稳定,熔点较高,难溶于水,有很广泛的用途。硅酸盐制品一般都是以黏土(高岭土)、石英和长石为原料经高温烧结而成的。黏土的化学组成为 $Al_2O_3 \cdot 2SiO_2 \cdot 2H_2O$,石英为 SiO_2,长石为 $K_2O \cdot Al_2O_3 \cdot 6SiO_2$(钾长石)或 $Na_2O \cdot Al_2O_3 \cdot 6SiO_2$(钠长石)。这些原料中都含有 SiO_2,因此在硅酸盐的晶体结构中,硅与氧的结合是最重要也是最基本的。

硅酸盐是一种多相结构物质,其中含有晶态部分和非晶态部分,但以晶态为主。硅酸盐中硅氧四面体(SiO_4)是硅酸盐结构的基本单元。在硅氧四面体中,硅原子以 sp3 杂化轨道与氧原子成键，Si—O 键键长为 162 pm，比起 Si^{4+} 和 O^{2-} 的离子半径之和有所缩短，故 Si—O 键的结合是比较强的。

7.2 玻　　璃

玻璃是非晶无机非金属材料，一般是用多种无机矿物（如石英砂、硼砂、硼酸、重晶石、碳酸钡、石灰石、长石、纯碱等）为主要原料，另外加入少量辅助原料制成的。它的主要成分为二氧化硅和其他氧化物。普通玻璃的化学组成为 $Na_2SiO_3 \cdot CaSiO_3 \cdot SiO_2$ 或 $Na_2O \cdot CaO \cdot 6SiO_2$ 等，主要成分是硅酸盐复盐，是一种无规则结构的非晶态固体；广泛应用于建筑物，用来隔风透光，属于混合物。另有混入了某些金属的氧化物或者盐类而显现出颜色的有色玻璃，和通过物理或者化学的方法制得的钢化玻璃等。有时把一些透明的塑料（如聚甲基丙烯酸甲酯）也称作有机玻璃。

玻璃既不是晶态，也不是非晶态、多晶态或混合态，理论名称叫玻璃态。玻璃态在常温下的特点是：短程有序，即在数个或数十个原子范围内，原子有序排列，呈现晶体特征；长程无序，即再增加原子数量后，便成为一种无序的排列状态，其混乱程度类似于液体。在宏观上，玻璃又是一种固态的物质。

造成玻璃这种结构的原因是：玻璃的黏度随温度的变化速度太快，而结晶速度又太慢。当温度下降，结晶刚刚开始的时候，黏度就已经变得非常大，原子的移动被限制住，造成了这种结果。所以，玻璃态类似于固态的液体，物质中的原子永远都是处于结晶的过程中。

因此，玻璃中的原子位置看似固定，但是原子间依然有作用力促使它具备重新排列的趋势。这并不是一个稳定的状态，和石蜡中的原子状态不同。所以，同样不是晶体，常温下，石蜡完全是固体，而玻璃却可以被看作是黏度极大的液体。

硅酸盐玻璃是指含有钠钙硅酸盐、钠铝硅酸盐、钠硼硅酸盐的玻璃，建筑玻璃、日用玻璃、玻璃纤维、大部分光学玻璃、技术玻璃的成分都属于硅酸盐玻璃。

7.3 硅酸盐水泥

由硅酸盐水泥熟料、0~5%石灰石或粒化高炉矿渣、适量石膏磨细制成的水硬性胶凝材料，称为硅酸盐水泥。家庭装修常用的是硅酸盐水泥。硅酸盐水泥分为两种类型：不掺混合材料的称为Ⅰ型硅酸盐水泥，代号 P·Ⅰ；在硅酸盐水泥熟料粉磨时掺入不超过水泥质量 5% 的石灰石或粒化高炉矿渣混合材料的称为Ⅱ型硅酸盐水泥，代号 P·Ⅱ。

7.3.1　硅酸盐水泥的原料

硅酸盐水泥的主要原料：石灰质原料和黏土质原料（见表 7.1）。通常，生产 1 t 硅酸盐水泥熟料消耗 1.6 t 左右的干原料，其中石灰质原料占 80% 左右，黏土质原料为 10%~15%。

表 7.1 硅酸盐水泥的主要原料

原料名称	主要提供的成分	配比
石灰质原料	CaO	~80%
黏土质原料	SiO_2、Al_2O_3、少量 Fe_2O_3	10%~15%

1. 石灰质原料

1）天然石灰质原料

（1）石灰石是由碳酸钙所组成的化学与生物化学沉积岩，它的主要成分是 $CaCO_3$。其主要矿物是方解石（$CaCO_3$），常含有白云石（$CaCO_3 \cdot MgCO_3$）、硅质（石英或燧石属结晶 SiO_2）、含铁矿物和黏土质杂质。

（2）泥灰岩由碳酸钙和黏土物质同时沉积形成，属石灰岩向黏土过渡的岩石。

泥灰岩可分为高钙泥灰岩、低钙泥灰岩和天然水泥岩。其中高钙泥灰岩的 CaO 含量大于 45%，KH 大于 0.95，应与黏土配合使用；低钙泥灰岩的 CaO 含量小于 43.5%，KH 小于 0.8，应与石灰石配合使用；天然水泥岩的 CaO 含量在 43.5%~45%，各率值与熟料相近。KH 表示水泥熟料中的总 CaO 含量扣除饱和碱性氧化物（如 Al_2O_3、Fe_2O_3）所需要的氧化钙后，剩下的与二氧化硅化合的氧化钙的含量与理论上二氧化硅全部化合成硅酸三钙所需要的氧化钙含量的比值。简而言之，石灰饱和系数表示熟料中二氧化硅被氧化钙饱和成硅酸三钙的程度。

（3）白垩是由隐晶或无定形细粒疏松的碳酸钙所组成的石灰岩。它的主要成分为碳酸钙，其中碳酸钙的含量在 80%~90%，甚至高于 90%。白垩易于粉磨和煅烧，是立窑水泥厂的优质石灰质原料。贝壳中碳酸钙的含量在 90%左右。

2）人工石灰质原料

电石渣是化工厂乙炔发生车间消解石灰排出的含水约 85%~90%的消石灰浆。其主要成分 $Ca(OH)_2$，可替代部分石灰质原料，常用于湿法生产。碳酸法制糖厂的糖滤泥、氯碱法制碱厂的碱渣、造纸厂的白泥，其主要成分都是 $CaCO_3$，均可做石灰质原料。

2. 石灰质原料的选择

1）质量要求

石灰质原料使用最广泛的是石灰石，其主要成分是 $CaCO_3$，纯石灰石的 CaO 最高含量为 56%，其品位由 CaO 含量确定。有害成分为 MgO、R_2O、Na_2O、K_2O 和游离 SiO_2。石灰质原料的质量要求如表 7.2 所示。

表 7.2 石灰质原料的质量要求

成分	CaO	MgO	F-SiO_2（燧石或石英）	SO_3	Na_2O+K_2O
含量	≥48%	≤3%	≤4%	≤1%	≤0.6%

2）石灰质原料的选择

（1）搭配使用。

（2）限制 MgO 含量（白云石是 MgO 的主要来源，含有白云石的石灰石在新敲开的断面上可以看到粉粒状的闪光）。

（3）限制燧石含量（燧石含量高的石灰岩，表面常有褐色的凸出或呈结核状的夹杂物）。

（4）新型干法水泥生产，还应限制 K_2O、Na_2O、SO_3、Cl^- 等微量组分。

3）白云石、石灰石的判定方法

用 10% 盐酸滴在白云石上有少量的气泡产生，滴在石灰石上则剧烈地产生气泡。

2. 黏土质原料

黏土质原料是主要提供水泥熟料中 SiO_2、Al_2O_3 和少量 Fe_2O_3 等成分原料的总称。

1）天然黏土质原料

黄土是没有层理的黏土与微粒矿物的天然混合物。成因以风积为主，也有成因于冲积、坡积、洪积和淤积的。颜色以黄褐色为主。黏土矿物以伊利石为主，还有蒙脱石与拜来石等，以及石英、长石、白云母、方解石、石膏等。其化学成分以 SiO_2、Al_2O_3 为主，SM 为 3.5~4.0，IM 为 2.3~2.8，塑性指数为 8~12。SM 表示熟料中 SiO_2 含量与 Al_2O_3、Fe_2O_3 之和的比例，反映了熟料中硅酸盐矿物（C_3S+C_2S）、熔剂矿物（C_3A+C_4AF）的相对含量。IM 表示熟料中 Al_2O_3 含量与 Fe_2O_3 含量之比，反映了熟料中 C_3A 和 C_4AF 的相对含量，也反映煅烧过程中液相的性质（主要是液相的黏度，C_3A 形成的液相黏度大，C_4AF 形成的液相黏度小）。黏土是多种微细的呈疏松或胶状密实的含水铝硅酸盐矿物的混合体，它由富含长石等铝硅酸盐矿物的岩石经漫长地质年代风化而成。在中国华北、西北地区的红土、东北地区的黑土与棕壤、南方地区的红壤与黄壤等都是黏土。其主要特征是黏粒占比为 40%~70%。

根据黏土中主导矿物不同，黏土可分为高岭石类（如红壤、黄壤）、蒙脱石类、水云母类（如黄土）。它们的共同化学式为 $mSiO_2 \cdot Al_2O_3 \cdot nH_2O$。

页岩是黏土受地壳压力胶结而成的黏土岩，层理明显，颜色不定，一般为灰色、褐色或黑色。化学成分与黏土类似，可作为黏土使用，但其硅率较低，通常配料时需掺加硅质校正原料。硅率较低，一般为 2.1~2.8。页岩的主要矿物有石英、长石、云母和方解石等。粉砂岩是由直径为 0.01~0.1 mm 的粉砂经长期胶结变硬后碎屑沉积岩。其主要矿物为石英、长石、黏土等，胶结物质有黏土质、硅质、铁质及碳酸盐质。颜色呈淡黄、淡红、淡棕色、紫红色等，质地一般疏松，但也有较坚硬的。粉页岩的硅率较高，一般大于 3.0，可作为硅铝质原料。

2）其他黏土质原料

赤泥为制铝工业中用烧结法从矾土中提取氧化铝时所排出的赤色工业渣。其含水率在 40%~50%，含大量 C_2S，故热耗低，但易沉淀结硬。煤矸石是采煤时排出的含煤量很少的黑色废石。粉煤灰是发电厂排出的工业渣。煤矸石和粉煤灰含氧化铝较高，硅率较低，应掺加硅质校正原料进行调整。粒化高炉矿渣是高炉冶炼生铁时所排出的废渣。

3. 校正原料

当石灰质原料和黏土质原料配合所得生料成分不能符合配料方案要求时，必须根据所缺少的组分掺加相应的校正原料，这种以补充某些成分不足为主的原料称为校正原料。校正原料包括铁质校正原料、硅质校正原料、铝质校正原料（见表 7.3）。

1）铁质校正原料

铁质校正原料是补充氧化铁含量不足的原料，其中 Fe_2O_3 含量大于 4%，其包括低品位铁矿石、炼铁厂尾矿、铁矿石、硫铁矿渣、铅矿渣或铜矿等。

2）硅质校正原料

硅质校正原料是补充氧化硅含量不足的原料，其 SiO_2 含量为 70%～90%，硅率 n 大于 4.0，R_2O 含量小于 4%。常用的硅质校正原料有硅藻土、硅藻石、砂岩（见图 7.1）、河砂、粉砂岩等。其中砂岩、河砂中结晶 SiO_2 多，难磨难烧，所以尽量不用，风化砂岩易于粉磨，对煅烧影响小。

3）铝质校正原料

铝质校正原料是补充氧化铝含量不足的原料，其中 Al_2O_3 含量大于 30%。常用的铝质校正原料有低品位矾土、煤渣（见图 7.2）、煤研石、粉煤灰等。

表 7.3 校正原料一览表

名称	常用材料	质量要求
铁质校正原料	低品位铁矿石、炼铁厂尾矿、铁矿石、硫铁矿渣、铅矿渣或铜矿	Fe_2O_3 含量>4%
硅质校正原料	硅藻土、硅藻石、砂岩、河砂、粉砂岩	SiO_2 含量>70%～90%，硅率 n>4.0，R_2O 含量<4%
铝质校正原料	低品位矾土、煤渣、煤研石、粉煤灰	Al_2O_3 含量>30%

图 7.1 砂岩

图 7.2 煤渣

7.3.2 硅酸盐水泥的生产

硅酸盐水泥生产工艺要点是两磨一烧。

按生料制备方法不同，硅酸盐水泥生产方法分为湿法和干法，如表 7.4 所示。

按煅烧熟料窑的结构不同，硅酸盐水泥生产方法分为立窑和回转窑，如表 7.5 所示。

表7.4 硅酸盐水泥生产方法分类1

生产方法	工艺	生料含水量	优缺点
湿法	各种原料加水进磨机进行粉磨和混合,得到黏稠浆状生料浆,入窑煅烧	33%~40%	生料浆容混匀,熟料质量好、稳定;原料不需预干燥,料浆输送方便,扬尘少,环境较好 热耗高50%;回转窑体长,窑内需挂链条
干法	各种原料预干燥,进磨机进行磨碎和混合,得到干细粉末状生料粉,入窑煅烧	<1%	可窑外预热,热耗低;回转窑体短 生料不易混匀,需设复杂的空气搅拌系统;扬尘大;电耗高

表7.5 硅酸盐水泥生产方法分类2

立窑		普通立窑
		机械立窑
回转窑	湿法回转窑	中空窑
		带热交换装置的窑
	干法回转窑	中空窑
		带余热锅炉的窑
		带预热器的窑
		带分解炉的窑
	半干法回转窑	立波尔窑

7.3.3 硅酸盐水泥的矿物组成

硅酸盐水泥熟料是以石灰石和黏土为主要原料,经破碎、配料、磨细制成生料,然后在水泥窑中煅烧而成的。矿渣硅酸盐水泥简称矿渣水泥,它由硅酸盐水泥熟料、20%~70%的粒化高炉矿渣及适量石膏组成。火山灰质硅酸盐水泥简称火山灰水泥,它由硅酸盐水泥熟料、20%~50%的火山灰质混合材料及适量石膏组成。粉煤灰硅酸盐水泥简称粉煤灰水泥,它由硅酸盐水泥熟料20%~40%的粉煤灰及适量石膏组成。硅酸盐水泥熟料主要由 CaO、SiO_2、Fe_2O_3、Al_2O_3 四种氧化物组成,在熟料中占95%,另外5%为其他氧化物,如 MgO、SO_3 等。水泥熟料经高温煅烧后,CaO、SiO_2、Fe_2O_3、Al_2O_3 四种氧化物不是以单独的氧化物存在,而是以两种或两种以上的氧化物反应生成的多种矿物集合体。硅酸盐水泥熟料中主要形成四种矿物:硅酸三钙($3CaO \cdot SiO_2$),简写为 C_3S,占50%~60%,称阿利特(Alite)或A矿;硅酸二钙($2CaO \cdot SiO_2$),简写为 C_2S,占20%~25%,称贝利特(Belite)或B矿;铝酸三钙($3CaO \cdot Al_2O_3$),简写为 C_3A,占5%~10%;铁相固溶体($4CaO \cdot Al_2O_3 \cdot Fe_2O_3$),通常以铁铝酸四钙表示,简写为 C_4AF,占10%~15%,称才利特(Celite)或C矿。

硅酸盐水泥的主要矿物组成是硅酸三钙、硅酸二钙、铝酸三钙、铁铝酸四钙。硅酸三钙决定着硅酸盐水泥四个星期内的强度；硅酸二钙四星期后才发挥强度作用，一年左右达到硅酸三钙四个星期的发挥强度；铝酸三钙强度发挥较快，但强度低，其对硅酸盐水泥在1~3天或稍长时间内的强度起到一定的作用；铁铝酸四钙的强度发挥也较快，但强度低，对硅酸盐水泥的强度贡献小。

7.3.4 硅酸盐水泥的水化、凝结硬化

1. 熟料矿物的水化反应

各熟料矿物的水化反应如下：

$$3CaO \cdot SiO_2 + H_2O \longrightarrow 3CaO \cdot 2SiO_2 \cdot 3H_2O + Ca(OH)_2$$

$$2CaO \cdot SiO_2 + H_2O \longrightarrow 3CaO \cdot 2SiO_2 \cdot 3H_2O + Ca(OH)_2$$

$$3CaO \cdot Al_2O_3 + H_2O \longrightarrow 3CaO \cdot Al_2O_3 \cdot 6H_2O$$

$$4CaO \cdot Al_2O_3 + H_2O \longrightarrow CaO \cdot Al_2O_3 \cdot 6H_2O + CaO \cdot Fe_2O_3 \cdot H_2O$$

1）石膏调节凝结时间的原理

石膏与水化铝酸钙反应生成水化硫铝酸钙。水化硫铝酸钙难溶，包裹在水泥熟料的表面上，形成保护膜，阻碍水分进入水泥内部，使水化反应延缓下来，从而避免了纯水泥熟料水化产生闪凝现象。所以，石膏在水泥中起调节凝结时间的作用。当石膏消耗完后，部分高硫型水化硫铝酸钙AFt（又称钙矾石）转变为低硫型水化硫铝酸钙AFm（$3CaO \cdot Al_2O_3 \cdot CaSO_4 \cdot 12H_2O$，即$C_3Al_2SH_{12}$）。

2）硅酸盐水泥主要水化产物

（1）氢氧钙石相。

完全硬化水泥浆中，$Ca(OH)_2$质量分数为25%~27%，最高可达30%。它是水泥中的活性成分，是构成强度和耐久性的重要组成部分。掺有各类活性混合材料的硅酸盐水泥，随着混合材料掺入量增多，水化产物中$Ca(OH)_2$数量相应减少，如掺入的粉煤灰，它的活性有赖于$Ca(OH)_2$的激发，并消耗$Ca(OH)_2$，$Ca(OH)_2$在这些水泥水化产物中减少直至消失。

（2）C-S-H凝胶相。

在纯硅酸盐水泥的水化产物中，C-S-H凝胶质量分数为50%~70%。C-S-H凝胶在组成上没有固定的比例。一般来说，纯硅酸盐水泥的水化产物中的C-S-H凝胶，其Ca/Si的质量比为1.6~2.0；矿渣硅酸盐水泥的水化产物中的C-S-H凝胶，其Ca/Si的质量比1.1~1.7；粉煤灰硅酸盐水泥的水化产物的C-S-H凝胶，其Ca/Si的质量比不大于1。

（3）AFt相和AFm相。

它们的存在与否，取决于浆体中石膏的消耗强度。

2. 凝结硬化

（1）凝结：水泥加水拌和形成具有一定流动性和可塑性的浆体，经过自身的物理化学变化逐渐变稠失去可塑性的过程。

（2）硬化：失去可塑性的浆体随着时间的增长产生明显的强度，并逐渐发展成为坚硬的水泥石的过程。

（3）凝结硬化过程包括初始反应、潜伏期、凝结期、硬化期，如表7.6所示。

表 7.6 凝结硬化过程

反应阶段	过程
初始反应	初始的溶解和水化，持续 5~10 min
潜伏期	流动性可塑性好凝胶体膜层围绕水泥颗粒成长，持续约 1 h
凝结期	凝胶膜破裂、长大并连接、水泥颗粒进一步水化，持续约 6 h。多孔的空间网络——凝聚结构，失去可塑性
硬化期	凝胶体填充毛细管，若干年硬化石状体密实空间网，持续约 6 h

3. 影响硅酸盐水泥凝结硬化的因素

影响硅酸盐水泥凝结硬化的主要因素有熟料矿物组成及细度、水灰比石膏的掺量（详情请见 7.3.5 节）。

7.3.5 影响硅酸盐水泥凝结硬化的主要因素

硅酸盐水泥的凝结硬化过程，也就是硅酸盐水泥强度发展的过程。为了正确地使用硅酸盐水泥，并能在生产中采取有效措施，调节硅酸盐水泥的性能，必须了解硅酸盐水泥凝结硬化的影响因素。

硅酸盐水泥加水拌和后，最初形成具有流动性和可塑性的浆体，经过一定时间，该浆体逐渐变稠失去可塑性，这一过程称为凝结。随着时间继续增长，硅酸盐硅酸盐水泥产生强度且逐渐提高，并形成坚硬的石状体——水泥石，这一过程称为硬化。硅酸盐水泥凝结与硬化是一个连续且复杂的物理化学变化过程，这些变化决定了硅酸盐水泥一系列的技术性能。

硅酸盐水泥颗粒的水化是从表面向内部进行的，水化程度受水和水化物的扩散所控制，硅酸盐水泥颗粒的内核很难完全水化。因此。硬化的水泥石是由水化产物（凝胶体和结晶体）、未水化的水泥颗粒、水和孔隙（毛细孔和凝胶孔）组成的。水泥石的工程性质取决于水泥石的组成和结构。硅酸盐水泥凝结硬化的过程，也是硅酸盐水泥强度发展的过程。硅酸盐水泥的水化是随着时间的延长而不断进行的，水化产物也会不断增加并填充毛细孔，使毛细孔孔隙率减少，凝胶孔孔隙率增大。硅酸盐水泥加水拌合后的前 28 d 的水化速度较快，强度发展也快，随后水化速度减慢，强度增加幅度减小。

影响硅酸盐水泥凝结硬化的主要因素如下。

（1）硅酸盐水泥的熟料矿物组成及细度：硅酸盐水泥熟料中各种矿物的凝结硬化特点是不同的，不同种类的硅酸盐水泥中各矿物的相对含量不同，上述两方面的原因决定了不同种类的硅酸盐水泥硬化特点差异很大。硅酸盐水泥磨得越细，硅酸盐水泥颗粒平均粒径小，比表面积大，更多的硅酸盐水泥熟料矿物暴露在外，水化时硅酸盐水泥熟料矿物与水的接触面大，水化速度快，结果硅酸盐水泥凝结硬化速度也随之加快。

（2）水灰比：水灰比是指硅酸盐水泥浆体中水与水泥的质量比。当硅酸盐水泥浆体中加水较多时，水灰比变大，此时硅酸盐水泥的初期水化反应得以充分进行；但是硅酸盐水泥颗粒间由于被水隔开的距离较大，颗粒间相互连接形成骨架结构所需的凝结时间长，所以硅酸盐水泥凝结较慢。

（3）石膏的掺量：生产硅酸盐水泥时掺入石膏，主要是作为缓凝剂使用，以延缓硅酸盐水泥凝结硬化的速度。此外，掺入石膏后，由于钙矾石生成，还能改善水泥石的早期强度。但是石膏掺量过多时，不仅不能缓凝，反而对水泥石的后期性能造成危害。

影响硅酸盐水泥凝结硬化的因素，除以上的主要因素外，还有养护时间、环境的温湿度、用水量等。

7.3.6 硅酸盐水泥的技术性质

硅酸盐水泥颗粒粒径一般在 7~20 μm 范围内。颗粒愈细，硅酸盐水泥的界面能也越大，与水反应的表面积就愈大，吸附水的速度也越快，水化反应的速度也较快，早期强度和后期强度都高，但在空气中的硬化收缩性也较大，成本相对来说也较高。一般认为，硅酸盐水泥颗粒小于 40 μm 时，才具有比较高的活性，大于 100 μm 活性就很小了。

硅酸盐水泥细度可用筛析法和比表面积法进行检验。

（1）筛析法是采用边长为 80 μm 的方孔对硅酸盐水泥试件进行筛析试验，用筛余百分数表示硅酸盐水泥的细度。

（2）比表面积法是根据一定量孔气通过一定孔隙率和厚度的水泥层时，所受阻力不同而引起流速的变化来测定硅酸盐水泥的比表面积。

初凝为硅酸盐水泥加水拌合起至标准稠度净浆开始失去可塑性所需的时间。

终凝为硅酸盐水泥加水拌和起至标准稠度净浆完全失去可塑性并开始产生强度所需的时间。

为使混凝土和砂浆有充分的时间进行搅拌、运输、浇捣和砌筑，硅酸盐水泥的初凝时间不能过短。当施工完毕后，则要求尽快硬化，具有强度，故终凝时间不能太长。

如果在硅酸盐水泥已经硬化后，产生不均匀的体积变化，即体积安定性不良，就会使构件产生膨胀性裂缝，降低建筑物质量，甚至引起严重事故。

在硅酸盐水泥的煅烧过程中，多少都会存在一些游离氧化钙、氧化镁，而在这两种氧化物熟化时都产生比较大的体积膨胀。或者在硅酸盐水泥中掺入过多的石膏，也会导致体积安定性不良。国家标准规定，用煮沸法检验硅酸盐水泥的体积安定性。煮沸法因加速了氧化钙的熟化，因此只能检查游离氧化钙所起的体积安定性不良。国家标准规定硅酸盐水泥熟料中游离氧化镁不得超过 5.0%，硅酸盐水泥中三氧化硫含量不超过 3.5%，以控制硅酸盐水泥的体积安定性。

国家标准规定，硅酸盐水泥和标准砂按 1:3 的比例混合，用 0.5 的水灰比，按规定的方法制成试件，在标准温度（20 ℃±1 ℃）的水中养护，测定 3 d 和 28 d 的抗压强度。根据测定的结果，将硅酸盐水泥分为 42.5、42.5R、52.5、52.5R、62.5 和 62.5R 等六个强度等级。其中代号 R 表示早强型水泥。各强度等级、各类型硅酸盐水泥的各龄期强度均不得低于表 7.7 中的数值。

硅酸盐水泥中的碱量按 $Na_2O+0.658K_2O$ 计算值来表示。若使用活性骨料，碱含量过高将引起碱骨料反映；如要求低碱硅酸盐水泥时，硅酸盐水泥中碱含量则不得大于 0.60%，或由供需双方商定。

硅酸盐水泥在水化过程中放出的热量称为硅酸盐水泥的水化热。水化放热量和放热速度不仅取决于硅酸盐水泥的矿物成分，而且还与硅酸盐水泥细度、硅酸盐水泥中掺混合材料及外加剂的品种、数量等有关。硅酸盐水泥矿物进行水化时，铝酸三钙放热量最大，速度也最快，硅酸三钙放热量稍低，硅酸二钙放热量最低，速度也最慢。硅酸盐水泥细度越细，水化反应比较容易进行，因此，水化放热量越大，放热速度也越快。

表 7.7　硅酸盐水泥各龄期的强度要求（GB 175—2007）

强度等级	抗压强度/MPa		抗折强度/MPa	
	3 d	28 d	3 d	28 d
42.5	17.0	42.5	3.5	6.5
42.5R	22.0	42.5	4.0	6.5
52.5	23.0	52.5	4.0	7.0
52.5R	27.0	52.5	5.0	7.0
62.5	28.0	62.5	5.0	8.0
62.5R	32.0	62.5	5.5	8.0

7.3.7　水泥石的腐蚀与预防

当水泥石长期与水分相接触时，最先溶出的是氢氧化钙。在静水及无水压的情况下，由于周围的水易为溶出的氢氧化钙所饱和，使溶解作用中止，所以溶出仅限于表层，影响不大。但在流水及压力作用下，氢氧化钙会不断溶解流失，而且由于氢氧化钙浓度的降低，还会引起其他水化物的分解溶蚀，使水泥石结构遭受进一步的破坏，这种现象称为溶析。

海水、湖水等水中常含有硫酸盐，它与水泥石中的氢氧化钙起置换作用，生成硫酸钙。硫酸钙与水泥石中的固态水化铝酸钙作用生成高硫型水化硫铝酸钙，它含有大量的结晶水，比原有体积增加 1.5 倍以上，对已经固化的水泥石起极大的破坏作用。

在海水及地下水中，常含大量的镁盐，它们与水泥石中的氢氧化钙起复分解反应生成松软的无胶凝能力的氢氧化镁和易溶于水的氯化钙，而导致水泥石的破坏。

在工业污水、地下水中常溶解有较多的二氧化碳，这种水对水泥石的腐蚀作用是通过下式进行的：

$$Ca(OH)_2 + CO_2 + H_2O = CaCO_3 + 2H_2O$$

生成的碳酸钙再与含碳酸的水作用转变成重碳酸钙，是可逆反应：

$$Ca(OH)_2 + CO_2 + H_2O \rightleftharpoons Ca(HCO_3)_2$$

（注：$H_2CO_3 = CO_2 + H_2O$）

生成的重碳酸钙易溶于水，当水中含有较多的碳酸，并超过平衡浓度，则上式向右进行。因此水泥石中的氢氧化钙，通过转变为易溶的重碳酸钙而溶失。氢氧化钙浓度降低，还会导致水泥石中其他水化物的分解，使腐蚀作用进一步加剧。

工业废水、地下水、沼泽中常含无机酸和有机酸。各种酸类对水泥石都有不同程度的腐蚀作用，它们与水泥石中的氢氧化钙作用后生成的化合物，或者溶于水，或者体积膨胀，在水泥石内造成内应力，导致水泥石的破坏。

碱类溶液如浓度不大时一般是无害的，但铝酸盐含量较高的硅酸盐水泥遇到强碱作用后也会产生一定的破坏。氢氧化钠与硅酸盐水泥熟料中未水化的铝酸盐作用，生成易溶的铝酸钠；当水泥石被氢氧化钠浸透后再在空气中干燥，再与空气中的二氧化碳作用而生成碳酸钠。碳酸钠在水泥石毛细孔中结晶沉淀，而使水泥石胀裂。

水泥石中存在有引起腐蚀的组成成分氢氧化钙和水化铝酸钙；水泥石本身不密实，有很多毛细孔通道，侵蚀性介质易于进入其内部。

为了缓解水泥石的腐蚀，应根据工程的环境特点，合理选用硅酸盐水泥品种。除此之外，还要提高水泥石的密实度，如合理设计混凝土配合比，降低水灰比，仔细选择骨料，掺入外加剂，以及改善施工方法等。在混凝土及砂浆表面加上耐腐蚀性高且不透水的保护层，也可缓解腐蚀。

7.3.8　硅酸盐水泥的性质及在工程中的应用

硅酸盐水泥水化反应速率快，早期和后期强度都高。可用于现浇混凝土楼板、梁、柱、预制混凝土构件，也可用于预应力混凝土结构、高强混凝土工程。

由于硅酸盐水泥水化反应速率快，硅酸三钙和硅酸二钙的含量高，因此，水化热较大，有利于冬季施工。但由于水化热较大，在修建大体积混凝土工程（一般指长、宽、高均在 1 m 以上）时，容易在混凝土构件内部聚集较大的热量，产生内外温度应力差，造成混凝土的破坏，因此，不宜用于大体积的混凝土工程。硅酸盐水泥结构密实，抗冻性好，适用于严寒地区遭受反复冻融的工程及抗冻性要求较高的工程，如大坝的溢流面、混凝土路面工程。硅酸盐水泥硬化时干缩小，不易产生干缩裂缝，可用于干燥环境工程。由于干缩小，表面不易起粉，因此耐磨性较好，可用于道路工程中。普通硅酸盐水泥在水化后，水泥石中含有较多的氢氧化钙，碳化时水泥的碱度下降少，对钢筋的保护作用强，可用于空气中二氧化碳浓度较高的环境中，如热处理车间等。硅酸盐水泥水化后，含有大量的氢氧化钙和水化铝酸钙，因此，其耐软水和耐化学腐蚀性差，不能用于海港工程、抗硫酸盐工程。当水泥石处在温度高于 250～300 ℃时，水泥石中的水化硅酸钙开始脱水，氢氧化钙在 600 ℃以上时会分解成氧化钙和二氧化碳，高温后的水泥石受潮时，生成的氧化钙与水作用，体积膨胀，造成水泥石的破坏，因此，硅酸盐水泥不适用于温度高于 250 ℃的混凝土工程，如工业窑炉和高温炉基础。

运输和储存硅酸盐水泥要按不同品种、标号及出厂日期存放，并加以标志，还要注意防潮。在一般储存条件下，经 3 个月后，硅酸盐水泥强度降低 10%～20%；经 6 个月后，降低 15%～30%；1 年后，降低 20%～40%。因此，使用时应先存先用。即使储存条件良好，也不宜储存过久。

7.4　耐火材料

1. 耐火材料的概念

中国在 4 000 多年前就使用杂质少的黏土烧成陶器，并已能铸造青铜器。东汉时期已用黏土质耐火材料做烧瓷器的窑材和匣钵。20 世纪初，耐火材料向高纯、高致密和超高温制品方向发展,同时发展了完全不需烧成、能耗小的不定形耐火材料和高耐火纤维(用于 1 600 ℃以上的工业窑炉)。

2. 耐火材料的用途

耐火材料(见图 7.3)是指凡物理化学性质允许其在高温环境下使用的材料。耐火材料广泛用于冶金、化工、石油、机械制造、硅酸盐、动力等工业领域,在冶金工业中用量最大,占总产量的 50%~60%。

图 7.3 耐火材料

3. 耐火材料的分类

耐火材料的分类方法有很多,按化学成分不同可分为酸性、碱性和中性;按耐火度划分可分为普通耐火材料(1 580~1 770 ℃)、高级耐火材料(1 770~2 000 ℃)、特级耐火材料(2 000 ℃以上)和超级耐火材料(大于 3 000 ℃)四大类;按加工制造工艺不同可分为烧成制品、熔铸制品、不烧制品;按用途不同可分为高炉用、平炉用、转炉用、连铸用、玻璃窑用、水泥窑用耐火材料等;按外观不同可分为耐火制品、耐火泥、不定形耐火材料;按形状和尺寸不同可分为标型、普型、异型、特型和超特型制品;按成型工艺不同可分为天然岩石切锯、泥浆浇注、可塑成型、半干成型和振动、捣打、熔铸成型等制品;按矿物组成不同可分为硅酸铝质(黏土砖、高铝砖、半硅砖)、硅质(硅砖、熔融石英烧制品)、镁质(镁砖、镁铝砖、镁铬砖);碳质(碳砖、石墨砖)、白云石质、锆英石质、特殊耐火材料制品(高纯氧化物制品、难熔化合物制品和高温复合材料)。

4. 耐火材料的性能

耐火材料的物理性能包括结构性能、热学性能、力学性能和使用性能。结构性能包括气孔率、体积密度、吸水率、透气度、气孔孔径分布等;热学性能包括热导率、热膨胀系数、比热容、导温系数、热发射率等;力学性能包括耐压强度、抗拉强度、抗折强度、抗扭强度、剪切强度、冲击强度、耐磨性、蠕变性、黏结强度、弹性模量等;使用性能包括耐火度、荷重软化温度、重烧线变化、抗热震性、抗渣性、抗酸性、抗碱性、抗水化性、抗 CO 侵蚀性、导电性、抗氧化性等。

5. 耐火材料的应用

耐火材料有多种应用。在冶金工业中,耐火材料用于衬里炉、窑、反应器以及其他容纳和运输热介质(例如金属和炉渣)的容器。耐火材料还有其他高温应用,例如燃烧加热器、氢气重整器、氨一级和二级重整器、裂化炉、公用锅炉、催化裂化装置、空气加热器和硫磺炉。

7.5 水 玻 璃

7.5.1 水玻璃的原料及生产

水玻璃俗称泡花碱,是由不同比例的碱金属氧化物和二氧化硅化合而成的一种可溶于水的硅酸盐。建筑常用的为硅酸钠($Na_2O \cdot nSiO_2$)水溶液,又称钠水玻璃,要求高时也用硅酸钾($K_2O \cdot nSiO_2$)的水溶液,又称钾水玻璃。

二氧化硅与氧化钠(Na_2O)的摩尔数的比值 n,称为水玻璃的模数,$n \geqslant 3$ 的称为中性水玻璃,$n<3$ 的称为碱性水玻璃。水玻璃溶解于水的难易随水玻璃的模数 n 而定。n 越大,水玻璃越难溶于水。n 为 1 时,水玻璃能溶解于常温水中;当 n 大于 3 时,水玻璃要在 4 个大气压以上的蒸汽中才能溶解。水玻璃的浓度越高,模数越高,则水玻璃的密度和黏度越大,硬化速度越快,硬化后的黏结力与强度、耐热性与耐酸性就越高。但水玻璃的浓度和模数不宜太高。水玻璃的浓度一般用密度来表示,通常为 $1.3 \sim 1.5 \text{ g/cm}^3$,模数为 $2.6 \sim 3.0$。液体水玻璃可以与水按任意比例混合。

水玻璃可采用湿法或干法生产。干法又包括碳酸钠法、元明粉法、氯化钠法;湿法以液体纯碱和石英砂为原料,加温、加压反应后得到液体产品。

1) 干法

(1) 碳酸钠法:根据所需产品的模数要求,将纯碱(Na_2CO_3)和粒径 $0.180 \sim 0.250$ mm(60~80 目)的石英砂按比例混合均匀送入马蹄焰窑炉,在 $1\,450 \sim 1\,500$ ℃下熔融,高温熔融产物从窑炉出料口流出,通过模子上面的辊子压制成块或者水淬成颗粒。

(2) 元明粉(又称硫酸钠、无水芒硝)法:原料包括硫酸钠(无水芒硝)、炭粉、石英砂,生产过程和碳酸钠法相同,不同的是炉内采用负压操作,在窑后抽风。

(3) 氯化钠法:以氯化钠(NaCl)和石英砂为原料,将石英砂和氯化钠混合均匀并熔融,通入蒸汽,反应得到硅酸钠和盐酸。此法反应速率较慢,一般工厂均不采用。

2) 湿法

将液体氢氧化钠和石英砂按适当比例混合加入压热釜内,用蒸汽加热并进行搅拌,使之直接反应而成液体硅酸钠,经过滤、浓缩制得成品水玻璃。湿法只能生产模数小于 2.5 的产品,难以生产高模数的产品,而且反应速率慢,从而限制了此法的应用。我国采用湿法生产液态硅酸钠仅占全国总产量的 5%。

7.5.2 水玻璃的硬化

液体水玻璃是一种既具有胶体特征,又具有溶液特征的胶体溶液。

水玻璃在空气中吸收二氧化碳,析出二氧化硅凝胶,并逐渐干燥脱水成为氧化硅而硬化,水玻璃硬化有以下三个特点。

(1) 速度慢。由于空气中 CO_2 浓度低,故碳化反应及整个硬化过程十分缓慢。

(2) 体积收缩。水玻璃硬化时体积会有所收缩。

(3) 强度低。由于空气中 CO_2 浓度较低,为加速水玻璃的硬化,常加入氟硅酸钠(Na_2SiF_6)作为促硬剂,加速二氧化硅凝胶的析出。Na_2SiF_6 的排量为水玻璃质量的 12%~15%。若掺量少于 12%,不但硬化速度慢、强度低,而且存在较多的未反应的水玻璃,它们易溶于水,因而耐水性差。若掺量超过 15%,则会引起凝结过快,造成施工困难,且硬化水玻璃的抗渗性和耐酸性降低能提高水玻璃的耐水性,但它有一定的毒性,使用时应注意安全防护。

7.5.3 水玻璃的特征

水玻璃有黏结力强、强度较高、耐酸性好、耐热性好、耐碱性和耐水性差等特点。

(1) 黏结力强、强度较高。水玻璃在硬化后,其主要成分为二氧化硅凝胶和氧化硅,因而具有较强的黏结力和较高的强度。用水玻璃配制的混凝土的抗压强度可达 15~40 MPa。

(2) 耐酸性好。由于水玻璃硬化后的主要成分为二氧化硅,它可以抵抗除氢氟酸、氟硅酸以外的几乎所有的无机和有机酸,用于配制水玻璃耐酸混凝土、耐酸砂浆、耐酸胶泥等。

(3) 耐热性好。硬化后形成的二氧化硅网状骨架,在高温下强度下降不大,用于配制水玻璃耐热混凝土、耐热砂浆、耐热胶泥。

(4) 耐碱性和耐水性差。在硬化后,水玻璃仍然有一定量的 $Na_2O \cdot nSiO_2$,由于 SiO_2 和 $Na_2O \cdot nSiO_2$ 均可溶于碱,因此碱或碱金属的氢氧化物,几乎都可与水玻璃发生反应,生成相应的水化硅酸盐晶体。又 $Na_2O \cdot nSiO_2$ 可溶于水,所以水玻璃硬化后不耐碱、不耐水。为提高耐水性,常采用中等浓度的酸对已硬化的水玻璃进行酸洗处理。

7.5.4 水玻璃在建筑工业中的应用

水玻璃在建筑工业中有涂刷材料表面以提高抗风化能力,加固土壤,配制速凝防水剂,修补砖墙裂缝,配制耐酸胶凝、耐酸砂浆和耐酸混凝土,配制耐热胶凝、耐热砂浆和耐热混凝土,防腐工程等应用。

(1) 涂刷材料表面以提高抗风化能力:以密度为 1.35 g/cm^3 的水玻璃浸渍或涂刷黏土砖、水泥混凝土、硅酸盐混凝土、石材等多孔材料,可提高材料的密实度、强度、抗渗性、抗冻性、耐水性等。这是因为水玻璃与空气中的二氧化碳反应生成硅酸凝胶,同时水玻璃也与材料中的氢氧化钙反应生成硅酸钙凝胶,两者填充于材料的孔隙,使材料致密。但不能用于涂刷和浸渍石膏制品,因硅酸钠与硫酸钙反应生成硫酸钠,在制品的孔隙中结晶膨胀,导致破坏。

(2) 加固土壤:例如,将水玻璃和氯化钙溶液交替压注到土壤中,生成的硅酸凝胶和硅酸钙凝胶可使土壤固结,从而避免了由于地下水渗透引起的土壤下沉。

(3) 配制速凝防水剂:水玻璃加两种、三种或四种矾,即可配制成所谓的二矾、三矾、四矾速凝防水剂。

(4) 修补砖墙裂缝:将水玻璃、粒化高炉矿渣粉、砂及氟硅酸钠按适当比例拌合后,直接压入砖墙裂缝,可起到黏结和补强作用。

(5) 配制耐酸胶凝、耐酸砂浆和耐酸混凝土:耐酸胶凝是用水玻璃和耐酸粉料(常用石英粉）配制而成的。与耐酸砂浆和混凝土一样，主要用于有耐酸要求的工程，如硫酸池等。

（6）配制耐热胶凝、耐热砂浆和耐热混凝土：水玻璃胶凝主要用于耐火材料的砌筑和修补。水玻璃耐热砂浆和混凝土主要用于高炉基础和其他有耐热要求的结构部位。

（7）防腐工程：改性水玻璃耐酸泥是耐酸腐蚀重要材料，主要特性是耐酸、耐温、密实抗渗、价格低廉、使用方便。可拌和成耐酸胶泥、耐酸沙浆和耐酸混凝土，适用于化工、冶金、电力、煤炭、纺织等部门各种结构的防腐蚀工程，是纺酸建筑结构贮酸池、耐酸地坪，以及耐酸表面砌筑的理想材料。

7.6 石　　灰

7.6.1 石灰的原料及生产

1. 石灰的原料

石灰（见图7.4）是石灰岩经加热煅烧而成的生石灰，以及其水化产物熟石灰（即羟钙石），或两者的混合物，以全国各地均产。

石灰是人类最早应用的胶凝材料，即经过一系列物理、化学作用，能由浆体变成坚硬的固体，并能将散粒或片、块状材料胶结成整体的物质。公元前8世纪古希腊人已将石灰用于建筑，中国也在公元前7世纪开始使用石灰。石灰可用于建筑材料，也可用于电子、皮革、纺织等行业。

图7.4　石灰

建筑石灰常简称为石灰，实际上它是具有不同化学成分和物理形态的生石灰、消石灰、水硬性石灰的统称。由于生产石灰的原料分布广泛、生产工艺简单、成本低廉，故至今仍被广泛应用于土木工程中。

生石灰呈白色或灰色块状，为便于使用，块状生石灰常需加工成生石灰粉、消石灰粉或石灰膏，消石灰粉是块状生石灰用适量水熟化而得到的粉末，又称熟石灰。

石灰是以碳酸钙为主要成分的石灰石、白云质石灰岩、白垩等为主要原料，在低于烧结温度下燃烧所得的产物，其主要成分是氧化钙（CaO），燃烧反应式如下：

$$CaCO_3 \xrightarrow{900℃（理论），1\,000\sim1\,100℃（实际）} CaO+CO_2$$

凡是主要成分是碳酸钙的天然岩石，均可以生产石灰，在沿海地区，常用贝壳作为生石灰的原料。

2. 石灰的生产

将原料在适当温度下煅烧，排除分解出的二氧化碳后，所得的以氧化钙为主要成分的产品即为石灰。煅烧正常的块状石灰疏松多孔，白色微黄，燃烧温度过高过低或燃烧时间过长过短，都会影响石灰的质量。

原始的石灰生产工艺是将石灰石与燃料（木材）分层铺放，引火煅烧一周即得。现代则采用机械化、半机械化立窑，回转窑，沸腾炉等设备进行生产。煅烧时间也相应地缩短，用回转窑生产石灰仅需 2~4 h，比用立窑生产可提高生产效率 5 倍以上。目前又出现了横流式、双斜坡式及烧油环行立窑和带预热器的短回转窑等节能效果显著的工艺和设备，燃料也扩大为煤、焦炭、重油或液化气等。石灰生产工艺流程如图 7.5 所示。

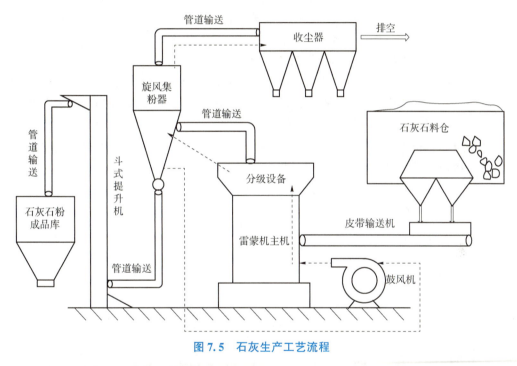

图 7.5　石灰生产工艺流程

7.6.2　石灰的性能及技术标准

1. 石灰的性能

生石灰熟化后形成的石灰浆中，石灰粒子形成氢氧化钙胶体结构，颗粒极细（粒径约为 1 μm），比表面积很大（达 10~30 m^2/g），其表面吸附一层较厚的水膜，可吸附大量的水，因而有较强保持水分的能力，即保水性好。将它掺入水泥砂浆中，配成混合砂浆，可显著提高砂浆的和易性。

生石灰与水发生水化反应，生成 $Ca(OH)_2$，水化热大，水化速率快。块状生石灰消化过程中其外观体积可增大 1.5~2 倍，这一性质易在工程中造成事故，应予重视。

石灰依靠干燥结晶以及碳化作用而硬化，由于空气中的二氧化碳含量低，且碳化后形成的碳酸钙硬壳阻止二氧化碳向内部渗透，也妨碍水分向外蒸发，因而硬化缓慢，硬化后的强度也不高，1∶3的石灰砂浆28 d的抗压强度只有0.2~0.5 MPa。在处于潮湿环境时，石灰中的水分不蒸发，二氧化碳也无法渗入，硬化将停止；加上氢氧化钙易溶于水，已硬化的石灰遇水还会溶解溃散。因此，石灰不宜在长期潮湿和受水浸泡的环境中使用。

石灰在硬化过程中，要蒸发掉大量的水分，引起体积显著收缩，易出现干缩裂缝。所以，石灰不宜单独使用，一般要掺入砂、纸筋、麻刀等材料，以减少收缩，增加抗拉强度，并能节约石灰。

石灰具有较强的碱性，在常温下，能与玻璃态的活性氧化硅或活性氧化铝反应，生成有水硬性的产物，产生胶结。因此，石灰还是建筑材料工业中重要的原材料。

2. 技术标准

石灰中产生胶结性的成分是有效氧化钙和氧化镁，其含量是评价石灰质量的主要指标。石灰中的有效氧化钙和氧化镁的含量可以直接测定，也可以通过氧化钙与氧化镁的总量和二氧化碳的含量反映，生石灰还有未消化残渣含量的要求；生石灰粉有细度的要求；消石灰粉则还有体积安定性、细度和游离水含量的要求。

国家建材行业将建筑生石灰、建筑生石灰粉和建筑消石灰粉分为优等品、一等品和合格品三个等级。在交通部门，《公路路面基层施工技术规范》（JTJ 034—2000）仍按原国家标准（GB 1594—79）将生石灰和消石灰划分为三个等级。

石灰的分类：石灰按品种分为生石灰、熟石灰；石灰按化学成分中氧化镁含量多少分为钙质石灰、镁质石灰。建筑生石灰的技术指标如表7.8所示。

表7.8 建筑生石灰的技术指标

项目	钙质生石灰			镁质生石灰		
	优等品	一等品	合格品	优等品	一等品	合格品
CaO+MgO 含量（%）不小于	90	85	80	85	80	75
未消化残渣含量（5 mm 圆孔筛余）（%）不大于	5	10	15	5	10	15
CO_2（%）不大于	5	7	9	6	8	10
产浆量（L/kg）不小于	2.8	2.3	2.0	2.8	2.3	2.0

注：钙质生石灰氧化镁含量≤5%，镁质生石灰氧化镁含量>5%。

7.6.3 石灰的应用

1. 建筑室内粉刷

建筑室内墙面和顶棚采用消石灰乳进行粉刷。由于石灰乳是一种廉价的涂料，施工方便，且颜色洁白，能为室内增白添亮，因此，在建筑中应用十分广泛。消石灰乳由消石灰粉或消石灰浆掺大量水调制而成，消石灰粉和消石灰浆则由生石灰消化而得。

2. 拌制建筑砂浆

消石灰粉和消石灰浆可以单独或与水泥一起配制成砂浆，前者称石灰砂浆，后者称混合砂浆。石灰砂浆可用作砖墙和混凝土基层的抹灰，混合砂浆则用于砌筑，也常用于抹灰。

3. 加固含水的软土地基

生石灰块可直接用来加固含水的软土地基（称为石灰桩）。它是在桩孔内灌入生石灰块，利用生石灰吸水熟化时体积膨胀的性能产生膨胀压力，从而使地基加固。

4. 生产硅酸盐制品

以石灰和硅质材料（如石英砂、粉煤灰等）为原料，加水拌合，经成型、蒸压处理等工序而成的建筑材料，统称为硅酸盐制品。如蒸压灰砂砖，主要用作墙体材料。

5. 配制三合土和灰土

三合土由生石灰粉（或消石灰粉）、黏土和砂子按1∶2∶3的比例，再加水拌合夯实而成。灰土由生石灰粉和黏土按1∶4~1∶2的比例，再加水拌合夯实而成。

7.6.4 石灰的验收、运输及保管

1. 石灰的验收

根据行业标准《建筑生石灰》（JC/T 479—2013），建筑生石灰在进行质量验收时要对化学成分、产浆量、细度三类指标进行检测。物理检测需遵照行业标准 JC/T 478.1—2013 进行，化学分析需遵照行业标准 JC/T 478.2—2013 进行。具体验收标准如表 7.9 所示。

表 7.9 石灰验收标准

名称	化学成分/%				产浆量/ ($dm^3 \cdot 10^{-1}$ kg)	细度	
	CaO+MgO	MgO	CO_2	SO_3		0.2 mm 筛余量/%	90 μm 筛余量/%
CL 90-Q 和 CL 90-QP	≥90	≤5	≤4	≤2	≥26 —	— ≤2	— ≤7
CL 85-Q 和 CL 85-QP	≥85		≤7		≥26 —	— ≤2	— ≤7
CL 75-Q 和 CL 75-QP	≥75		≤12		≥26 —	— ≤2	— ≤7
ML 85-Q 和 ML85-QP	≥85	>5	≤7		—	— ≤2	— ≤7
ML 80-Q 和 ML80-QP	≥80		≤7		—	— ≤7	— ≤2

注：CL 为钙质生石灰；ML 为镁质生石灰；Q 为生石灰；QP 为生石灰粉。

2. 石灰的运输

过氧化钙对粉末对眼、鼻、喉及呼吸道有刺激性，长期接触会引起皮肤和眼部的损伤，易燃，具有一定的刺激性。

如果工业用生石灰泄露要立即处理，迅速脱离现场至新鲜空气处，保持呼吸道通畅；不小心食入，要用水漱口，饮牛奶或蛋清；皮肤接触后要立即脱去被污染衣着，先用植物油和

矿物油清洗，再用大量流动清水冲洗；眼睛接触后要立即提起眼睑，用大量流动清水或生理盐水冲洗；以上措施完成后立刻去医院就医。

运输过程中要确保容器不泄漏、不倒塌、不坠落、不损坏。严禁与易燃物或可燃物、酸类、食用化学品等混装混运。运输途中应防曝晒、雨淋，防高温。氢氧化钙起运时包装要完整，装载应稳妥。运输车船要彻底清洗、消毒，否则不得装运其他物品。

3. 石灰的保管

生石灰（包括块灰、生石灰粉）吸水性、吸湿性极强，应注意防潮，必须在干燥环境中储存。散装块灰在室外储存时，应下垫上覆，注意防雨、防潮。

生石灰粉宜在容器中储存，袋装生石灰粉应在库、棚中储存。

块灰的储存期不得超过1个月，最好随到随淋灰，以将块灰的储存期变为陈伏期。

为使石灰完全消解，石灰浆的储存必须在淋灰坑内有14天以上的陈伏期，以免因石灰中未消解的颗粒混入砂浆中，如用于抹灰，容易形成墙面"开花""鼓包"，造成质量事故。石灰浆在淋灰坑内储存时，表面应覆盖10~15 cm厚湿砂或湿土，这样储存可使石灰浆在1年以上不会变质。

生石灰储存、运输应注意防火、防爆。因为生石灰遇水熟化，放出大量的热，可能烧坏车船或引起火灾。需要特别注意的是，生石灰不能与易燃、易爆及液体物品混存混运，以免引起火灾、爆炸。

7.7 建筑石膏

石膏是单斜晶系矿物，是主要化学成分为硫酸钙（$CaSO_4$）的水合物。石膏是一种用途广泛的工业材料和建筑材料，可用于水泥缓凝剂、石膏建筑制品、模型制作、医用食品添加剂、硫酸生产、纸张填料、油漆填料等。石膏及其制品的微孔结构和加热脱水性，使之具有良好的隔音、隔热和防火性能。建筑石膏又名β型半水石膏。

7.7.1 石膏的原料、分类及生产

石膏的主要原料为天然石膏，包括天然二水石膏（$CaSO_4 \cdot 2H_2O$，即软石膏）和天然无水石膏（$CaSO_4$，即硬石膏）。常用天然二水石膏制备建筑石膏，将天然二水石膏在干燥条件下加热至107~170 ℃脱去部分水分即可制得。

石膏分为软石膏和硬石膏两种。软石膏为二水硫酸钙，还有水石膏或生石膏等名称，理论成分为CaO 32.6%，SO_3 46.5%，H_2O 20.9%，单斜晶系，晶体为板状，通常呈致密块状或纤维状，白色或灰、红、褐色，玻璃或丝绢光泽，摩氏硬度为2，密度2.3 g/cm³；硬石膏为无水硫酸钙，理论成分为CaO 41.2%，SO_3 58.8%，斜方晶系，晶体为板状，通常呈致密块状或粒状，白、灰白色，玻璃光泽，摩氏硬度为3~3.5，密度2.8~3.0 g/cm³。两种石膏常伴生产出，在一定的地质作用下又可互相转化。

生石膏干法煅烧工艺为：生石膏从采场运来后先经过储存和精选，以保证给料连续和质量稳定。给料经过一段破碎（颚式破碎机）至8 cm以下，再经二段破碎（锤式破碎机）至

2 cm 以下，然后经斗式提升机给入煅烧窑中煅烧。通过控制窑的温度，可分别生产 β 型半水石膏、无水石膏及过烧石膏。

7.7.2 建筑石膏的水化与凝结硬化

建筑石膏的水化与凝结硬化：建筑石膏不添加任何外加剂的粉状胶结料，主要用于制作石膏建筑制品。建筑石膏色白，杂质含量很少，粒度很细，亦称模型石膏，也是制作装饰制品的主要原料。由于建筑石膏颗粒较细，比表面积较大，故拌合时需水量较大，因而强度较低。建筑石膏加水拌合后，其主要成分半水石膏将与水发生化学反应生成二水石膏，放出热量，这一过程称为水化。石膏浆体中的自由水分因水化和蒸发而逐渐减少，石膏浆体渐渐变稠，可塑性逐渐减小，这一过程称为凝结，其后，石膏浆体继续变稠，逐渐凝聚为晶体，晶体逐渐长大，共生和相互交错，晶体逐渐产生强度，并不断增长，直至完全干燥，这一过程称为硬化。石膏浆体的凝结和硬化是一个连续的过程。凝结可分为初凝和终凝两个阶段：石膏浆体开始失去可塑性的状态称为初凝，石膏浆体完全失去塑性并开始产生强度称为终凝。从加水至初凝的这段时间称初凝时间，从加水至终凝的这段时间称终凝时间。

7.7.3 建筑石膏的性能特点

建筑石膏在修建方面中是重要的材料之一，由于其原料广泛、成本低廉，且具有凝结硬化快，凝结硬化时体积微膨胀，孔隙率大，具有一定的调湿性，防火性好等性能特点在建筑装修等方面被广泛应用，下面介绍建筑石膏的性能特点和其相关应用。

（1）凝结硬化快。建筑石膏在加水拌合后，石膏浆体在几分钟内便开始失去可塑性，30 min 内完全失去可塑性而产生强度，大约一星期完全硬化。为满足施工要求，需要加入缓凝剂，如硼砂、酒石酸钾钠、柠檬酸、聚乙烯醇、石灰活化骨胶或皮胶等。

（2）凝结硬化时体积微膨胀。石膏浆体在凝结硬化初期会产生微膨胀。这一性质使石膏制品的表面光滑、细腻、尺寸精确、形体饱满、装饰性好。

（3）孔隙率大。建筑石膏在拌合时，为使石膏浆体具有施工要求的可塑性，需加入石膏用量 60% 的用水量，而建筑石膏水化的理论需水量为 18.6%，所以大量的自由水在蒸发时，在建筑石膏制品内部形成大量的毛细孔隙。其导热系数小，吸声性较好，属于轻质保温材料。

（4）具有一定的调湿性。由于石膏制品内部大量毛细孔隙对空气中的水蒸气具有较强的吸附能力，所以对室内的空气湿度有一定的调节作用。

（5）防火性好。石膏制品在遇火灾时，二水石膏将脱出结晶水，吸热蒸发，并在制品表面形成蒸汽幕和脱水物隔热层，可有效减少火焰对内部结构的危害。

（6）耐水性、抗冻性差。建筑石膏硬化体的吸湿性强，吸收的水分会减弱石膏晶粒间的结合力，使强度显著降低；若长期浸水，还会因二水石膏晶体逐渐溶解而导致破坏。

7.7.4 建筑石膏的质量标准

根据国家标准《建筑石膏》（GB/T 9776—2022），建筑石膏在出厂进行质量检测时，需要对建筑石膏的物理力学性能，即细度、凝结时间、强度进行检测。

在建筑石膏的质量评定中优等品的抗折强度需不小于 2.5 MPa，抗压强度不小于 4.9 MPa；细度要求对于 0.2 mm 的方孔筛，筛余不大于 5.0%；对于凝结时间要求初凝时间不小于

6 min，终凝时间不大于 30 min。

一等品的抗折强度需不小于 2.1 MPa，抗压强度不小于 3.9 MPa；细度要求对于 0.2 mm 的方孔筛，筛余不大于 10.0%；对于凝结时间要求初凝时间不小于 6 min，终凝时间不大于 30 min。

合格品的抗折强度需不小于 1.8 MPa，抗压强度不小于 2.9 MPa；细度要求对于 0.2 mm 的方孔筛，筛余不大于 15.0%；对于凝结时间要求初凝时间不小于 6 min，终凝时间不大于 30 min。具体质量标准如表 7.10 所示。

表 7.10 建筑石膏的质量标准

项目		优等品	一等品	合格品
抗折强度（不小于）/MPa		2.5	2.1	1.8
抗压强度（不小于）/MPa		4.9	3.9	2.9
细度 0.2 mm 方孔筛，筛余（%）不大于		5.0	10.0	15.0
凝结时间 /min	初凝时间（不小于）	6	6	6
	终凝时间（不大于）	30	30	30

7.7.5 建筑石膏的应用

建筑石膏，主要用于制作石膏建筑制品。由于石膏的原料来源很丰富，生产成本也很低廉，石膏胶凝材料及其制品具有许多优良的性质，原料来源丰富，生产能耗较低，因此在建筑上应用很广泛。下面介绍几种常用的建筑石膏制品。

(1) 纸面石膏板。纸面石膏板是在建筑石膏中加入少量胶黏剂、纤维、泡沫剂等与水拌和后连续浇注在两层护面纸之间，再经辊压、凝固、切割、干燥而成的；板厚 9~25 mm，干容重 750~850 kg/m³，板材韧性好，不燃，尺寸稳定，表面平整，可以锯割，便于施工；主要用于内隔墙、内墙贴面、天花板、吸声板等，但耐水性差，不宜用于潮湿环境中。

(2) 纤维石膏板。纤维石膏板是将掺有纤维和其他外加剂的建筑石膏料浆，用缠绕、压滤或辊压等方法成型后，经切割、凝固、干燥而成的；厚度一般为 8~12 mm，与纸面石膏板比，其抗弯强度较高，不用护面纸和胶黏剂，但容重较大，用途与纸面石膏板相同。

(3) 装饰石膏板。装饰石膏板是将配制的建筑石膏料浆，浇注在底模带有花纹的模框中，经抹平、凝固、脱模、干燥而成的，板厚为 10 mm 左右。为了提高其吸声效果，还可制成带穿孔和盲孔的板材，常用作天花板和装饰墙面。

(4) 石膏空心条板和石膏砌块。石膏空心条板和石膏砌块是将建筑石膏料浆浇注入模，经振动成型和凝固后脱模、干燥而成的。石膏空心条板的厚度一般为 60~100 mm，孔隙率 30%~40%；砌块尺寸一般为 600 mm×600 mm，厚度 60~100 mm，周边有企口，有时也可做成带圆孔的空心砌块。石膏空心条板和石膏砌块均用专用的石膏砌筑，施工方便，常用作非承重内隔墙。

7.8 新型无机非金属材料

无机非金属材料是人类最先应用的材料。以硅酸盐为主要成分的传统无机材料系统（如陶瓷、玻璃、水泥、耐火材料等）在国民经济和人民生活中起着极为重要的作用，至今仍然是国民经济重要的支柱产业，仍在继续发展。同时，新材料、新工艺、新装备和新技术也不断涌现。随着现代科学技术的发展，在无机非金属材料领域中展现了一个新的领域——新型无机非金属材料。它是以人工合成的高纯原料经特殊的先进工艺制成的材料，与高新技术发展相辅相成的新型材料。

7.8.1 半导体材料

1. 半导体材料的简介

自然界的物质、材料按导电能力大小可分为导体、半导体和绝缘体三大类。在一般情况下，半导体电导率随温度的升高而增大，这与金属导体恰好相反。凡具有上述两种特征的材料都可归入半导体材料的范围。反映半导体内在基本性质的却是各种外界因素如光、热、磁、电等作用于半导体而引起的物理效应和现象，这些可统称为半导体材料的半导体性质。

2. 半导体材料的特征

半导体在其电的传导性方面，其电导率低于导体，而高于绝缘体。它具有如下的主要特征。

在室温下，它的电导率在 $10^{-9} \sim 10^3$ S/cm 之间，S 为西门子，电导单位，$S = 1/r(W \cdot cm)$；一般金属为 $10^4 \sim 10^7$ S/cm，而绝缘体则小于 10^{-10} S/cm，最低可达 10^{-17} S/cm。同时，同一种半导体材料，因其掺入的杂质量不同，可使其电导率在几个到十几个数量级的范围内变化，也可因光照和射线辐照明显地改变其电导率；而金属的导电性受杂质的影响，一般只在百分之几十的范围内变化，不受光照的影响。

当半导体纯度较高时，其电导率的温度系数为正值，即随着温度升高，它的电导率增大；而金属导体则相反，其电导率的温度系数为负值。

有两种载流子参加导电：一种是为大家所熟悉的电子；另一种则是带正电的载流子，称为空穴。同一种半导体材料，既可以形成以电子为主的导电，也可以形成以空穴为主的导电。金属仅靠电子导电，而电解质则靠正离子和负离子同时导电。

3. 半导体材料的类别

对半导体材料可从不同的角度进行分类：

（1）根据其性能可分为高温半导体、磁性半导体、热电半导体；

（2）根据其晶体结构可分为金刚石型半导体、闪锌矿型半导体、纤锌矿型半导体、黄铜矿型半导体；

（3）根据其结晶程度可分为晶体半导体、非晶半导体、微晶半导体，但比较通用且覆盖面较全的则是按其化学组成的分类，依此可分为元素半导体、化合物半导体和固溶半导体三大类。

在化合物半导体中，有机化合物半导体虽然种类不少，但至今仍处于研究探索阶段，所以本部分在叙述中只限于无机化合物半导体材料，简称化合物半导体材料。

4. 半导体材料的发展

20 世纪中叶，单晶硅和半导体晶体管的发明及其硅集成电路的研制成功，导致电子工业革命；20 世纪 70 年代初，石英光导纤维材料和 GaAs 激光器的发明，促进了光纤通信技术迅速发展并逐步形成了高新技术产业，使人类进入了信息时代。超晶格概念的提出及其半导体超晶格、量子阱材料的研制成功，彻底改变了光电器件的设计思想，使半导体器件的设计与制造从"杂质工程"发展到"能带工程"。纳米科学技术的发展和应用，将使人类能从原子、分子或纳米尺度水平上控制、操纵和制造功能强大的新型器件与电路，必将深刻地影响着世界格局，彻底改变人们的生活方式。

7.8.2 超导材料

1. 超导材料的简介

1911 年荷兰物理学家翁奈在研究水银低温电阻时首先发现了超导现象；后来又陆续发现了一些金属、合金和化合物在低温时电阻也变为零，即具有超导现象。物质在超低温下，失去电阻的性质称为超导电性；相应的具有这种性质的物质就称这超导体。具有在一定的低温条件下呈现出电阻等于零以及排斥磁力线的性质的材料称为超导材料。超导材料具有的优异特性使它从被发现之日起，就向人类展示了诱人的应用前景。

2. 超导材料的特征

（1）零电阻效应：在特定的温度下材料的电阻突然消失的现象，发生这一现象的温度叫超导转变温度 T_c（见图 7.6），也叫临界温度。材料失去电阻的状态称为超导态，存在电阻的状态称为正常态。零电阻效应是超导态的一个基本特征。

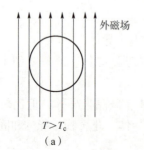

图 7.6 不同导体的电阻率–温度曲线

（2）完全抗磁性（迈斯纳效应）：外磁场在试样表面产生感应电流（见图 7.7），此电流所经路径电阻为零，故它所产生的附加磁场总是与外磁场大小相等，方向相反，因而使超导体内的合成磁场为零。由于此感应电流能将外磁场从超导体内挤出，故称磁抗感应电流，又因其能起着屏蔽磁场的作用，又称为屏蔽电流。处在超导态的物体完全排斥磁场，即磁力线不能进入超导体内部。完全抗磁性是超导态的另一个基本特征。

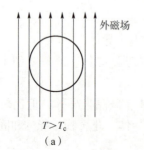
（a） $T > T_c$

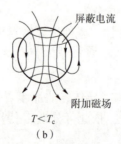
（b） $T < T_c$

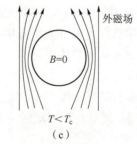
（c） $T < T_c$

图 7.7 迈斯纳效应

(3) 临界温度：外磁场为零时超导材料由正常态转变为超导态（或相反）的温度，以 T_c 表示。T_c 值因材料不同而异。已测得超导材料的最低 T_c 是钨，为 0.012 K。到 1987 年，临界温度最高值已提高到 100 K 左右。

(4) 临界磁场：使超导材料的超导态破坏而转变到正常态所需的磁场强度，以 H_c 表示。H_c 与温度 T 的关系为 $H_c = H_0[1-(T/T_c)^2]$，式中 H_0 为 0 K 时的临界磁场。

(5) 临界电流和临界电流密度：通过超导材料的电流达到一定数值时也会使超导态破态而转变为正常态，以 I_c 表示。I_c 一般随温度和外磁场的增加而减少。单位截面积所承载的 I_c 称为临界电流密度，以 J_c 表示。

(6) 约瑟夫森效应：两超导材料之间有一薄绝缘层（厚度约 1 nm）而形成低电阻连接时，会有电子对穿过绝缘层形成电流，而绝缘层两侧没有电压，即绝缘层也成了超导体。当电流超过一定值后，绝缘层两侧出现电压 U（也可加一电压 U），同时直流电流变成高频交流电，并向外辐射电磁波。

(7) 同位素效应：超导体的临界温度 T_c 与其同位素质量 M 有关。M 大，T_c 越低，这称为同位素效应。例如，原子量为 199.55 的汞同位素，它的 T_c 是 4.18 K，而原子量为 203.4 的汞同位素，T_c 为 4.146 K。超导材料的这些参量限定了应用材料的条件，因而寻找高参量的新型超导材料成了人们研究的重要课题。以 T_c 为例，从 1911 年荷兰物理学家 H.K. 昂内斯发现超导电性起，直到 1986 年以前，人们发现的最高的 T_c 才达到 23.2 K。1986 年瑞士物理学家 K.A. 米勒和联邦德国物理学家 J.G. 贝德诺尔茨发现了氧化物陶瓷材料的超导电性，从而将 T_c 提高到 35 K。之后仅一年时间，新材料的 T_c 已提高到 100 K 左右。这种突破为超导材料的应用开辟了广阔的前景，米勒和贝德诺尔茨也因此荣获 1987 年诺贝尔物理学奖。

3. 超导材料的类别

(1) 根据超导材料对于磁场的响应可将超导材料分为：第一类超导体和第二类超导体。从宏观物理性能上看，第一类超导体只存在单一的临界磁场强度；第二类超导体有两个临界磁场强度，当磁场强度处在两个临界磁场强度时，允许部分磁场穿透材料。在已发现的元素超导体中，第一类超导体占大多数，只有钒、铌、锝属于第二类超导体；但很多合金超导体和化合物超导体都属于第二类超导体。

(2) 根据解释理论可将超导材料分为：传统超导体（可以用 BCS 理论或其推论解释）和非传统超导体（不能用 BCS 理论解释）。

(3) 根据临界温度可将超导材料分为：高温超导体和低温超导体。高温超导体通常指临界温度高于液氮温度（大于 77 K）的超导体，低温超导体通常指临界温度低于液氮温度（小于 77 K）的超导体。

(4) 根据材料类型可将超导材料分为：元素超导体（如铅和水银）、合金超导体（如铌钛合金）、氧化物超导体（如钇钡铜氧化物）、有机超导体（如碳纳米管）。

4. 超导材料的应用

从目前的研究情况来看，超导技术的应用可分成三类：

(1) 用超导材料作成磁性极强的超导磁铁，用于核聚变研究和制造大容量储能装置、高速加速器、超导发电机和超导列车，以解决人类的能源和交通问题；

(2) 用超导材料薄片制作约瑟夫逊器件,用于制造高速电子计算机和灵敏度极高的电磁探测设备;

(3) 用超导材料产生的磁场来研究生物体内的结构及用于对人的各种复杂疾病的治疗。

7.8.3 高性能结构材料

1. 高性能结构材料的简介

高性能结构材料是指那些具有高强度、高韧性、耐高温、耐磨损、抗腐蚀等特殊性能的材料,是支撑航空航天、交通运输、电子信息、能源动力,以及国家重大基础工程建设等领域的重要物质基础,是目前国际上竞争最激烈的高新技术领域之一。它主要包括新型金属材料、高性能结构陶瓷材料和高分子材料等。

2. 高性能结构材料的现状

新材料产业的发展水平已成为衡量一个国家经济社会发展、科技进步和国防实力的重要标志,因此世界各国纷纷在新材料领域制定出台相应的规划,竭力抢占新材料产业的制高点。

目前,经济发达地区仍在国际新材料产业中占据领先地位,世界上新材料龙头企业主要集中在美国、欧洲和日本,其中,日、美、德的 6 家企业占全球碳纤维产能 70% 以上,日、美的 5 家企业占全球 12 寸(约 40 cm)晶圆产量的 90% 以上,日本的 3 家企业占全球液晶背光源发光材料产量的 90% 以上。

3. 高性能结构材料的应用

在传统材料改性优化方面,通过对钢铁凝固和结晶控制等基础理论研究,发现冶金过程晶粒细化调控可大大提高钢材强度,发展的新一代钢铁材料的强度约为目前普通钢材的两倍,研究成果已部分应用于汽车、建筑等行业,被国内冶金界认为是推动钢铁行业结构调整、产品更新换代、提高钢铁行业技术水平的一次"革命"。

在高性能结构陶瓷材料方面,我国解决了耐高温、高强、耐磨损、耐腐蚀陶瓷部件的关键制备技术,并将其应用于钢铁工业、精密机械、煤炭、电力和环境保护等领域。如研发出的具有优异耐冲蚀磨损性能的煤矿重质选煤机用旋流器陶瓷内衬、潜水渣浆泵用耐磨陶瓷内衬,已在黄河治理中得到批量应用;研制的碳化硅泡沫陶瓷过滤器可替代氧化钇部分稳定氧化锆过滤器,用于不锈钢钢水的过滤。

4. 高性能结构材料的发展

高新技术发展促使材料不断更新换代。高新技术的快速发展对关键基础材料提出新的挑战和需求,同时材料更新换代又促进了高新技术成果的产业化。

绿色、低碳成为新材料发展的重要趋势。新能源产业崛起,拉动上游产业如风机制造、光伏组件、多晶硅等一系列制造业和资源加工业的发展,促进智能电网、电动汽车等输送与终端产品的开发和生产。

跨国集团在新材料产业中仍占据主导地位。目前,世界著名企业集团凭借其技术研发、资金和人才等优势不断向新材料领域拓展,在高附加值新材料产品中占据主导地位。

材料研发模式变革已成为关注的焦点。21 世纪以来,发达国家逐渐意识到依赖于直觉与试错的传统材料研究方法已跟不上工业快速发展的步伐,甚至可能成为制约技术进步的瓶颈。因此,急需革新材料研发方法,加速材料从研发到应用的进程。

玻璃的历史和发展

世界最早的玻璃制造者为古埃及人。玻璃的出现与使用在人类的生活里已有四千多年的历史，在 4 000 年前的美索不达米亚和古埃及的遗迹里，都曾有小玻璃珠的出土。

玻璃是一种古老的建筑材料，随着现代科技水平的迅速提高和应用技术的日新月异，各种功能独特的玻璃纷纷问世，兴旺了玻璃家族。

1. 不碎玻璃

英国一家飞机制造公司发明了一种用于飞机上的不碎玻璃，它是一种夹有碎屑黏合成透明塑料薄膜的多层玻璃。这种以聚氨脂为基础的塑料薄膜具有黏滞的半液态稠度，当有人试图打碎它时，受打击的聚领脂薄膜会慢慢聚集在一起，并恢复自己特有的整体性。

2. 防弹玻璃

防弹玻璃是由玻璃（或有机玻璃）和优质工程塑料经特殊加工得到的一种复合型材料，它通常是透明的材料，如 PVB/聚碳酸酯纤维热塑性塑料。它具有普通玻璃的外观和传送光的行为，对小型武器的射击提供一定的保护。最大厚度达 136 mm，最大宽度达 2 166 mm，有效时间达 6 664 天。

3. 可钉钉玻璃

日本三菱电子仪器实验室研制成功的可钉钉玻璃，是将硼酸玻璃粉和碳化纤维混合后加热到 1 000 ℃制成的。它是采用硬质合金强化的玻璃，其最大断裂应力为一般玻璃的 2 倍以上，无脆性弱点，可钉钉和装木螺丝，不用担心破碎。

4. 不反光玻璃

由德国 SCHOTT 玻璃公司开发的不反光玻璃，光线反射率仅在 1%以内（一般玻璃为 8%），从而解决了玻璃反光和令人目眩的问题。

5. 防盗玻璃

匈牙利一家研究所研制的防盗玻璃为多层结构，每层中间嵌有极细的金属导线。如果盗贼将玻璃击碎时弄断了金属导线，与金属导线相连接的警报系统会立即发出报警信号。

6. 空调玻璃

空调玻璃是一种双层玻璃，可将暖气送到玻璃夹层中，通过气孔散发到室内，代替暖气片。这不仅节约能量，而且方便、隔音和防尘，到了夏天还可改为送冷气。

7. 光导纤维

目前，玻璃有了新的发展，如光导纤维等新型无机非金属材料。

光导纤维简称光纤，是用来传递光信号和图像信号的纤维。制造光导纤维用的光学材料，必须高度纯净、成分均匀。一般无水石英（SiO_2）是常用的光导纤维材料。近年来，光导纤维用于光通信的技术迅速发展。此外，其在农业、国防、医疗、电视、传真、电话、科研等方面都有广泛的用途。

本 章 小 结

1. 陶瓷
陶瓷在中国文化中具有重要的地位,其主要成分是硅酸盐。硅酸盐晶体结构的基本单元是硅氧四面体,硅酸盐材料是多相结构物质,晶态部分占主导地位。硅酸盐制品具有稳定性好、熔点高、不溶于水等特点,在建筑、陶瓷制造等领域有广泛的应用。

2. 玻璃
玻璃是一种具有玻璃态结构的固态材料,具备短程有序和长程无序的特点。其特殊结构源于黏度改变快、结晶速度慢的性质。玻璃是非晶态无机非金属材料,主要由多种无机矿物和少量辅助原料制成。普通玻璃化学组成是硅酸盐复盐,是无规则结构的非晶态固体。

3. 硅酸盐水泥
硅酸盐水泥适用于多种混凝土工程,具有快速水化、高强度、抗冻性好等优点,但在高温、海港工程和抗硫酸盐工程等特殊条件下使用时需要谨慎。硅酸盐水泥是一种适用于重要工程的高标号水泥,具有凝结硬化快、抗冻性好的特点。然而,它不适用于大体积混凝土工程,抗软水和化学侵蚀性差,耐热性能差。在运输和储存时,需要按规定进行分类、标注和防潮处理,尽量先进先出使用。

4. 耐火材料
耐火材料的物理性能包括结构性能、热学性能、力学性能、使用性能和作业性能。结构性能涵盖了孔隙结构和密度方面的参数;热学性能主要涉及导热能力、热膨胀和热辐射特性;力学性能包括材料的强度和变形能力;使用性能表现为耐高温、耐化学腐蚀等特性;作业性能则关注耐火材料在特定工作条件下的稳定性和耐受能力。耐火材料广泛应用于冶金工业和其他高温场合,如衬里炉、窑、反应器、燃烧加热器、氢气重整器、裂化炉等。

5. 水玻璃
水玻璃有黏结力强、强度较高、耐酸性好、耐热性好、耐碱性和耐水性差等特点。水玻璃在建筑工业中有涂刷材料表面以提高抗风化能力,加固土壤,配制速凝防水剂,修补砖墙裂缝,配制耐酸胶凝、耐酸砂浆和耐酸混凝土,配制耐热胶凝、耐热砂浆和耐热混凝土,防腐工程等应用。

6. 石灰
将原料在适当温度下煅烧,排除分解出的二氧化碳后,所得的以氧化钙为主要成分的产品即为石灰。煅烧正常的块状石灰疏松多孔,白色微黄。燃烧温度过高或过低和燃烧时间过长或过短,都会影响石灰的质量。

7. 石膏
石膏是单斜晶系矿物,是主要化学成分为硫酸钙的水合物,石膏是一种用途广泛的工业材料和建筑材料,可用于水泥缓凝剂、石膏建筑制品、模型制作、医用食品添加剂、硫酸生产、纸张填料、油漆填料等。石膏及其制品的微孔结构和加热脱水性，使之具优良的隔音、隔热和防火性能，建筑石膏又名 β 型半水石膏。

8. 新型无机非金属材料

随着现代科学技术的发展，在无机非金属材料领域中展现了一个新的领域——新型无机非金属材料。它是以人工合成的高纯原料经特殊的先进工艺制成的材料，是与高新技术发展相辅相成的新型材料。常见的新型无机非金属材料有半导体材料、超导材料、高性能结构材料等。

练 习 题

一、选择题

1. 为了延缓水泥的凝结时间，在生产水泥时必须掺入适量的（　　）。
   A. 石灰　　　　　B. 石膏　　　　　C. 助磨剂　　　　D. 水玻璃
2. 对于通用水泥，下列性能中（　　）不符合标准规定为废品。
   A. 终凝时间　　　B. 混合材料掺量　C. 体积安定性　　D. 包装标志
3. 通用水泥的储存期不宜过长，一般不超过（　　）。
   A. 一年　　　　　B. 六个月　　　　C. 一个月　　　　D. 三个月
4. 水及压力作用下，氢氧化钙会不断溶解流失，而且由于氢氧化钙浓度的降低，还会引起其他水化物的分解溶蚀。使水泥石结构遭受进一步的破坏，这种现象称为（　　）。
   A. 溶析　　　　　B. 溶解　　　　　C. 溶蚀　　　　　D. 侵蚀
5. 水玻璃不能在（　　）中使用。
   A. 碱性环境　　　B. 酸性环境　　　C. 高温环境　　　D. 常温环境
6. 关于水玻璃的性质，下列说法有误的是（　　）。
   A. 水玻璃具有良好的耐酸性，可以抵抗除氢氟酸、热磷酸和高级脂肪酸以外的几乎所有无机和有机酸的侵蚀
   B. 水玻璃不燃烧，在高温下硅酸凝胶干燥得更加强烈，强度不降低，甚至有增加，可用于配制水玻璃耐热混凝土和水玻璃耐热砂浆
   C. 水玻璃不能在碱性环境中使用
   D. 水玻璃硬化后的主要成分为硅凝胶和固体，比表面积小
7. 下列关于水玻璃的性质，下列说法有误的是（　　）。
   A. 通常为青灰色或黄灰色黏稠液体
   B. 有较强的黏结力
   C. 同一模数的水玻璃溶液，浓度越大，密度越大
   D. 耐热性较差
8. 石灰的最主要技术指标是（　　）。
   A. 活性氧化钙和活性氧化镁含量
   B. 氧化钙加氧化镁含量

C. 活性氧化钙加活性氧化镁含量

9. 下列关于石灰的说法，正确的是（　　）。（多选题）

　　A. 石灰受潮后，强度基本不变

　　B. 石灰中常常掺入砂、纸筋等来减少收缩和节约水泥

　　C. 石灰常常用于配制灰土和三合土

　　D. 块状石灰不宜放置太久，否则会失去胶结能力

　　E. 石灰不宜在潮湿环境下使用，可单独用于建筑物的基础

10. 博物馆陈列着大量明清砖瓦和精美瓷器（婺州窑），婺州窑瓷器胎体的原料为高岭土 $[Al_nSi_2O_5(OH)_4]$。下列说法正确的是（　　）。（多选题）

　　A. 古代的陶瓷、砖瓦都是硅酸盐产品

　　B. 高岭土为含水的铝硅酸盐

　　C. $n = 3$

　　D. 我国在新石器时代已能烧制陶器

二、填空题

1. 硅酸盐通常可以用二氧化硅和金属氧化物的组合形式表示其组成，例如：硅酸钠（Na_2SiO_3）：$Na_2O \cdot SiO_2$，长石（$KAlSi_3O_8$）：_____，钠长石（$NaAlSi_3O_8$）：_____。

2. 硅酸钠在空气中易与二氧化碳和水生成硅酸（H_2SiO_3）沉淀，其离子方程式为_____。硅酸钠和盐酸反应的离子方程式为_____。

3. 影响硅酸盐水泥凝结硬化的主要因素有：_____、细度、_____、石膏掺量。

4. 硅酸盐水泥的强度等级有_____、_____、_____、_____、_____和_____六个级别。其中 R 型为呈强型，主要是其_____强度较高。

5. 水泥细度可用筛析法和_____进行检验。

6. 水泥的细度愈_____，水化作用愈_____，凝结愈_____。

7. 水灰比愈_____，凝结时的温度愈_____，凝结愈_____。

三、判断题

1. 硅酸盐结构较为复杂，大多不溶于水，化学性质很稳定。　　　　　　　　　（　　）

2. 硅氧四面体中，硅原子与氧原子都是以共价键结合。　　　　　　　　　　　（　　）

3. 水泥与玻璃的共同原料是石灰石，水泥与陶瓷的共同原料是黏土。　　　　　（　　）

4. 陶瓷、玻璃、水泥的生产都需要在高温下进行。　　　　　　　　　　　　　（　　）

5. 玻璃和水泥生产中都发生复杂的物理和化学变化。　　　　　　　　　　　　（　　）

四、简答题

1. 试述硅酸盐水泥的矿物组成及其对水泥性质的影响。

2. 在某些建筑物的室内墙面装修过程中可以观察到，使用以水玻璃为成膜物质的腻子作为底层涂料，施工过程往往散落到铝合金窗上，造成铝合金窗外表形成有损美观的斑迹，试分析原因。

3. 石灰如何生产？

4. 石灰硬化过程为什么容易开裂？应如何避免？

5. 石灰主要应用在哪些领域？

6. 如何储存石灰？
7. 写出半导体材料的半导体性质。
8. 超导材料的定义是什么？
9. 超导态的两个基本特征是什么？
10. 根据材料对于磁场的响应，超导材料可分为几种？分别是什么？
11. 高性能结构材料的定义是什么？

第 7 章练习题答案

第8章 高分子材料

 内容提要和学习要求

随着科技发展,人工合成高分子材料问世,并得到广泛应用,相关材料包括尼龙、聚乙烯、聚丙烯、聚四氟乙烯等塑料,以及维尼纶、合成橡胶、新型工程塑料、高分子合金和功能高分子材料等。其中多数高分子材料性能已接近钢材并取而代之,成为国民经济、国防尖端科学和高科技领域不可缺少的材料。本章在介绍高分子材料的基础上,重点讨论高分子材料的结构、特性、改性和应用。

本章学习要求可分为以下几点。

(1) 了解高分子材料的基本概念与特征。

(2) 了解高分子材料的分类和命名,掌握高分子材料的命名规则。

(3) 能够掌握高分子材料的基本结构,理解高分子材料的结构与性能的相互关系,通过运用改性改善化合物的结构,调节聚合物的性能。

(4) 了解纳米材料的概念、结构与纳米效应及其分类,理解聚合物纳米复合材料和纳米改性沥青技术。

(5) 掌握光电高分子材料、吸附分离高分子材料、生物医用仿生高分子材料、功能转换高分子材料、自修复高分子材料和打印智能高分子材料及其在工业生产和生活中的一些应用。

(6) 了解生活中常见的一些高分子材料及其应用。

8.1 高分子材料概述

高分子材料(Macromolecular Material)是一类由一种或几种分子或分子团(结构单元或单体)以共价键结合成具有多个重复单体单元的大分子,其分子量高达$10^4 \sim 10^6$。它们可以是天然产物如纤维、蛋白质和天然橡胶等,也可以是用合成方法制得的,如合成橡胶、合成树脂、合成纤维等非生物聚合物。

高分子材料的发展大致经历了三个时期,即天然高分子材料的利用与加工、天然高分子材料的改性和合成、高分子材料的工业生产。

天然高分子材料,是指存在于动物、植物及生物体内的高分子物质。天然存在的高分子材料很多。例如,动物体细胞内的蛋白质、毛、角、革、胶,植物细胞壁的纤维素、淀粉,橡胶植物中的橡胶,凝结的桐油,某些昆虫分泌的虫胶,针叶树埋于地下数万年后形成的琥珀等,都是高分子材料。特别是纤维、皮革和橡胶等高分子材料得到了广泛的应用。例如,我国商朝时蚕丝业就已经极为发达，汉唐时代丝绸已行销国外，战国时代纺织业也很发达。至于用皮革、毛裘作为衣着和利用淀粉发酵的历史就更为久远了。

合成高分子材料，随着科学技术的发展，合成工艺日趋完善，新的高分子材料和新工艺层出不穷，自此高分子材料种类迅速扩展。为满足耐高温、高强度、高模量、耐较高冲击、耐极端条件等各种工程需要，人们合成了各种特性的塑料材料，如聚甲醛、聚氨酯、聚碳酸酯、聚酰亚胺、聚酰醚酮、聚苯硫醚等，为电子、汽车、交通运输、航空航天工业提供了必需的新材料。为满足国民经济和日常生活中的需求，人们合成了特种涂料、黏合剂、液体橡胶、热塑性弹性体，以及耐高温特种有机纤维。

目前，高分子材料正向功能化、智能化、精细化方向发展，使其由结构材料向具有光、电、声、磁、生物医学、仿生、催化、物质分离及能量转换等效应的功能材料方向扩展，分离材料、生物材料、智能材料、储能材料、光导材料、纳米材料、电子信息材料等的发展都表明了这种发展趋势。与此同时，在高分子材料的生产加工中也引进了许多先进技术，如等离子体技术、激光技术、辐射技术等。而且结构与性能关系的研究也由宏观进入微观，从定性进入定量，由静态进入动态，正逐步实现在分子设计水平上合成并制备达到所期望功能的新型材料。

8.1.1 高分子材料的基本概念与特征

1. 聚合物的含义

聚合物（高分子）（High Polymer Macromolecule）是由大量一种或几种较简单结构单元组成的大型分子，其中每一结构单元都包含几个连接在一起的原子。整个高分子所含原子数目一般在几万以上，而且这些原子是通过共价键连接起来的。由于高分子多是由小分子通过聚合反应而制得的，因此也常被称为聚合物或聚合物，用于聚合的小分子则被称为单体。

1994，国际纯粹与应用化学联合会（International Union of Pure and Applied Chemistry，IUPAC）将大分子与高分子认定为同义词（尽管尚有争议），并暂时定义高分子为"相对高分子质量的分子，其结构主要是由低相对分子质量的分子按实际上或概念上衍生的单元多重重复组成的"。至于相对分子质量达到何种程度才算是高分子，IUPAC 并无明确定义，传统观点是 10 000~100 000 之间。

聚合物的特点是种类多、密度小（仅为钢铁的 1/8~1/7），比强度大，电绝缘性、耐腐蚀性好，加工容易，可满足多种特种用途的要求，包括塑料、纤维、橡胶、涂料、粘合剂等领域，可部分取代金属、非金属材料。

2. 有关高分子材料几个重要概念

1) 单体

可与同种或其他分子聚合而生成高分子物质的那些低分子原料统称为单体。生成一种聚合物，可能就是一种单体，也可能不止一种单体。单体一般按聚合反应中的情况可分为 4 类。

（1）含有不饱和键的烯及其衍生物类，如乙烯、苯乙烯、丙烯酸等。

（2）一些环状化合物，如己内酰胺、环氧乙烷、环内酯、环醚等。

（3）有两个或两个以上化学反应官能团的小分子化合物，如二醇、二异氧酸酯、环氧氯丙烷、二胺、二酸、三醇、二酸酯等。

（4）隐性的多官能度单体，在反应中互相作用激活的，而有两个以上官能度的分子，如苯酚、二甲酚、甲醛、含硫双键低分子等。

2）官能团和官能度

官能团又称官能基，在有机化合物中，表示同一族的特性，与其他化合物反应可生成化学键的活性基团，如羟基、氨基、卤代基等。官能团在生物体中的定义，是指酶的活性中心氨基酸上的活性基团，这部分定义与高分子合成关系不大。

官能度实际上相当于一个单体所含官能团的数目，这与单体参与的反应体系有关。严格定义应当是单体在某一个聚合反应体系中，实际上参加反应显示的官能团数目，叫作官能度。

3）本体聚合

本体聚合是单体（或原料低分子物）在不加溶剂以及其他分散剂的条件下，由引发剂或光、热、辐射作用下其自身进行聚合引发的聚合反应。有时也可加少量着色剂、增塑剂、分子量调节剂等。液态、气态、固态单体都可以进行本体聚合。

4）溶液聚合

将单体溶于适当溶剂中加入引发剂（或催化剂）在溶液状态下进行的聚合反应，称为溶液聚合。溶液聚合是高分子合成过程中一种重要的合成方法。

5）悬浮聚合

溶有引发剂的单体以液滴状悬浮于水中进行自由基聚合的方法称为悬浮聚合。悬浮聚合以水为介质，加入分散剂，强烈搅拌下将单体和引发剂分散成小液滴进行聚合，是自由基聚合的一种方法。

6）乳液聚合

乳液聚合是单体借助乳化剂和机械搅拌，使单体分散在水中形成乳液，再加入引发剂引发单体聚合的方法。乳液聚合在水相中借助于乳化剂的作用，将单体分散成被乳化剂胶束包围的"油滴"，少部分单体分散在水中，大多数单体进入乳化剂胶束形成增溶液束。

7）均聚合和共聚合

由一种单体进行的聚合反应称均聚合，又叫均一聚合，得到的聚合物称为均聚物。

共聚合指由两种或两种以上单体进行的连锁聚合，得到的聚合物称为共聚物。由两种单体参与的叫二元共聚，同理有三元共聚、多元共聚之说。

8）逐步聚合

逐步聚合就是分步聚合的意思，通常指两个或两个以上官能度单体，通过官能团化学反应实现的聚合。典型的聚合物如聚酰胺、聚酯、酚醛树脂、聚氨酯、环氧树脂、聚苯硫醚、聚碳酸酯等。

9）连锁聚合

连锁聚合又称链式聚合。在聚合反应过程中有活性中心（自由基或离子）形成，而且可以在很短的时间内使许多单体聚合在一起，形成分子量很大的大分子的反应。连锁聚合是聚合反应的一大类，主要包括三个基元反应，即链引发、链增长和链终止。有时还伴有链转移反应发生。按活性中心的不同，连锁聚合可细分为自由基聚合、阳离子聚合、阴离子聚合和配位聚合四种类型。常见的产物有聚乙烯、聚丙烯、聚氯乙烯、聚苯乙烯、丙烯腈、顺丁橡胶、乙丙橡胶、丁腈橡胶等。

10）引发剂

引发剂，又称自由基引发剂，指一类容易受热分解成自由基（即初级自由基）的化合物，可用于引发烯类、双烯类单体的自由基聚合和共聚合反应，也可用于不饱和聚酯的交联固化和高分子交联反应。

11) 阻聚剂

阻聚剂就是能使初级自由基或增长着的高分子自由基失去活性，使聚合过程停止的物质。有些阻聚剂在聚合过程中起"缓聚"作用，抑制反应速率。阻聚剂有自由基型和分子型。

12) 链引发

连锁聚合过程中，活性中心和第一个单体结合起来，形成包括单体结构在内的新的活性中心，这一步就叫链引发。链引发包括两个步骤，即引发剂分解为活性中心，活性中心引发单体形成新的活性中心。

13) 链转移

一个自由基与原料分子作用后生成产物和另一个自由基，使反应能持续进行，此过程称为链转移。正在增长的高分子活性链，与体系中的其他物质作用，使原活性中心停止生长，终止反应，而将活性转移到其他物质上，被激活的其他物质成为单体增长的新的中心。也就是说，链转移过程中，活性中心并没有减少，但原先增长的链不能增长了，而由新的活性中心，从头开始。因此，链转移是链增长的竞争反应。当然，链转移对象也可以是人为加入的"链转移剂"，如自由基聚合中常用硫醇，正离子聚合中常用水、醇、醚、酸等，负离子聚合中常用甲苯。

3. 高分子材料的基本特征

高分子材料的基本特征主要表现在以下几个方面。

1) 分子量大

分子量比低分子大几个数量级，一般在 $10^3 \sim 10^7$ 之间。

2) 多分散性

即使是一种"纯粹"的高分子材料，也是由化学组成相同、分子量不等、结构不同的同系聚合物的混合物所组成的。这种高分子材料的分子量不均一（即分子量大小不一、参差不齐）的特性，就称为分子量的多分散性。

应注意：

(1) 一般测得的高分子材料的分子量都是平均分子量；

(2) 聚合物的平均分子量相同，但分散性不一定相同。

高分子材料的加工性能与分子量有较大关系，分子量过大，聚合物熔体黏度过高，难以成型加工；达到一定分子量，保证使用强度后，不同用途的聚合物应有其合适的分子量分布：合成纤维、塑料薄膜分子量分布宜窄，橡胶的分子量分布可较宽。常见高分子材料分子量范围如表 8.1 所示。

表 8.1 常见高分子材料分子量范围　　　　　　　　（单位：万个）

塑料	分子量	纤维	分子量	橡胶	分子量
聚乙烯	30~60	涤纶	1.8~2.3	天然橡胶	20~40
聚氯乙烯	5~15	尼龙-66	1.2~1.8	丁苯橡胶	15~20
聚苯乙烯	10~30	维尼纶	6~7.5	顺丁橡胶	25~30

3）结构不均一性

即使是相同条件下的反应产物，各个分子的分子量、单体单元的键合顺序、空间构型的规整性、支化度、交联度，以及共聚物的组成及序列结构等都存在着或多或少的差异。

4）形态多样性

多数合成聚合物的大分子为长链线型，常称为"分子链"或"大分子链"。将具有最大尺寸、贯穿整个大分子的分子链称为主链；而将连接在主链上除氢原子外的原子或原子团称为侧基；有时也将连接在主链上具有足够长度的侧基（往往也是由某种单体聚合而成的）称为侧链。将大分子主链上带有数目和长度不等的侧链的聚合物称为支链聚合物。目前，大分子链呈星形、梳形、梯形、球形、环形等特殊结构的聚合物均有研究和报道（见图8.1）。

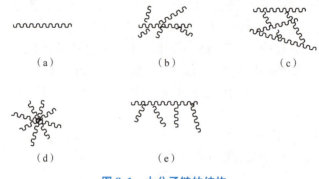

图8.1　大分子链的结构

8.1.2　高分子材料的分类和命名

高分子材料种类繁多、用途广泛，需要建立科学而严谨的分类和命名规范。然而，由于历史原因以及社会文化背景的差异，长期以来不同领域或不同职业的人们在不同场合通常习惯于使用不同的分类和命名方法。因此，作为高分子科学工作者，首先需要了解现有的各种分类和命名原则，掌握并逐步推广使用更为规范的命名和分类规则。

1. 高分子材料的分类

下面介绍从不同角度对高分子材料进行分类的7种方法。

1）按照来源分类

按照来源可将高分子材料分为天然高分子材料和合成高分子材料两大类。天然高分子材料是存在于动物、植物及生物体内的高分子物质，可分为天然纤维、天然树脂、天然橡胶、动物胶等。天然高分子材料分为无机和有机两大类，例如云母、石棉、石墨等均属于常见的天然无机高分子材料。天然有机高分子材料则是自然界一切生命赖以存在、活动和繁衍的物质基础，如蛋白质、淀粉、纤维素等便是最重要的天然有机高分子材料。合成高分子材料其实也包括无机和有机两大类，合成高分子材料具有天然高分子材料所没有的或较为优越的性能——较小的密度、较高的力学性能、耐磨性、耐腐蚀性、电绝缘性等。

2）按照用途分类

按照用途可将高分子材料分为橡胶、纤维、塑料、涂料、胶黏剂和功能高分子材料六大类，其中前三类即所谓的"三大合成材料"。将通用性强、用途较广的橡胶、纤维、塑料、涂料和胶黏剂统称为通用高分子材料，而功能性强的功能高分子材料则是高分子科学新兴而最具发展潜力的领域。

（1）橡胶是一类线型柔性高分子聚合物。其分子链间次价力小，分子链柔性好，在外力作用下可产生较大形变，除去外力后能迅速恢复原状，有天然橡胶和合成橡胶两种。

（2）纤维分为天然纤维和化学纤维。前者指蚕丝、棉、麻、毛等；后者以天然高分子或合成高分子为原料，经过纺丝和后处理制得。纤维的次价力大、形变能力小、模量高，一般为结晶聚合物。

（3）塑料以合成树脂或化学改性的天然高分子材料为主要成分，再加入填料、增塑剂和其他添加剂制得。其分子间次价力、模量和形变量等介于橡胶和纤维之间。通常按合成树脂的特性分为热固性塑料和热塑性塑料；按用途又分为通用塑料和工程塑料。

（4）高分子涂料以聚合物为主要成膜物质，添加溶剂和各种添加剂制得。根据成膜物质不同，高分子涂料分为油脂涂料、天然树脂涂料和合成树脂涂料。

（5）高分子胶黏剂是以合成天然高分子材料为主体制成的胶黏材料，分为天然和合成胶黏剂两种。应用较多的是合成胶黏剂。

（6）功能高分子材料。功能高分子材料除具有聚合物的一般力学性能、绝缘性能和热性能外，还具有物质、能量和信息的转换、磁性、传递和储存等特殊功能。已实用的有高分子信息转换材料、高分子透明材料、高分子模拟酶、生物降解高分子材料、高分子形状记忆材料和医用、药用高分子材料等。

聚合物根据其机械性能和使用状态可分为上述几类。但是各类聚合物之间并无严格的界限，同一聚合物，采用不同的合成方法和成型工艺，可以制成塑料，也可制成纤维，例如，聚氯乙烯既可加工成塑料也可加工成纤维，又如尼龙既可加工成纤维也可加工成工程塑料。而聚氨酯一类的聚合物，在室温下既有玻璃态性质，又有很好的弹性，所以很难说它是橡胶还是塑料。

3）按照主链元素分类

按照主链元素可将高分子材料分为碳链高分子材料、杂链高分子材料、元素有机高分子材料和无机高分子材料。

（1）碳链高分子材料。

碳链高分子材料的主链完全由碳原子组成，而取代基可以是其他原子。绝大部分烯烃、共轭二烯烃及其衍生物所形成的聚合物，都属于此类，如常见的聚乙烯、聚丙烯、聚苯乙烯、聚甲基丙烯酸甲酯、聚丙烯蜡、聚异戊二烯、聚氯乙烯等。大多数碳链高分子材料具有可塑性好、容易加工成型等优点，只是耐热性较差，且易燃烧，易老化，但与杂链高分子材料相比，则具有较高的耐水解性能。部分碳链高分子材料的结构如下：

$-(CH_2-CH_2)_n-$ 聚乙烯

$-(CH_2-\underset{OH}{CH})_n-$ 聚乙烯醇

$-(CH_2-CH=CH-CH_2)_n-$ 聚丁烯

$-(CH_2-\underset{Cl}{C}=CH-CH_2)_n-$ 聚氯丁二烯

$-(CH_2-\underset{COOCH_3}{\overset{CH_3}{C}})_n-$ PMMA

(2) 杂链高分子材料。

杂链高分子材料的主链除碳原子外，还含有 O、N、S、P 等杂原子，并以共价键互相连接。多数缩聚物如聚酯、聚酰胺、聚氨酯和聚酰等均属于杂链高分子材料，它们多由缩聚反应或开环聚合而制得，具有较高的耐热性和机械强度，因主链带有极性，所以容易水解。部分杂链高分子材料的结构如下：

$$—(R—O—R'—O)_n—\quad 聚醚$$

$$—(\overset{O}{\overset{\|}{C}}—R—\overset{O}{\overset{\|}{C}}—O—R'—O)_n—\quad 聚酯 \qquad —(O—R—O—\overset{O}{\overset{\|}{C}}—\overset{H}{\overset{|}{N}}—R'—\overset{H}{\overset{|}{N}}—\overset{O}{\overset{\|}{C}})_n—\quad 聚氨酯$$

$$—(\overset{O}{\overset{\|}{C}}—R—\overset{O}{\overset{\|}{C}}—\overset{H}{\overset{|}{N}}—R—\overset{H}{\overset{|}{N}})_n—\quad 聚酰胺 \qquad —(R—(S)—R—(S))_n—\quad 聚硫$$

(3) 元素有机高分子材料。

元素有机高分子材料的主链不含碳原子，由 Si、B、Al、O、N、S、P 或 Ti 等原子构成，不过其侧基上含有由 C、H 等原子组成的有机基团，如甲基、乙基或苯基等。例如，硅橡胶即是元素有机高分子材料中最重要的品种之一，其分子主链由 Si 和 O 原子交替排列构成。故元素有机高分子材料兼有无机高分子材料和有机高分子材料的特征，其优点是具有较高的热稳定性和耐寒性，又具有较高的弹性和塑性，缺点是强度较低。例如各种有机硅高分子材料。元素有机高分子材料（聚硅氧烷）的结构如下：

$$\begin{matrix} & R & \\ & | & \\ (Si & — & O)_n \\ & | & \\ & R' & \end{matrix} \quad 聚硅氧烷$$

(4) 无机高分子材料。

无机高分子材料的主链上不含碳原子，也不含有机基团，完全由其他元素组成。这类元素的成链能力较弱，所以聚合物分子量不高，并容易水解。部分无机高分子材料的结构如下：

二硫化硅 　　　　　　聚二氯一氮化磷

4) 按照聚合反应分类

按照 Carothers 分类法，将聚合反应分为缩合聚合反应（简称缩聚反应）和加成聚合反应（简称加聚反应）两大类，由此而将其生成的聚合物分别归类于缩聚物和加聚物。当然还可以将缩聚物中的某些特殊类型再细分为加成缩聚物（如酚醛树脂，其又是混缩聚物的一种）、开环聚合物（如环氧树脂）等。加聚物也可再细分为自由基聚合物、离子型聚合物和配位聚合物等。

5) 按照化学结构分类

参照与之相对应的有机化合物的化学结构，可将合成高分子材料分为聚酯、聚酰胺、聚氨酯、聚烯烃等类型。这一分类方法尤其重要，也最为常用，必须重点掌握。

6) 按照受热行为分类

按照受热行为，可将高分子材料分为热塑性聚合物和热固性聚合物两大类。前者受热软化并可流动，多为线型高分子材料；后者受热转化为不溶、不熔、强度更高的交联体型聚合物。这种分类方法普遍用于工程与商业流通等领域。

7) 按照相对分子质量分类

按照相对分子质量的差异，一般将高分子材料分为聚合物、低聚物、齐聚物和预聚物等。在通常情况下，相对分子质量小于合格产品的中间体，或者用于某些特殊用途（如涂料、胶黏剂等）的聚合物均属于低聚物。相对分子质量极低、根本不具有高分子材料特性的某些缩聚物曾称其为齐聚物，习惯统称为预聚物。那些可在特定条件下交联固化、最终转化为体型聚合物的低聚物也称为预聚物。

客观而论，上述 7 种分类法除第 3 种和第 5 种分别按主链元素和化学结构分类外，其余分类方法均不够科学严谨。不仅如此，某些天然高分子材料经化学转化以后往往称为"半合成高分子材料"，也不为上述分类法所包括。随着合成和加工技术的不断改进，很多类型的聚合物经过不同的加工处理之后，可以具有完全不同的性能和用途，由此可见，按照用途分类将高分子材料分成塑料、橡胶和纤维等类别并非绝对。尽管如此，作为高分子科学与材料专业工作者，应该对上述 7 种分类方法持有"全面了解和重点掌握"的态度。

2. 高分子材料的命名

高分子科学问世以来，始终面临着如何建立和推广科学严谨而规范命名的课题。虽然 IUPAC 于 1972 年就提出了 IUPAC 系统命名法及其应该遵守的两个基本原则，即聚合物的命名既要表明其结构特征，同时也要反映其与原料单体之间的联系，但是由于历史原因及社会文化背景的差异，这种科学规范却过于烦琐的命名法至今仍然未能在国内得到广泛的认同。有鉴于此，本节将简要介绍目前常用的 5 种命名法的基本规范和适用范围。

1) "聚"+"单体名称"命名法

这是一种国内外均广泛采用的习惯命名法。通常情况下仅限用于烯类单体合成的加聚物，以及个别特殊的缩聚物。采用该方法命名一般取代烯烃的加聚物非常简单，如表 8.2 所示。

表 8.2 "聚"+"单体名称"命名法

单体	分子式	聚合物名	英文名	缩写
乙烯	$CH_2\!=\!\!=\!CH_2$	聚乙烯	polyethylene	PE
氯乙烯	$CH_2\!=\!\!=\!CHCl$	聚氯乙烯	polyvinylchloride	PVC
苯乙烯	$CH_2\!=\!\!=\!CH\,C_6H_5$	聚苯乙烯	polystyrene	PS

不过必须特别提醒，该方法一般情况下不得用于命名缩聚物，如 6-羟基己酸的缩合反应：

$$n\text{HO(CH}_2)_5\text{COOH} \longrightarrow \text{H}\text{-}[\text{O(CH}_2)_5\text{CO}]_n\text{OH} + (n-1)\text{H}_2\text{O}$$

如果按照该命名法将其命名为"聚 6-羟基己酸"显然忽略了 IUPAC 提出的"聚合物命名须表明其结构特征"这一基本原则。事实上，按照后面将要讲到化学结构类别命名法应该将其命名为"聚 6-羟基己（酸）酯"或"聚①-羟基己（酸）酯"，括号内的文字往往可以省略。

2）"单体名称"+"共聚物"命名法

该命名法仅适用于命名由两种及以上的烯类单体合成的加聚共聚物，而不得用于两种及以上单体合成的混缩聚物和共缩聚物。例如，苯乙烯与甲基丙烯酸甲酯的共聚物可命名为"苯乙烯-甲基丙烯酸甲酯共聚物"。但是，如果将己二酸与己二胺的混缩聚反应产物：

$$n\text{HOOC(CH}_2)_4\text{COOH} + n\text{H}_2\text{N(CH}_2)_6\text{NH}_2 \longrightarrow$$
$$\text{HO}\text{-}[\text{OC(CH}_2)_4\text{CO}-\text{HN(CH}_2)_6\text{NH}]_n\text{H} + (2n-1)\text{H}_2\text{O}$$

命名为"己二酸-己二胺共聚物"显然是错误的，原因在于它没有反映出该聚合物属于"聚酯"类的结构特征。该混缩聚物的正确命名应该采用本节即将讲述的第 4 种命名方法，即按照聚合物结构类别将其命名为"聚己二酰己二胺"或"尼龙-66"。

3）"单体简称"+"聚合物用途"或"物性类别"命名法

分别以"树脂""橡胶"和"纶"作为 3 大合成材料塑料、橡胶和纤维的后缀，前面再冠以单体的简称或者聚合物的全称即可。"树脂"一词本源于特指某些树种树干分泌出的胶状物，目前在高分子领域已被用来泛指未添加助剂的各种聚合物粉粒状母料，如"聚苯乙烯树脂""聚氯乙烯树脂"等。现将这 3 种类别分别叙述如下。

（1）树脂类。

第一种情况。对于两种及两种以上单体的混缩聚物，取"单体简称"+"树脂"，例如：

（苯）醛+（甲）醛 ⟶ 酚醛树脂

尿（醛）+（甲）醛 ⟶ 脲酸树脂

（丙三）醇+（邻苯二甲）酸（酐）⟶ 醇酸树脂

三聚氰胺+（甲）酸 ⟶ 密胺树脂

第二种情况。对于两种及两种以上单体的加聚共聚物，通常取单体英文名称首个字母，再加上"树脂"即可。例如，丙烯（Acrylonitrile）、丁二烯（Butadiene）和苯乙烯（Styrene）的自由基共聚物称为 ABS 树脂，苯乙烯和丁二烯的阴离子 3 嵌段共聚物称为 SBS 树脂或弹性体。

（2）橡胶类。

多数合成橡胶是一种或两种取代烯烃的加聚物，命名时在单体简称后面加上"橡胶"即可。如果是一种单体的均聚物，两个字既可能均取自单体名称，也可能其中一字取自聚合反应所用的引发剂或催化剂名称。例如：

丁（二烯）+苯（乙烯）⟶ 丁苯橡胶

丁（二烯）+（丙烯）腈 ⟶ 丁腈橡胶

(2-)氯(代)丁(二烯)——→氯丁橡胶

丁(二烯)+(金属)钠(催化剂)——→丁钠橡胶

(3) 纤维类。

该命名法反映了西方科技文化的历史地位。虽然"纶"(Lon)的本意是特指已经纺制成为纤维性状的聚合物,不过有时也可以用来命名那些主要用于纺制纤维的原料聚合物。如纺制涤纶的原料——聚对苯二甲酸乙二(醇)酯,纺制腈纶的原料——聚丙烯腈。

4) 化学结构类别命名法

该命名法广泛用于种类繁多的缩聚物,要求重点掌握。其要点是采用与其结构相对应的有机化合物结构类别,再冠以"聚"(如聚酯、聚酰胺等)即可。不过,既然要求聚合物的名称一定要反映其与单体之间的联系,就必须具体标注该聚合物是由何种单体二元酸(酰)与何种单体二元醇所生成的。下面列举三个例子予以说明。

(1) 聚对苯二甲酸乙二(醇)酯(涤纶):

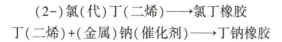

(2) 聚乙二酰己二胺(尼龙-66):

$n\text{HOOC}(CH_2)_4\text{COOH} + n\text{H}_2\text{N}(CH_2)_6\text{NH}_2 \longrightarrow$
$\text{HO}(\text{OC}(CH_2)_4\text{COHN}(CH_2)_6\text{NH})_n\text{H} + (2n-1)\text{H}_2\text{O}$

(3) 聚甲苯 2,4—二氨基甲酸丁二(醇)酯(简称聚氨酯):

事实上,按照该命名法命名多数聚酰胺的全名称都显得过于冗长,所以商业上和学术专著中通常使用其英文商品名称"nylon"的音译词"尼龙"作为聚酰胺的通称。为了体现聚合物与单体之间的关系,须在结构类别"尼龙"之后,依次标注原料单体"二元胺"和"二元酸"的碳原子数。这里需要特别强调:"胺前酰后"乃是"尼龙"后面单体碳原子数排列约定俗成的规范,这与有机化合物酰胺的"酰前胺后"的中文字序恰恰相反。

例如,尼龙-610(聚癸二酰己二胺)是癸二酸与己二胺的缩聚物。尼龙-6 也称聚己内酰胺或锦纶,其单体可以用6-氨基己酸,但多采用己内酰胺。我国高分子科技工作者于20世纪50年代首创以苯酚为原料,经催化氧化成环己酮→催化加氢成环己醇→与羟氨反应成环己醇肟→重排转化为己内酰胺→开环聚合,最终纺制成锦纶的工业合成路线。

除此之外,聚氨酯(聚氨基甲酸酯)也是一类较难命名的聚合物,它是单体二异氰酸酯与二元醇的聚合物:

$n\text{OCN}(CH_2)_6\text{NCO} + n\text{HO}(CH_2)_4\text{OH} \longrightarrow (\text{OCHN}(CH_2)_6\text{NHCO}-\text{O}(CH_2)_4\text{O})_n$

单体:二异氰酸己酯　　丁二醇　　　聚合物:己二胺基甲酸丁二(醇)酯

可见,合成聚氨酯的关键单体是带着两个异氰酸酯基团(—N=C=())的化合物,而不是带两个氨基羧酸基团（—NHCOOH）的化合物。对于初学者而言，要求熟练掌握聚氨酯的命名和聚合反应方程式的书写，必须首先学会辨认和划分其重复单元中含有的两个结构单元，并以此推定其采用的单体究竟是何种二异氰酸酯和二元醇。聚氨酯的特征性结构（氨基甲酸酯基）与酰胺基和脲基的比较如表 8.3 所示。

表 8.3 特征性结构的比较

聚合物名称	特征基团	基团结构	结构式
聚氨酯	氨基甲酸酯基	—NHCOO—	$\begin{smallmatrix}&&\mathrm{O}\\ \mathrm{H}&&\parallel\\ -\mathrm{N}-&\mathrm{C}-\mathrm{O}-\end{smallmatrix}$
聚酰胺	酰胺基	—NHCO—	$\begin{smallmatrix}&&\mathrm{O}\\ \mathrm{H}&&\parallel\\ -\mathrm{N}-&\mathrm{C}-\end{smallmatrix}$
聚脲	脲基	—NHCONH—	$\begin{smallmatrix}&&\mathrm{O}&&\\ \mathrm{H}&&\parallel&&\mathrm{H}\\ -\mathrm{N}-&\mathrm{C}-&\mathrm{N}-\end{smallmatrix}$

5）IUPAC 系统命名法

IUPAC 系统命名法是 IUPAC 于 1972 年提出的以大分子结构为基础的一种系统命名法，建议高分子专业工作者在国际学术活动中尽量采用该命名法，其与有机化合物系统命名法相似，要点包括：

（1）确定大分子的重复结构单元；

（2）将重复单元中的次级单元即取代基按照由小到大、由简单到复杂的顺序进行书写；

（3）命名重复单元并在其前面冠以"聚"字（poly-）即完成命名。

由此可见，如果按照该命名法命名和书写取代乙烯类加聚物时，必须先写带有取代基一侧，同时先写原子数少的取代基，这与习以为常的书写方式相左。不仅如此，用该命名法命名某些聚合物（如聚碳酸酯）相当烦琐，中文名称非常冗长：聚［2,2-丙叉双（4,4,羟基丙基）］碳酸酯。所以，目前人们依然习惯采用相对简单的习惯命名法将其命名为双酚 A 型聚碳酸酯，或简称为聚碳酸酯。虽然不甚规范，但是多数情况下并不影响理解和交流。在学术论文和专著中首次出现不常用的命名或符号时，均须注明其全名称，并且应尽量避免使用商业俗名。总而言之，IUPAC 系统命名法并不反对使用以单体名称为基础的习惯命名，但是建议在学术交流活动中尽可能规范。

8.2 高分子材料的结构和特性

8.2.1 高分子材料的基本结构

为研究方便，本节将从微观至宏观对高分子材料进行分析。高分子材料的一次结构，即指第一层结构，具体如下：

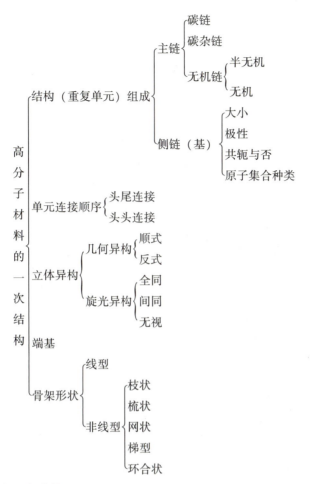

1. 高分子材料的二次结构

高分子材料的二次结构又称远程结构,是指单个的高分子链在空间存在的各种形状,如伸展状态、螺旋状态、折叠状态和无规线团形态。

高分子链处于不断运动的状态。在高分子主链上如果都是 C—C 单键,其就会绕着轴自由旋转,如果没有任何干扰,每一个单键都同时内旋转,一条高分子链就有千千万万个构象形态。由于高分子主链碳原子上总接有各种基团,存在着吸引、排斥或电子共轭等作用,因此,内旋转总是不完全的。高分子链越是好旋转的,表现得越柔顺,因此就出现了一个新概念,叫柔顺性。

柔顺性就是高分子链的内旋转自由度大小和难易程度,内旋转越容易,自由度越大,称作柔顺性越大。

柔顺性大小可以用链段长度来表示。链段是指高分子链的"运动单元"。实际上高分子链的每个原子都在运动和内旋转,由于侧基和其他因素影响,表现出某一个链段之内,内旋转不容易,似乎相对稳定,链段和链段之间则可以旋转,似乎高分子链的内旋转构象是以链段为单元的旋转和组合。可以看出,柔顺性越好,链段越短,一条高分子链的链段就越多。当然最柔顺的情况就是链段等于一个单键;最不柔顺的情况(即最刚硬)就是链段等于一个高分子链。影响柔顺性的因素如下:

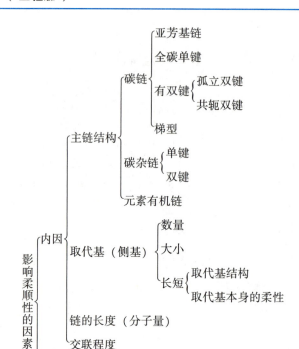

2. 高分子材料的三次结构

高分子材料的三次结构又称聚集态结构，是指若干个或几乎全部的高分子链之间的关系，以及它们是如何排列的。聚集态结构是在加工成型中形成的，它影响材料和制品的主要性能。高分子材料的三次结构受高分子材料的二次结构影响甚大，具体如下：

高分子材料的三次结构
- 无规：纠缠在一起的无规线团 / 各自伸展无规线团
- 有规：结晶——高分子链之间近程有序排列和远程有序排列 / 取向——高分子沿外力方向排列或大体排列

3. 高分子材料的高级结构

高分子材料的高级结构又称宏观聚集态结构，具体如下：

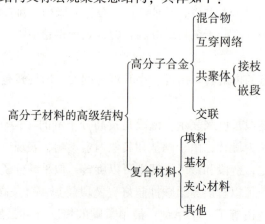

4. 高分子材料的结晶、取向和液晶

高分子链从无规的熔体或溶液中降温析出，可能出现近程有序排列和远程有序排列，称为结晶。结晶一般都不完善，有晶区、非晶区之分，晶区的链段几乎平行排布，这些链段可来自不同的高分子链。常用结晶度来衡量结晶程度，结晶度有质量结晶度和体积结晶度，常用前者。

取向是指高分子在空间中，沿一定方向有大体的指向，这种指向可能是分子链、链段或基团，也可以是晶粒、晶面等。高分子的拉伸、挤压、熔体或溶液的流动等是最常见的形成取向的方法。

液晶是明显各向异性的有序流体。某些高分子可以处于液晶状态。按分子结构高分子液晶可分为主链型和侧链型高分子液晶；由于温度变化和溶剂作用导致的高分子液晶分别称为热致性高分子液晶和溶致性高分子液晶。

5. 高分子材料的宏观状态

宏观状态又叫物理态，一般把物质分为固态（晶态）、液态和气态，对于高分子材料来说没有气态。高分子材料的宏观状态具体如下：

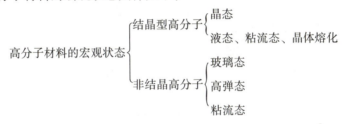

8.2.2 高分子材料结构与性能的关系

高分子一般总是作为材料而使用的，材料的性能对我们至关重要。

如果仔细分析，就会发现材料的性能不仅与材料本身有关，还与加工过程（添加剂、加工的工艺条件，如温度、压力、配比、加工时间）和产品特征（如尺寸、形状等）有关。这里只讲高分子材料结构与性能的关系。

高分子材料的结构有化学结构和物理结构之分，而物理结构又可随着加工过程的变化而变化（如拉伸、压延）。所以，研究高分子材料的一次结构、二次结构和三次结构，以及高级结构对材料性能的影响，是最基础的性能。虽然它不等于最终产品的性能，但它对产品的性能有重要的影响。

高分子材料的一次结构、二次结构可以直接影响某些性能，如熔点、密度、耐热性、耐寒性、黏度等。例如，结构单元的连接有头尾连接和头头连接（有制取代基的可称为"头"），当头头连接的聚乙烯醇进行缩醛化时，几乎不能进行，就不能制作纤维。顺式的聚丁二烯室温下可作橡胶，而反式的则是塑料。当聚丙烯的结构单元无规律地排列起来时，聚丙烯强度很差，也不大可能结晶，或结晶度很小。但当聚丙烯的结构单元整齐排列，而且不对称碳原子（手性原子）全同排列时，聚丙烯力学性能大大改观。同样，全同立体构型的聚苯乙烯，不仅易结晶、透明，而且其熔点高达 240 ℃，而无规的聚苯乙烯软化点才 90 ℃左右。低密度聚乙烯由于有支链，使大分子排布不整齐，结晶度小；几乎无支链的高密度聚乙烯，性能与之相差不小，两种聚乙烯性能比较如表 8.4 所示。

表 8.4　两种聚乙烯性能比较

性能	低密度聚乙烯（LDPE）	高密度聚乙烯（HDPE）
密度/(g·cm^{-3})	0.91~0.94	0.95~0.97
熔点/℃	105	135
结晶度/%	60~70	21.6~36.5
拉伸强度/MPa	6.9~14.7	120
最高使用温度/℃	80~100	—

高分子主链的原子组成，化学键方式和侧基取代基的极性、大小、位置、数量，影响到大分子链的柔顺性和宏观的性能，例如可以增加主链的刚性来提高使用温度，主链或侧链引进芳基、芳杂环，也可以提高耐热性，用 F 取代连接主链上的 H 原子或在主链上引入 Si、P、Al、Ti 等可以提高其耐热性和热稳定性等。

高分子材料的三次结构和高级结构更直接影响材料性能，这些结构大多是在加工中形成的。如对于同一种聚合物来说，结晶的比不结晶的无论耐热性和机械强度上都要大许多，沿拉伸方向的强度比不拉伸的要高得惊人。

例如聚乙烯，当它完全结晶时，密度近于 1 g/cm^3，但完全不结晶时，密度仅为 0.85 g/cm^3。当结晶度由 65% 上升到 95% 时，硬度可由 13 MPa 左右提高到 65 MPa，维卡热变形温度 77~78 ℃ 上升到 121~122 ℃。经过拉伸取向的聚酰胺，拉伸强度可达 600~800 MPa，超过常见的钢的拉伸强度（400~600 MPa，最大有时达 1 000 MPa），是未取向的聚酰胺的几十倍。因此，有时可以利用这些特点，改造现有的高分子，例如聚乙烯结构单元整齐、易结晶，将其部分 H 原子用 Cl 取代，形成氯化聚乙烯，可作橡胶。乙烯和丙烯共聚，可根据配比不同，做成各种性能有差别的橡胶或塑料。

分子链的端基对大分子性能有很大影响，许多热降解往往从端基开始，交联接枝有时又用得着端基。而分子链的长短，即分子量大小对加工和性能的影响也很大。作为材料使用的高分子的分子量要大到一定程度才有强度，这个最小分子量有人称为临界分子量。如 PS 为 3.5 万，PC 为 1.5 万。也有人指出：极性聚合物，聚合度至少要在 40 以上；非极性聚合物，聚合度至少要在 80 以上，才能有强度。至于使用时要求的分子量数值则各不相同，如低压聚乙烯 6 万~30 万，PVC 5 万~15 万，PS 10 万~30 万，PC 2 万~6 万，PA66 1.2 万~1.8 万，PAN 5 万~8 万，顺丁橡胶 25 万~30 万等。

8.3　高分子材料的合成和改性

8.3.1　高分子材料的合成

非天然高分子材料（也称聚合物、聚合物）都是通过聚合反应制备得到的。聚合（Polymerization）是指由低分子单体通过化学反应生成高分子材料的过程。

按单体和聚合物在组成和结构上的差异，可将聚合反应分为加成聚合（Addition Polymerization，简称加聚）反应与缩合聚合（Condensation Polymerization，简称缩聚）反应两大类。单体加成而聚合起来的反应称作加聚反应，加聚物的元素组成与其单体相同，分子量是单体分子量的整数倍，如氯乙烯经加成聚合得聚氯乙烯。缩聚反应的主产物称作缩聚物，缩聚反应往往是官能团间的反应，除形成缩聚物以外，根据官能团种类的不同，还有水、醇、氨或氯化氢等低分子副产物产生。缩聚物的元素组成与相应的单体元素组成不同，其分子量也不再是单体分子量的整数倍。

根据聚合反应机理和动力学，可以将聚合反应分为连锁聚合（Chain Polymerization）反应和逐步聚合（Step Polymerization）反应两大类。烯类单体的加聚反应大部分属于连锁聚合反应。连锁聚合反应需要活性中心，活性中心可以是自由基、阳离子或阴离子，因此可以根据活性中心的不同将连锁聚合反应分为自由基聚合反应、阳离子聚合反应、阴离子聚合反应，以及配位聚合反应。连锁聚合反应的特征是整个聚合过程由链引发、链增长、链终止等几步基元反应组成。各步的反应速率和活化能差别很大。链引发反应是活性中心的形成，单体只能与活性中心反应而使链增长，但彼此间不能反应，活性中心被破坏就使链终止。所变化的是聚合物量（转化率）随时间而增加，而单体则随时间而减少。对于有些阴离子聚合反应，则是快引发、慢增长、无终止，即活性聚合，有分子量随转化率成线性增加的情况。

逐步聚合反应的特征是在低分子单体转变成高分子的过程中，反应是逐步进行的。反应早期，大部分单体很快聚合成二聚体、三聚体、四聚体等低聚物，短期内转化率很高。随后低聚物间继续反应，随反应时间的延长，分子量再继续增大，直至转化率很高（>98%）时分子量才达到较高的数值。在逐步聚合反应的全过程中，体系由单体和分子量递增的一系列中间产物所组成，中间产物的任何两分子间都能反应。绝大多数缩聚反应都属于逐步聚合反应，例如羧基与氨基脱水合成聚酰胺的反应、羧基与羟基脱水生成聚酯的反应等。己二胺与己二酸经缩聚生成尼龙-66 的反应式：

$$n\text{H}_2\text{N}(\text{CH}_2)_6\text{NH}_2 + n\text{HOCO}(\text{CH}_2)_4\text{COOH} \longrightarrow$$

$$\text{H}\!\!-\!\!\!\left[\text{NH}(\text{CH}_2)_6\text{NH}\overset{\text{O}}{\overset{\|}{\text{C}}}(\text{CH}_2)_4\overset{\text{O}}{\overset{\|}{\text{C}}}\right]_n\!\!\!-\!\!\text{OH}$$

逐步聚合反应中还有非缩聚型的，例如聚氨酯的合成、Diels-Alder 加成反应合成梯形聚合物等。这类反应按反应机理分类均属逐步聚合反应。

1. 自由基聚合反应

自由基聚合反应（Free Radical Polymerization）是指在光、热、辐射或引发剂的作用下，单体分子被活化，变为活性自由基，进而引发连锁聚合反应。自由基聚合反应是合成聚合物的一种重要反应，许多主要塑料、合成橡胶和合成纤维都是通过这种反应合成的，如塑料中的聚乙烯、聚氯乙烯、聚苯乙烯、聚甲基丙烯酸甲酯、聚醋酸乙烯酯，合成橡胶中的丁苯橡胶、丁腈橡胶、氯丁橡胶，合成纤维中的聚丙烯腈等。以苯乙烯的自由基聚合反应为例，其反应式为：

$$n\text{H}_2\text{C}\!=\!\!\underset{\underset{\text{苯乙烯}}{|}}{\text{CH}} \xrightarrow[\Delta\text{或}h\nu]{\text{自由基引发剂}} \underset{\underset{\text{聚苯乙烯}}{|}}{\left[\text{HC}\!-\!\text{CH}\right]_n}$$

自由基聚合反应主要包括链引发、链增长、链转移和链终止等基元反应。

（1）链引发反应。链引发反应是形成自由基活性中心的反应，可以用引发剂、热、光、电、高能辐射引发聚合。以引发剂引发时，首先发生引发剂的分解，产生初级自由基，而后进攻单体双键，形成单体自由基。可以用下式表示：

①引发剂 I 分解：I→2R·；

②自由基 R· 进攻：

$$R\cdot + CH_2=CH \longrightarrow R-CH_2\overset{H}{\underset{}{C}}\cdot$$

引发剂是容易分解成自由基的化合物，分子结构上具有弱键。常用的热引发剂有偶氮二异丁腈（AIBN）、过氧化二苯甲酰（BPO）、过硫酸钾 $K_2S_2O_8$ 等。

（2）链增长反应。在链引发阶段形成的单体自由基，仍具有活性，能打开第二个烯类分子的 K 键，形成新的自由基，并继续加成于下一单体，形成链自由基。这个过程称为链增长反应。例如：

$$RCH_2\overset{H}{\underset{X}{C}}\cdot + CH_2=\overset{}{\underset{X}{CH}} \longrightarrow RCH_2\overset{H}{\underset{X}{CH}}CH_2\overset{}{\underset{X}{C}}\cdot \longrightarrow RCH_2\overset{H}{\underset{X}{CH}}(CH_2\overset{}{\underset{X}{CH}})_n CH_2\overset{H}{\underset{X}{C}}\cdot$$

链增长反应活化能较低，约 20~34 kJ/mol，增长速率极快，较引发速率快 10 倍，在 0.01 s 至几秒钟内，就可以使聚合度达到数千甚至上万。因此，聚合体系内往往由单体和聚合物两部分组成，不存在聚合度递增的一系列中间产物。

（3）链转移反应。在自由基聚合反应的过程中，链自由基有可能从单体、溶剂、引发剂等低分子或大分子上夺取一个原子而终止，并使这些失去原子的分子成为自由基，继续新链的增长，使聚合反应继续进行下去。这一反应称为链转移反应。链转移反应通常会降低聚合物的分子量，多数情况下也同时减缓聚合反应速率，少数出色的链转移剂，如十二烷基硫醇等，可基本保持原有聚合速率。

（4）链终止反应。自由基活性高，有相互作用而终止的倾向。链终止反应有偶合终止和歧化终止两种方式。两链自由基的孤电子相互结合成共价键的终止反应称作偶合终止。偶合终止结果，大分子的聚合度为链自由基中重复单元数的 2 倍，用引发剂引发并无链转移反应时，大分子两端一般均为引发剂的残基。例如：

$$\sim\sim CH_2\overset{H}{\underset{X}{C}}\cdot + \cdot\overset{H}{\underset{X}{C}}CH_2\sim\sim \longrightarrow \sim\sim CH_2\overset{H}{\underset{X}{C}}-\overset{H}{\underset{X}{C}}CH_2\sim\sim$$

2. 离子聚合反应

在催化剂的作用下，单体活化为带正电荷或负电荷的活性离子，然后按离子反应机理进行聚合反应，称为离子聚合反应。离子聚合反应为连锁反应，根据活性中心离子的电荷性质，可分为阳离子聚合反应、阴离子聚合反应和配位聚合反应。

1) 阳离子聚合反应

以碳阳离子为反应活性中心进行的离子聚合反应为阳离子聚合反应。以异丁烯的阳离子聚合反应为例，其反应过程为

$$A^{\oplus}B^{\ominus} + CH_2=C(CH_3)_2 \longrightarrow A-CH_2-C(CH_3)_2^{\oplus}B^{\ominus} \xrightarrow{nCH_2=C(CH_3)_2} A-[CH_2-C(CH_3)_2]_n-CH_2-C(CH_3)_2^{\oplus}B^{\ominus}$$

能参与阳离子聚合反应的单体都能在催化剂作用下生成碳阳离子，这类单体有富电子的烯烃类化合物和含氧杂环等。具有推电子基的烯类单体原则上可以进行阳离子聚合反应。推电子基一方面使碳-碳电子云密度增加，有利于阳离子活性种的进攻；另一方面能稳定所生成的碳阳离子。α-烯烃有推电子烷基，按理能进行阳离子聚合反应，但能否聚合成聚合物，还要求阳离子（例如质子）对碳-碳双键有较强的亲和力，而且增长反应比其他副反应快，即生成的碳阳离子有适当的稳定性。异丁烯实际上是 α-烯烃中唯一能高效率进行阳离子聚合的单体。

阳离子聚合反应的引发方式有两种，一是由引发剂生成阳离子，阳离子再引发单体，生成碳阳离子；二是单体参与电荷转移，引发阳离子聚合反应。阳离子聚合反应的引发剂都是亲电试剂。常用的引发剂包括质子酸（如高氯酸、硫酸、磷酸、三氯乙酸）、路易斯酸（如三氟化硼、三氯化铝、三氯化铁、四氯化锡、四氯化钛）以及有机金属化合物（如三乙基铝、二乙基氯化铝、乙基二氯化铝）等。

阳离子聚合反应不能像自由基聚合反应那样可以双基终止，但可以发生转移反应而单分子终止。例如，阳离子活性增长链可以向反离子提供一个 $H^{(+)}$，其与反离子结合形成配合物，后者与单体加成型成活性单体，而阳离子活性增长链终止为一个含不饱和端基的大分子。或者，阳离子活性增长链向单体夺取一个 $H^{(+)}$，结果阳离子活性增长链终止为一个饱和大分子，单体则变为一个含阳离子的单体，其与反离子结合为活性单体。这两种过程都是在链转移反应发生的同时生成新的活性中心，因此并没有终止反应。

阳离子聚合反应的特点可总结为快引发，快增长，易转移，难终止。

2) 阴离子聚合反应

以阴离子为反应活性中心进行的离子聚合反应为阴离子聚合反应。以碱金属引发烯类的阴离子聚合反应为例，其反应过程为

$$M\cdot + CH_2=CH(X) \longrightarrow M^{\oplus\ominus}CH_2-CH\cdot(X) \longleftrightarrow M^{\oplus\ominus}CH-CH_2\cdot(X)$$

$$2M^{\oplus\ominus}CH-CH_2\cdot(X) \longrightarrow M^{\oplus\ominus}CH-CH_2-CH_2-CH^{\ominus}M^{\oplus}(X)(X)$$

具有吸电子基的烯类单体原则上都可以进行阴离子聚合。吸电子基能使双键上电子云密度减少，有利于阴离子的进攻，并使形成的碳阴离子的电子云密度分散而稳定。具有 π-π 共轭体系的烯类单体才能进行阴离子聚合反应，如丙烯腈、（甲基）丙烯酸酯类、苯乙烯、丁二烯、异戊二烯等。这类单体的共振结构使阴离子活性中心稳定。虽有吸电子基而非 π-π 共轭体系的烯类单体则不能进行阴离子聚合反应，如氯乙烯、醋酸乙烯酯。

除了烯类，含氧三元杂环以及含氮杂环都有可能成为阴离子聚合反应的单体。

阴离子聚合反应的引发剂是给电子体，即亲核试剂，属于碱类。按引发机理其又可以分为电子转移引发和阴离子引发，较为常见有活泼碱金属与金属有机化合物。活泼碱金属（如金属钠）可以直接作用于单体，产生阴离子自由基，自由基偶合形成双端阴离子活性种，引发单体进行阴离子聚合反应。

3. 配位聚合反应

配位聚合（Coordination Polymerization）反应是由两种或两种以上的组分所构成的配位催化剂引发的链式加聚反应。在配位聚合反应中，单体首先与嗜电性金属配位形成络合物。反应经过四元环（四中心）的插入过程，包括两个同时进行的化学过程，一是增长链端阴离子对 C═C 双键δ碳的亲核进攻，二是金属阳离子对烯烃π键的亲电进攻。反应属阴离子性质。配位聚合的反应过程为

$$\sim\sim CH_2-\bar{C}H_2-[Mt]^+ \longrightarrow \sim\sim CH_2-\bar{C}H_2\cdots[Mt]^+ \longrightarrow \sim\sim CH-CH_2-\bar{C}H-CH_2\cdots[Mt]^+$$

Mt过渡金属　空位　　　环状过渡状态

配位聚合的链增长过程，本质上是单体对增长链端络合物的插入反应。单体的插入反应有两种可能的途径，一种是不带取代基的一端带负电荷，与过渡金属相连接，称为一级插入。带有取代基一端带负电荷并与反离子相连，称为二级插入；对于丙烯的配位聚合来说，一级插入得到全同聚丙烯，二级插入得到间同聚丙烯。全同立构和间同立构聚合物的侧基空间排列十分有规律，这种聚合物称为定向聚合物，能够制备定向聚合物的聚合反应称为定向聚合反应。因为高度立构规整性的聚合物与无规立构聚合物的物理力学性能有显著的差别（例如无规聚丙烯无实用价值，而有规聚丙烯则是性能优良的塑料），所以定向聚合反应具有重大的意义。配位聚合反应是定向聚合反应的主要方法。

齐格勒-纳塔催化剂（配位聚合反应的一种引发剂）是具有特殊定向效能的引发剂，一般由主引发剂与共引发剂两部分组成有效体系。主引发剂一般是指周期表中第ⅦB至Ⅷ族的过渡金属卤化物或金属有机配合物，如 TiC、TiC、TiBr、VCl 和 ZrCl 等均可用作配位聚合反应的主引发剂，其中最常用的是 TiCl。共引发剂主要包括周期表中第 IA 到第 IVA 族的金属烷基化合物（或氢化合物），最常用的烷基铝化合物有三乙基铝（$C_6H_{15}Al$）、一氯二乙基铝（CH_2AlCl）、倍半乙基铝（$C_6H_{15}Al_2Cl_3$）。

除了齐格勒-纳塔催化剂，配位聚合反应的引发剂还有 7T 烯丙基过渡金属型催化剂、烷基锂引发剂和茂金属引发剂。其中茂金属引发剂为新近的发展，可用于多种烯类单体的聚合反应，包括氯乙烯。

4. 缩聚反应

缩聚反应的基本特点是反应发生在参与反应的单体所携带的官能团上，这类能发生逐步聚合反应的官能团有—OH、—NH_2、—COOH、—COOR、—COCl，—H、—Cl、—SO、—SO_2Cl

等。可供逐步聚合反应的单体类型很多（见表 8.5），但必须都要具备同一基本特点：同一单体上必须带有至少两个可进行逐步聚合反应的官能团，当且仅当单体的官能团数等于或大于 2 时才能生成大分子。当参加缩聚反应的单体都含有两个官能团时，反应中形成的大分子向两个方向增长，得到线型结构的聚合物，此种缩聚反应称为线型缩聚反应。如果参加缩聚反应的单体至少有一种含两个以上的官能团，反应中形成的大分子向三个方向增长，得到体型结构的聚合物，此种反应称为体型缩聚反应。酚醛树脂、脲醛树脂等就是按此类反应合成的。例如邻苯二甲酸酐和甘油（丙三醇）的反应过程为

影响缩聚产物分子量的主要因素来自三个方面：反应程度、单体配比，以及缩合平衡反应状态。

（1）反应程度。反应程度表示在给定的时间内已参加反应的官能团数与原料官能团总数的比值。反应程度的最大值为 1。由于参加缩聚反应的单体是以官能团而不是以分子参加反应，而且反应又是逐步进行的，因此可以用化学或物理化学方法测定反应过程中未反应的官能团数目，从而计算反应程度。用统计方法得出缩聚产物的数均聚合度 $\overline{X_n}$ 与反应程度 P 的依赖关系为

$$\overline{X_n} = \frac{1}{1-P}$$

即反应程度愈大，分子量愈大。为了达到较高的分子量，必须使反应程度达 0.99 以上，也就是说要得到较大分子量的缩聚物，必须要有足够长的反应时间。

表 8.5 常用的官能团及对应单体

官能团	单体
醇—OH	乙二醇、丁二醇
酚—OH	双酚 A
羧基—COOH	己二酸、癸二酸、对苯二甲酸
酸酐—$(CO)_2O$	邻苯二甲酸酐、马来酸酐
酯—COOR	对苯二甲酸二甲酯
酰胺—COCl	光气
胺—NH_2	己二胺、癸二胺、间苯二胺
异氰酸酯—N═C═O	苯二异氰酸酯
醛—CHO	甲醛、糠醛
活泼氢—H	甲酸

（2）单体配比。在二元酸和二元醇或二元胺缩聚反应时，一种组分过量会引起分子量降低，例如 1 mol 的二元酸与 2 mol 的二元胺或二元醇（即醇过量 100%）反应，则得到一个聚合度为 1.5 的酯。在缩聚反应中精确的官能团等当量比是十分重要的。羟基酸和氨基酸自身就存在着官能团等当量比，而用二胺和二酸制备聚酰胺时，则利用酸和胺中和成盐反应来保证两组分精确的等当量比。而涤纶树脂的生产却可以用酯交换反应来实现。

（3）缩合平衡反应状态。聚酯化反应、聚酰胺化反应都属于平衡缩聚反应，所以分子量不可能达到完全增长的程度，可见缩聚物的分子量与反应平衡有关。在平衡缩聚反应中要使反应朝向增大分子量的方向进行，必须将反应体系中的低分子产物尽量排除，如在缩聚反应中，要想制备平均聚合度为 100 的聚酯，在反应达到平衡状态时，体系中水的含量应在万分之五（4.9×10^{-4}）左右；而酰胺化反应在 260 ℃ 进行时，要得到平均聚合度为 100 的聚酰胺，体系中水的含量要低于 3×10^{-2}。提高反应温度有利于低分子产物的排除，使平衡向生成更高分子量产物的方向移动。

5. 聚合实施方法

在聚合物的生产中，自由基聚合反应占有较大比重，其聚合实施方法可分为本体聚合、溶液聚合、悬浮聚合、乳液聚合四种。离子聚合反应亦可参照此四种方法划分。虽然不少单体可以采用上述四种方法进行聚合反应，但在实际生产中，则根据产品的性能要求和经济效果，只选用其中某种或几种方法进行聚合反应。烯类单体进行自由基聚合反应时，四种聚合实施方法比较如表 8.6 所示。

表 8.6 四种聚合实施方法比较

项目	本体聚合	溶液聚合	悬浮聚合	乳液聚合
配方	单体、引发剂	单体、引发剂、溶液	单体、引发剂、水、分散剂	单体、水溶性引发剂、水、乳化剂
聚合场所	本体内	溶液内	液滴内	胶束
聚合特征	自由基聚合机理，提高速率往往分子量降低	伴有向溶液中链转移，一般分子量较低，速率较低	与本体聚合相同	能同时提高聚合速率和分子量
生产特征	热量不易散出，间歇式生产，设备简单，易制备板材和型材，分子量调节难	散热容易，可连续化生产，不易制造干燥粉，分子量调节容易	散热容易，间歇式生产，需经分离、洗涤和干燥工序，分子量调节难	散热容易，可连续化生产，不易制造干燥粉，分子量调节容易
产物特征	聚合物纯净，易生产透明、浅色制品，分子量分布宽	聚合液直接使用，分子量分布窄，分子量较低	比较纯净，直接得到颗粒产物，分子量分布宽	聚合物少量乳化剂或助剂，用于对电性能不高的场所，分子量分布窄

1)本体聚合

不加其他介质,只有单体本身在引发剂或催化剂、热、光、辐射的作用下进行的聚合实施方法称作本体聚合。自由基聚合反应、离子聚合反应、缩聚反应都可选用本体聚合。聚酯、聚酰胺是熔融本体聚合的例子,丁钠橡胶的合成是阴离子本体聚合的典型例子。气态、液态、固态单体均可进行本体聚合,其中以液态单体的本体聚合最为重要。

工业中进行本体聚合的方法分为间歇法和连续法。生产中的关键问题是反应热的排除。烯类单体聚合热约为 15~20 kcal/mol。聚合初期,转化率不高,体系黏度不大时,散热容易,但转化率增高(如20%~30%)、体系黏度增大后,散热困难,加上凝胶效应,放热速率提高,若散热不良,轻则局部过热,使分子量分布变宽,最后影响到聚合物的物理力学性能;重则温度失调,引起爆聚。由于这一缺点,本体聚合在工业上应用受到一定限制,不如悬浮聚合和溶液聚合应用广泛。

本体聚合也有许多优点,主要在于其产品纯净,尤其是可制得透明制品,适于制板材、型材,工艺简单,如有机玻璃、聚苯乙烯型材制造。改进后的本体聚合采用两段聚合:第一阶段保持较低的转化率(10%~40%不等),这阶段体系黏度较低,散热容易,聚合可在较大的搅拌釜中进行;第二阶段进行薄层(如板状)聚合,或以较慢的速度进行。

2)溶液聚合

单体和催化剂溶于适当溶剂中进行聚合反应称为溶液聚合。自由基聚合反应、离子聚合反应、缩聚反应均可选用溶液聚合。酚醛树脂、脲醛树脂、环氧树脂等都是用溶液聚合制得的。

工业上广泛使用有机溶剂,如芳香烃、脂肪烃、酯类等。溶剂的性质及用量均能影响聚合反应的速率和聚合物的分子量与结构。因此,溶剂的选择是十分重要的。一般情况下,溶剂用量愈多,聚合物收缩率及分子量愈小。溶液聚合的优点是溶液聚合体系黏度低,混合和传热容易,温度容易控制,此外,引发剂分散均匀,引发速率快。缺点是,由于单体浓度较低,溶液聚合进行较慢,设备利用率和生产能力低;单体的浓度低且活性大,分子链向溶剂链转移而导致聚合物分子量较低;溶剂回收费用高,除净聚合物中的微量溶剂较难。溶液聚合在定向聚合物、涂料、油墨、胶黏剂树脂合成领域应用较多。

3)悬浮聚合

悬浮聚合是指单体以小液滴状态悬浮在水中进行的聚合,故又称为珠状聚合。单体中溶有引发剂,一个小液滴就相当于本体聚合中的一个单元。从单体液滴转变为聚合物固体粒子,中间经过聚合物单体黏性粒子阶段。为了防止粒子相互黏结在一起,体系中必须加有分散剂(或称稳定剂)。因此悬浮聚合体系一般由单体、引发剂、水、分散剂4个基本组分组成。因为悬浮聚合用的介质通常是水,要求单体与聚合物几乎不溶于水,须采用难溶于水而易溶于单体的引发剂。悬浮聚合的机理与本体聚合相同。所要解决的关键问题就是单体的有效分散及暂时的稳定化,为阻止分散的微小液滴再度迅速聚结,形成有效分散,必须加入适当分散稳定剂。用于悬浮聚合的分散剂大致有水溶性聚合物与难溶性无机粉末两类。

悬浮聚合有许多优点,主要是体系黏度低,聚合热容易通过介质由釜壁的冷却水带走,温度控制容易,产品分子量及其分布较稳定;产品的分子量比溶液聚合高,杂质含量比乳液聚合的产品少;因用水作介质,后处理工序比溶液聚合和乳液聚合简单,生产成本低,粒状树脂可直接成型加工。悬浮聚合的缺点主要是产品附有少量分散剂残留物,要生产透明和绝缘性能高的产品,需进行进一步纯化。

悬浮聚合在工业上被广泛应用。80%~85%的聚氯乙烯，全部苯乙烯型离子交换树脂母体，很大部分的聚苯乙烯、聚甲基丙烯酸甲酯等，都是采用悬浮聚合生产的。悬浮聚合一般采用间歇操作。

4）乳液聚合

乳液聚合是指在乳化剂的作用下并借助于机械搅拌，使单体在水中分散成乳状液，由水溶性引发剂引发而进行的聚合反应。它的最简单配方由单体、水、水溶性引发剂、乳化剂四组分组成。在本体聚合、溶液聚合或悬浮聚合中，聚合加速同时，分子量往往降低。但在乳液聚合中，速率和分子量却可以同时提高。这是由于乳液聚合的机理不同于前三种聚合，控制产品质量的因素也不同。

在乳液聚合体系中，随乳化剂浓度增高，乳化剂从分子分散的溶液状态到开始形成胶束的转变的浓度称为临界胶束浓度（CMC）。在乳液聚合中，乳化剂浓度约为 CMC 的 100 倍，因此大部分乳化剂分子处于胶束状态。在达到 CMC 时，单体在水中溶解度很低，形成液滴。表面吸附许多乳化剂分子，因此可在水中稳定存在。部分单体进入胶束内部，宏观上溶解度增加，这一过程称为增溶。增溶后，球形胶束的直径由 4~5 nm 增大到 6~10 nm。

聚合中采用水溶性引发剂，不可能进入单体液滴。因此单体液滴不是聚合的场所。水相中单体浓度小，反应成聚合物则沉淀，停止增长，因此也不是聚合的主要场所。研究指出，乳液聚合中主要的聚合应发生在胶束中。胶束的直径很小，一个胶束内通常只能允许容纳一个自由基。但第二个自由基进入时，就将发生终止。前后两个自由基进入的时间间隔约为几十秒，链自由基有足够的时间进行链增长，因此分子量可较大。当胶束内进行链增长时，单体不断消耗，溶于水中的单体不断补充进来，单体液滴又不断溶解补充水相中的单体。因此，单体液滴越来越小、越来越少，而胶束粒子越来越大。

乳液聚合以水为介质，价廉安全，反应可在较低温下进行，传热和控制温度也容易；能在较高反应速率下，获得较高分子量的聚合物；由于反应后期聚合物乳液的黏度很低，因此可直接用来浸渍制品或作涂料、胶黏剂等。乳液聚合的缺点是：若需要固体产物时，则聚合后还需经过凝聚、洗涤、干燥等后处理工序，生产成本较悬浮聚合高；产品中留有乳化剂，难以完全除净，影响产品的电性能。

丁苯橡胶、丁腈橡胶等聚合物要求分子量高，产量大，工业生产力求连续化，这类聚合物几乎全部采用乳液聚合生产。生产人造革用的糊状聚氯乙烯树脂也常用乳液聚合生产，其产量约占聚氯乙烯总产量的 15%~20%。此外，聚甲基丙烯酸甲酯、聚乙酸乙烯酯、聚四氟乙烯等均可采用乳液聚合生产。

8.3.2 高分子材料的改性

高分子材料的改性方法多种多样，总体上可划分为共混改性、填充改性、纤维增强、化学改性，表面改性五类。

1. 共混改性

聚合物的共混改性的产生与发展，与冶金工业的发展颇有相似之处。在冶金工业发展的初期，人们致力于去发现新的金属。然而，人们发现，地球上能够大量开采且有利用价值的金属品种是有限的。于是，人们转向采用合金的方法，获得了多种多样性能各异的金属材料。

在高分子材料领域，情况与冶金领域颇为相似。尽管已经合成的聚合物达数千种之多，但能够有工业应用价值的只有几百种,其中能够大规模工业生产的只有几十种。后来,人们发现在高分子材料领域也可走与冶金领域发展合金相类似的道路,也就是开发聚合物合金(polymeralloys)。聚合物合金是指两种或两种以上聚合物用物理或化学的方法制得的多组分聚合物。在不同的书刊、文章中对聚合物共混物(Polymer Blends)和聚合物合金两者的含义不尽相同。

聚合物共混的本意是指两种或两种以上聚合物经混合制成宏观均匀的材料的过程。在聚合物共混发展的过程中,其内容又被不断拓宽。广义的共混包括物理共混、化学共混和物理/化学共混。其中,物理共混就是通常意义上的混合,也可以说就是聚合物共混的本意。化学共混如聚合物互穿网络(Interpenetrating Polymer Networks,IPN),则应属于化学改性研究的范畴。物理/化学共混则是在物理共混的过程中发生某些化学反应,一般也在共混改性领域中加以研究。

毫无疑问,共混改性是聚合物改性最为简便且卓有成效的方法。将不同性能的聚合物共混,可以大幅度地提高聚合物的性能。聚合物的增韧改性,就是共混改性的一个颇为成功的范例。通过共混改性的方法得到了诸多具有卓越韧性的材料,并获得了广泛的应用。聚合物共混还可以使共混组分在性能上实现互补,开发出综合性能优越的材料。对于某些聚合物性能上的不足,譬如耐高温聚合物加工流动性差,也可以通过共混加以改善。将价格昂贵的聚合物与价格低廉的聚合物共混,若能不降低或只是少量降低前者的性能,则可成为降低成本的极好途径。

由于以上的诸多优越性,共混改性在近几十年来一直是高分子材料科学研究和工业应用的一个颇为热门的领域。

2. 填充改性

在聚合物的加工成型过程中,多数情况下,可以加入数量不等的填充剂。这些填充剂大多是无机物的粉末。人们在聚合物中添加填充剂有时只是为了降低成本,但也有很多时候是为了改善聚合物的性能,这就是填充改性。由于填充剂大多是无机物,所以填充改性涉及有机高分子材料与无机物在性能上的差异与互补,这就为填充改性提供了广阔的研究空间和应用领域。

在填充改性体系中,碳黑对橡胶的补强是最为卓越的范例。正是这一补强体系,促进了橡胶工业的发展。在塑料领域,填充改性不仅可以改善性能,而且在降低成本方面发挥了重要作用。近年来,随着纳米科学和技术的发展,聚合物基纳米复合在提高聚合物的性能及赋予聚合物新的功能方面得到了迅猛的发展。

3. 纤维增强

单一材料有时不能满足实际使用的某些要求,这时人们就把两种或两种以上的材料制成复合材料,以克服单一材料在使用上的性能弱点,并通过各组分的协同作用,达到材料综合利用的目的,以提高使用与经济效益。

纤维增强复合材料特点是质量轻、强度高、力学性能好。不仅如此,还可以根据对产品的要求,通过复合设计使材料在电绝缘性、化学稳定性、热性能方面得到综合性提高,因此,纤维增强复合材料引起了人们的广泛重视,尤其碳纤维技术的成熟和发展给高强、高模纤维增强复合材料的发展带来了新的契机。

4. 化学改性

化学改性包括嵌段和接枝共聚、交联、互穿聚合物网络等。大多聚合物本身就是一种化学合成材料，因而也就易于通过化学的方法进行改性。化学改性的出现甚至比共混改性还要早，橡胶的交联就是一种早期的化学改性。

嵌段和接枝共聚的方法在高分子材料的改性中应用颇广。嵌段共聚物的成功范例之一是热塑性弹性体，它使人们获得了既能像塑料一样加工成型又具有橡胶般弹性的新型材料。接枝共聚物中，应用最为普及的当属丙烯腈苯乙烯-丁二烯的共聚物（ABS），这一材料优异的性能和相对低廉的价格，使它在诸多领域广为应用。

互穿聚合物网络（IPN）可以看作是一种用化学方法完成的共混。在 IPN 中，两种聚合物相互贯穿，形成两相连续的网络结构。聚合物的化学改性也可归类于聚合物合金化的范畴。

5. 表面改性

材料的表面特性是材料最重要的特性之一。随着高分子材料工业的发展，对高分子材料不仅要求其整体性能要好，而且对表面性能的要求也越来越高。诸如印刷、黏合、涂装、染色、电镀、防雾都要求高分子材料有适当的表面性能。由此，表面改性就逐步发展和完善起来。时至今日，表面改性已成为包括化学、电学、光学、热学和力学等诸多性能，涵盖诸多学科的研究领域，成为聚合物改性中不可缺少的一个组成部分。

6. 高分子材料改性的发展

世界上最早的共混物出现在 1912 年，最早的接枝共聚物诞生于 1933 年，最早的 IPN 制成于 1942 年，最早的嵌段共聚物合成于 1952 年。第一个实现工业化生产的共混物是 1942 年投产的聚氯乙烯与丁腈橡胶的共混物。1948 年，高抗冲聚苯乙烯（HIPS）研制成功，同年，ABS 也问世，迄今，ABS 已成为应用最广泛的高分子材料之一。1960 年，聚苯醚（PPO）与聚苯乙烯（PS）的共混体系研制成功，这种共混物现已成为重要的工程材料。1964 年，四氧化锇染色法问世，应用于电镜观测，使人们能够从微观上研究聚合物两相形态，成为聚合物改性研究中的重要里程碑。1965 年，热塑性弹性体问世。1975 年，美国 DuPont 公司开发了超韧尼龙，冲击强度比普通尼龙有了大幅度提高，这种超韧尼龙是聚酰胺与聚烯烃或橡胶的共混物。

在理论方面，聚合物改性理论也在不断发展。以塑料增韧理论为例，20 世纪 70 年代以前，增韧机理研究偏重于橡胶增韧脆性塑料的研究。20 世纪 80 年代以来，则对韧性聚合物基体进行了研究。进入 20 世纪 90 年代，非弹性体增韧机理的研究又开展起来。目前世界塑料合金产品的最大用户是汽车部件，其次是机械和电子元器件。从日本主要工程塑料合金需求结构中可以看出，汽车用塑料合金占 62%，电子电气及办公自动化设备占 20%，一般精密机械占 6%，医疗、体育及其他占 12%。从地区来看，目前北美是最大的塑料合金消费地区，占 45%；其次是欧洲，占 34%；其他地区占 21%。在北美，PPO 合金占塑料合金需求总量的 25% 以上，其中尤以 PPO/PA、PPO/PET 和 PPO/PBT 合金的需求量最大；PC 合金占总需求量的 12% 以上，用于汽车最终用途的 ABS 合金占 9.9%。最近十几年，世界塑料合金的年均需求增长率为 10% 左右，其中附加值最高的工程塑料合金的增长率更是在 15% 左右，成为各跨国公司积极开发的品种。在美国、欧洲、日本已工业化的塑料合金品种中，工程塑料合金占绝大多数，合金化已成为当前工程塑料改性的主要方法。广阔的市场吸引众多的竞争者，拜耳、三菱等相继开发出许多成熟产品，我国也已成为国际化工巨头的竞技场。

我国工程塑料合金品种少、质量差，每年进口量占需求总量的60%以上。我国对塑料合金的研究从20世纪60年代开始，已历经数十年，近几年发展较快。国内许多研究所和高等院校开展了不少研究工作，也有些应用实例。但总的看来，我国塑料合金（不包括外资企业）在研究和生产两方面都还处于零星分散的状态，尚未形成规模，行业整体水平低下，与国外先进水平相距甚远。国内塑料合金生产品种结构中，高附加值的特种工程塑料合金的生产几乎处于空白，基本是通用塑料合金和改性产品的生产，这些企业大部分是通过塑料混炼挤出工艺生产塑料合金的加工型企业。在生产品种方面，合金品种主要有：PPO类中的PPO/PS，PC类中的PC/PBT、PC/ABS、PC/PA、PC/PE，PA类中的超韧尼龙（PA/EPDM）、PA/PP、PA/SBS/石油树脂等。从整体结构看，目前我国塑料合金（含改性树脂）产品中阻燃树脂占45%，增强树脂占25%，增韧树脂占15%。

近年来，随着纳米科学及技术的发展，纳米改性高分子材料成为高分子材料领域内的热门话题。新材料的不断出现，也为聚合物改性开辟了新的研究课题。在填充改性方面，纳米粒子的开发，使塑料的增韧改性有了新的途径。碳纤维、芳纶纤维等新型纤维，则使复合材料研究提高到新的水平和档次。可以预见，聚合物改性仍将是高分子材料科学与工程最活跃的研究和发展领域之一。

8.4 聚合物基复合材料

8.4.1 纳米材料

1. 纳米材料的概念

纳米技术是在0.1~100 nm尺度范围内，研究电子、原子和分子运动规律与特征的一门新兴学科，其研究目的是按人的意志，直接操纵电子、原子或分子，研制出人们所希望的、具有特定功能特性的材料与制品。纳米技术涵盖纳米材料、纳米电子和纳米机械等技术。目前可以实现的技术是纳米材料技术。

纳米材料是指颗粒尺寸在纳米量级（0.1~100 nm）的超细材料，它的尺寸大于原子簇而小于通常的微粉，处在原子簇和宏观物体交界的过渡区域。纳米材料科学是凝聚态物理、胶体化学、配位化学、化学反应动力学、表面、界面等学科的交叉学科，是现代材料科学的重要组成部分。纳米材料在结构、光电和化学性质等方面的诱人特征，引起材料学家的浓厚兴趣，使之成为材料科学领域研究的热点。纳米材料对新材料的设计与发展以及对固体材料本质结构性能的认识都具有十分重要的价值。

2. 纳米材料的结构与纳米效应

1）纳米材料的结构

纳米材料按成分可以是金属，也可以是非金属，包括无机物和有机高分子等；按相结构分可以是单相，也可以是多相；根据原子排列的对称性和有序程度，有晶态、非晶态、准晶态。纳米粒子的形状及其表面形貌也多种多样，纳米材料尺寸小，比表面积大，位于表面上的原子占相当大的比例。因此一方面纳米材料表现为具有壳层结构，其表面层结构不同于内部完整的结构（包括键态、电子态、配位数等）；另一方面纳米材料的体相结构也受到尺寸制约，而不同于常规材料的结构，且其结构还与制备方法有关。从原子间相互作用来考虑，构成材料的化学结合力主要有四种：范德华力、共价键、金属键和离子键。由于材料的结合力与原子间距有关，而纳米材料内部的原子间距与相应的常规材料不同，其结合力性质也就相应地发生变化，表现出尺寸依赖性。因此，几乎所有的纳米材料都部分地失去了其常规的化学结合力性质，表现出混杂性，这已经被许多理论和实验所证实。

2) 纳米材料的特性

(1) 体积效应。体积效应又称小尺寸效应。当纳米粒子的尺寸与传导电子的德布罗意波长以及超导态的相干波长等物理尺寸相当或更小时，其周期性的边界条件将被破坏，光吸收、电磁、化学活性、催化等性质和普通材料相比发生很大变化，这就是纳米粒子的体积效应。纳米粒子的体积效应不仅大大扩充了材料的物理、化学特性范围，而且为实用化拓宽了新的领域。例如纳米尺度的强磁性颗粒可制成磁性信用卡；纳米材料的熔点远低于其原先材料的熔点，这为粉末冶金提供了新工艺；利用等离子共振频率随颗粒尺寸变化的性质，制造具有一定频宽的微波吸收纳米材料，用于电磁波的屏蔽等。

(2) 表面（或界面）效应。表面（或界面）效应是指纳米粒子表面原子与总原子数之比，随粒径的变小而急剧增大后所引起性质上的变化。表 8.7 给出了粒子半径与表面原子数的关系。

表 8.7 粒子半径与表面原子数的关系

粒子半径/nm	表面原子数/个	表面原子所占比例
20	2.5×10^5	10
10	3.0×10^4	20
2	2.5×10^3	80
1	30	90

从表 8.7 可以看出，随着粒子半径（粒径）的减小，表面原子数迅速增加。这是由于粒径减少，表面积急剧变大所致。由于表面原子数的增加，表面原子周围缺少相邻的原子，具有不饱和性质，大大增强了纳米粒子的化学活性，使其在催化、吸附等方面具有常规材料无法比拟的优越性。纳米粒子优异的催化性能已在光催化降解污染物、光催化有机合成等方面进行了有实际应用价值的探索。

(3) 宏观量子隧道效应。微观粒子具有贯穿势垒的能力称为隧道效应。纳米粒子的磁化强度等也具有隧道效应，它们可以穿越宏观系统的势垒而产生变化，这被称为纳米粒子的宏观量子隧道效应。它的研究对基础研究及实际应用都具有重要意义。它限定了磁盘等对信息存储的极限，确定了现代微电子器件进一步微型化的极限。

3. 纳米材料的分类

根据国际标准化组织（International Organization for Standardization，ISO）给复合材料所下的定义，复合材料就是由两种或两种以上物理和化学性质不同的物质组合而成的一种多相固体材料。在复合材料中，通常有一相为连续相，称为基体；另一相为分散相，称为增强材料。分散相是以独立的相态分布在整个连续相中，两相之间存在着相界面。分散相可以是纤维状、颗粒状或是弥散的填料。复合材料中各个组分虽然保持其相对独立性，但复合材料的性质却不是各个组分性能的简单加和，而是在保持各个组分材料的某些特点基础上，具有组分间协同作用所产生的综合性能。

纳米复合材料（nanocomposites）概念是在 20 世纪 80 年代中期提出的，指的是分散相尺度至少有一维小于 100 nm 的复合材料。由于纳米粒子具有大的比表面积，表面原子数、表面能和表面张力随粒径下降急剧上升，使其与基体有强烈的界面相互作用，其性能显著优于相同组分常规复合材料的物理力学性能。纳米粒子还可赋予复合材料热、磁、光特性和尺寸稳定性。因此，制备纳米复合材料是获得高性能材料的重要方法之一。纳米复合材料可按以下方法进行分类：

纳米复合材料与常规的无机填料/聚合物复合体系不同，不是有机相与无机相简单的混合，而是两相在纳米尺寸范围内复合而成的。由于分散相与连续相之间界面积非常大，界面间具有很强的相互作用，产生理想的黏接性能，使界面模糊。作为分散相的有机聚合物通常是刚性棒状高分子，包括溶致液晶聚合物、热致液晶聚合物和其他刚性高分子，它们以分子水平分散在柔性聚合物基体中，构成有机聚合物/有机聚合物纳米复合材料。作为连续相的有机聚合物可以是热塑性聚合物、热固性聚合物。聚合物基无机纳米复合材料不仅具有纳米材料的表面效应、量子尺寸效应等性质，而且将无机物的刚性、尺寸稳定性和热稳定性与聚合物的韧性、加工性及介电性能结合在一起，从而产生很多特异的性能。在电子学、光学、机械学、生物学等领域展现出广阔的应用前景。无机纳米复合材料广泛存在于自然界的生物体（如植物和动物的骨质）中，人工合成的无机纳米复合材料目前成倍增长，不仅有合成的纳米材料为分散相（如纳米金属、纳米氧化物、纳米陶瓷、纳米无机含氧酸盐等）构成的有机基纳米复合材料，而且还有如石墨层间化合物、黏土矿物-有机复合材料和沸石有机复合材料等。

纳米复合材料的构成形式，概括起来有以下几种类型：0-0 复合，0-1 复合，0-2 复合，0-3 复合，1-3 复合，2-3 复合。

（1）0-0 复合，即不同成分、不同相或不同种类的纳米粒子复合而成的纳米固体或液体，通常采用原位压块、原位聚合、相转变、组合等方法实现，具有纳米构造非均匀性，也称聚集型，在一维方向排列称纳米丝，在二维方向排列成纳米薄膜，在三维方向排列成纳米块体材料。目前聚合物基纳米复合材料的 0-0 复合主要体现在纳米粒子填充聚合物原位形成的纳米复合材料。

（2）0-1 复合，即把纳米粒子分散到一维的纳米线或纳米棒中所形成的复合材料。

（3）0-2 复合，即把纳米粒子分散到二维的纳米薄膜中，得到纳米复合薄膜材料。它又可分为均匀弥散和非均匀弥散两类。有时也把不同材质构成的多层膜也称为纳米复合薄膜材料。

（4）0-3复合，即纳米粒子分散在常规固体粉体中，这是聚合物基无机纳米复合材料合成的主要方法之一，填充纳米复合材料的合成从加工工艺的角度来讲，主要是采用0-3复合。

（5）1-3复合，主要是纳米碳管、纳米晶须与常规聚合物粉体的复合，对聚合物的增强有特别明显的作用。

（6）2-3复合，从无机纳米片体与聚合物粉体或聚合物前驱体的发展状况看，2-3复合是发展非常强劲的一种复合形式。

4. 聚合物基纳米复合材料

1) 纳米环氧

（1）纳米黏土/环氧树脂。环氧树脂作为热固性树脂的典型代表，具有优良的综合性能和颇为广泛的应用领域。环氧树脂最大的不足就是其固化物脆性较大。传统的增韧材料以弹性体为主，不尽如人意的是：弹性体在增韧的同时却牺牲了环氧树脂的强度、刚性和耐热性等宝贵物理性能。后来，人们探讨用有机刚性材料改性环氧树脂，取得了既增韧又增强的令人瞩目的效果。

纳米无机粒子为高分子材料的改性提供了新的方法和途径。纳米无机粒子以其独特的表面效应和量子效应而明显区别于常规的粉末填料（微米无机粒子）。已有的研究表明，纳米级无机粒子对聚合物增韧改性效果好、效率高，并且也表现出增韧与增强良好的同步效应。

纳米无机粒子表面能大，极易凝聚，用通常的共混法几乎得不到纳米结构的聚合物，有必要加入分散处理剂来促进纳米粒子的分散，以使其达到对聚合物的改性效果。利用纳米 SiO_2 对环氧树脂进行增强增韧改性。借助偶联剂的作用，采用原位分散聚合法制得了纳米 SiO_2/环氧树脂。其制备方法是将厚仅 0.96 nm、宽厚比 $100\sim1\,000$ 的硅酸盐薄片均匀分散于树脂中，可使环氧树脂的力学性能、热性能及耐湿热性能得到进一步提高，还可得到一些新工艺性能，从而拓宽环氧树脂应用领域。

（2）纳米 Si/环氧树脂。采用原位分散聚合法并用偶联剂处理纳米 Si 粒子制得纳米 Si/环氧树脂。同时偶联剂的用量对材料性能具有一定的影响，应选择最佳用量范围。利用拉伸试验、冲击试验、扫描电子显微镜、热失重分析等方法对添加和不加偶联剂的复合材料的结构和性能进行测定。研究结果表明，在偶联剂的作用下，纳米 SiO_2 较均匀地分散在环氧树脂基体中，有效地增加了环氧树脂的强度及韧性，并提高了环氧树脂的耐热性，是一种值得推广应用的纳米塑料制造方法。

①偶联剂作用及其用量。常用的偶联剂为长碳链型改性氨基硅烷偶联剂，其中的烷氧硅基团易与纳米 SiO_2 表面的羟基发生化学反应，氨基则易与环氧基反应。因此它能使纳米 SiO_2 与环氧树脂很好地偶联起来，即形成环氧树脂-偶联剂-纳米 SiO_2 的结合层，从而增强纳米 SiO_2 与环氧树脂的界面黏结。

偶联剂用量对环氧树脂性能的影响如图 8.2 所示。从图 8.2 中可知，随着偶联剂用量的增加，材料的冲击强度、拉伸强度都逐渐增加，达到极大值后均转为下降。极大值时偶联剂用量为纳米 SiO_2 质量的 5%。

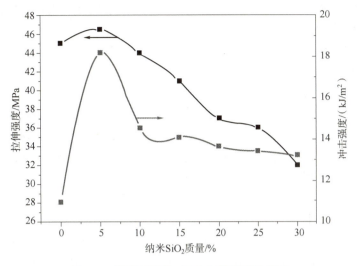

图 8.2　偶联剂用量对环氧树脂性能的影响

②纳米 SiO_2/环氧树脂的力学性能。图 8.2 是未加偶联剂的复合体系的力学性能。从图 8.3 中可看出，材料的力学性能随纳米 SiO_2 质量的增多先变优后变劣。当纳米 SiO_2/A858 为 3/100（质量比）时，材料冲击强度、拉伸强度的极大值分别为 11.8 kJ/m^2、47.1 MPa，与基体相比，复合体系的冲击强度提高了 39%，拉伸强度提高了 21%。

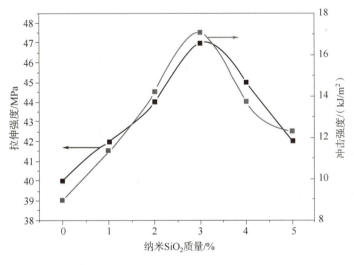

图 8.3　未加偶联剂的复合体系的力学性能

从纳米 SiO_2/环氧树脂冲击试样断面的 SEM 照片可看出，环氧树脂为连续相，纳米 SiO_2 为分散相，纳米 SiO_2 的第二聚集态的形式（平均粒径为 200 nm）能较均匀地分散在环氧树脂基体中。相比之下，纳米 SiO_2 的聚集态较大，体系受力后产生的微裂纹和微孔穴较少，也说明了偶联剂可促使纳米 SiO_2 与环氧树脂之间的界面结合，有利于纳米 SiO_2 在环氧树脂中的分散，提高了它对环氧树脂的改性效果。

大量研究表明纳米体系在偶联剂的作用下与环氧树脂存在着强的相互作用，使链段运动受到束缚，从而提高了复合体系发生热分解所需的能量，即材料的耐热性得到了提高。由此可得出如下结论：氨基硅烷偶联剂能促使纳米 SiO_2 在环氧树脂中均匀分散，使其对环氧树脂起到较好的增强增韧作用，并提高环氧树脂的耐热性；纳米 SiO_2/环氧树脂在较均匀分散的前提下，偶联剂与纳米 SiO_2 的最佳用量比为 5/100（质量比），纳米 SiO_2 与环氧树脂的最佳用量比为 3/100（质量比）；改性的纳米 SiO_2/环氧树脂还可用纤维增强材料增强制成复合材料，还会进一步提高制品的综合性能。

（3）纳米 TiO_2/环氧树脂。以纳米 TiO_2 为填料制备了纳米 TiO_2/环氧树脂塑料，同时研究了纳米 TiO_2 对材料性能的影响。研究结果表明，纳米 TiO_2 经表面处理后，可对环氧树脂实现增强、增韧，当填充质量分数为 3%时，材料的拉伸模量较纯环氧树脂提高 370%，拉伸强度提高 44%，冲击强度提高 878%，其他性能也有明显提高。

影响复合材料的冲击强度主要有两个因素，一是基体对冲击能量的分散能力；二是纳米 TiO_2 对冲击能量的吸收能力。一方面，3% 纳米 TiO_2 填充的环氧树脂有一定程度的相分离，基体对冲击能量的分散能力增强；另一方面，纳米 TiO_2 造成界面应力集中，容易引发周围的基体产生微开裂，吸收一定的变形功。两方面的综合作用，使 3% 处理的纳米 TiO_2/环氧树脂的冲击强度提高。

2）纳米不饱和聚酯

不饱和聚酯树脂是制备树脂基复合材料（又称玻璃钢）的主要原材料之一。由于它具有轻质、高强、耐腐蚀、电绝缘、可设计性等特点，所以广泛用于军工产品、交通运输、电器、石油化工、医药、染料、轻工、民用产品和装饰材料等行业。

不饱和聚酯树脂基复合材料虽然有轻质、高强、耐腐蚀等优点，但也有其不足的方面，如树脂基体本身硬度较低，莫氏硬度一般只有 2 级左右（相当于石膏的硬度）；耐磨性也较差，如平时使用的玻璃钢浴缸经常会很快被磨毛，玻璃钢管道的耐磨性更加需要提高，人造大理石也因耐磨性和硬度较差，不能与天然大理石竞争而失去其应有的生命力。

为了提高树脂的耐磨、硬度、强度、耐热、耐水等性能，提高树脂基复合产品的质量，利用纳米 SiO_2 的特殊性能，将其填充到不饱和聚酯树脂中去，以期改进材料的各项性能，使其耐磨、硬度、强度、耐热、耐水及加工特性都得到大幅度的提高。

纳米 SiO_2 改性不饱和聚酯机理如下。

（1）由于纳米 SiO_2 的颗粒尺寸小、比表面积大、表面原子数多、表面能高、表面严重配位不足，因此表面活性极强，容易与树脂中的氧起键合作用，提高分子间的键力。同时因为纳米 SiO_2 分布在高分子键的空隙中，故使添加纳米 SiO_2 的树脂材料强度、韧性、延展性均大大提高，即表现在拉伸强度、冲击强度等方面的提高。

（2）由于纳米 SiO_2 的分子状态是三维链状结构，且表面存在不饱和键及不同键合状态的羟基，与树脂中氧键结合或嵌在树脂键中，可增强树脂的硬度。由于纳米 SiO_2 的小尺寸效应，使材料表面细洁度大大改善，摩擦因数减小，加之纳米颗粒的高强性，因此使材料耐磨性大大提高，且表面光洁程度好。

（3）由于纳米 SiO_2 的颗粒小，在高温下仍具有高强、高韧、稳定性好等特点，可使材料的表面细洁度增加，使材料更加致密，同时也增加材料的耐水性和热稳定性。

由此可见，将纳米 SiO_2 添加到树脂中，能使玻璃钢产品的耐磨、硬度、强度、耐热等一系列性能均有大幅度提高，且喷涂施工时容易喷涂，无异常现象。这对提高产品质量并使其升级换代具有极其重大的意义。

3) 纳米碳粉改性酚醛

（1）简介。碳/酚醛复合材料一直作为固体火箭发动机喷管烧蚀防热材料，主要是其抗烧蚀性能适中、成本低、工艺性能好、质量稳定性高、周期短等优异性能所决定的。但酚醛复合材料所用的树脂基体仅一两个品种，如 F01-氨酚醛及低压锐酚醛，这两种树脂抗烧蚀性能并不十分理想，一方面树脂成碳率低（小于 54%），布带制品烧蚀分层是关键技术难题；另一方面树脂碳化后高温下结构强度偏低，导致扩张段整体热结构下降，降低了发动机工作可靠性。20 世纪 70 年代初，酚醛树脂性能改性研究中相继出现重金属改性酚醛（如钨酚醛）、杂元素改性酚醛（如硼酚醛）、苯基结构改性酚醛（9403-1），以及提高酚醛树脂纯度如高纯氨酚醛树脂、开环聚合酚醛等众多酚醛树脂体系，但树脂成碳率均不超过 60%。由于酚醛树脂成碳率低，成碳结构差，限制了其应用范围。国内外先后开展了碳粉及石墨改进酚醛体系，如 CTL、91LD，SC1008 酚醛树脂中添加 F-1069、P-33 碳粉，由于其粒径在 100 nm 以上，所以没有改变材料根本性能。只有当填料粒子减小至纳米级的某一尺寸，则材料的物性才发生突变，与同组分的常规材料性能完全不同。但由于同种材料的不同性能对纳米填料而言具有不同的临界尺寸，而且对同一性能的不同材料体系相应的临界尺寸也有差异，因此纳米材料表现出强烈的尺寸依赖性，因此选择合适的纳米碳粉尤为重要。而纳米碳粉粒径小、比表面积大、界面原子数多，存在大量的不饱和键及悬键，化学活性高，极易形成尺寸较大的团聚体，在树脂体系中分散时，由于分散方法及分散剂不合适，会出现粒子异常长大情况，难以发挥纳米增强相的独特作用。通过对纳米碳粉种类筛选、粒子尺寸、分散方法及分散剂选择等工艺实验，可制备表观质量均匀的含纳米碳粉酚醛树脂溶液。这种酚醛树脂溶液能长期保持稳定，采用布带浸胶机进行浸胶，制备了质量均匀的碳/酚醛胶带。人们采用不同的试验方法研究了纳米碳粉对树脂体系热解性能的影响，纳米碳粉对碳/酚醛复合材料的力学性能、烧蚀性能及热性能的影响，并且为提高碳/酚醛复合材料性能提供了技术基础。

（2）制备工艺。纳米碳粉改性酚醛制品的制备工艺与普通的酚醛复合材料制备工艺基本相同，其工艺流程为：碳粉+树脂→均匀分散体系→布带浸胶→压制层压板。

在制备过程中要注意：纳米碳粉含量、分散方法对材料的烧蚀性能影响很大，在相同条件下测试的碳/酚醛复合材料的烧蚀性能，其结果列于表 8.8。由表 8.8 可知，当纳米碳粉含量增加时，材料层间剪切强度增加、线烧蚀率下降，质量烧蚀率变化规律不明显。从工艺性能及材料性能综合考虑，纳米碳粉含量选择在 25%~30%，所得的材料综合性能较好。

表 8.8　纳米碳粉对碳/酚醛复合材料性能的影响

纳米碳粉含量/%	纬向剪切强度/MPa	径向剪切强度/MPa	氧乙炔线烧蚀率/(mm·s^{-1})	氧乙炔质量烧蚀率/(g·s^{-1})
9.5	9.5	19.7	0.002	0.039 5
14.6	14.6	24.6	0.027	0.039 6
16.7	16.6	31.1	0.05	0.047 5
26.4	26.3	29.4	0.014	0.041 6

（3）纳米碳粉对碳/酚醛复合材料力学性能的影响。对钡酚醛、高碳酚醛及含纳米碳粉高碳酚醛在常温下综合力学性能及高温炭化后层间剪切强度进行了测试，试验结果表明，纳

米碳粉改进后的碳/酚醛复合材料综合性能得到大幅度提高。表8.9、表8.10说明纳米碳粉能大幅度提高材料高温下层间性能，特别是在900 ℃条件下，层间剪切强度达到常温下的力学性能，纳米碳粉的增强效应得到了充分发挥；而不含纳米碳粉的材料体系的层间性能随温度提高大幅度下降。因此纳米碳粉对材料常温、高温下力学性能均有贡献。

表8.9 纳米碳粉对碳/酚醛复合材料在常温下综合力学性能的影响

弯曲强度/MPa		拉伸强度/MPa		拉伸模量/GPa		压缩强度/MPa		压缩模量/GPa		剪切强度/MPa	
径向	纬向	径向	纬向	径向	纬向	径向	纬向	径向	纬向	径向	纬向
147	229	120	259	34.7	48.5	60.5	74.2	36.8	36.8	21.5	21.5
	268		325		45		101		43.3	25	25
257	336	172	338	41.1	55.2	120	186.8	24.2	40.9	21.6	24.5

表8.10 纳米碳粉对碳/酚醛复合材料高温炭化后层间剪切强度的影响

炭化温度/℃	钡酚醛			高碳酚醛			含纳米碳粉高碳酚醛		
	$\overline{X}$	S	$C/\%$	$\overline{X}$	S	$C/\%$	$\overline{X}$	S	$C/\%$
300	18.4		5.1	20.8			26.4	0.11	
400	17.7	0.91	15	18	1.7	10	23.0	1.7	1.7
500	12.3	1.9	4.6	13.3	2.1	17	19.2	1.6	8.6
600	10.1	0.46	11	10.4	2.0	18	18.0	1.5	8.8
700	1.43	0.21	21	2.2	0.44	18	7.4	0.36	21
900	2.18	0.49		1.72	0.32	18	5.37		6.9

4) 磁性聚合物

磁性聚合物基纳米复合材料可以根据其在空间中的维数分成：磁性聚合物微球（零维）、纳米纤维（一维）、纳米薄膜（二维）以及多层或三维固体等。

(1) 纳米纤维（一维）。

纳米纤维是指纤维直径小于100 nm的超微细纤维。这里介绍的纳米纤维均为广义上的纳米纤维，即将纳米粒子填充到纤维中，对其进行改性后的产物。与零维的磁性聚合物微球相似，研究者同样利用天然纤维和人工合成纤维为原料，与磁性聚合物一起制备出功能各异的复合纤维材料。

① 天然纤维。唐爱民等以天然木棉纤维为基材，用原位复合法制备木棉/磁性纳米复合纤维。研究表明：预处理后木棉纤维是有效的模板材料，磁性粒子不仅在纤维表面还可在纤维空腔内复合，粒径为30~100 nm，晶体类型为$\gamma\text{-FeO}_x$；静磁场熟化复合的铁含量最高为7.54%（质量分数）。SQUID的磁化曲线表明，制备的木棉/磁性纳米复合纤维具有超顺磁性。

② 人工合成纤维。Sung等利用磁流体改善了在纳米纤维中纳米粒子不能良好定向分散的问题，并在此基础上将其与PET混合通过共轴静电纺丝制备了具有良好超顺磁性的核鞘结构纳米复合纤维。在磁场中，制备的纳米纤维表现出良好的响应行为和机械性能。

Ahn 等利用静电纺丝制备了铁氧化物纳米粒子/PET 复合纳米纤维网。研究发现,随着铁氧化物纳米粒子的集中,纳米纤维的直径也随之增大。SQUID 的测试结果表明,在零场时,该纳米纤维网表现出超顺磁性并伴随有少量剩磁。在外场的作用下,该磁性纳米复位纤维的抗弯刚度、拉伸性能和弹性模量均有所提高。

(2) 纳米薄膜(二维)。

纳米薄膜是一类具有广泛应用前景的新材料,其用途可以分为两大类,即纳米功能薄膜和纳米结构薄膜。前者主要是利用纳米材料所具有的特性,通过复合使新材料具有基体所不具备的特殊功能;后者主要是通过纳米材料复合,提高材料在机械方面的性能。

张麟等利用高温分解法制备了粒径为 18 nm 的 Fe_2O_3 磁性纳米材料,并进行羧基化修饰,然后与聚乙烯亚胺修饰的石墨烯进行交联,制得功能化的氧化石墨烯复合材料。该材料具有较好的超顺磁性,并将在磁靶向载药、生物分离、磁共振成像,以及在去除污水中稠环污染物等领域获得广泛的应用。

Bhatt 等利用旋涂技术将 Co_3O_4 纳米材料和聚偏二氟乙烯混合制备了复合材料薄膜。该薄膜具有多孔的表面,并且孔的数量会随着 Co_3O_4 含量的增加而减少,同时 Co_3O_4 也降低了聚合物的结晶能力,使该薄膜的饱和磁化强度会随着 Co_3O_4 含量的增加而增加。

5. 纳米材料的应用

1) 先进储氢材料在汽车中的应用

氢气是人类最理想的燃料,氢气燃烧提供动力的同时又还原成水,水既无污染,又是制氢的原料,如此循环往复,经久不竭。氢气作为汽车的新燃料有一个重要问题,就是氢气的储存问题。氢气的密度最小,为 0.09 g/L,只有空气质量的 1/5,很容易飞散。氢气与空气的混合比达到 34.2 时又容易点燃爆炸。所以在使用氢气时,既要使氢气的储存量达到所要求的行驶里程,又要注意安全。目前最先进的储氢材料是碳纳米管,随着各国科学家对碳纳米管结构、性质研究的不断深入,碳纳米管必将以其独特的孔隙结构、大的长径比、高的比表面积和量子尺寸效应服务于人类。

储氢碳纳米管复合材料在开发燃料电池上有很大的应用空间,未来的汽车必以氢能作为动力,传统的金属或合金储氢远不能满足这一要求,一辆能跑动 500 km 的汽车,储氢量需为 6%(质量分数),如今的金属储氢只能达到 1%~2%,但碳纳米管却可能达到 10%以上。氢燃料储存在碳纳米管中既方便又安全,而且这种储氢方式是可逆的,氢气用完了可以再"充气",把常温下体积很大的氢气储存在体积不大的碳纳米管中,用之作为氢燃料驱动汽车,是未来汽车实现绿色燃料驱动的主要发展方向。

氢的燃烧有两种方式:热化学方式和电化学方式。尽管产物都是水,但因前者是在高温下释放能量,有可能伴随少量氮氧化物;后者是在常温下释放能量,产物只有水,因此是对环境没有任何污染的零排放过程。氢能的电化学释放过程是在氢电池中完成的。以氢燃料电池驱动电动机的氢能汽车是真正的无污染的绿色汽车。

1997 年,美国的 Dillon 等采用低温吸氢、室温放氢的方法研究了电弧法制备未经提纯处理的单壁碳纳米管(单壁碳纳米管的质量分数仅为 0.1%~0.2%)的储氢性能,从相关结果推测出纯净单壁碳纳米管的质量储氢能力可达 5%~10%,一台氢燃料电池驱动的电动汽车在 500 km 的行程中需要消耗 3.1 kg 氢气,根据普通小汽车油箱的容量推算,储氢材料的质量储氢能力必须达到 6.5%以上才能满足要求。Dillon 等在研究各种储氢方法后指出,单壁碳纳米管是目前唯一可能达到这一指标的储氢材料，因此单壁碳纳米管受到广泛的关注。

2）纳米吸波复合材料的发展趋势

目前吸波复合材料还存在频带窄、效率低、密度大等诸多缺点，因而应用范围受到一定限制。发展多波段兼容型吸波复合材料（即能兼容吸收雷达波、红外线和激光等波段的吸波复合材料）又能拓宽吸波波段，是今后研究的方向之一。

涂覆型吸波复合材料在吸波复合材料的研究中一直占据重要地位，而且在不断研究之中。现代武器装备对吸波复合涂层提出了更苛刻的要求，促使人们不断探索吸波的新原理与新途径。在先进复合材料基础上发展起来的既能隐身又能承载的结构型吸波复合材料，具有涂覆型吸波复合材料无可比拟的优点，是当今吸波复合材料的主要发展方向。其研制的关键是复合材料层板的研制、其介电性能的设计匹配、有"吸、透、散"功能的夹心材料的研制与设计及诸因素的优化组合匹配等。原材料的筛选、材料力学性能、电磁特性的选择和协调、吸波结构的设计和制作工艺、结构型吸波复合材料的力学性能和吸波性能的优化也是结构型吸波复合材料研究的重要内容。应用计算机辅助优化设计在有限的条件约束下为结构型吸波复合材料的研究提供了方便，有力地促进了结构型吸波复合材料的发展。

3）在分离中的应用

（1）化工分离。磁性离子交换树脂具有许多一般的离子交换树脂所不具备的优点，具有可以用于大面积动态交换与吸附的优点，因而大量用于化工分离过程。只要在流体出口处设置适当的磁场，树脂即可被收集，以便再生并循环使用，因此可以用来处理各种含有固态物质的液体，使矿场废水中微量贵金属的富集，生活和工业污水的无分离净化等应用得以实现。如果使磁性树脂带永磁，则它会在湍流的剪切力下分散，在平流的状态下凝聚，精确设计管道的形状和尺寸，便可达到回收和循环使用磁性树脂的目的。华南理工大学的吴雪辉等在这方面做了大量的研究，制备了磁性阳离子交换树脂和磁性阴离子交换树脂。张梅等利用化学转化法制得了磁性毫米级和微米级粒径的强酸性、弱酸性阳离子交换树脂，并研究了强酸性和弱酸性阳离子交换树脂的磁转化条件对相应所得树脂的磁性的影响。所制得的磁性树脂的磁性强，磁性物质分布均匀而且稳定，并保持树脂的原有特性。

（2）催化剂分离。将纳米级催化剂固载于磁性聚合物微球上，可以利用磁分离方便地解决纳米催化剂难以分离和回收的问题。而且如果在反应器外加旋转磁场，可以使磁性催化剂在磁场的作用下进行旋转，避免了具有高比表面能的粒子间的团聚。同时，每个具有磁性的催化剂颗粒在磁场的作用下可在反应体系中进行旋转，起到搅拌作用，这样可以增大反应中催化剂间的接触面积，提高催化效率。例如，以戊二醛交联法将转化醇素固定于磁性聚乙烯醇微球上，可用于蔗糖的水解；以磁性聚合物微球和煤胞制备的某种新型玻璃态催化剂，可用于甲烷的氧化。另外，磁性聚合物微球还可作为基质与氧化镁、镁铝水滑石等进行自组装，制备磁性固体酸等固体催化剂。

（3）矿物分离。应用密度的不同进行矿物分离。磁性液体被磁化后相当于增加磁压力，在磁性液体中的物体将会浮起，好像磁性液体的表现密度随着磁场增加而增大。利用此原理可以设计出磁性液体比重计。磁性液体对不同密度的物体进行分离，控制合适的磁场强度可以使低于某密度值的物体上浮，高于此密度的物体下沉，原则上可用来进行矿物分离。例如，可利用磁性液体使高密度的金与低密度的砂石分离开，亦可利用其使城市废料中的金属与非金属分离开。由于电磁铁所产生的磁场可通过改变它的电流大小而改变，因而在一次操作中可连续分选出矿物中的各种成分，大大简化了选矿的工序。目前已能做到任何密度的物体都可用磁性液体分选出来。

8.4.2 沥青材料

1. 沥青

1) 沥青的组成

沥青是用天然原油经各种炼制工艺加工而得到的重质产品，在常温下为黑色或黑褐色的黏稠液体、半固体或固体，一般没有特殊气味，或略带松香气味。沥青是由多种化合物组成的混合物，其化学元素主要由碳（C）、氢（H）组成（二者约占其化学元素总量的90%～95%，其中C含量约为70%～80%），还含有少量的硫、氮、氧，这些杂原子与碳原子以不同的结构形式相连接并形成一定的官能团或极性团，此外，沥青中还含有一些以无机盐或氧化物形式存在的金属元素，如钠、镍、铁、镁、钙等。沥青的成分受原油的来源及炼制工艺的影响。C/H可以在很大程度上反映沥青的化学成分，C/H愈大，表明沥青中的环状结构（尤其芳香环结构）愈多。通常石蜡基的沥青C/H最小，环烷基的沥青C/H最大，中间基的沥青C/H介于两者之间。

由于沥青的组成极其复杂，并且有机化合物之间普遍存在同分异构现象，对沥青化学组分的分析，以及化学组分与路用性能的关系一直没有得出满意的结论，是研究者关注的重点。在研究和讨论沥青的化学组成时，都是根据分离方法的不同以族或类进行分类的。沥青的分离方法按原理的不同大致可以分为三类：按分子量大小进行的馏分分离法，由此得到不同分子量范围的组分，如蒸馏、凝胶渗洗色谱等分析方法属于这一类；按官能团类型进行的分离法，由此得到碱性分、酸性分、两性分、中性分，如离子交换色谱等分析方法属于这一类；按极性进行的分离法，由此得到脂肪族、环烷族、芳香族、极性芳香族、杂原子化合物、沥青质等，如氧化铝吸附色谱、硅胶吸附色谱等分析方法属于这一类。在研究沥青与聚合物的相容性或配伍性时，一般都是认为溶解度参数相近的组分具有较好的相容性，而影响溶解度参数的主要原因是它们的结构，由此，在讨论沥青的化学组成对改性沥青性质的影响时，一般都用沥青按极性进行的分离法得到的族组成。

按极性进行的分离法虽然原理相同，但过程有些差异，由于每个分离过程都是条件性的，因此不同的方法可以得到不同的分析结果。目前比较通用的方法是氧化铝吸附色谱（如ASTMD4425、JPI-5S-22、SH/T0509）和硅胶吸附色谱（如ASTMD2007），在这些分析方法中，对吸附剂的处理都做了规定，因此可以得到重复性较好的分析结果。但是，由于以上分析方法是常规的化学分析方法，过程较长，近几年来，逐渐开发了一些具有相同原理的仪器分析方法，这样虽然大大简化了分析过程，但是由于仪器的状况不同，操作条件不同，分析结果只能作为各自研究体系内数据的比较，与其他分析结果不具有可比性。目前文献中出现较多的是采用日本的棒状薄层色谱，它也有两种吸附剂（硅胶和氧化铝），具有不同吸附剂的棒状色谱依次在不同溶剂中扩展，使饱和分、芳香分、胶质（有的叫极性芳香分）、沥青质分布在色谱棒的不同位置，然后利用氢火焰燃烧，监测正碳离子浓度得到相应的响应值换算成各组分的含量。这种方法中，色谱棒的处理过程、氢火焰的工作条件、标准曲线的取得对结果都有影响，因此在使用和参考这类结果时要特别注意。

选择吸附-色层分析法（又称为四组分分析法），在我国应用最为广泛。该方法最早由科尔贝特（L. W. Corbett）提出，它是按沥青中各化合物的化学组成结构来进行分组的方法。根据该方法，石油沥青主要由沥青质、胶质、芳香分、饱和分等组成。

(1) 沥青质。

沥青质也称为沥青烯，是深褐色至黑色的复杂的无定形的芳香分物质，加热至 300 ℃ 以上时，不熔化而分解。沥青质有很强的极性，不溶于乙醇、石油醚，易溶于苯、氯仿、四氯化碳等溶剂。其分子量在 1 000~10 000 之间，H/C 为 1.16~1.28，粒径为 5~30 nm，相对密度大于 1，染色力及光敏性均较强，感光后就不能溶解，在沥青中的含量一般为 5%~25%。沥青质是沥青中分子量最高的组分，决定着沥青的塑性状态界限和自固态变为液态的程度、黏滞性、温度稳定性、硬度和软化点。

(2) 胶质。

胶质也称为树脂或极性芳烃，是一种半固态体或液态的黄色至褐色黏稠状物质，胶质有很强的极性，能溶于石油醚、苯、汽油等有机溶剂。胶质的相对密度为 1.0~1.08，熔点低于 100 ℃，分子量在 600~1 000 之间，H/C 为 1.30~1.47，胶质在沥青中的含量为 15%~30%。

胶质是沥青的扩散剂或胶溶剂，它赋予沥青可塑性、流动性和黏结性，对沥青的延性和黏结力等有较大影响。胶质与沥青质的比例在一定程度上决定了沥青的胶体结构。

(3) 芳香分。

芳香分是由沥青中最低分子量的环烷芳香化合物组成的深棕色黏稠液体，是胶溶沥青质的分散介质。芳香分的平均分子量在 300~600 之间，H/C 为 1.56~1.67。芳香分在沥青中的含量为 40%~65%。

(4) 饱和分。

饱和分是由直链烃与支链烃所组成的一种非极性稠状油分，对温度较为敏感，相当于沥青的润滑剂与柔软剂。饱和分的平均分子量为 300~600，H/C 在 2 左右。饱和分在沥青中的含量为 5%~20%。

2) 沥青的胶体结构

沥青的技术性质，不仅取决于它的化学组分及其化学结构，还取决于它的胶体结构。

(1) 胶体结构的形成。

现代胶体理论认为：沥青的胶体结构，是以固态超细微粒的沥青质为分散相。通常是若干沥青质聚集在一起，它们吸附了极性半固态的胶质，从而形成"胶团"。由于胶溶剂-胶质的胶溶作用，胶团胶溶，分散于液态的芳香分和饱和分组成的分散介质中，形成稳定的胶体。

在沥青中，分子量很高的沥青质不能直接胶溶于分子量较低的芳香分和饱和分的介质中，特别是饱和分为胶凝剂，它会阻碍沥青质的胶溶。沥青之所以能形成稳定的胶体，是因为强极性的沥青质吸附了极性较强的胶质，胶质中极性最强的部分吸附在沥青质的表面，然后逐步向外扩散，极性逐渐减小，芳香度也逐渐减弱。距离沥青质愈远，则极性愈小，直至与芳香分接近，甚至几乎没有极性的饱和分。这样，在沥青的胶体结构中，从沥青质到胶质，乃至芳香分和饱和分，它们的极性是逐步改变的，没有明显的分界线。所以，只有在各组分的化学组成和相对含量相匹配时，才能形成稳定的胶体。

（2）胶体结构的分类。

根据沥青中各组分的化学组成和相对含量的不同，可以形成不同的胶体结构，可分为以下三个类型。

①溶胶型结构：当沥青中沥青质分子量较低，并且含量较少，同时有一定数量的芳香度较高的胶质，这样使胶团能够完全胶溶而分散在芳香分和饱和分的介质中。在此情况下，胶团相距较远，它们之间吸引力很小，甚至没有，胶团可以在分散介质黏度许可范围内自由运动，这种胶体结构称为溶胶型结构。

②溶-凝胶型结构：沥青中沥青质含量适当，并有较多数量的芳香度较高的胶质。这样形成的胶团数量增多，胶体中胶团的浓度增加，胶团的相对距离靠近，它们之间有一定的吸引力。这种介乎于溶胶与凝胶之间的结构，称为溶-凝胶型结构。

③凝胶型结构：沥青中的胶质含量相对较高（如30%以上）并有相当数量芳香度较高的胶质来形成胶团。这样，沥青中胶团浓度较大的增加，它们之间的相互吸引力增强，使胶团靠得很近，形成空间网络结构。这种胶体结构称为凝胶型结构。

2. 聚合物改性沥青

关于改性沥青的分类，国际上并没有统一的分类标准。

1）从广义上划分

根据不同目的所采取的改性沥青可汇总于图8.4。

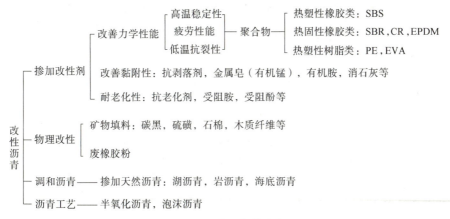

图 8.4　改性沥青的分类

2）从狭义上划分

现在所指道路改性沥青一般是指聚合物改性沥青。用于改性的聚合物种类也很多，按照改性剂的不同，一般将其分为三类。

（1）热塑性橡胶类：即热塑性弹性体，主要是苯乙烯类嵌段共聚物，如苯乙烯-丁二烯-苯乙烯（SBS）、苯乙烯-异戊二烯（SIS）、苯乙烯-聚乙烯/丁基-聚乙烯（SE/BS）等嵌段共聚物。由于它们兼具橡胶和树脂两类改性沥青的结构与性质，故也称为橡胶树脂类。属于热塑性橡胶类的还有聚酯弹性体、聚乙烯丁基橡胶浆聚合物、聚烯烃弹性体等。SBS由于具有良好的弹性（变形的自恢复性及裂缝的自愈性），故已成为目前世界上最为普遍使用的道路沥青的改性剂。

（2）热固性橡胶类：如天然橡胶（NR）、丁苯橡胶（SBR）、氯丁橡胶（CR）、丁二烯橡胶（BR）、异戊二烯（IR）、乙丙橡胶（EP-DM）、异丁烯异戊二烯共聚物（HR）、苯乙烯-异戊二烯橡胶（SIR）等，还有硅橡胶（SR）、氟橡胶（FR）等。其中 SBR 是世界上应用最为广泛的改性剂之一，尤其是胶乳形式的使用越来越广泛。氯丁橡胶（CR）具有极性，常掺入煤沥青中使用，已成为煤沥青的改性剂。

（3）热塑性树脂类：热塑性树脂，如乙烯-乙酸乙烯酯共聚物（EVA）、聚乙烯（PE）、无规聚丙烯（APP）、聚氯乙烯（PVC）、聚苯乙烯（PS）、聚酰胺等，还包括乙烯乙基丙烯酸共聚物（EEA）、聚丙烯（PP）、丙烯腈-丁二烯-苯乙烯共聚物（ABS）等。热固性树脂也可作为改性剂使用，如环氧树脂（EP）等。EVA 由于其乙酸乙烯的含量及熔融指数 MI 的不同，分为许多牌号，不同品种的 EVA 改性沥青的性能有较大的差别。APP 由于价格低廉，用于改性沥青油毡较多，其缺点是与石料的黏结力较小。

上述聚合物的名称均由国家标准或石化行业标准规定。

3) 按工艺分类

按改性材料掺配工艺不同改性沥青可分为两类。

（1）预混型。将改性材料用工厂或现场加工的方法，预先混入基质沥青中，制成改性沥青成品，再按一般沥青混合料的生产工艺生产改性沥青混合料。该方法的优点是基质沥青和改性剂混合均匀，质量容易控制，是常用的改性沥青类型。

（2）现场拌和型。将粉剂或乳化剂改性材料，在沥青混合料拌和过程中直接按比例加入拌和容器中，一般用先喷沥青再加改性剂的拌和程序，因此严格来说得到的是掺有改性剂的沥青混合料，并非使用了改性沥青。由于乳液中常含有 50% 左右的水分，在拌和过程中水分的蒸发会降低沥青混合料温度，加之乳液水蒸气对器具的腐蚀作用，因此现场拌和型的应用已趋减少。

4) 按性能分类

由于现已将热塑性树脂改称为热塑性弹性体，加之高性能复合改性沥青的开发，往往已不能简单地用改性材料表征沥青混合料的特性，因此国际上有的国家（如日本）发展出按性能分类的方法。

3. 纳米改性沥青

1) 纳米改性沥青室内制备工艺

考虑到改性剂与道路沥青的相容性问题是改性沥青制作的重要问题，因此有必要对国内外改性沥青和纳米材料的制备方法进行相关研究。目前主要存在三种改性沥青制备工艺，分别介绍如下。

（1）高速剪切法。直接将改性剂和沥青混合料在一定温度下混溶，并高速剪切制备改性沥青。为减少搅拌时间、提高改性剂的分散程度，所采用的设备为高速剪切并高速剪切乳化机。

（2）机械搅拌法。将改性剂通过合适的工艺制备成粉末状，然后在一定温度下直接与沥青混溶，并机械搅拌制备改性沥青。这种制备工艺无需高速剪切设备，但对于改性剂的预处理要求比较高。研究表明：采用机械搅拌法可使粉末状的改性剂与沥青均匀混合，但改性沥青的特性通过实验并不都能得到良好的效果，故制备工艺仍处于摸索阶段。

(3) 母液法。将改性剂和一部分沥青通过有机溶剂进行溶解，利用机械搅拌使两者混合均匀，制备成改性沥青母液，再将母液与另一部分沥青在一定温度下混溶，最终制备成改性沥青。该方法能将改性剂的粒度分散得非常均匀，但缺点是母液制作时需要采用额外的溶剂，且需要加工后采用防离析措施。

纳米材料加入基体中改性，要想使纳米效应充分发挥，必须使其在基体中能够分散均匀，避免团聚的发生。二维纳米材料其长径比达到了200，且层间主要以范德华力连接在一起，这样的结构使其很容易在高速剪切力的作用下发生断裂，从而使其在沥青中的均匀分散成为可能。零维纳米材料的比表面积很大、表面能高，如果加入黏度很大的沥青中很容易发生团聚，因此如果在改性过程中加热沥青降低黏度，则有利于纳米粒子的分散，同时提供高速剪切力剪切搅拌，则可以进一步帮助纳米粒子分散。

因此，根据纳米材料的性能，结合目前实验室实际条件，明确采用高速剪切法制备改性沥青，制备方案如下：首先将沥青熔融，加入合适剂量的改性剂，维持温度为170 ℃，采用高速剪切乳化机以5 000 r/min的转速高速剪切30 min，制备纳米改性沥青。

2）纳米改性沥青常规指标试验

对制备的改性沥青通过针入度、软化点、延度以及动力黏度（60 ℃）来评价其基本路用性能，辅以135 ℃和170 ℃的动力黏度来进一步对比分析。其中针入度反映沥青硬度，软化点和动力黏度反映高温性能，延度（10 ℃）反映低温性能。试验按《公路工程沥青及沥青混合料试验规程》（JTJ 052—2019）操作，动力黏度采用布洛克菲尔德方法。

(1) 零维纳米材料改性沥青研究。

选用纳米材料A为零维纳米材料改性剂，采用不同工艺制备不同掺量的零维纳米材料改性沥青。为了消除改性过程中加热老化对改性效果的影响，对沥青也进行了相同工艺的加工，所测得的路用性能如表8.11所示。

表8.11 零维纳米材料改性沥青的路用性能

分散条件（170 ℃，5 000 r/min，30 min）	针入度（100 g，5 s，25 ℃）/0.1 mm	软化点/℃	延度（5 cm/min，10 ℃）/cm	动力黏度（布氏，60 ℃）/Pa·s
AH-70	64.5	49.5	18.1	299
AH-70+3%A	62.2	54.5	10.1	499
AH-70+5%A	61.2	55.5	10.5	667
AH-70+7%A	55.3	60.0	7.8	1 380

由表8.11可以看出，纳米材料A对沥青性能的影响规律很清晰，即针入度减小，软化点和动力黏度提高，延度降低，且掺量越大，效果越明显。纳米材料A具有巨大的比表面积，它的表面能量可以明显改变沥青的性能，使沥青的高温性能得以提高，如掺量为7%时，软化点可以提高10 ℃，动力黏度（60 ℃）提高了3倍以上。尽管如此，纳米材料A的掺入可能会造成低温性能的下降。

2) 二维层状纳米材料改性沥青研究。

选用纳米材料B为二维层状纳米材料改性剂，采用不同工艺制备不同掺量的二维层状纳米材料改性沥青，为了消除改性过程中加热老化对改性效果的影响，对沥青也进行了相同工艺的加工，所测得的路用性能如表 8.12 所示。

表 8.12 二维层状纳米材料改性沥青的路用性能

分散条件（170 ℃，5 000 r/min，30 min）	针入度（100 g，5 s，25 ℃）/0.1 mm	软化点/℃	延度（5 cm/min，10 ℃）/cm	动力黏度（布氏，60 ℃）/Pa·s
AH-70	64.2	50	18.5	290
AH-70+1%A	54.4	50.5	12.0	379
AH-70+3%A	50.3	53.0	11.4	448
AH-70+5%A	47	55.0	11.0	556
AH-70+7%A	45.5	57.5	9.8	1 099

由表 8.12 可以看出，随着纳米材料 B 掺量的增大，改性沥青各性能指标的变化具有一致性，即针入度减小，软化点和动力黏度（60 ℃）提高，延度（10 ℃）降低，且掺量越大，变化越明显。二维层状纳米材料改性沥青中能够形成插层型结构，纳米材料 B 中的片层在高温条件下可阻碍沥青分子链的运动，使沥青在高温条件下的流动性减弱，在宏观上表现为沥青高温性能的提高。二维层状纳米材料改性沥青软化点和动力黏度（60 ℃）的增大，以及针入度的减小也说明了这一点。但是，正是由于沥青分子的链段运动受到限制，沥青在低温条件下变形受阻，从而使改性沥青的低温性能降低，表 8.12 中延度（10 ℃）的降低也反映了这一点。综合对比各剂量二维层状纳米材料改性沥青的性能指标，选取 5%为纳米材料 B 的最佳剂量，并以此剂量为基础制备下面研究的复合改性沥青。

3）零维和二维纳米材料复合改性沥青研究

根据目前对改性沥青的研究来看，单独加入某种改性剂只是使沥青某一种或某几种性能得到一定程度的提高，而将多种改性剂按照合适的比例对沥青复合改性，往往能使其性能得到更为全面且显著的提高。复合改性沥青也是我国改性沥青今后发展的一大主要方向。零维纳米材料和二维纳米层状材料作为改性剂都可以使沥青的性能得到改善，但两种维数的纳米材料同时对沥青复合改性效果如何，目前尚无这方面的研究。为此，制备了不同种类和配方的纳米材料复合改性沥青，并对其路用性能进行了研究，所测得结果如表 8.13 所示。

表 8.13 纳米材料复合改性沥青的路用性能

分散条件（170 ℃，5 000 r/min，30 min）	针入度（100 g，5 s，25 ℃）/0.1 mm	软化点/℃	延度（5 cm/min，10 ℃）/cm	黏度（布氏，60 ℃）/Pa·s	黏度（布氏，170 ℃）/Pa·s
AH-70+0.5%A	47	55.0	11.0	610	1.6
AH-70+1.0%A	45.5	58.5	10.4	876	2.7
AH-70+1.5%A	46.2	57.0	9.8	1 090	3.5
AH-70+2.0%A	42.2	65.0	9.1	1 500	4.1
AH-70+3.0%A	36.8	72.0	8.8	2 200	4.9

由表 8.13 可以看出，加入纳米材料 A 后，二维层状纳米材料改性沥青各种指标变化明显。与 5%B 改性沥青相比，5%B+3%A 改性沥青软化点提高了 17.1%，60 ℃动力黏度提高了 4 倍，针入度降低幅度达到 20%，表明改性沥青的高温性能进一步提高，硬度增加。但是延度值有所减小，这反映出复合改性沥青低温性能的降低。纳米材料 A 在高速剪切作用下进入纳米材料 B 片层间，由于纳米粒子比表面积大，表面活性高，能够与沥青分子及纳米材料 B 片层作用，从而在沥青分子与纳米材料 B 片层间起到桥连作用，使两者的结合更加紧密，限制沥青分子在高温条件下的运动，反映在宏观性能上即复合改性沥青的高温稳定性能得到提高。但是，正是由于这种进一步的限制作用，使复合改性沥青的硬度增加，在低温条件下的变形能力降低，即低温性能减弱，延度指标的降低也证明了这一点。

8.5　功能高分子材料

8.5.1　光功能高分子材料

大多数无定形高分子的透光率都大于 80%，是透明材料。聚甲基丙烯酸甲酯的透光率为 92%，被称为有机玻璃。聚碳酸酯、聚苯乙烯、苯乙烯-丙烯腈共聚物、苯乙烯-甲基丙烯酸甲酯共聚物和无定形聚烯烃的透光率都达到 90%。聚 4-甲基-1-戊烯虽然是结晶性高分子，但它的晶区和非晶区的折射率相近，也是透明材料，透光率为 90%。透明高分子材料可应用于透镜、光纤等。光在真空中的传输速率 (c) 与在材料中的传输速率 (v) 之比为折射率 ($n=c/v$)。光通过均质材料时只有一个折射率。光通过非均质材料时有两个折射率，称为双折射。光通过材料时光能的衰减为光的吸收，用光损失表征。光损失以 dB/km 度量，光损失 $=(10/L)\lg(Z_0/Z)$。其中，Z_0 是入射光的强度，Z 是光通过距离 L 后的强度。当材料的原子或分子从激发态（外部接受能量）回到基态时会发光（放出接受的能量）。而材料在强光场作用下将产生非线性光学效应。

1. 光功能高分子材料及其分类

光功能高分子材料是指能够对光能进行传输、吸收、储存、转换的一类高分子材料，在光作用下能够表现出特殊的性能。光功能高分子材料研究是光化学和光物理科学的重要组成部分，近年来有了快速发展，在功能材料领域占有越来越重要的地位。以此为基础，已经开发出众多具有特殊性质的光功能高分子材料产品，并在各个领域获得广泛应用。

光功能高分子材料有不同的分类方法，根据高分子材料在光的作用下发生的反应类型以及表现出的功能分类，光功能高分子材料可以分成以下几类。

（1）当聚合物在光照射下可以发生光聚合或者光交联反应，有快速光固化性能时，这种可以作为材料表面保护的特殊材料称为光敏涂料。

（2）在光的作用下可以发生光化学反应（光交联或者光降解），反应后其溶解性能发生显著变化的聚合材料，具有光加工性能，可以作为用于集成电路工业的材料称为光刻胶或光致抗蚀剂。

（3）有光致发光功能的光功能高分子材料是荧光或磷光量子效率较高的聚合物，可用于各种分析仪器和显示器件的制备，通常称为高分子荧光剂和高分子夜光剂。

(4) 能够吸收太阳光，并具有能将太阳能转化成化学能或者电能的装置，称为光能转换装置，其中起能量转换作用的聚合物称为光能转换聚合物。其可用于制造聚合物型光电池和太阳能水解装置。

(5) 在光的作用下其吸收波长发生明显变化，从而材料外观颜色发生变化的高分子材料称为光致变色高分子材料。

(6) 在光的作用下电导率能发生显著变化的高分子材料称为光导电高分子材料，这种材料可以制作光检测元件、光电子器件和用于静电复印、激光打印。

光功能高分子材料是一种用途广泛、具有巨大应用价值的功能材料，其研究与生产发展的速度都非常快。随着具有新功能的新型光功能高分子材料的不断出现，或者对已有光功能高分子材料新功能的再认识，无论是相关的理论研究，还是应用开发领域，都在不断得到拓展。可以相信，随着光化学和光物理研究的深入，各种新型光功能高分子材料和产品将会层出不穷。本书将重点介绍光致变色高分子材料和光导电高分子材料。

2. 感光高分子体系的设计与构成

从高分子设计角度考虑，有下面一些方法构成感光高分子体系。

(1) 将感光性化合物添加入高分子中。常用的感光性化合物有：重铬酸盐类、芳香族重氮化合物、芳香族叠氮化合物、有机卤素化合物和芳香族硝基化合物等。其中叠氮化合物体系尤为重要。例如，由环化橡胶与感光性叠氮化合物构成的体系是具有优异抗蚀性、成膜性的负性光刻胶，其感度与分辨率好，价格也便宜。

(2) 在高分子主链或侧链引入感光基团。这是广泛使用的方法。引入的感光基团种类很多，主要有：光二聚型感光基团、重氮或叠氮感光基团、丙烯酸酯基团，以及其他具有特种功能的感光基团。

(3) 由多组分构成光聚合体系。鉴于以单体和光敏剂所组成的光聚合体系在光聚合过程中收缩率大，实用性受到限制。因此，将乙烯基、丙烯酰基、烯丙基、缩水甘油基等光聚合集团引入到单体和预聚物中，作为体系的主要组分，再配以光引发剂、光敏剂、偶联剂等各种组分构成。这类体系的组分和配方可视用途不同而设计，配方多变，便于调整。在光敏涂料、光敏黏合剂和光敏油墨等的制造中比较常用。这种体系的缺点是不宜用作高精细的成像材料。

3. 光敏涂料

光敏涂料是光化学反应的具体应用之一。光敏涂料和传统的自然干燥或热固化涂料相比，具有下列优点：固化速率快，可在数十秒时间内固化，适于要求立刻固化的场合；不需要加热，耗能少，这一特点尤其适于不宜高温烘烤的材料；污染少，因为光敏涂料从液体转变为固体是分子量增加和分子间交联的结果而不是溶剂挥发所造成的；便于组织自动化光固化上漆生产流水作业线，从而提高生产效率和经济效益。需要指出的是，光敏涂料不可避免地存在一些缺点，如受到紫外线穿透能力的限制，不适合作为形状复杂物体的表面涂层。

光敏涂料体系主要由光敏预聚物、光引发剂和光敏剂、活性稀释剂（单体）以及其他添加剂（如着色剂、流平剂及增塑剂）等构成。光敏预聚物是光敏涂料中最重要的成分之一。涂层最终的性能，如硬度、柔韧性、耐久性及黏附性等，在很大程度上与预聚物有关。

光敏预聚物其相对分子质量一般为 1 000~5 000，其分子链中应具有一个或多个可供进一步聚合的反应性基团。光固化速率一般随着预聚物分子量、反应性基团（官能团）数目和黏度的增加而提高。但从使用角度看，往往又希望预聚物的黏度不要太高以便减少活性稀释剂的用量，然而这样又可能导致光固化速率下降。因此，在制备光敏涂料时，各组分的优化组合和仔细的工艺试验是必不可少的。

4. 光致变色高分子材料

含有光色基团的化合物受一定波长的光照射时发生颜色变化，而在另一波长的光或热的作用下又恢复到原来的颜色，这种可逆的变色现象称为光致变色（或光色互变）。有一些聚合物在光的作用下可以表现出其他物理或者化学性质，其中在光作用下发生可逆颜色变化的聚合物被称为光致变色高分子。光致变色高分子材料在光照射下，因化学结构会发生可逆性变化，从而对可见光的吸收光谱发生相应改变，即外观产生相应颜色变化。

20 世纪初人们在对染料的研究中发现有些物质在光照射时颜色发生变化，光照停止后又可恢复本来的颜色，这些现象引起了高分子学者们的注意。于是，具有光致变色分能的染料被引入到高分子结构中，或混入高分子材料中，从而开发出一系列光致变色高分子材料。光致变色染料是小分子化合物，难于制成器件，而光致变色高分子材料的出现极大地解决了这个问题。迄今为止，光致变色高分子材料的应用开发工作尚处在起步阶段，但其应用前景十分诱人。例如，其可作为可调节室内光线的窗玻璃或涂层；可作为伪装色或密写信息材料；还可作为信息存储的可逆存储介质等。

5. 光导电高分子材料

根据材料的电导率（见表 8.14），可将材料分为导体、绝缘体、半导体（界于金属导体和绝缘体之间）和超导体。铜、铁等金属材料和石墨是导体；聚乙烯、聚酰胺、环氧树脂等高分子材料和石英是绝缘体；硅、镓等和聚乙炔等是半导体；经掺杂的聚乙炔等是导体。就高分子材料的导电性而言，其覆盖了绝缘体、半导体、导体和超导体。

表 8.14 材料的电导率

材料	电导率/（S·cm^{-1}）	材料	电导率/（S·cm^{-1}）
绝缘体	$<10^{-10}$	导体	1.2~1.6
半导体	$10^{-10} \sim 10^{2}$	超导体	$>10^{8}$

导电高分子材料可以分为两类：结构型和填充型。结构型导电高分子材料包括共轭高分子、电荷转移高分子、有机金属高分子和高分子电解质。在结构型导电高分子材料中又可以分为电子导电型和离子导电型高分子材料。大多数结构型导电高分子材料属于电子导电型高分子材料。高分子电解质属于离子导电型高分子材料。填充型导电高分子材料是在高分子材料中添加导电性的物质如金属、石墨后具有导电性。导电高分子材料在电池、传感器、吸波材料、电致变色材料、电磁屏蔽材料、抗静电材料和超导体等许多领域有广泛应用。

1）光导电机理

光导电性能是指在光能作用下，其导电性能发生变化的性质，是材料导电性能和光学性能的一种组合性能。光导电材料是指在无光照时是绝缘体，而在有光照时其电导值可以增加几个数量级,从绝缘体变为导体性质的材料,属于光敏电活性材料。其中具有这种性质的有机聚合材料称为光导电高分子材料。光导电高分子材料具有重要的实际应用价值,目前主要应用于静电复印、激光打印、电子成像、光伏特电池和光敏感测量装置等领域。

根据材料属性,光导电高分子材料可以分为无机光导电高分子材料、有机光导电高分子材料两大类;有机光导电高分子材料还可细分为高分子光导电高分子材料和小分子有机光导电高分子材料。前者通是指光导电活性结构通过共价键连接到聚合物链上,或者聚合物主链本身具有光导电活性的有机高分子。后者由于小分子自身的缺陷如力学性能差、不易成型加工,在多数情况下也要以聚合物作为基体材料。通过混合等方法制成高分子复合材料使用,从广义上分析,也属于高分子材料范畴。

如前所述材料的电导特性一般用电导率表示,导体中的载流子可以是电子、空穴或离子,在光导材料中载流子主要是前两者。当物质吸收特定波长的光能量,使得材料中载流子数目增加,则其导电能力就会增加。光导电性是指材料在无光照的情况下呈现电介质的绝缘性质,电阻率(暗电阻)非常高,而在受到一定波长的光(包括可见光、红外线或紫外线)照射后,电阻率(光电阻)明显下降,呈现导体或半导体性质的现象。因此,光导电性质的核心是物质具有吸收特定波长光能量,使得材料中载流子数目增加的能力。

光导电性质涉及两个重要的物理量:材料的电导和光吸收。电导是物质中载流子通过能力的一种表征,只有具备足够的载流子,材料才能表现出导电能力,因此是必要条件。在通常情况下,材料内部所具有的电子大多数都处在束缚状态,载流子的数目很少;获得能量是产生载流子的必要条件。光实际上是一定波长的电磁波,具有波粒二象性,同时也是一种能量的表现形式。光的波长越短,所具有的能量越高。材料要表现出光导电性质,首先要吸收光能,同时获得了与吸收光相对应的能量。而材料对光的吸收是有选择性的,只有特定频率的光才能被材料有效吸收。材料对光的选择性吸收的规律是特定分子结构能态与光的能量相匹配的结果。因此,材料的光导电性质只是对能够被材料有效吸收的特定波长的光而言,也就是说光导电材料仅对特定范围的光敏感,称为光敏感范围。

材料发生光导电过程包括三个基本步骤,即吸收光能量引起电子激发、激发态分子生成载流子、载流子迁移构成光电流。光导电的理论基础是在光的激发下,材料内部的载流子密度增加,从而导致电导率增加。在理想状态下,光导电高分子吸收一个光子后跃迁到激发态,进而发生能量转移过程,产生一个载流子,在电场的作用下载流子移动产生光电流。在无机光导电高分子材料中,光电流的产生被认为是在价带(最高占有轨道)中的电子吸收光能之后跃迁至导带。在电场力作用下,进入导带的电子或空穴发生迁移产生光电流。光电流的产生要满足光子能量大于价带与导带之间能量差的条件。

2) 光导电高分子材料的敏化

对于大多数高分子材料来说,依靠本征光生载流子过程产生光生载流子需要的光子能量较高,例如,聚乙烯咔唑(PVK)需要吸收紫外线才能激发出本征光生载流子。在静电复印中总是希望能够利用可见光作为激发源,这样可以对所有色彩感光。这时,对于 PVK 型光导电高分子材料必须要借助非本征光生载流子过程,才能将 PVK 的感光范围扩大到可见光区。如果加入一些能态匹配的物质,充分利用非本征光生载流子过程,则构成有机聚合物的光导电敏化机理。这种加入某些低激发能的化合物,起到改变光谱敏感范围和光电子效率的过程称为有机光导材料的敏化,具有该性质的添加材料称为光导电敏化剂。

与光导电高分子材料配合的光导电敏化剂主要有两类。一类是电子受体分子，能够接受从光导电高分子材料价带中激发产生的电子，生成所谓的电荷转移络合物。由于基态的光导电材料价带与光导电敏化剂的导带之间能量差较小，因而可以用能量较低的可见光激发产生载流子。比较常见的光导电敏化剂（具有电子受体结构的化合物）有三硝基酮（TNF）、四氯代二甲基对苯酚（TCNQ）、四氯苯酚（TClQ）、四氰基乙烯（TCNE）等，如图 8.5 所示。在 PVK 中加入等摩尔量的 TNF 之后，其光敏感波长可以扩展到 5.0 nm 以上。

图 8.5　常见的光导电敏化剂

另一类是有机颜料，如孔雀绿、结晶紫等，其自身的光谱吸收带在可见光区，吸收可见光后可以将其价电子从价带激发到导带。

（1）电荷转移络合物型敏化机理。

由于常见的光导电高分子都是弱电子给体，加入强的电子受体可以与其形成电荷转移络合物，在这种络合物中基态的光导电高分子与激发态的电子受体之间形成新的分子轨道。吸收光子能量后，从光导电高分子中激发的电子可以进入原属于电子受体的最低空轨道，在电荷转移络合物中形成电子-空穴对，进而在外加电场的作用下发生解离，产生载流子。

如果将电子给体和电子受体组合在一个分子内，则构成分子内电荷转移络合物，同样具有光导电敏化作用。例如，将 PVK 中的部分链段硝基化就可以得到分子内的电荷转移络合物。这种分子内电荷转移络合物由于分布更加均匀，通常具有更好的光导电性质。由于在上述反应过程中光生电子被光导电敏化剂俘获，因此在这种光导电高分子中的空穴是实际载流子。

（2）有机颜料敏化机理。

在加入第二种有机颜料进行光导电敏化情况下，由于色素的最大吸收波长均在可见波段，添加的色素的特征吸收带成为光敏感范围。其敏化机理为：色素首先吸收光子能量后，处在最高占有轨道的电子被激发到色素最低空轨道上，然后相邻的光导电高分子中价带电子转移到色素空出来的最高占有轨道，完成电荷转移，并在光导电高分子中留下空穴作为载流子。因此，色素也相当于起到电子受体的作用，只不过通过价带吸收，而不是导带，但是敏化机理也是通过两者之间的电荷转移完成的。

上述两种光导电敏化机理的结果都是将光敏感范围向长波段转移，因此属于光谱敏化过程。但是光激发效率在很多情况下也发生变化，这是由于光激发敏化过程。但是光激发效率在很多情况下也发生变化，这是由于光激发的路径已经不同。光导电敏化剂在有机光导体制备中已经获得广泛应用，多种光导电敏化剂的联合使用，已经可以覆盖整个可见光区，为需要全色感光的电子摄像和静电复印感光材料的制备提供了非常有利的一条途径。

改进光导电能力还可以通过加入小分子电子给体或者电子受体，使之相对浓度提高。也可以对聚合物结构加以修饰，提高电子给体和电子受体相对密度。加入的电子给体在与聚合物基体之间电子转移过程中作为电荷转移载体。例如，四碘四氮荧光素、甲基紫、亚甲基蓝等有光敏化功能的颜料分子都可以作为上述添加剂。其作用机制包括光导电高分子与颜料分子之间的能量转移和激发态颜料与聚合物之间的电子转移，最终导致载流子数目的增加。电子转移的方向取决于颜料分子与光导电高分子之间电子的能级大小，一般电子从光导电高分子转移到激发态颜料比较多见。对光导电高分子进行化学修饰可以拓宽聚合物的光谱响应范围和提高载流子产生效率。

3) 光导电高分子材料的结构

严格来说，绝大多数物质或多或少都具有光导电性质，也就是说在光照下其电导率都有一定升高。但是，由于电导率在光照射下变化不大，具有使用价值的材料并不多。具有显著光导电性能的有机材料，一般需要具备在入射光波长处有较高的摩尔吸收系数，并且具有较高的量子效率。具备上述条件的多为具有离域倾向电子结构的化合物。目前研究使用的光导电高分子材料主要是聚合物骨架上带有光导电结构的"纯聚合物"和小分子光导体与高分子材料共混产生的复合型光导电高分子材料。从结构上划分，一般认为有三种类型的高分子材料具有光导电性质。

（1）高分子主链中有较高程度的共轭结构，这一类材料的载流子为自由电子，表现出电子导电性质。线性共轭导电高分子材料是重要的本征导电高分子材料，在可见光区有很高的光吸收系数，吸收光能后在分子内产生孤子、极化子和双极化子作为载流子，因此光导电能力大大增加，表现出很强的光导电性质。由于多数线性共轭导电高分子材料的稳定性和加工性能不好，因此，在作为光导电高分子材料方面没有获得广泛应用。其中研究较多的此类光导电高分子材料是聚苯乙炔和聚噻吩。线性共轭聚合物作为电子给体，作为光导电材料需要在体系内提供电子受体。

（2）高分子侧链上连接多环芳烃，如萘基、蒽基、芘基等，电子或空穴的跳转机理是导电的主要手段；带有大的芳香共轭结构的化合物一般都表现出较强的光导电性质，将这类共轭分子连接到高分子骨架上则构成光导电高分子材料。由于绝大部分多环芳烃和杂芳烃类都有较高的摩尔消光系数和量子效率，因此可供选择的原料非常多。

蒽是研究最多的光导体之一，在侧链中含有缩环类芳香环的高分子结构。在紫外线部分显示光导电性，但迁移率与PVK相同或低于PVK，但是合成较难且成膜性差膜较脆。

（3）高分子侧链上连接各种芳香氨基或者含氮杂环，其中最重要的是咔唑基。空穴是主要载流子。

含有咔唑结构的聚合物可以由带有咔唑基的单体均聚而成，也可以是带有咔唑基的单体与其他单体共聚产物，特别是与带有光敏化结构的共聚物更有其特殊的重要意义。具有这种结构的光导电高分子材料，咔唑基与光敏化结构（电子受体）之间通过一段饱和碳-碳链相连。与其他光导电高分子材料相比，这种结构的优点是：可以通过控制反应条件设计电子给体和电子受体在高分子侧链上的比例和次序；可以通过改变单体结构和组成，改进形成的光导电膜的力学性能；可以选择具有不同电子亲和能力的电子受体参与聚合反应，使生成的光导电高分子能适应不同波长的光线。图8.6为常见光导电高分子的结构。

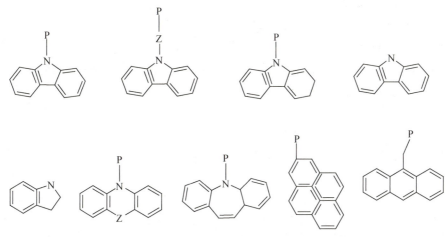

图 8.6　常见光导电高分子材料的结构

8.5.2　医用高分子材料

1. 生物相容性

医用高分子材料按照用途可分为硬组织（骨、齿）相容性的高分子材料、软组织（肌肉、皮肤、血管）相容性的高分子材料（即组织或器官替代的高分子材料）、血液相容性的高分子材料（即抗凝血高分子材料）和高分子药物。生物相容性是生物医用材料在特定环境中与生物体之间的相互作用或反应，包括人工材料与硬组织的相容性，与软组织的相容性和与血液的相容性。当生物医用材料与生物体接触后将发生宿主反应和材料反应。宿主反应是生物体组织和机体对人工材料的反应。材料反应是人工材料对生物体组织和机体的反应。这些反应的结果一方面人工材料要受到生理环境的作用引起降解或性能改变，另一方面人工材料也将对周围组织和机体发生作用引起炎症或毒性，因此生物相容性是发展生物医用高分子材料的关键。

医用高分子材料按性能可分为生物可降解型和非降解型两类。可生物降解型医用高分子材料有可吸收缝线、黏接剂、缓释药物等，当它们降解成小分子后可被生物体吸收或通过代谢而排出体外。非降解型医用高分子材料有接触镜、人造血管等，它们与生物体接触后具有长期稳定性。医用高分子材料按使用性能可分为植入性和非植入性两类。植入性医用高分子材料有人工血管、人工骨和软骨等。非植入性医用高分子材料有人工肝等。对于植入性医用高分子材料要求它们不但要有生物相容性，还要求其弹性形变和植入部位的组织的弹性形变相匹配，即具有力学相容性。此外，生物体还存在于复杂的环境，例如胃液呈酸性、肠液呈碱性、血液呈弱碱性。血液和体液含有大量的 Na^+、K^+、Ca^{2+}、Mg^{2+}、HCO 等离子，以及 O_2、CO_2、H_2O，类脂质、类固醇、蛋白质、生物酶等物质，这就要求医用高分子材料要有化学惰性，与生物体接触时不发生反应。

2. 抗凝血高分子材料

高分子材料表面的血液相容性指高分子材料与血液接触时不发生凝血或溶血。凝血的机理复杂，一般认为当异物与血液接触时，异物将吸附血浆内蛋白质，然后黏附血小板，血小板崩坏放出血小板因子而在异物表面凝结。人工血管、人工心脏、人工肾等医用高分子材料是同血液循环直接相关的，必然与血液接触，所以要求所用材料必须具有优异的抗凝血性。抗凝血高分子材料主要有三类：具有微相分离结构的高分子材料，如由软段和硬段组成的聚酯嵌段共聚物，其中软段为聚酯、聚丁二烯、聚二甲基硅氧烷等，形成连续相，而硬段有氨基甲酸酯基、羧基等，形成分散相；高分子材料表面接枝改性；高分子材料肝素化，肝素是一种硫酸化的多糖类物质，是天然的抗凝血剂，把肝素固定在高分子材料表面就能具有较好的抗凝血性能。

3. 可生物降解型医用高分子材料

可生物降解型医用高分子材料指能在生物体内生理环境中逐步降解或溶解并被机体吸收代谢的高分子材料。由于植入体内的材料主要接触组织和体液，因此水解（包括酸、碱和酶的催化作用）和酶解是造成降解的主要原因。根据结构和水解性的关系，与杂原子（氧、氮硫）相连的羰基是易水解基团，按在中性水介质中的降解难易程度排列为：聚酸酐>聚原酸酯>聚羧酸酯>聚氨酯>聚碳酸酯>聚醚>聚烯烃。常用的可生物降解型高分子材料有聚羟基乙酸（PGA 或称为聚乙交酯）、聚乳酸（PLA 或称为聚丙交酯）、聚羟基丁酸酯（PHB）、聚己内酯（PCL）、聚酸酯、聚磷腈、聚氨基酸和聚氧化乙烯。聚羟基乙酸是最早应用的缝合线，由于它的亲水性，植入的缝合线在 2~4 周失去力学性能。羟基乙酸-乳酸共聚物制成的纤维既具有比聚羟基乙酸更快的生物降解性，又具有较高的力学性能。聚己内酯比聚羟基乙酸和聚乳酸的降解速率低，适于做长期植入装置。聚磷腈是以磷和氮为骨架的无机高分子，磷原子上有两个有机化合物侧链，水解时形成磷酸和氨盐，具有较好的血液相容性。酶是一种蛋白质，起生物催化剂的作用。生物体系的化学反应主要由酶来催化。可生物降解型高分子材料的水解过程不需要酶参加，但水解生成的低相对分子质量聚合物片段需要通过酶作用转化成小分子代谢产物。酶还可以催化水解反应和氧化反应。

4. 组织或器官替代的高分子材料

皮肤、肌肉、韧带、软骨和血管都是软组织，主要由胶原组成。胶原是哺乳动物体内结缔组织的主要成分，构成人体约 30% 的蛋白质，共有 16 种类型，最丰富的是 I 型胶原。在肌腱和韧带中存在的是 I 型胶原，在透明软骨中存在的是 II 型胶原。I 和 II 型胶原都以交错缠结排列的纤维网络的形式在体内连接组织。胶原的分子结构由三股螺旋多肽链组成，每一个链含 1 050 个氨基酸。骨和齿都是硬组织。骨由 40% 的有机物质和 60% 的磷酸钙、碳酸钙等无机物质组成。其中有机物质中，90%~96% 是胶原，其余是钙磷灰石和羟基磷灰石等矿物质。所有的组织结构都异常复杂。高分子材料作为软组织和硬组织替代材料是组织工程的重要任务。组织或器官替代的高分子材料需要从材料方面考虑的因素有力学性能、表面性能、孔度、降解速率和加工成型性。需要从生物和医学方面考虑的因素有生物活性和生物相容性、如何与血管连接、营养、生长因子、细胞黏合性和免疫性。

5. 高分子药物

药物服用后通过与机体的相互作用而产生疗效。以口服药为例，药物服用经黏膜或肠道吸收进入血液，然后经肝脏代谢，再由血液输送到体内需药的部位。要使药物具有疗效，必须使血液的药物浓度高于临界有效浓度，而过量服用药物又会中毒，因此血液的药物浓度又要低于临界中毒浓度。为使血药浓度变化均匀，发展了释放控制的高分子药物，包括可生物降解型医用高分子材料（聚羟基乙酸、聚乳酸）和亲水性高分子材料（聚乙二醇）作为药物载体，微胶囊化和将药物接枝到高分子链上，通过相结合的基团性质来调节药物释放速率。

8.5.3 吸附分离高分子材料

1. 分离膜材料

分离膜材料包括广泛的天然的和人工合成的有机高分子材料和无机材料。原则上讲，凡能成膜的高分子材料和无机材料均可用于制备分离膜。但实际上，真正成为工业化膜的分离膜材料并不多。这主要取决于分离膜的一些特定要求，如分离效率、透过速率等。此外，也取决于分离膜的制备技术。目前，实用的有机高分子膜材料有：纤维素酯类、聚砜类、聚酰胺类及其他材料。从品种来说，已有百种以上的分离膜被制备出来，其中40多种已被用于工业和实验室中。以日本为例，纤维素酯类膜占53%、聚砜类膜占33.3%，聚酰胺类膜占11.7%，其他材料的膜占2%，可见纤维素酯类材料在分离膜材料中占主要地位。

纤维素是由几千个椅式构型的葡萄糖基通过1，4-3-链连接起来的天然线型高分子材料，其结构式如图8.7所示。

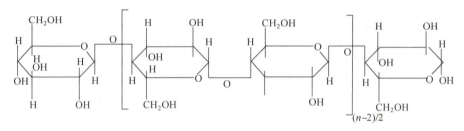

图8.7 纤维素的结构式

从结构上看，纤维素中每个葡萄糖单元上有三个醇羟基。当在催化剂（如硫酸、高氯酸或氧化锌）存在下，能与冰醋酸、醋酸酐进行酯化反应，得到二醋酸纤维素或三醋酸纤维素。醋酸纤维素是当今最重要的分离膜材料之一。醋酸纤维素性能很稳定，但在高温和酸、碱存在下易发生水解。为了改进其性能，进一步提高分离效率和透过速率，可采用各种不同取代度的醋酸纤维素的混合物来制备分离膜，也可采用醋酸纤维素与硝酸纤维素的混合物来制备分离膜。此外，醋酸丙酸纤维素、醋酸丁酸纤维素也是很好的分离膜材料。纤维素酯类材料易受微生物侵蚀，pH适应范围较窄，不耐高温和某些溶剂，因此发展了非纤维素酯类（合成高分子类）膜。

2. 非纤维素酯类膜材料

1）非纤维素酯类膜材料的基本特性

用于制备分离膜的高分子材料应具备以下的基本特性：高分子链中含有亲水性的极性基团；高分子主链上应有苯环等刚性基团，使之有高的抗压密性和耐热性；化学稳定性好；具有可溶性。常用于制备分离膜的非纤维素酯类膜材料有聚砜类、聚酰胺类、芳香杂环类、乙烯类和离子性聚合物等。

2）主要的非纤维素酯类膜材料

（1）聚砜类。

聚砜结构中的特征基团为O=S=O，为了引入亲水基团，常将粉状聚砜悬浮于有机溶剂中，用氯磺酸进行磺化。聚砜类树脂常采用的溶剂有：二甲基甲酰胺、二甲基乙酰胺、一甲基吡咯烷酮、二甲三亚砜等。它们均可形成制膜溶液。聚砜类树脂具有良好的化学、热学和水解稳定性，强度也很高，pH 适应范围为 1~13，最高使用温度达 120 ℃，抗氧化性和抗氯性都十分优良，因此已成为重要的分离膜材料之一。

（2）聚酰胺类。

早期使用的聚酰胺是脂肪族聚酰胺，如尼龙-4、尼龙-66 等制成的中空纤维膜。这类产品对盐水的分离效率在 80%~90%之间，但透水速率很低，仅 0.076 mL/($cm^2 \cdot h$)。以后发展了芳香族聚酰胺，用它们制成的分离膜，pH 适用范围为 3~11，分离效率可达 99.5%，透水效率为 0.6 mL/($cm^2 \cdot h$)，长期使用稳定性好。由于酰胺基团易与氯反应，这种分离膜对水中的游离氯有较高要求。

（3）离子性聚合物。

离子性聚合物可用于制备离子交换膜。与离子交换树脂相同，离子交换膜也可分为强酸型阳离子膜、弱酸型阳离子膜、强碱型阴离子膜和弱碱型阴离子膜等。在淡化海水的应用中，主要使用的是强酸型阳离子膜。

8.5.4 自修复高分子材料

与传统高分子材料相比，自修复高分子材料的优越性主要体现在以下几个方面。

（1）方位相对固定，由裂纹引起进一步反应，在破裂处进行修复，针对性相对较强。

（2）具有自主运行性，不需要人为采用感官和设备对其进行观察，监测过程中人力资源耗损量有所降低。

（3）能够排除材料内部破损隐患，在高精端设备中保持优良性能和提高安全性。

（4）可以延长材料的使用年限，降低材料运营期间的维修与养护成本，满足环境友好型社会建设需求。

目前，自修复高分子材料可以基本分为两大类：外援植入型和本征型。

1. 外援植入型自修复高分子材料

外援植入型自修复高分子材料的作用机理主要是由于在材料的加工制造过程中，人们会在材料内部填充或复合进修复剂。当材料受到损伤时，修复剂便被激发或释放。目前比较成功的有两种：微胶囊型和纤维血管型。

1）微胶囊型

在微胶囊型自修复高分子材料的制作过程中，首先要将修复剂包载进微胶囊中，然后再将这些微胶囊和催化剂一同分散在聚合物基体中。当材料受损并产生裂纹时，微胶囊受力破裂，其中所包含的修复剂溢出并流到裂纹处，将裂纹空腔填满，此时，修复剂便在催化剂的作用下发生聚合反应或交联反应，将裂纹面黏结到一起，从而达到自修复的效果。

2）纤维血管型

与微胶囊型自修复高分子材料的修复机理相似，纤维血管型自修复高分子材料是在纤维管中注入修复剂。当材料破损后，修复剂外溢到基体材料中，并在催化剂的作用下对裂纹进行填充和修复。当微胶囊型自修复高分子材料修复完成后，同一位置再次受到损伤时，材料无法进行二次修复；而当纤维血管型自修复高分子材料再次受损时，纤维体系像毛细血管一样能够互相贯通,远离裂纹的修复剂可以顺着纤维通道流到裂纹处并进行修复,从而达到二次修复的目的。

总体来说,外援植入型自修复高分子材料本身不具备对损伤的感知能力,且受限于修复剂的补给,不能实现多次修复。同时,微胶囊和纤维管在基体中的存在可能会影响材料原本的力学性能和加工性能。所以,近年来,科学家们一直致力于寻找其他能够实现自修复高分子材料,其中本征型自修复高分子材料便是其中的佼佼者。

2. 本征型自修复高分子材料

本征型自修复高分子材料是指材料本身可以通过发生可逆化学反应,或可逆共价键、非共价键的断裂和生成等方法实现多次自修复的高分子材料(见图 8.8)。

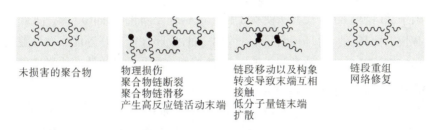

图 8.8 本征型自修复高分子材料

8.5.5 智能材料

智能材料是集功能材料、复合材料和仿生材料于一体的新材料,具有以下特征。

(1) 传感功能。能从自身的表层或内部获取关于环境条件及其变化的信息,如负载、应力、应变、热、光、电、磁、声、振动、辐射和化学等信号的强度及变化。

(2) 可通过传感网络对系统的输入和输出信号进行对比,并将结果提供给控制系统,反馈功能识别和处理功能能识别从传感网络得到的信息并作出判断。

(3) 响应功能。根据外界环境变化和内部条件变化作出反应,以改变自身的结构与功能使之与外界协调。

(4) 自诊断功能。能分析比较系统目前的状况和过去的情况,对系统故障和判断失误等问题进行自诊断并予以校正。

(5) 自修复功能。通过自繁殖、自生长、原位复合等再生机制来修补系统局部损伤或破坏。

(6) 自适应功能。对不断变化的外部环境和条件,能及时调整自身的结构与功能,并相应地改变自身的状态和行为,从而使系统始终保持最优化的方式对外界作出响应。

智能材料按金属、陶瓷、高分子和复合材料等类型可分类为智能金属材料、智能陶瓷材料、智能高分子材料和智能复合材料。目前开发成功的智能高分子材料主要有形状记忆树脂、智能高分子凝胶、智能包装膜等。

8.5.6 3D 打印高分子材料

1. 3D 打印高分子材料——高分子粉材

高分子材料以其优异的性能广泛应用于国民经济各领域并迅速发展。3D 打印等新兴技术的出现对高分子材料提出了更高的要求，推动其向高性能化、功能化等方向发展，开发用于3D打印的高分子材料受到越来越多的关注。在3D打印技术中，目前市场使用量最多的耗材是高分子粉材（粉末、粉体均可理解为粉材），其主要用于激光选区烧结（SLS）成型技术，即高分子粉材在激光照射的热作用下黏结成型。高分子粉材主要包括尼龙及其复合粉材、聚苯乙烯类粉材、聚碳酸酯粉材。

2. 3D打印高分子材料——高分子液材

不同于高分子粉材的SLS成型技术，光固化（SLA）成型技术主要利用液态的光敏树脂在光照下的固化反应成型出具有复杂结构的制件，是一种发展迅速的3D打印技术。

自从美国Inmont公司于1946年首次发表不饱和聚酯/苯乙烯紫外光固化油墨的技术专利，以及德国于20世纪60年代首次使粒子板涂层紫外光固化商品化以来，紫外光固化材料便以固化速率快、能耗低、对环境污染小、效率高且成膜性能良好等优点而日益受到人们的重视，并广泛用于涂料工业、胶黏剂工业、印刷工业、微电子工业及其他光成像领域。紫外光固化技术和材料近几十年来发展迅速，几乎以每年10%~15%的速度增长。

紫外光固化材料是紫外光固化涂料、油墨和黏合剂等材料的通称。这类材料以低聚物（预聚物）为基础，加入特定的活性稀释单体（又称活性稀释剂）、光引发剂和多种添加剂配制而成。

SLA成型技术所用的材料（即SLA材料）为液态的光敏树脂（即高分子液材），如丙烯酸酯体系、环氧树脂体系等，当紫外光照射到该液体上时，曝光部位发生光引发聚合反应而固化，成型时发生的主要是化学反应。SLA是紫外光固化树脂应用的延伸，紫外光固化涂料的发展在一定程度上也促进着SLA材料的发展。

应用于SLA成型技术的光敏树脂大致可分为三代。

早期商品化的SLA材料都是以丙烯酸酯或聚氨酯丙烯酸酯等作为预聚物的自由基型光敏树脂，其反应机理是通过加成反应将双键转化为共价键单键。此类树脂具有价格低廉、固化速度快等优势，但其表层有氧阻聚且固化收缩大，制件翘曲变形明显，尤其对于具有大平面结构的制件，制作精度不是很高。

为改善丙烯酸酯树脂收缩较大的缺点，有研究者在丙烯酸酯树脂中加入各种填料来减小收缩。G. Zak等人用玻璃纤维处理光固化树脂，既改善了树脂的收缩性，又增强了材料的力学性能，但其缺点是树脂黏度过高，造成操作困难，而且使材料脆性增加。P. Karrer等人采用多孔性聚苯乙烯和石英粉对光固化树脂进行改性处理，当填充质量分数达到40%时，树脂收缩量从8%下降到2%左右，但缺点是树脂黏度过高而对操作极为不利。西安交通大学的研究学者也做了大量的实验，用树脂本体聚合物微细粉进行改性处理，聚合物粉的加入量以不引起光固化树脂黏度增加过大为前提，这使树脂收缩有较大改进。

相比第一代产品，第二代的SLA材料多为基于环氧树脂（或乙烯基酯）的光敏树脂黏度较低，固化收缩较小，制件翘曲程度低、精度高、时效性好。

第三代SLA材料是随着SLA成型技术的发展而诞生的，用该种树脂做出来的零件具有特殊的性能，如较好的力学性能、光学性能等，在SLA设备上制造的零件可直接作为功能件使用。

8.6 日常生活中的高分子材料

8.6.1 塑料

人们常用的塑料主要是以合成树脂为基础，再加入塑料辅助剂（如填料、增塑剂、稳定剂、润滑剂、交联剂及其他添加剂）制得的。通常，按照受热行为和是否具备反复成型加工性，可以将塑料分为热塑性塑料和热固性塑料两大类。前者受热时熔融，可进行各种成型加工，冷却时硬化，再受热又可熔融、加工，即具有多次重复加工性。后者受热熔化成型的同时发生固化反应，形成立体网状结构，再受热不熔融，在溶剂中也不溶解，当温度超过分解温度时将被分解破坏，即不具备重复加工性。如果按照使用范围和用途，塑料又可分为通用塑料和工程塑料。通用塑料的产量大、用途广、价格低，但是性能一般，主要用于非结构材料，如聚乙烯、聚丙烯、聚氯乙烯、聚苯乙烯、酚醛塑料、氨基塑料等。工程塑料具有较高的力学性能，能够经受较宽的温度变化范围和较苛刻的环境条件，并且在此条件下能够长时间使用，且可作为结构材料。而在工程塑料中，人们一般把长期使用温度在 100~150 ℃范围内的塑料，称为通用工程塑料，如聚酰胺、聚碳酸酯、聚甲醛、聚苯醚、热塑性聚酯等；把长期使用温度在 150 ℃以上的塑料称为特种工程塑料，如聚酰亚胺、聚芳酯、聚苯酯、聚砜、聚苯硫醚、聚醚醚酮、氟塑料等。随着科学技术的迅速发展，对高分子材料性能的要求越来越高，工程塑料的应用领域不断开拓，各工业部门和工程对工程塑料的需求量迅速增长，特别是 20 世纪 80 年代之后，随着对高分子合金、复合材料的深入研究，对高分子合金的聚集态结构和界面化学物理的深入研究，反应性共混、共混相容剂和共混技术装置的开发，大大地推进了工程塑料合金的工业化进程。通过共聚、填充、增强、合金化等途径，使得工程塑料与通用塑料之间的界限变得模糊，并可使通用塑料工程化，这就可以大大地提高材料的性价比。通过合金化的途径，发展互穿聚合物网络技术，可实现工程塑料的高性能化、结构功能一体化。通过改进合金化路线、改进加工方案、发展复合材料技术和开发纳米材料，可促进高性能工程塑料的实用化。进一步寻找合理的单体合成路线，使原料消耗及能耗降低，使原料中间体和产品低价格化等，都是 21 世纪工程塑料的发展走向和进步趋势。表 8.15~表 8.18 为塑料的名称、代号、基本物性、密度、力学性能和用途。

表 8.15 常用塑料的名称及其代号

代号	名称	代号	名称
AAS	丙烯腈-丙烯酸酯-苯乙烯共聚物	PET	聚对苯二甲酸乙二醇酯
ABS	丙烯腈-丁二烯-苯乙烯共聚物	PF	酚醛树脂
CA	乙酸纤维素	PFEP	四氟乙烯/全氟丙烷共聚物
CFM	聚三氟氧乙烯（或 PCTFE、TFE、CEM）	P1	聚酰亚胺
CPE	氯化聚乙烯（或 CM、PEC）	PMA	聚丙烯酸甲酯
CpVC	氯化聚氯乙烯	PMAN	聚甲基丙烯腈
EP	环氧树脂	PMMA	聚甲基丙烯酸甲酯

续表

代号	名称	代号	名称
E/P	乙烯-丙烯共聚物	POM	聚甲醛
EVA	乙烯-乙酸乙烯酯共聚物	PET	聚苯醚
HDPE	高密度聚乙烯（或 PEH）	PP	聚丙烯
HIPS	高抗冲聚苯乙烯	PPS	聚苯硫醚
LDPE	低密度聚乙烯（或 PEL）	PP5U	聚苯砜（或 PSO）
MDPE	中密度聚乙烯（或 DEM）	PS	聚苯乙烯
MF	三聚氰胺–甲醛树脂	PSO	聚砜
PA	聚酰胺	PTFE	聚四氟乙烯
PAA	聚丙烯酸	PU	聚氨酯（或 PUR）
PAM	聚丙烯酰胺	PVA	聚乙烯醇
PAN	聚丙烯腈（或 PAC 纤维）	PVAe	聚乙酸乙烯酯
PAS	聚芳砜	PVB	聚乙燃醇缩丁醛
PBI	聚苯并咪唑	PVC	案氧乙烯
PBT	聚对苯二甲酸丁二醇酯	PVCA	氯乙烯-乙酸乙烯酯共聚物
PC	聚碳酸酯	PVDXC	聚偏氯乙烯
PDMS	聚二甲基硅氧烷	PVEO	聚乙烯醇缩甲醛（有时写作 PVFM）
PE	聚乙烯	PVP	聚乙烯吡咯烷酮
PEG	果乙二醇	UF	酚醛树脂
PES	聚酯纤维	UHMWPE	超高相对分子质量聚乙烯
PESU	聚醚砜	UP	不饱和聚酯

表 8.16　通用塑料和工程塑料的基本物性

项目	通用塑料		工程塑料			
	PS	PP	PC	POM	PES	PEEK
结晶性或非结晶性	非结晶性	结晶性	非结晶性	结晶性	非结晶性	结晶性
透光率/%	91	半透明	88	半透明~不透明	透明	不透明
密度/(g·cm^{-3})	1.05	0.91	1.20	1.42	1.37	1.32
拉伸强度/MPa	46	38	50	75	86	94
弯曲模量/MPa	3 100	1 500	2 500	3 700	2 700	3 700
悬臂梁冲击强度（缺口）/(J·cm^{-1})	17	31	900	80	86	85
热变形温度/℃	8B	113	140	170	210	>300
熔点/℃	—	175	—	178	—	338
耐溶剂性	般	优	般	优	良	优

第8章 高分子材料

表8.17 常用塑料的密度

材料名称	密度/(g·cm⁻³)	材料名称	密度/(g·cm⁻³)
低密度聚乙烯	0.917~0.932	聚酰胺6	1.12~1.14
高密度聚乙烯	0.930~0.965	聚酰胺66	1.13~1.15
聚丙烯	0.90~0.91	聚甲醛	1.40~1.42
聚1-丁烯	0.91~0.925	聚对苯二甲酸丁二醇酯	1.30~1.38
软质聚氯乙烯	1.2~1.4	聚苯硫醚	1.35
硬质聚氯乙烯	1.4~1.6	聚酰亚胺	1.33~1.43
氯化聚乙烯	1.13~1.26	聚碳酸酯	1.2
聚苯乙烯	1.04~1.05	聚醚醚酮	1.30~1.32
高抗冲聚苯乙烯	1.03~1.06	酚醛树脂	1.24~1.32
ABS树脂	1.01~1.08	不饱和聚酯	1.01~1.46
聚四氟乙烯	2.14	聚氨酯	1.03~1.50
聚偏氟乙烯	1.77~1.78	环氧树脂	1.11~1.40

表8.18 常用塑料的力学性能和用途

塑料名称	拉伸强度/MPa	压缩强度/MPa	弯曲强度/MPa	冲击强度/(kJ·m⁻²)	使用温度/℃	用途
聚乙烯	8~36	20~25	20~45	>2	-70~100	一般机械构件，电缆包覆，耐蚀、耐磨涂层等
聚丙烯	40~49	40~60	30~50	5~10	35~121	一般机械零件，高频绝缘体，电缆、电线包覆等
聚氯乙烯	30~60	60~90	70~110	4~11	15~55	化工耐蚀构件，一般绝缘体，薄膜电缆套管等
聚苯乙烯	≥60	—	70~80	12~16	-30~75	高频绝缘体、耐蚀及装饰，也可作一般构件
ABS	21~63	18~70	25~97	6~53	40~90	一般构件，减摩、耐磨传动件，一般化工装置、管道、容器等
聚酰胺	45~90	70~120	50~110	4~15	<100	一般构件，减摩、耐磨传动件，高压油润滑密封测，金属防蚀、耐磨涂层等
聚甲醛	60~75	约125	约100	约6	40~100	一般构件，减摩、耐磨传动件，绝缘、耐蚀件及化工容器等

续表

塑料名称	拉伸强度/MPa	压缩强度/MPa	弯曲强度/MPa	冲击强度/(kJ·m^{-2})	使用温度/℃	用途
聚碳酸酯	55~70	约85	约100	65~75	100~130	耐磨、受力、受冲击的机械和仪表零件，透明、绝缘件等
聚四氟乙烯	21~28	约7	11~14	约98	180~260	耐蚀、耐磨件，密封件，高温绝缘件等
聚砜	约70	约100	约105	约5	-100~150	高强度耐热件，绝缘件，高频印刷电路板等
有机玻璃	42~50	80~126	75~135	1-6	-60~100	透明件，装饰件，绝缘件等
酚醛塑料	21~56	105~245	56~84	0.05~0.82	约110	散构件，水润滑轴承，绝缘件耐性衬里等，作复合材料
环氧塑料	56~70	84~140	105~126	约5	-80~155	塑料模，精密模，仪表构件，电气元件的灌注，金属涂覆、包封、修补，作复合材料

根据各种塑料不同的使用特性，通常将塑料分为通用塑料、工程塑料和特种塑料三种类型。

1）通用塑料

通用塑料一般是指产量大、用途广、成型性好、价格便宜的塑料。通用塑料有五大品种，即聚乙烯（PE）、聚丙烯（PP）、聚氯乙烯（PVC）、聚苯乙烯（PS）及丙烯腈—丁二烯—苯乙烯共聚合物（ABS）。这五大类塑料占据了塑料原料使用的绝大多数，其余的基本可以归入特殊塑料品种，如 PPS、PPO、PA、PC、POM 等，它们在日用生活产品中的用量很少，主要应用在工程产业、国防科技等高端的领域，如汽车、航天、建筑、通信等领域。

（1）聚乙烯：常用聚乙烯可分为低密度聚乙烯（LDPE）、高密度聚乙烯（HDPE）和线性低密度聚乙烯（LLDPE）。三者当中，HDPE 有较好的热性能、电性能和机械性能，而 LDPE 和 LLDPE 有较好的柔韧性、冲击性能、成膜性等。LDPE 和 LLDPE 主要用于包装用薄膜、农用薄膜、塑料改性等，而 HDPE 的用途比较广泛，如薄膜、管材、注射日用品等多个领域。

（2）聚丙烯：相对来说，聚丙烯的品种更多，用途也比较复杂，领域繁多，品种主要有均聚聚丙烯、嵌段共聚聚丙烯和无规共聚聚丙烯，根据用途的不同，均聚聚丙烯主要用在拉丝、纤维、注射、BOPP 膜等领域，嵌段共聚聚丙烯主要用于家用电器注射件、改性原料、日用注射产品、管材等，无规共聚聚丙烯主要用于透明制品、高性能产品、高性能管材等。

（3）聚氯乙烯：由于其成本低廉，产品具有自阻燃的特性，故在建筑领域里用途广泛，尤其是下水道管材、塑钢门窗、板材、人造皮革等用途最为广泛。

（4）聚苯乙烯：作为一种透明的原材料，在有透明需求的情况下，用途广泛，如汽车灯罩、日用透明件等。

（5）ABS：是一种用途广泛的通用塑料，具有杰出的物理机械和热性能，广泛应用于家用电器、面板、面罩、组合件、配件等，尤其是家用电器，如洗衣机、空调、冰箱、电扇等，用量十分庞大，另外在塑料改性方面，用途也很广。

2) 工程塑料

工程塑料一般指能承受一定外力作用，具有良好的机械性能和耐高、低温性能，尺寸稳定性较好，可以用作工程结构的塑料，如聚酰胺、聚砜等。在工程塑料中又将其分为通用工程塑料和特种工程塑料两大类。工程塑料在机械性能、耐久性、耐腐蚀性、耐热性等方面能达到更高的要求，而且加工更方便并可替代金属材料。工程塑料被广泛应用于电子电气、汽车、建筑、办公设备、机械、航空航天等行业，以塑代钢、以塑代木已成为国际流行趋势。

通用工程塑料包括：聚酰胺、聚甲醛、聚碳酸酯、改性聚苯醚、热塑性聚酯、超高分子量聚乙烯、甲基戊烯聚合物、乙烯醇共聚物等。

特种工程塑料又有交联型的非交联型之分，交联型的有：聚氨基双马来酰胺、聚三嗪、交联聚酰亚胺、耐热环氧树脂等，非交联型的有：聚砜、聚醚砜、聚苯硫醚、聚酰亚胺、聚醚醚酮（PEEK）等。

3) 特种塑料

特种塑料一般是指具有特种功能，可用于航空、航天等特殊应用领域的塑料。如氟塑料和有机硅具有突出的耐高温、自润滑等特殊功用，增强塑料和泡沫塑料具有高强度、高缓冲性等特殊性能，这些塑料都属于特种塑料的范畴。

（1）增强塑料：增强塑料按外形可分为粒状（如钙塑增强塑料）、纤维状（如玻璃纤维或玻璃布增强塑料）、片状（如云母增强塑料）三种；按材质可分为布基增强塑料（如碎布增强或石棉增强）、无机矿物填充塑料（如石英或云母填充塑料）、纤维增强塑料（如碳纤维增强塑料）三种。

（2）泡沫塑料：泡沫塑料可以分为硬质、半硬质和软质泡沫塑料三种。硬质泡沫塑料没有柔韧性，压缩硬度很大，只有达到一定应力值才产生变形，应力解除后不能恢复原状；半硬质泡沫塑料的柔韧性和其他性能介于硬质与软质泡沫塑料之间；软质泡沫塑料富有柔韧性，压缩硬度很小，很容易变形，应力解除后能恢复原状，残余变形较小。

8.6.2 橡胶

橡胶是一类线型柔性高分子材料。其分子链柔性好，在外力作用下可产生较大形变，除去外力后能迅速恢复原状。它的特点是在很宽的温度范围内具有优异的弹性，所以又称弹性体。这里需要注意的是同一种高分子材料，由于其制备方法、制备条件、加工方法不同，可以作为橡胶使用，也可作为纤维或塑料使用。

橡胶按其来源，可分为天然橡胶和合成橡胶两大类。最初橡胶工业使用的橡胶全是天然橡胶，它是从自然界的植物中采集出来的一种高弹性材料。第二次世界大战期间，由于军需橡胶量的激增以及工农业、交通运输业的发展，天然橡胶远不能满足需要，这促使人们进行合成橡胶的研究，发展了合成橡胶工业。

合成橡胶是各种单体经聚合反应合成的高分子材料。按性能和用途不同其可分为通用合成橡胶和特种合成橡胶。用以代替天然橡胶来制造轮胎及其他常用橡胶制品的合成橡胶称为通用合成橡胶，如丁苯橡胶、顺丁橡胶、乙丙橡胶、丁基橡胶、氯丁橡胶等；近十几年来，出现了一种新型的集成橡胶，它主要用于轮胎的胎面。凡具有特殊性能，专门用于各种耐寒、耐热、耐油、耐臭氧等特种橡胶制品的橡胶，称为特种合成橡胶，如丁腈橡胶、硅橡胶、氟橡胶、丙烯酸酯橡胶、聚氨酯橡胶等。特种合成橡胶随着其综合性能的改进、成本的降低，以及推广应用的扩大，也可能作为通用合成橡胶来使用。所以，通用橡胶和特种橡胶的划分范围是在发展变化着的，并没有严格的界限。

橡胶的成型基本过程包括塑炼、混炼、压延或挤出、成型和硫化等工序。橡胶是有机高分子弹性体，它的使用温度范围在玻璃化温度和黏流温度之间，因此作为较好橡胶材料应该在比较宽的温度范围内具有优异的弹性。

橡胶的结构应具有如下特征：高分子链具有足够的柔性；玻璃化温度应该比室温低得多；在使用条件下不结晶或结晶较小，比较理想的情况是在拉伸时可结晶，除去外力之后结晶又消失。首先结晶部分既起到分子间的交联作用，又有利于提高模量和强度，外力除去后结晶即消失，又不会影响其弹性的恢复；其次就是在橡胶中应无冷流现象，因此橡胶的高分子链必须交联成网状结构。不同橡胶的主要特性如表 8.19 所示。

表 8.19　不同橡胶的主要特性

橡胶名称	主要特性
天然橡胶	力学性能、加工性能好，会有大量双键，易于氧化硫化
异戊橡胶	双键处容易发生反应，如氧化、硫化等
顺丁橡胶	双键处容易发生反应，如氧化、硫化等
丁苯橡胶	比天然橡胶对氧稍稳定，耐磨耗
丁腈橡胶	比天然橡胶对氧稍稳定，且耐油类
氯丁橡胶	较天然橡胶对氧稳定，耐臭氧、难燃，可用金属氧化物交联
丁基橡胶	比天然橡胶对氧稳定性好，气密性好，耐热老化
乙丙橡胶	相对密度小，耐臭氧
三元乙丙橡胶	相对密度小，耐臭氧，用硫磺硫化
硅橡胶	对氧稳定，用过氧化物交联，电性能优异，耐热性好，耐低温
氟橡胶	耐热，耐油，耐氧，耐低温
聚丙烯酸酯橡胶	对氧稳定，耐油，用胺交联
聚硫橡胶	耐油，耐烃类溶剂，可利用末端进行反应，黏接性好
聚氨酯橡胶	耐油，耐磨，耐臭氧，性能特殊，加工方便
氯丁橡胶	对氧稳定，用过氧化物交联

橡胶按形态分为生胶、乳胶、液体橡胶和粉末橡胶。生胶是塑性橡胶经加工提高黏度，填充其他高分子物质后成为的；乳胶为橡胶的胶体状水分散体；液体橡胶为橡胶的低聚物，未硫化前一般为黏稠的液体；粉末橡胶是将乳胶加工成粉末状，以利配料和加工制作。20

世纪 60 年代开发的热塑性橡胶，无需化学硫化，而采用热塑性塑料的加工方法成型。橡胶按使用又分为通用型和特种型两类。橡胶是绝缘体，不容易导电，但如果沾水或不同的温度的话，有可能变成导体。

1）天然橡胶

天然橡胶主要来源于三叶橡胶树，当这种橡胶树的表皮被割开时，就会流出乳白色的汁液，称为胶乳，胶乳经凝聚、洗涤、成型、干燥即得天然橡胶。

2）合成橡胶

合成橡胶是由人工合成方法而制得的，采用不同的原料（单体）可以合成出不同种类的橡胶。1900—1910 年，化学家 C. D. 哈里斯（Harris）测定了天然橡胶的结构是异戊二烯的聚合物，这就为人工合成橡胶开辟了途径。1910 年俄国化学家列别捷夫（Lebedev）以金属钠为引发剂使 1,3-丁二烯聚合成丁钠橡胶，以后又陆续出现了许多新的合成橡胶品种，如顺丁橡胶、氯丁橡胶、丁苯橡胶等。合成橡胶的产量已大大超过天然橡胶，其中产量最大的是丁苯橡胶。

（1）丁苯橡胶。

丁苯橡胶是由丁二烯和苯乙烯共聚制得的，是产量最大的通用合成橡胶，包括乳聚丁苯橡胶、溶聚丁苯橡胶和热塑性橡胶（SBR）。

（2）丁腈橡胶。

丁腈橡胶是由丁二烯和丙烯腈经乳液共聚而成的聚合物，丁腈橡胶以其优异的耐油性而著称，其耐油性仅次于聚硫橡胶、丙烯酸酯橡胶和氟橡胶，此外丁腈橡胶还具有良好的耐磨性、耐老化性和气密性，但耐臭氧性、电绝缘性和耐寒性都比较差，而导电性比较好。因而在橡胶工业中应用得广泛。丁腈橡胶主要应用于耐油制品，例如各种密封制品。还可作为 PVC 改性剂及与 PVC 并用作阻燃制品，与酚醛并用做结构胶黏剂，做抗静电好的橡胶制品等。

（3）硅橡胶。

硅橡胶由硅、氧原子形成高分子主链，侧链为含碳基团，用量最大是高分子侧链为乙烯的硅橡胶。既耐热，又耐寒，使用温度为 100～300 ℃，它具有优异的耐气候性和耐臭氧性，以及良好的绝缘性。缺点是强度低，抗撕裂性能差，耐磨性能也差。硅橡胶主要用于航空工业、电气工业、食品工业及医疗工业等方面。

（4）顺丁橡胶。

顺丁橡胶是丁二烯经溶液聚合制得的。顺丁橡胶具有特别优异的耐寒性、耐磨性和弹性，还具有较好的耐老化性能。顺丁橡胶绝大部分用于生产轮胎，少部分用于制造耐寒制品、缓冲材料以及胶带、胶鞋等。顺丁橡胶的缺点是抗撕裂性能较差，抗湿滑性能不好。

（5）异戊橡胶。

异戊橡胶是聚异戊二烯橡胶的简称，采用溶液聚合法生产。异戊橡胶与天然橡胶一样，具有良好的弹性和耐磨性，优良的耐热性和较好的化学稳定性。异戊橡胶生胶（未加工前）强度显著低于天然橡胶，但质量均一性、加工性能等优于天然橡胶。异戊橡胶可以代替天然橡胶制造载重轮胎和越野轮胎。

（6）乙丙橡胶。

乙丙橡胶以乙烯和丙烯为主要原料，耐老化、电绝缘性能和耐臭氧性能突出。乙丙橡胶可大量充油和填充碳黑，制品价格较低，乙丙橡胶化学稳定性好，耐磨性、弹性、耐油性和丁苯橡胶接近。乙丙橡胶的用途十分广泛，可用来制作轮胎胎侧、胶条和内胎，以及汽车的零部件，电线、电缆包皮及高压、超高压绝缘材料，还可制造胶鞋、卫生用品等浅色制品。

（7）氯丁橡胶。

氯丁橡胶是以氯丁二烯为主要原料，通过均聚或少量其他单体共聚而成的。抗张强度高，耐热、耐光、耐老化性能优良，耐油性能均优于天然橡胶、丁苯橡胶、顺丁橡胶。具有较强的耐燃性和优异的抗延燃性，其化学稳定性较高，耐水性良好。氯丁橡胶的缺点是电绝缘性能、耐寒性能较差，生胶在储存时不稳定。氯丁橡胶用途广泛，可用来制作运输皮带和传动带，电线、电缆的包皮材料，制造耐油胶管、垫圈以及耐化学腐蚀的设备衬里。

8.6.3　纤维

纤维是指长度比直径大很多倍并且有一定柔韧性的纤细物质。纤维是一类发展比较早的高分子材料，如棉花、麻、蚕丝等都属于天然纤维。随着化学反应、合成技术及石油工业的不断进步，出现了人造纤维及合成纤维，并统称化学纤维。人造纤维是以天然聚合物为原料，并经过化学处理与机械加工而得到的纤维。合成纤维由合成的聚合物制得，它的品种繁多，已投入工业化生产的有40余种，其中最主要的产品有聚酯纤维（涤纶）、聚酰胺纤维（聚酰胺）、聚丙烯腈纤维（腈纶）三大类。这三大类纤维的产量占合成纤维总产量的90%以上。纤维的分类如下所示：

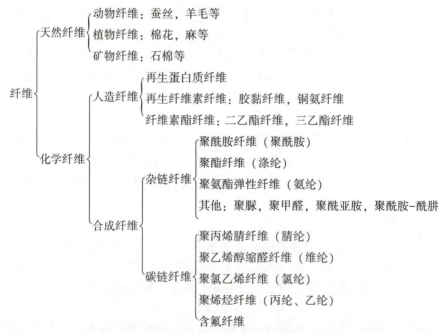

在众多的纤维中，合成纤维具有强度高、耐高温、耐酸碱、耐磨损、质量轻、保暖性好、抗霉蛀、电绝缘性好等特点，而且用途广泛、原料丰富易得，生产不受自然条件的限制，因此发展比较迅速。

合成纤维的分类方法有许多，常用的分类方法有按其加工产品的长度来分类，有根据其性能和生产方法来分类，还有按照其化学组成来分类。

按照纤维的加工长度，合成纤维可分为长丝纤维和短纤维。长丝纤维的长度以千米计，有单丝、复丝等。单丝是指以单孔喷丝头纺制而成的一根连续纤维或以 4~6 根单纤维组成的连纤纤维；复丝一般是指由 8~100 根单纤维组成的丝条。短纤维指被切断成长度为几厘米至十几厘米的纤维，又分为棉型、毛型、中长型。棉型短纤维指长度在 25~38 mm 之间，线密度在 1.3~1.7 dtex 之间的较细纤维，类似于棉花，主要用于和棉混纺，如"涤棉"织物等。毛型短纤维指长度在 70~150 mm 之间，线密度在 3.3~7.7 dtex 之间的较粗纤维，类似于羊毛，主要用于和羊毛混纺，如"毛涤"织物等。中长型短纤维指长度在 51~76 mm 之间，线密度在 2.2~3.3 dtex，介于棉、毛之间，主要用于织造中间纤维织物，如"中长毛涤"织物等。

根据性能及生产方法，合成纤维可以分为常规纤维及差别化纤维。差别化纤维就是在常规纤维基础上进行改性的纤维。改性的方法可以是物理改性，也可以是化学改性。物理改性的方法就是通过聚合与纺丝条件、纤维截面、纤维品种的变化等而达到物理改性的目的；化学改性的方法是通过共聚、接枝、交联等方法来改善纤维的性能。

根据化学组成，则合成纤维可以分成聚丙烯腈纤维、聚酯纤维、聚酰胺纤维、含氯纤维、聚丙烯纤维以及特种纤维。特种纤维是具有特殊的物理化学结构、性能和用途或具有特殊功能的化学纤维的统称，基本用于特种产业及尖端技术。特种纤维又可分为功能纤维和高性能纤维两大类：功能纤维有医用功能纤维、中空纤维膜、离子交换纤维以及塑料光导纤维等。高性能纤维有耐高温纤维、弹性纤维、高强度高模量纤维以及碳纤维等。

合成纤维具有优良的物理性能、力学性能和化学性能，因此除了用于纺织工业外，还可广泛地应用于国防工业、航空航天、交通运输、医疗卫生、通信联络等各个重要领域，已经成为国民经济发展的重要部分。

功能高分子发展历史及前沿

功能高分子一词在国际上出现于 20 世纪 60 年代，当时主要指离子交换树脂。但实际上 1935 年就合成了离子交换树脂，1944 年生产出凝胶型磺化交联聚苯乙烯离子交换树脂并成功用于铀的分离提取。其后，以离子交换树脂、螯合树脂、高分子分离膜为代表的吸附分离功能材料和以利用其化学性能为主的高分子负载催化剂迅速发展起来，并初步实现了产业化。20 世纪 60~70 年代，光电活性材料（如导电高分子、感光高分子等）、生物医用高分子材料（如抗凝血高分子材料、医用硅橡胶等）以及吸附树脂和吸附性碳纤维等发展十分迅速。

20 世纪 80 年代以后，光功能高分子材料如光敏涂料、光致抗蚀剂、光稳定剂、光可降解高分子材料、光刻胶、感光性树脂以及光致发光和光致变色高分子材料都已经实现了工业化生产。现在，功能高分子材料已经拓展到了分离膜、高分子催化剂、高分子试剂、高分子液晶、导电高分子材料、光敏高分子材料、医用高分子材料以及电、光、磁信息材料等领域。

> 功能高分子材料正在向着高功能化、多功能化（包括功能/结构一体化）、智能化和实用化方向发展。纳米科学和技术与功能高分子结合是功能高分子材料的发展前沿。通过精确操作使构成高分子的分子聚集体成键，形成具有高度精确的多级结构的材料。进一步精确操作链段、结构单元、官能团、原子团、原子，准确实现高分子的设计，使纳米微粒、纳米孔的小尺寸效应、表面与界面效应、量子尺寸效应和宏观隧道效应在光、电、磁、热、声、力学等方面在功能高分子材料中呈现特异的物理、化学、生物等方面的性能和功能。将金属、无机非金属和高分子纳米微粒、纳米纤维、纳米薄膜、纳米块体，以及由不同组元构成的纳米复合材料组合，以实现组元材料的优势互补与加强。

本 章 小 结

1. 高分子的基本概念

高分子（大分子）与聚合物是同义词。高分子由许多结构单元通过共价键重复键接而成，分子量高达 $10^4 \sim 10^7$ 结构单元数定义为聚合度，高分子的分子量是聚合度与结构单元分子量的乘积。单体是合成聚合物的化合物，通过聚合反应，转变成结构单元，进入大分子链。

2. 高分子材料的分类

高分子材料有多种分类方案。按照主链元素可将高分子材料分为碳链高分子材料、杂链高分子材料、元素有机高分子材料和无机高分子材料。

3. 高分子材料的命名

高分子材料多以单体来源命名或习惯命名，严格的应该采用 IUPAC 系统命名法，此外还有商品名和俗名。

4. 聚合反应的类型

按单体-聚合物结构变化，聚合反应可分为缩聚反应、加聚反应、开环聚合反应三大类；而按聚合机理，则另分成逐步聚合反应和连锁聚合反应两大类，这两类的聚合速率、分子量随转化率的变化各不相同。

5. 高分子的分子量

高分子是同系物的混合物，分子量有一定的分布，用平均分子量来表征。根据平均方法的不同，常用的有数均分子量和重均分子量。

6. 大分子形状

大分子有线形、支链形和体形等形状。线形和支链形聚合物由2官能度单体来合成，其性能特征是可溶可熔，属于热塑性。体形或网状聚合物由多官能度单体来合成，聚合分预聚和后聚合两段，预聚物停留在线形、支链阶段，可溶可熔可塑化。进一步聚合，则交联固化，因此称作热固性。

7. 高分子化学反应的特点

（1）由于用高分子作为制造新的高分子的原料，则原料不易提纯，反应传热和搅拌较为困难，在化学工程上有一些需要克服的困难。

（2）新合成的高分子不可能很纯，新产生的官能团与原有的官能团并存，许多情况并不是高分子的整个链参加反应，有时只是少数链段发生局部反应，常用一个百分率表示化学反应的程度。

（3）高分子化学反应不易控制也不易测定，情况复杂。

练 习 题

一、选择题

1. 在挤出成型中，（　　）被称为挤出机的心脏。
   A. 传动装置　　　B. 加料装置　　　C. 螺杆　　　D. 机头
2. 在极寒条件下，优先选择（　　）塑料加工相应制品。
   A. 聚乙烯　　　　　　　　　B. 低密度聚乙烯
   C. 线性低密度聚乙烯　　　　D. 超高密度聚乙烯
3. 聚乙烯的 MFR 越大，则其流动性（　　）。
   A. 越好　　　B. 越差　　　C. 先增后减　　　D. 无相关性
4. 聚乙烯相对分子质量增大，分子间作用力相应（　　），所有力学性能都会提高。
   A. 减少　　　B. 增大　　　C. 先增后减　　　D. 无影响
5. 下列因素中，不能改善聚乙烯的耐环境应力开裂性的是（　　）。
   A. 结晶结构　　　　　　　　B. 提高相对分子质量
   C. 降低相对分子质量分散性　D. 分子交联
6. （　　）力学性能很差，难以承受荷载，只适宜作为塑料材料加工时用的助剂。
   A. LMWPE　　B. HMWPE　　C. LLDPE　　D. UHMWPE
7. 氯化聚乙烯中，随着氯原子含量增大，材料弹性（　　），刚性（　　）。
   A. 减少、增大　B. 减少、减少　C. 增大、减少　D. 增大、增大
8. 聚丙烯中侧甲基使得其分之链上交替出现（　　）原子，导致聚丙烯的耐氧化性和耐辐射性差。
   A. 伯碳　　　B. 仲碳　　　C. 叔碳　　　D. 季碳
9. 聚丙烯制品的晶体属球晶结构，具体形态有 α、β、γ 和拟六方等四种晶型，其中（　　）是热稳定性最好、力学性能好的晶型。
   A. α　　　B. β　　　C. γ　　　D. 拟六方
10. 聚丙烯与乙丙橡胶共混主要是为了改善聚丙烯的（　　）。
    A. 韧性和耐寒性　　　　B. 韧性和耐热性
    C. 耐热性和抗冲击性　　D. 耐寒性和抗冲击性
11. 聚氯乙烯的加工成型过程中，适当加入（　　）可改善物料加工流动性。
    A. 稳定剂　　B. 增塑剂　　C. 润滑剂　　D. 填料
12. 下列聚合物中，吸湿性较大的是（　　）。
    A. PMMA　　B. PVC　　C. PE　　D. PP
13. 聚氨酯的聚合过程中，为加速聚合工程，需加入（　　）。

A. 异氰酸酯　　　　B. 多元醇　　　　C. 催化剂　　　　D. 扩链剂

14. 聚酰胺分子链之间易形成氢键，因此聚酰胺的熔融温度（　　），熔融温度范围（　　）。

A. 较高、较宽　　B. 较低、较宽　　C. 较高、较窄　　D. 较低、较窄

15. 聚碳酸酯是一种（　　）聚合物，电绝缘性不如聚烯烃类较差，但是仍具有较好的电绝缘性。

A. 强极性　　　　B. 非极性　　　　C. 两性　　　　　D. 弱极性

16. 我国道路石油沥青的标号是按（　　）指标划分的。

A. 针入度　　　　B. 软化点　　　　C. 延度　　　　　D. 密度

17. 沥青针入度试验，要求 25 ℃条件下标准针及附件总质量为（　　）。

A. 50 g±0.05 g　　B. 100 g±0.05 g　　C. 150 g±0.5 g　　D. 200 g±0.1 g

18. 采用环球法测定沥青软化点（80 ℃以下），要求加热起始温度为（　　）。

A. 0 ℃　　　　　B. 5 ℃+0.5 ℃　　C. 10 ℃+0.05 ℃　　D. 15 ℃+0.5 ℃

19. 测定沥青 10 ℃条件下的延度，应选择（　　）的拉伸速度。

A. 1 cm/min　　　B. 2 cm/min　　　C. 4 cm/min　　　D. 5 cm/min

20. 某沥青软化点实测结果为 55.4 ℃，试验结果应记作（　　）。

A. 55.4 ℃　　　　B. 55.5 ℃　　　　C. 55 ℃　　　　　D. 56 ℃

二、填空题

1. 高分子材料的加工方法中，其中最主要及最常用的加工方法是：＿＿＿＿＿＿＿、＿＿＿＿＿＿＿、＿＿＿＿＿＿＿、＿＿＿＿＿＿＿。

2. 按结构不同，聚丙烯可分为＿＿＿＿＿＿＿、＿＿＿＿＿＿＿、＿＿＿＿＿＿＿。

3. 聚酯是主链上含有酯键的高分子材料总称，是由＿＿＿＿＿＿＿＿＿＿或多元醇与＿＿＿＿＿＿＿＿＿或多元酸缩合而成的。

4. 聚碳酸酯的分子链是由柔顺的＿＿＿＿＿＿＿与刚性的＿＿＿＿＿＿＿相连，从而赋予其许多优异的性能。

5. 聚醚醚酮是指大分子主链由组成的＿＿＿＿＿＿＿、＿＿＿＿＿＿＿、＿＿＿＿＿＿＿线型聚合物。

6. 导电高分子材料可分为两类：＿＿＿＿＿＿＿、＿＿＿＿＿＿＿。

7. 根据结构和形状，聚合物可分为＿＿＿＿＿、＿＿＿＿＿、＿＿＿＿＿、＿＿＿＿＿四种类型。

8. 写出下列高分子材料对应的名称或代号。

代号	名称	中文名称	代号
NR		聚丙烯	
PET		聚苯硫醚	
HDPE		改性聚苯醚	
EVA		聚四氟乙烯	
PS		二元乙丙橡胶	
AS		聚酰亚胺	

续表

代号	名称	中文名称	代号
UF		聚砜	
PEK		聚醚醚酮	
PU		聚苯醚	
DOP		低密度聚乙烯	

三、判断题

1. 聚乙烯 MFR 越大，则其流动性就越好。（   ）
2. 选用增塑剂时要考虑分子量，分子量越小，增塑效果越好，但稳定性差。（   ）
3. 氢键的形成使得聚酰胺的熔融温度较高且范围较窄。（   ）
4. 聚苯醚是一种线性的、非结晶性聚合物。（   ）
5. 氯化聚醚分子链上含有极性的氯甲基，因此其为极性聚合物。（   ）
6. 随着聚合物分子量分布增宽，材料的大多数力学性能、热性能升高。（   ）
7. 高密度聚乙烯由于支化低，因此其结晶度高、密度大。（   ）
8. 聚苯乙烯中，由于侧苯基的存在，其刚性、脆性较大。（   ）
9. 氢键的形成使得聚酰胺更难以结晶。（   ）
10. 聚苯硫醚中，苯环可以提供柔顺性，硫醚键可以提供刚性。（   ）

四、设计题

请设计一家用 PVC 排风管配方，要求无毒，耐候性好，有韧性，加工性好，抗静电，阻燃性好，微发泡，黑色（要求：写出所用具体的原料和助剂的具体名称，以及它们在其中的作用）。

五、思考题

1. 举例说明单体、单体单元、结构单元、重复单元、链节等名词的含义，以及它们之间的相互关系和区别。
2. 举例说明低聚物、齐聚物、聚合物、高分子、大分子诸名词的含义，以及它们之间的关系和区别。
3. 写出聚氯乙烯、聚苯乙烯、涤纶、尼龙-66、聚丁二烯和天然橡胶的结构式（重复单元）。选择其常用分子量，计算聚合度。

第8章练习题答案

第9章 普通化学课程实验

实验一 配位化合物

一、实验目的

(1) 了解配位化合物的生成,配离子及简单离子的区别。
(2) 比较配离子的稳定性,了解配位平衡与沉淀反应、氧化还原反应,以及溶液酸度的关系。
(3) 练习性质实验的操作技能。

二、实验原理和技能

1. 实验原理

(1) 配位化合物的性质:配位化合物的组成比较复杂,其结构不能用经典的化学键理论来等释,如[$Cu(NH_3)_4$]SO_4、K_4[$Fe(CN)_6$]、[$Ag(NH_3)_2$]Cl、K_2[$PtCl_6$]等。在这些化合物的化学式中,一般都有一个方括号,方括号以内的部分是配合物的内界,常称为配离子。方括号之外的部分称为外界。由于内界与外界之间通过离子键结合在一起,因此,在水溶液中,配位化合物完全以离子状态存在,即以游离的内界和外界存在。如[$Cu(NH_3)_4$]SO_4在水溶液中完全电离成[$Cu(NH_3)_4$]$^{2+}$和SO_4^{2-}。

(2) 影响配位平衡的因素:配离子是配位化合物的特征部分,决定着配位化合物的稳定性。配离子在水溶液中有一定程度的离解,当配离子生成的速度与配离子离解的速度相等时,则达到了配位平衡。如[$Cu(NH_3)_4$]$^{2+}$的配位平衡可用下式表示:

$$Cu^{2+} + 4NH_3 \underset{离解}{\overset{配合}{\rightleftharpoons}} [Cu(NH_3)_4]^{2+}$$

$$K_f = \frac{c[Cu(NH_3)_4]^{2+}}{cCu^{2+} c_{NH_3}^4}$$

式中,K_f称为配离子的稳定常数。K_f越大,说明配离子越稳定。

在上述平衡体系中,加入能与Cu^{2+}(中心离子)或NH_3(配位体)发生化学反应的试剂,均可使该配位平衡发生移动,使[$Cu(NH_3)_4$]$^{2+}$配离子的稳定性降低。通常情况下,可加入沉淀剂、氧化还原剂、酸碱试剂或另外的配位剂改变中心离子或配位体的浓度,使配位平衡发生移动,降低配离子的稳定性。

2. 实验技能

溶液的取用、萃取分离、离心机的使用、实验现象的观察及记录等。

三、主要仪器和试剂

仪器：离心机、量筒、试管等。

试剂：氯化汞溶液（0.1 mol·L^{-1}）、碘化钾溶液（0.1 mol·L^{-1}）、硫酸镍（0.2 mol·L^{-1}）、氯化钡溶液（0.1 mol·L^{-1}）、氢氧化钠溶液（0.1 mol·L^{-1}，2 mol·L^{-1}）、氨水（6 mol·L^{-1}）、三氯化铁溶液（0.5 mol·L^{-1}，0.1 mol·L^{-1}）、硫氰酸钾溶液（0.1 mol·L^{-1}）、铁氰化钾溶液（0.1 mol·L^{-1}）、硝酸银（0.1 mol·L^{-1}）、氯化钠溶液（0.1 mol·L^{-1}）、四氯化碳溶液、氟化铵溶液（4 mol·L^{-1}）、硫酸（1∶1）、氟化钠溶液（0.1 mol·L^{-1}）。

四、实验内容

1. 配离子的生成与配合物的性质

（1）在试管中加入 2 滴 0.1 mol·L^{-1} HgCl$_2$ 溶液，逐滴加 0.1 mol·L^{-1} KI 溶液至沉淀出现，沉淀颜色是什么？再继续加入 KI 溶液，又有什么现象？

（2）在 2 支试管中分别加入 5 滴 0.2 mol·L^{-1} NiSO$_4$ 溶液，然后在一支试管中加入 5 滴 0.1 mol·L^{-1} BaCl$_2$ 溶液，生成的沉淀是什么颜色（离心分离观察沉淀颜色）？在另一支试管中加入 5 滴 0.1 mol·L^{-1} NaOH 溶液，现象有什么不同？

（3）在试管中加入 20 滴 0.2 mol·L^{-1} NiSO$_4$ 溶液，逐滴加入 6 mol·L^{-1} 氨水，边加边摇动试管，直至沉淀完全溶解后，再适当多加些氨水，观察现象的变化。然后将此溶液分成两份，一份加入 5 滴 0.1 mol·L^{-1} BaCl$_2$ 溶液，另一份加入 5 滴 0.1 mol·L^{-1} NaOH 溶液，现象有什么不同？

（4）在试管中加入 3 滴 0.1 mol·L^{-1} FeCl$_3$ 溶液和 2 滴 KSCN 溶液，有什么现象？以 0.1 mol·L^{-1} K$_4$[Fe(CN)$_6$] 溶液代替 FeCl$_3$ 溶液做同样试验，现象有什么不同？为什么？

2. 配位平衡的移动

（1）配位平衡与沉淀反应：在试管中加入适量 0.1 mol·L^{-1} AgNO$_3$ 溶液，滴加 3 滴 0.1 mol·L^{-1} NaCl 溶液，再逐滴加入氨水至沉淀全部溶解。解释原因。

（2）配位平衡与氧化还原反应：在试管中加入 5 滴 0.1 mol·L^{-1} FeCl$_3$ 溶液，滴加 10 滴 0.1 mol·L^{-1} KI 溶液，再加入 15 滴 CCl$_4$ 溶液，振荡后有什么现象？为什么？

在试管中加入 5 滴 0.5 mol·L^{-1} FeCl$_3$ 溶液，逐滴加入 4 mol·L^{-1} 氟化铵溶液，至溶液呈无色，再加入与上述实验同量的 KI 溶液和 CCl$_4$ 溶液，振荡后有什么现象？

（3）配位平衡与介质的酸碱性：在试管中加入 10 滴 0.5 mol·L^{-1} FeCl$_3$ 溶液，逐滴加入 4 mol·L^{-1} 氟化铵溶液，至溶液呈无色，然后将溶液分成两份，一份加入过量 2 mol·L^{-1} NaOH 溶液；另一份加入过量硫酸（1∶1），观察现象，并说明原因。

（4）配离子的转化：在一支试管中加入 2 滴 0.1 mol·L^{-1} FeCl$_3$ 溶液，加水稀释至无色，加入 1 滴 0.1 mol·L^{-1} KSCN 溶液，有什么现象？再逐滴加入 0.1 mol·L^{-1} NaF 溶液，又发生了什么变化？

实验二　氧化还原反应与氧化还原平衡

一、实验目的

（1）学习氧化态、还原态浓度，以及酸度对氧化还原反应的影响。
（2）了解氧化剂与还原剂的相对性。
（3）巩固性质实验的基本操作。

二、实验原理和技能

1. 实验原理

（1）氧化还原反应：反应前后有氧化数发生改变（电子得失）的反应，称为氧化还原反应。得到电子、氧化数降低的物质称为氧化剂，通常用 Ox 表示。失去电子、氧化数升高的物质称为还原剂，通常用 Red 表示。

常用氧化剂：O_2、F_2、Cl_2、Br_2、$KMnO_4$、$K_2Cr_2O_7$、HNO_3 等。

常用还原剂：Na、Mg、Al、Zn、Fe、KI、$SnCl_2$、H_2S、$H_2C_2O_4$ 等。

（2）电极电势：在氧化还原反应中，氧化剂（还原剂）和其产物构成了氧化还原电对（Ox/Red），其电极反应可用下式表示：

$$a\text{Ox} + ne^- \rightleftharpoons b\text{Red}$$

电对的电极电势可按下式计算：

$$\varphi = \varphi^{\ominus} + \frac{0.059}{n} \lg \frac{c_{\text{Ox}}^a}{c_{\text{Red}}^b} \quad (298\ \text{K})$$

上式为能斯特方程，φ 为电对的电极电势；$\varphi^{\ominus}$ 为电对的标准电极电势，其大小可由有关参考书查出；c_{Ox}、c_{Red} 分别为该电对氧化态和还原态的对应浓度。

由能斯特方程可知，电极电势的大小不仅与组成电极的物质有关，而且还与溶液中参与电极反应的各物质的浓度（气体为分压）、温度等因素有关。若电极反应中有 H^+ 参加反应，则能斯特方程中还应将 H^+ 的浓度写上。

（3）氧化还原反应的方向：对于任一氧化还原反应，其方程式可表示为

$$\text{Ox}_1 + \text{Red}_2 \rightleftharpoons \text{Red}_1 + \text{Ox}_2$$

将该反应组成原电池，其电动势用 E 表示，则 $E = \varphi_+ - \varphi_-$。

$E>0$，即 $\varphi_+ > \varphi_-$，反应向右自发进行；
$E=0$，即 $\varphi_+ = \varphi_-$，反应处于平衡状态；
$E<0$，即 $\varphi_+ < \varphi_-$，反应向左自发进行。

其中，φ_+ 为 Ox_1/Red_1 电对的电极电势；φ_- 为 Ox_2/Red_2 电对的电极电势。

2. 实验技能

溶液的取用方法、试管的加热、气体酸碱性的检验、试纸的使用、实验现象的观察与记录等。

三、主要仪器和试剂

主要仪器：量筒、烧杯、试管、酒精灯等。

试剂：三氯化铁溶液（0.1 mol·L^{-1}）、碘化钾溶液（0.1 mol·L^{-1}，0.5 mol·L^{-1}）、溴化钾溶液（0.1 mol·L^{-1}）、硫酸亚铁溶液（0.1 mol·L^{-1}）、溴水（0.1 mol·L^{-1}）、碘水（0.1 mol·L^{-1}）、锌粒、硝酸（浓，6 mol·L^{-1}）、硫酸（浓，3 mol·L^{-1}）、铜片、蓝色石蕊试纸，亚硫酸钠（固）、氢氧化钠溶液（6 mol·L^{-1}）、高锰酸钾溶液（0.1 mol·L^{-1}）、H_2O_2溶液（3%）、溴酸钾溶液（饱和）、铬酸钾溶液（0.2 mol·L^{-1}）。

四、实验内容

1. 电极电位与氧化还原反应的关系

（1）取 3~4 滴 0.1 mol·L^{-1} $FeCl_3$ 溶液于试管中，加入 0.1 mol·L^{-1} KI 溶液 3~4 滴，摇匀，观察实验现象并说明原因。

（2）用 0.1 mol·L^{-1} KBr 溶液代替 KI 溶液进行上述实验，又有什么现象？为什么？

（3）取 3~4 滴 0.1 mol·L^{-1} $FeSO_4$ 溶液于试管中，滴入 0.1 mol·L^{-1} 溴水 1~2 滴，观察实验现象，并说明原因。

（4）用 0.1 mol·L^{-1} 碘水代替溴水与 $FeSO_4$ 反应，现象有什么不同？为什么？

2. 浓度对氧化还原反应的影响

（1）取两支试管，各加入一粒锌粒，分别加入 3 mL 硝酸（浓）和 3 mL 2 mol·L^{-1} 硝酸（可用 1 mL 6 mol·L^{-1} HNO_3 加 2 mL 蒸馏水稀释得到）。现象有什么不同？为什么？

（2）往两支分别盛有 3 mL 3 mol·L^{-1} 硫酸和 3 mL 硫酸（浓）的试管中各加入 1 片擦去表面氧化膜的铜片，稍加热，有什么现象？在盛有硫酸（浓）的试管口用润湿的蓝色石蕊试纸检验，试纸的颜色如何变化？

3. 介质的酸碱性对氧化还原反应的影响

在三支试管中各加入少许固体 Na_2SO_3，分别加入 5 滴 3 mol·L^{-1} 硫酸、5 滴水、5 滴 6 mol·L^{-1} NaOH，使 Na_2SO_3 溶解。在三支试管中各加入 2 滴 0.1 mol·L^{-1} $KMnO_4$ 溶液。观察实验现象，并说明原因。

4. 氧化剂、还原剂及其相对性

（1）在三支试管中各加入 0.5 mol·L^{-1} KI 溶液 10 滴、3 mol·L^{-1} H_2SO_4 溶液 5 滴，然后在第一支试管中加入饱和 $KBrO_3$ 溶液 1 滴；在第二支试管中加入 0.2 mol·L^{-1} K_2CrO_4 溶液 1 滴；在第三支试管中加入 6 mol·L^{-1} HNO_3 溶液 10 滴。现象有什么不同？为什么？

（2）在试管中加入 0.5 mol·L^{-1} KI 溶液 5 滴、3 mol·L^{-1} H_2SO_4 溶液 5 滴，然后加 H_2O_2 溶液 3 滴；在另一支试管中加入 0.1 mol·L^{-1} $KMnO_4$ 溶液 5 滴、3 mol·L^{-1} 硫酸溶液 5 滴，然后加 H_2O_2 溶液 10 滴。说明现象不同的原因。

实验三 酸碱性质与酸碱平衡

一、实验目的

（1）掌握溶液的取用方法。
（2）掌握实验现象的观察方法及记录方法。
（3）掌握 pH 试纸的使用方法。
（4）学习同离子效应和缓冲溶液的原理及作用。

二、实验原理和技能

1. 实验原理

（1）电解质：凡是在水溶液中或熔融状态下能够导电的化合物称为电解质，如 NaCl、KCl、NaOH、KNO_3 等。电解质离解成阴、阳离子的过程叫电离。电解质根据其在水溶液中的电离情况，可分为强电解质和弱电解质。在水溶液中能完全离解成离子的电解质为强电解质，如强酸、强碱和典型的盐（强酸强碱盐）都是强电解质。在水溶液中仅部分离解成离子的电解质为弱电解质，如弱酸、弱碱、有机化合物中的羧酸、酐、胶等都是弱电解质。

（2）酸碱电离平衡：弱酸、弱碱为弱电解质，当其分子在水溶液中电离成阴、阳离子的速度与阴、阳离子结合成分子的速度相等时，这一状态称为酸碱电离平衡。

在水溶液中，达到电离平衡时，已电离的溶质分子数与原有溶质分子总数之比称为该溶质的电离度。电离度 α 可用下式表示：

$$\alpha = \frac{\text{已电离溶质的物质的量}}{\text{原有溶质的物质的量}} \times 100\%$$

若 AB 为某一弱电解质，其电离平衡可用下列离子式表示：

$$AB \rightleftharpoons A^+ + B^-$$

$$K = \frac{c_{A^+} c_{B^-}}{c_{AB}}$$

式中，K 为电离平衡常数。

弱酸、弱碱的电离平衡常数用 K_a 和 K_b 表示。其数值愈大，相应酸（碱）的酸（碱）性愈强。

（3）同离子效应：在弱电解质溶液中，加入与该弱电解质有共同离子的强电解主时，弱电解质的电离平衡会向生成分子的方向移动，电离度减小，这种现象叫同离子效应。

（4）盐类的水解：在水溶液中，盐同水作用而使 H_2O 的电离平衡向生成 OH^- 或 H^+ 方向移动的反应叫盐的水解。盐水解后，其水溶液的酸碱性取决于盐的类型。强酸弱碱盐水溶液为酸性；强碱弱酸盐水溶液为碱性；弱酸弱碱盐水溶液可能为酸性、碱性或中性。

（5）缓冲溶液：能抵抗少量外来酸、碱或稀释，而本身的 pH 基本不变的溶液叫缓冲溶液，其常由弱酸及其共轭碱、弱碱及其共轭酸、多元弱酸的酸式盐及其次级盐等组成。

2. 实验技能

试剂的取用，pH 试纸的使用方法，试管的加热方法，实验现象的观察及记录等。

三、主要仪器和试剂

主要仪器：量筒、烧杯、试管、酒精灯等。

试剂：盐酸（0.1 mol·L^{-1}）、醋酸（0.1 mol·L^{-1}，0.2 mol·L^{-1}）、锌粒、氨水（0.1 mol·L^{-1}）、氯化铵（固体）、酚酞指示液、甲基橙、醋酸钠溶液（0.2 mol·L^{-1}，1 mol·L^{-1}，固体）、硫酸铝溶液（饱和）、碳酸氢钠溶液（饱和）、氢氧化钠溶液（0.1 mol·L^{-1}）、广泛 pH 试纸（1~14）、精密 pH 试纸（3.8~5.4）。

四、实验内容

1. 强、弱电解质的比较

用广泛 pH 试纸测定 0.1 mol·L^{-1} HCl 溶液和 0.1 mol·L^{-1} HAc 溶液的 pH 值，再分别与锌粒发生反应，比较其剧烈程度。

2. 同离子效应

（1）在试管中加入 2 mL 0.1 mol·L^{-1} NH$_3$·H$_2$O 溶液，加入 1 滴酚酞溶液，再加入少量 NH$_4$Cl 固体，摇动试管使其溶解，观察实验现象。

（2）在试管中加入 2 mL 0.1 mol·L^{-1} HAc 溶液，再加入 1 滴甲基橙溶液和少量 NaAc 固体，摇动使其溶解，观察实验现象。

3. 盐类水解和影响盐类水解的因素

（1）在试管中加入 2 mL 0.1 mol·L^{-1} NaAc 溶液和 1 滴酚酞指示液后，再加热至沸，观察实验现象。

（2）取 10 滴 Al$_2$(SO$_4$)$_3$ 溶液于试管中，然后加入 1 mL NaHCO$_3$ 溶液，观察实验现象。

4. 缓冲溶液

（1）取 2 支试管，各加入 5 mL 蒸馏水，用广泛 pH 试纸测其 pH。再分别加入 5 滴 0.1 mol·L^{-1} HCl 溶液和 5 滴 0.1 mol·L^{-1} NaOH 溶液，再用广泛 pH 试纸测定它们的 pH 值。观察其 pH 有什么变化。

（2）在 1 支试管中加入 5 mL 0.2 mol·L^{-1} HAc 和 5 mL 0.2 mol·L^{-1} NaAc 溶液，充分摇匀后，用精密 pH 试纸测其 pH 值。将溶液分为三份，然后分别加入 2 滴 0.1 mol·L^{-1} HCl 溶液、2 滴 0.1 mol·L^{-1} NaOH 溶液和 2 滴蒸馏水，再用精密 pH 试纸测定它们的 pH 值。比较实验结果可得出什么结论？

（3）欲配制 pH=4.1 的缓冲溶液 10 mL，实验室现有 0.2 mol·L^{-1} HAc 和 0.2 mol·L^{-1} NaAc 溶液，应如何配制该缓冲溶液？

实验四　物质的分离和提纯——由海盐制试剂级氯化钠

一、实验目的

(1) 学习由海盐制试剂级氯化钠的方法。
(2) 练习溶解、过滤、蒸发、结晶等基本操作。

二、实验原理和技能

预备知识包括溶解、过滤、蒸发、结晶等基本操作的规范及注意事项。

粗食盐中，除含有泥砂等不溶性杂质外，还含有钙、镁、钾的卤化物和硫酸盐等可溶性杂质。不溶性杂质可以通过过滤法除去。可溶性杂质可采用化学法，加入某些化学试剂，使之转化为沉淀滤除。具体方法如下。

在粗食盐溶液中，加入稍过量的氯化钡溶液，则

$$Ba^{2+} + SO_4^{2-} = BaSO_4 \downarrow$$

过滤，除去硫酸钡沉淀，在滤液中，加入适量的氢氧化钠溶液和碳酸钠溶液，使溶液中的 Ca^{2+}、Mg^{2+}、过量的 Ba^{2+} 转化为沉淀

$$Mg^{2+} + 2OH^- = Mg(OH)_2 \downarrow$$
$$Ca^{2+} + CO_3^{2-} = CaCO_3 \downarrow$$
$$Ba^{2+} + CO_3^{2-} = BaCO_3 \downarrow$$

产品的沉淀用过滤的方法除去，过量的氢氧化钠和碳酸钠可用纯盐酸中和而除去。少量氯化钾等可溶性杂质因含量少，溶解度又较大，在蒸发、浓缩和结晶过程中，仍然留在母液中而与氯化钠分离。

三、主要仪器和试剂

主要仪器：烧杯、量筒、普通漏斗、漏斗架、吸滤瓶、布氏漏斗、三脚架、石棉网、台秤、表面皿、蒸发皿、抽气泵、滴液漏斗、圆底烧瓶、广口瓶、铁架台、试管、离心管、滴定管（酸式）、比色管（25 mL）。

试剂：粗食盐、氯化钠（分析纯或化学纯）、H_2SO_4 溶液（浓）、Na_2CO_3 溶液（1 mol·L^{-1}）、NaOH 溶液（2 mol·L^{-1}）、HCl 溶液（3 mol·L^{-1}）、$BaCl_2$ 溶液（1 mol·L^{-1}）、淀粉溶液（1%）、荧光素指示液（0.5%）、酚酞指示液（1%）、乙醇（95%）、Na_2SO_4 溶液（标准）、$AgNO_3$ 溶液（标准）、NaOH 溶液（标准）、滤纸、pH 试纸。

四、实验内容

(1) 在台秤上称取 20 g 粗食盐，放入小烧杯（100 mL）中，加入 80 mL 水，加热，搅动，使其溶解。在不断搅动下，往热溶液中滴加 1 mol·L^{-1} 氯化钡溶液（3~4 mL），继续加热煮沸数分钟，使硫酸钡颗粒长大易于过滤。为检验沉淀是否完全，将烧杯从石棉网上取

下，待溶液沉降后，沿烧杯壁在上层清液中滴加 2~3 滴氯化钡溶液，如果溶液无混浊，表明 SO_4^{2-} 已沉淀完全。如果发生混浊，则应继续往热溶液中滴加氯化钡溶液，直至 SO_4^{2-} 沉淀完全为止。趁热用倾析法过滤，保留滤液。

（2）将滤液加热至沸，加入 1 mL 2 mol·L^{-1} 氢氧化钠溶液，再滴加 1 mol·L^{-1} 碳酸钠溶液（4~5 mL）至沉淀完全为止（怎样检验？此步除去哪些离子？）。过滤，弃去沉淀。

（3）往滤液中滴加 2 mol·L^{-1} HCl 溶液，加热，搅动，赶尽二氧化碳，用 pH 试纸检验使溶液呈微酸性（pH 5~6）。

（4）将溶液倒入蒸发皿中，用小火加热蒸发、浓缩溶液至稠粥状（切不可将溶液蒸发至干，为什么？）。冷却后，减压过滤将产品抽干。

（5）产品放入蒸发皿中用小火烘干。产品冷至室温，称重，计算产率。

（6）检验产品纯度，如不合要求，需将其溶解于极少量蒸馏水中，进行重结晶（如何操作？）。将提纯后的产品重新烘干，冷却，检验，直至合格。

（7）产品检验。

①氯化钠含量的测定：称取 0.15 g 干燥恒重的样品，称准至 0.000 2 g，溶于 70 mL 水中，加 10 mL 淀粉溶液，在摇动下，用 0.100 0 mol·L^{-1} AgNO$_3$ 溶液避光滴定，近终点时，加 3 滴荧光素指示液，继续滴定至乳液呈粉红色。

氯化钠含量 x（%）按下式计算：

$$x = \frac{(V/1\,000) \times c \times 58.44}{G} \times 100$$

式中：V——硝酸银标准溶液的用量，mL；

c——硝酸银标准溶液的物质的量浓度，mol·L^{-1}；

G——样品质量，g；

58.44——NaCl 的摩尔质量，g·mol^{-1}。

②水溶液反应：称取 5 g 样品，称准至 0.01 g，溶于 50 mL 不含二氧化碳的水中，加 2 滴 1% 酚酞指示液，溶液应无色，加 0.05 mL 0.1 mol·L^{-1} 氢氧化钠溶液，溶液应呈粉红色。

③用比浊法检验样品中硫酸盐含量：称取 1 g（称准至 0.01 g）样品溶于 10 mL 水中，加 5 mL 95% 乙醇，1 mL 3 mol·L^{-1} HCl，在不断振摇下滴加 3 mL 25% 氯化钡溶液，稀释至 25 mL，摇匀，放置 10 min，所呈浊度不得大于标准。

标准溶液实验室已配好（见表 9.1），比浊时搅匀。

表 9.1 标准溶液的 SO_4^{2-} 含量标准

规格	一级	二级	三级
SO_4^{2-} 含量/mg	0.01	0.02	0.06

备注：试剂级氯化钠的技术条件如下。

（1）氯化钠含量不少于 99.8%。

（2）水溶液反应合格。

（3）试剂级氯化钠的 SO_4^{2-} 含量标准（以%计）如表 9.2 所示。

表 9.2　试剂级氯化钠的 SO_4^{2-} 含量

规　格	优级纯（一级）	分析纯（二级）	化学纯（三级）
SO_4^{2-} 含量/mg	0.001	0.002	0.005

五、实验注意事项

小火蒸煮氯化钠溶液时，且不可把水蒸干。

六、思考题

（1）在粗食盐提纯过程中涉及哪些基本操作？操作方法和注意事项如何？

（2）由粗食盐制取试剂级氯化钠的原理是什么？怎样检验其中的 Ca^{2+}、Mg^{2+}、SO_4^{2-} 离子是否沉淀完全？

实验五　复分解法制备 KNO₃ 晶体并副产品 NH₄Cl

一、实验目的

(1) 学习用复分解法制备 KNO₃ 晶体及副产品 NH₄Cl 回收的原理和方法。

(2) 学习溶解、过滤、结晶和固液分离等无机制备过程的基本操作。

二、实验原理和技能

预备知识包括：溶解、过滤、结晶和固液分离等基本操作的规范及注意事项；溶解度。

工业上常采用复分解法制备 KNO₃ 晶体，其反应如下：

$$NH_4NO_3 + KCl \Longleftrightarrow KNO_3 + NH_4Cl$$

该反应是可逆的，改变反应条件，可使反应逆向进行。

KCl 与 NH₄NO₃ 溶于水后，水溶液中存在有 K^+、NH_4^+、Cl^-、NO_3^- 四种粒子相互搭配可形成四种盐。反应体系中，四种盐的溶解度在不同温度下有显著的差别。氯化铵的溶解度随温度变化不大，而硝酸钾的溶解度随温度升高迅速增加。故将一定量的固体硝酸钾和氯化钾在较高温度溶解后，选择合理的条件冷却，能有大部分 KNO₃ 结晶出来，从而得 KNO₃ 粗产品。再经过重结晶提纯，可得到纯品。所得滤液进行蒸发、浓缩、降温，可结晶析出 NH₄Cl，从而达到分离出 KNO₃ 和 NH₄Cl 的目的。三种物质的溶解度如表 9.3 所示。

表 9.3　三种物质的溶解度

物质	溶解度（g/100g H₂O）								
	10 ℃	20 ℃	30 ℃	40 ℃	50 ℃	60 ℃	70 ℃	100 ℃
KNO₃	20.9	31.6	45.8	63.0	85.5	110.0	138.0	246.0
KCl	30.1	34.0	35.2	40.0	—	—	43.8	56.7
NH₄Cl	31.2	33.9	39.3	44.4	48.8	60.2	63.5	—

三、主要仪器和试剂

主要仪器：量筒、烧杯、台秤、石棉网、三脚架、铁架台、布氏漏斗、吸滤瓶、水泵、瓷坩埚、坩埚钳、温度计（200 ℃）、比色管（25 mL）、烧杯（500 mL）。

试剂：硝酸钠（工业级）、氯化钾（工业级）、AgNO₃（0.1 mol·L⁻¹）、硝酸（5 mol·L⁻¹）、氯化钠溶液（标准）、滤纸。

四、实验内容

1. 溶解结晶

称取 20 g KCl 放入 100 mL 烧杯中，加 45 mL 水，在搅拌下加热溶解。再往溶液中小心加入 22 g NH₄NO₃，并不断搅拌加热，使其全部溶解，继续加热至沸。取下烧杯，让其自然冷却。随着温度的下降（特别是当温度下降到 40 ℃ 以下时），即有结晶析出（是什么？）。注意不要骤冷，以防结晶过于细小。当温度降至 30 ℃ 以下（或室温），KNO₃ 晶体过滤，水浴烘干,即得粗 KNO_3。称重,计算理论产量和产率。

所得母液盛于蒸发皿中,继续加热,使溶液蒸发至原有体积的 1/2,停止加热,自然冷至 70 ℃（为什么?）,有晶体析出。用减压法过滤,尽量抽干,水浴烘干,即得 NH_4Cl。称重,计算产量和产率。

2. 粗产品的重结晶

（1）除保留少量（0.1~0.2 g）粗产品供纯度检验外,按粗产品:水 = 2:1（质量比）的比例,将粗产品溶于蒸馏水中。

（2）加热、搅拌、待晶体全部溶解后停止加热。若溶液沸腾时,晶体还未全部溶解,可再加极少量蒸馏水使其溶解。

（3）待溶液冷却至室温后抽滤,水浴烘干,得到纯度较高的硝酸钾晶体,称重。

3. 纯度检验

1) 定性检验

分别取 0.1 g 粗产品和一次重结晶得到的产品放入两支小试管中,各加入 2 mL 蒸馏水配成溶液。在溶液中分别滴入 1 滴 5 mol·L^{-1} HNO_3 溶液酸化,再各滴入 0.1 mol·L^{-1} $AgNO_3$ 溶液 2 滴,观察现象,进行对比,重结晶后的产品溶液应为澄清。

2) 根据试剂级的标准检验试样中总氯量

称取 1 g 试样（称准至 0.01 g）,加热至 400 ℃ 使其分解,于 700 ℃ 灼烧 15 min,冷却,溶于蒸馏水中（必要时过滤）,稀释至 25 mL,加 2 mL 5 mol·L^{-1} HNO_3 溶液和 0.1 mol·L^{-1} $AgNO_3$ 溶液,摇匀,放置 10 min。所呈浊度不得大于标准。

检验对比标准为取下列质量的 Cl^-：优级纯 0.015 mg；分析纯 0.030 mg；化学纯 0.070 mg。稀释至 25 mL,与同体积样品溶液同样处理。

本实验要求重结晶后的硝酸钾晶体含氯量达化学纯为合格,否则应再次重结晶,直至合格。最后称量,计算产率,并与前几次的结果进行比较。

五、实验注意事项

（1）化学试剂硝酸钾中杂质最高含量（指标以 $x/\%$ 计）如表 9.4 所示。

表 9.4 硝酸钾中杂质最高含量

名 称	优 级 纯	分 析 纯	化 学 纯
澄清度试验	合格	合格	合格
水不溶物	0.002	0.004	0.006
干燥失重	0.2	0.2	0.5
总氯量（以 Cl 计）	0.001 5	0.003	0.007
硫酸盐（SO_4^{2-}）	0.002	0.005	0.01
亚硝酸盐及磷酸盐（以 NO_2 计）	0.000 5	0.001	0.002
磷酸盐（PO_4^{3-}）	0.000 5	0.001	0.001
钠（Na）	0.02	0.02	0.05
镁（Mg）	0.001	0.002	0.004
钙（Ca）	0.002	0.004	0.006
铁（Fe）	0.000 1	0.000 2	0.000 5
重金属（以 Pb 计）	0.000 3	0.000 5	0.001

（2）氯化物溶液（标准）的配制（1 mL 含 0.1 mg Cl⁻） 称取 0.165 g 于 500~600 ℃ 灼烧至恒重之氯化钠，溶于水，移入 1 000 mL 容量瓶中，稀释至刻度。

（3）检查产品含氯总量时，要求在 700 ℃ 灼烧。这步操作需在马弗炉中进行。需要注意的是，当灼烧物质达到灼烧要求后，先关掉电源，待温度降至 200 ℃ 以下时，可打开马弗炉，用长柄坩埚钳取出装试样的坩埚，放在石棉网上，切忌用手拿。

六、思考题

（1）何谓重结晶？本实验都涉及哪些基本操作？应注意什么？

（2）试设计从母液中提取较高纯度的硝酸钾晶体的实验方案，并加以试验。

（3）分离粗 KNO_3 晶体减压过滤时，是否要用安全瓶？为什么？

实验六　d 区重要元素化合物的性质（一）

一、实验目的

熟悉第四周期的铬、锰元素的重要化合物的性质。

二、实验原理和技能

铬、锰分别为第四周期的ⅥB、ⅦB族元素。铬、锰元素的重要化合物的性质如下。

1. Cr 的重要化合物性质

$Cr(OH)_3$ 是典型的灰蓝色的两性氢氧化物，能与过量的 NaOH 反应生成绿色 $[Cr(OH)_4]^-$，Cr(Ⅲ)在酸性溶液中很稳定，但在碱性溶液中具有较强的还原性，易被 H_2O_2 氧化成 CrO_4^{2-}。铬酸盐与重铬酸盐互相可以转化，溶液中存在下列平衡：

$$2CrO_4^{2-} + 2H^+ \rightleftharpoons Cr_2O_7^{2-} + H_2O$$

因重铬酸盐的溶解度较铬酸盐的溶解度大，因此，向重铬酸盐溶液中加入 Ag^+、Pb^{2+}、Ba^{2+} 等离子时，通常生成铬酸盐沉淀。例如：

$$Cr_2O_7^{2-} + 2Ba^{2+} + H_2O \longrightarrow 2BaCrO_4(黄色) + 2H^+$$

在酸性条件下 $Cr_2O_7^{2-}$ 具有强氧化性，可氧化乙醇，反应方程式如下：

$$2Cr_2O_7^{2-}(橙色) + 3C_2H_5OH + 16H^+ \longrightarrow 4Cr^{3+}(绿色) + 3CH_3COOH + 11H_2O$$

通过此实验，可判断是否酒后驾车或酒精中毒。

2. Mn 的重要化合物性质

Mn(Ⅱ)在碱性条件下具有还原性，易被空气中的氧气所氧化。反应方程式如下：

$$Mn^{2+} + 2OH^- \longrightarrow Mn(OH)_2(白色)$$

$$2Mn(OH)_2 + O_2 \longrightarrow 2MnO(OH)_2(棕红色)$$

在酸性溶液中，Mn^{2+} 很稳定，只有强氧化剂如 $NaBiO_3$、PbO_2、$S_2O_8^{2-}$ 等，才能将它氧化成 MnO_4^-。反应方程式如下：

$$2Mn^{2+} + 5NaBiO_3(s) + 14H^+ \longrightarrow 2MnO_4^- + 5Bi^{3+} + 5Na^+ + 7H_2O$$

+6 价的 MnO_4^{2-} 能稳定存在于强碱溶液中，而在酸性或弱碱性溶液中会发生歧化：

$$3MnO_4^{2-} + 2H_2O \longrightarrow 2MnO_4^- + MnO_2 + 4OH^-$$

+7 价的 MnO_4^- 是强氧化剂。介质的酸碱性不仅影响它的氧化能力，也影响它的还原产物。在酸性介质，其还原产物是 Mn^{2+}，在弱碱性（或中性）介质中，其还原产物是 MnO_2，在强碱性介质中，其还原产物是 MnO_4^{2-}。

三、主要仪器和试剂

主要仪器：点滴板，离心机，离心管，试管，酒精灯，试管夹。

试剂：MnO_2（CP），NH_4Cl（AR），HCl 溶液（2 $mol \cdot L^{-1}$，浓），HNO_3 溶液（6 $mol \cdot L^{-1}$，

H_2SO_4 溶液（3 mol·L^{-1}），HAc 溶液（2 mol·L^{-1}），NaOH 溶液（2 mol·L^{-1}，6 mol·L^{-1}，40%），$NH_3·H_2O$ 溶液（2 mol·L^{-1}，浓），$MnSO_4$ 溶液（0.1 mol·L^{-1}），$CrCl_3$ 溶液（0.1 mol·L^{-1}），$K_2Cr_2O_7$ 溶液（0.1 mol·L^{-1}），$KMnO_4$ 溶液（0.01 mol·L^{-1}），Na_2SO_3 溶液（0.1 mol·L^{-1}），$CoCl_2$ 溶液（0.5 mol·L^{-1}），H_2O_2 溶液（3%），乙醇（95%）。

四、实验内容

设计实验方案，经教师审查后，完成下列实验内容。

1. 低价氢氧化物的生成和性质

设计方案，制备氢氧化锰（Ⅱ）、氢氧化铬（Ⅲ）沉淀，考察其稳定性及酸碱性，写出反应方程式，并总结低价氢氧化物的性质。

2. 低价盐的还原性

设计方案，验证 Cr(Ⅲ) 在碱性介质中的还原性和 Mn(Ⅱ) 在酸性介质中的还原性。写出反应方程式。

3. 高价盐的氧化性

设计实验，验证 Cr(Ⅵ) 的氧化性，验证 Mn(Ⅶ) 在不同介质中的氧化性，写出反应方程式。

4. $Cr_2O_7^{2-}$ 与 CrO_4^{2-} 的转化

设计实验，验证 $Cr_2O_7^{2-}$ 的稳定性及 $Cr_2O_7^{2-}$ 与 CrO_4^{2-} 的转化，写出反应方程式。

5. 锰酸盐的生成及不稳定性

设计实验，以 $KMnO_4$ 溶液为原料，制备锰酸盐，并验证其不稳定性。写出反应方程式。

五、思考题

比较 $Fe(OH)_3$、$Al(OH)_3$、$Cr(OH)_3$ 的性质。设计实验，分离并鉴定含 Fe^{3+}、Al^{3+}、Cr^{3+} 的混合液。

实验七　d区重要元素化合物的性质（二）

一、实验目的

熟悉第四周期的铁、钴、镍元素的重要化合物的性质。

二、实验原理和技能

Fe(Ⅱ)、Co(Ⅱ)、Ni(Ⅱ)的氢氧化物依次为白色、粉红和绿色。

Fe(OH)$_2$具有很强的还原性，易被空气中的氧氧化生成红棕色Fe(OH)$_3$。Fe(OH)$_3$主要呈碱性，酸性很弱，但能溶于碱溶液形成[Fe(OH)$_6$]$^{4-}$离子。

CoCl$_2$溶液与OH$^-$反应，先生成蓝色沉淀，稍放置生成粉红色Co(OH)$_2$沉淀。Co(OH)$_2$也能被空气中的氧氧化，生成棕黑色Co(OH)$_3$。Co(OH)$_2$显两性，不仅能溶于酸，而且能溶于过量的浓碱形成[Co(OH)$_4$]$^{2-}$离子。

Ni(OH)$_2$在空气中是稳定的，只有在碱性溶液中用强氧化剂（如Br$_2$、NaClO、Cl$_2$）才能将其氧化成黑色NiO(OH)。Ni(OH)$_2$显碱性。

Fe(Ⅲ)、Co(Ⅲ)、Ni(Ⅲ)的氢氧化物都显碱性，颜色依次为红棕色、褐色、黑色。若将Fe(Ⅲ)、Co(Ⅲ)、Ni(Ⅲ)的氢氧化物溶于酸后，则分别得到三价的Fe^{3+}和二价的Co^{2+}、Ni^{2+}。这是因为在酸性溶液中，Co^{3+}、Ni^{3+}都是强氧化剂，它们能将H$_2$O氧化为O$_2$，将Cl$^-$氧化为Cl$_2$。因此，Co(Ⅲ)、Ni(Ⅲ)氢氧化物的获得，通常是由Co(Ⅱ)、Ni(Ⅱ)盐在碱性条件下被强氧化剂（Br$_2$、NaClO、Cl$_2$）氧化而得到。

铁、钴、镍均能生成多种配合物。Fe^{2+}、Fe^{3+}与氨水反应只生成氢氧化物沉淀，而不生成氨合物。Co^{2+}、Ni^{2+}与氨水反应先生成碱式盐沉淀，而后溶于过量氨水，形成Co(Ⅱ)、Ni(Ⅱ)的氨配合物。但是[Co(NH$_3$)$_6$]$^{2+}$（土黄色）不稳定，易被空气中氧氧化为[Co(NH$_3$)$_6$]$^{3+}$（棕红色），而[Ni(NH$_3$)$_6$]$^{2+}$（蓝紫色）能在空气中稳定存在。

三、主要仪器和试剂

主要仪器：试管、离心试管。

试剂：H$_2$SO$_4$溶液（6 mol·L^{-1}，1 mol·L^{-1}）、HCl溶液（浓）、NaOH溶液（6 mol·L^{-1}，2 mol·L^{-1}）、(NH$_4$)$_2$FeSO$_4$溶液（0.1 mol·L^{-1}）、CoCl$_2$溶液（0.1 mol·L^{-1}）、NiSO$_4$溶液（0.1 mol·L^{-1}）、KI溶液（0.5 mol·L^{-1}）、K$_4$[Fe(CN)$_6$]溶液（0.5 mol·L^{-1}）、氨水（6 mol·L^{-1}，浓）、氯水、碘水、四氯化碳、戊醇、乙醚、H$_2$O$_2$溶液（3%）、FeCl$_3$溶液（0.2 mol·L^{-1}）、KSCN溶液（0.5 mol·L^{-1}）、硫酸亚铁铵、硫氰酸钾。

四、实验内容

1. Fe(Ⅱ)、Co(Ⅱ)、Ni(Ⅱ)的氢氧化物制备及性质

(1) 取三支试管分别加入0.1 mol·L^{-1}的(NH$_4$)$_2$FeSO$_4$溶液、CoCl$_2$溶液、NiSO$_4$溶液

各 2 mL，然后在三支试管中分别滴加 2 mol·L^{-1} 的 NaOH 溶液，观察有何现象发生。放置一段时间后又有何不同？请写出相关反应方程式并解释之。

(2) 根据所学知识并查阅相关资料，请设计一方案制备 Fe(OH)$_2$ 并进行相关实验操作。

(3) 取二支试管分别取上述实验中 Fe(Ⅱ) 的氢氧化物，然后分别加入 6 mol·L^{-1} 的 H$_2$SO$_4$ 溶液和 NaOH 溶液，观察有何现象发生。用 Co(Ⅱ)、Ni(Ⅱ) 的氢氧化物代替 Fe(Ⅱ) 的氢氧化物进行同样操作，又有何不同？

2. Fe(Ⅲ)、Co(Ⅲ)、Ni(Ⅲ) 的氢氧化物制备及性质

(1) 根据自己设计的方案制备 Fe(Ⅲ)、Co(Ⅲ)、Ni(Ⅲ) 的氢氧化物。

(2) 根据自己设计的方案用实验探讨 Fe(Ⅲ)、Co(Ⅲ)、Ni(Ⅲ) 氢氧化物的酸碱性。

(3) 根据自己设计的方案用实验探讨 Fe(Ⅲ)、Co(Ⅲ)、Ni(Ⅲ) 的氧化性。

3. Fe、Co、Ni 的配合物生成及离子鉴定

(1) 含有 Fe(Ⅱ) 和 Fe(Ⅲ) 离子的溶液，利用 Fe 的配合物生成设计实验鉴别之。

(2) 含有 Co(Ⅱ) 和 Ni(Ⅱ) 离子的溶液，利用 Co 和 Ni 的配合物生成设计实验鉴别之。

五、思考题

(1) 综合上述实验总结 Fe(Ⅱ)、Co(Ⅱ)、Ni(Ⅱ) 的还原性和 Fe(Ⅲ)、Co(Ⅲ)、Ni(Ⅲ) 的氧化性变化规律。

(2) 为什么 Fe(Ⅲ) 可以氧化 I$^-$ 成 I$_2$，而 [Fe(CN)$_6$]$^{2-}$ 又能将 I$_2$ 还原为 I$^-$？

(3) 现有一瓶含有 Fe^{3+}、Cr^{3+} 和 Ni^{2+} 的混合溶液，如何将它们分离？请设计出分离示意图。

实验八 常用离子的分离及鉴定

一、实验目的

（1）学会离子的分离与鉴定方法。
（2）掌握电动离心机的使用方法。
（3）了解沉淀和离子的转移，掌握沉淀洗涤的操作方法。

二、实验原理

1. 常见阴离子反应现象

（1）$S_2O_3^{2-}+2Ag^+ \longrightarrow Ag_2S_2O_3 \downarrow$（白色沉淀）
（2）$Ag_2S_2O_3+H_2O \longrightarrow Ag_2S$（白→黄→棕→黑）
（3）$S^{2-}+[Fe(CN)_5NO]^{2-} \longrightarrow [Fe(CN)_5NOS]^{4-}$（紫色溶液）
（4）$Cl^-+Ag^+ \longrightarrow AgCl \downarrow$（白色沉淀）
（5）$Br^-+Ag^+ \longrightarrow AgBr \downarrow$（浅黄色沉淀）
（6）$I^-+Ag^+ \longrightarrow AgI \downarrow$（黄色沉淀）

2. 常见阳离子反应现象

（1）$Ag^++Cr^- \longrightarrow AgCl \downarrow$（白色沉淀）
　　　$Pb^{2+}+2Cr^- \longrightarrow PbCl_2 \downarrow$（白色沉淀）
（2）$PbCl_2+2NH_4Ac \longrightarrow PbAc_2+2NH_4Cl$
（3）$Pb^{2+}+2CrO_4^{2-} \longrightarrow PbCrO_4 \downarrow$（黄色沉淀）
（4）$AgCl+2NH_3H_2O \longrightarrow Ag(NH_3)_2Cl+H_2O$
　　　$Ag^++Cl^- \longrightarrow AgCl \downarrow$（白色沉淀）
（5）$Fe^{3+}+3NH_3H_2O \longrightarrow Fe(OH)_3 \downarrow +3NH_4^+$
　　　$2Cu^{2+}+SO_4^{2-}+2NH_3 \cdot H_2O \longrightarrow Cu_2(OH)_2SO_4 \downarrow +2NH_4^+$
　　　$Cu_2(OH)_2SO_4+2NH_4^++6NH_3 \cdot H_2O \longrightarrow 2[Cu(NH_3)_4]^{2+}+SO_4^{2-}+8H_2O$
　　　　　　　　　　　　　　　　　　　　　深蓝色溶液
（6）$Fe(OH)_3+H^+ \longrightarrow Fe^{3+}+3H_2O$
（7）$Fe^{3+}+nSCN^- \longrightarrow Fe(SCN)_n^{3-n}$（血红色溶液）
（8）$NH_3 \cdot H_2O+CH_3COOH \longrightarrow CH_3COONH_4+H_2O$
　　　$Ca^{2+}+[Fe(CN)_6]^{4-} \longrightarrow Cu_2[Fe(CN)_6] \downarrow$（豆沙色沉淀）

三、主要仪器和试剂

1. 实验设备：离心机

离心机的使用方法如下。
（1）离心程序：装上样品→关盖→开机→运行 2 min →关机→开盖。（注意安全！）
（2）选择与离心机内套管相匹配的离心管，不能太长或太短。

(3) 在对称的位置上放入等量的离心溶液（如图 9.1 中的 1 和 4，2 和 5，3 和 6），使对称的离心管一样重。

(4) 选择合适的转速（2 000 r/min）、离心时间（约 2 min），离心机正常工作时，声音比较均匀，每拔一档适当停顿一下，让仪器缓冲一下。

图 9.1　离心机内套管

判断沉淀完全：在已离心溶液的上层清液的中加入沉淀剂，若上清液未变浑浊，则继续进行离子的分离与鉴定。离心转移：先将长滴管胶帽空气完全排出，再插入离心试管中，吸取上层清液，转移至另一离心试管中。

2. 实验材料

HCl 溶液（2 mol/L），$NH_3 \cdot H_2O$ 溶液（2 mol/L），K_2CrO_7 溶液（0.1 mol/L），KSCN 溶液（0.1 mol/L），HAc 溶液（6 mol/L），$K_4[Fe(CN)_6]$ 溶液（0.1 mol/L），$NH_4Ac(s)$，待测液，蒸馏水。

四、实验内容与步骤

(1) 阳离子分离与鉴定步骤如下：

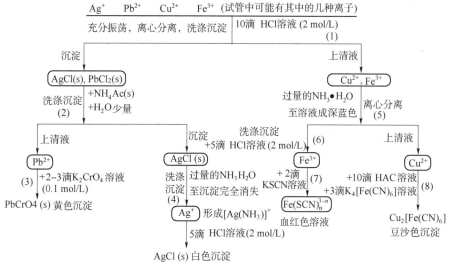

（2）阴离子分离与鉴定步骤如下：

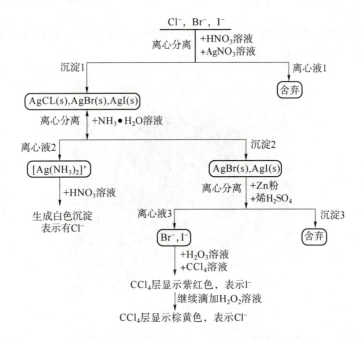

（3）根据实验现象，得出试管中含有何种阳离子的结论。

五、实验注意事项

（1）使用离心机时，必须等转子完全停稳后，再打开玻璃盖。
（2）沉淀须洗涤干净。

六、思考题

（1）沉淀未洗涤干净，会导致什么后果？
（2）重金属怎么后处理？

实验九　硫酸亚铁铵的制备

一、实验目的

（1）学会 $FeSO_4 \cdot (NH_4)_2SO_4 \cdot 6H_2O$ 的制备方法。

（2）掌握称量、溶解、饱和溶液的配制、pH 试纸的使用、抽滤、蒸发浓缩、结晶等操作。

二、实验原理和技能

$FeSO_4 \cdot (NH_4)_2SO_4 \cdot 6H_2O$ 是浅绿色单叙晶体，溶于水，不易被空气中 O_2 所氧化，比硫酸亚铁稳定。在一定温度范围内，利用复盐硫酸亚铁铵的溶解度比组成它的简单盐得的溶解度小的特点，从混合溶液中分离出来。

制备原理的反应方程式如下：

$$FeSO_4 \cdot 7H_2O + (NH_4)_2SO_4 + 6H_2O \longrightarrow FeSO_4 \cdot (NH_4)_2SO_4 \cdot 6H_2O$$

分子量	278.02	132.02	392.14
质量	4.0 g	3.0 g	
性状	蓝绿色	白色颗粒	浅绿色

三、主要仪器和试剂

主要仪器：天平，布氏漏斗，吸滤瓶，烧杯，玻璃棒，蒸发皿，酒精灯，铁架台，石棉网，泥三角，循环水式真空泵。

试剂：$(NH_4)_2SO_4(s)$，KSCN 溶液（$1.0\ mol \cdot L^{-1}$），H_2SO_4 溶液（$3.0\ mol \cdot L^{-1}$），$FeSO_4 \cdot 7H_2O\ (s)$，去离子水，pH 试纸，滤纸。

四、实验内容

1. 溶液的制备

（1）$FeSO_4(4.0g)$ 加 H_2SO_4 溶液（1 mL，$3\ mol \cdot L^{-1}$）加 $H_2O(15\ mL)$搅拌溶解，得到浅绿色溶液。

（2）$(NH_4)_2SO_4(3.0g)$ 加 $H_2O(15\ mL)$加热溶解，冷却至室温，得到无色溶液。

2. 产品制备

产品制备步骤如下：

将 $FeSO_4$ 溶液 $\xrightarrow[\text{搅拌}]{\text{缓慢滴加}}$ 加入饱和$(NH_4)_2SO_4$ 溶液中 $\xrightarrow{\text{继续搅拌}}$

5 至 10 min $\xrightarrow[\text{调 pH}]{\text{加 }H_2SO_4\text{ 溶液}}$ 1 至 2 $\xrightarrow[\text{蒸发浓缩}]{\text{转入蒸发皿}}$ 晶膜 $\xrightarrow[\text{室温}]{\text{冷却}}$ 结晶 $\xrightarrow{\text{抽滤}}$

取出晶体，称量，计算产率，回收固体

3. 实验数据处理与误差讨论

1) 数据处理

$(NH_4)_2SO_4(s)$ 的重量：_____；$FeSO_4 \cdot 7H_2O$ 的重量：_____；
$FeSO_4 \cdot (NH_4)_2SO_4 \cdot 6H_2O$ 的重量：_____；$FeSO_4 \cdot (NH_4)_2SO_4 \cdot 6H_2O$ 的产率_____；产品外观_____。

2) 误差讨论

产率偏低，原因是什么？产品颜色不纯，可能是什么原因导致的？

五、实验注意事项

（1）蒸发浓缩时不能蒸干。
（2）比色时确保溶解完全。

六、思考题

（1）为什么 pH 值要调至 1~2？
（2）怎么判断晶膜的产生？晶膜是什么性状？
（3）计算产率时应该注意什么？

实验十　五水合硫酸铜的制备和提纯

一、实验目的

(1) 掌握 $CuSO_4$ 的提纯方法,加深对有关理论知识的理解。

(2) 掌握无机制备过程中的溶解、加热、减压过滤、蒸发、结晶等基本操作。

二、实验原理和技能

粗硫酸铜中含有不溶性杂质和可溶性杂质如 $FeSO_4$、$Fe_2(SO_4)_3$ 等,前者可以通过过滤法去除,杂质 $FeSO_4$ 需要 H_2O_2 或 Br_2 将 Fe^{2+} 氧化成 Fe^{3+} 后,调节溶液的 pH 值为 4 左右,使 Fe^{3+} 水解为 $Fe(OH)_3$ 沉淀而除去,其反应方程式如下:

$$2FeSO_4 + H_2SO_4 + H_2O_2 \longrightarrow Fe_2(SO_4)_3 + 2H_2O_2$$

$$Fe_2(SO_4)_3 + 6H_2O \xrightarrow{pH=4} Fe(OH)_3 \downarrow + 3H_2SO_4$$

除去铁离子后的滤液,用 KSCN 检验如无 Fe^{3+} 存在,即可蒸发结晶,其他微量可溶性杂质在硫酸铜结晶时,仍留在母液中,过滤时可与硫酸铜分离。

三、主要仪器和试剂

主要仪器:电子天平、研钵、铁架台、布氏漏斗、吸滤瓶、烧杯(100 mL)、玻璃棒、蒸发皿、滤纸、长颈漏斗、试管架、酒精灯、移液管(25 mL)、温度计(0~100 ℃)。

试剂:盐酸(2 mol/L)、H_2SO_4 溶液(1 mol/L)、氨水(1 mol/L)、NaOH 溶液(1 mol/L)、KSCN 溶液(1 mol/L)、H_2O_2 溶液(3%)、滤纸、pH 试纸、粗硫酸铜。

四、实验内容

(1) 称取 5.0 g 已研细的粗硫酸铜放入 100 mL 的烧杯中,加入 20 mL 蒸馏水,放在石棉网上加热,用玻璃棒搅动促其溶解。

(2) 于上一步所得溶液中滴加 1 mL 的 1 mol/L H_2SO_4 溶液和 2 mL 的 3% 的 H_2O_2 溶液,搅拌均匀,将溶液继续加热同时逐滴加入 2 mol/L NaOH 溶液直至 pH 值为 4 左右(取 pH 试纸一条,用玻璃棒蘸少许溶液与 pH 试纸一端接触后,与 pH 试纸标准卡颜色比较,确定溶液 pH 值的大小),再加热 1~2 min,停止加热,使 $Fe(OH)_3$ 沉降。用倾析法在普通滤纸上趁热过滤,滤液收集于清洁的蒸发皿中。

(3) 加 1 mol/L H_2SO_4 溶液于滤液中调至 pH 值为 1~2,然后在石棉网上加热、蒸发、浓缩至液面刚出现一层结晶膜时,即停止加热。

(4) 自然冷却至室温后,用布氏漏斗进行减压过滤,尽量抽干。

(5) 停止抽滤,取出晶体,把它夹在两层滤纸中,吸干晶体表面上的水分,抽滤瓶中的母液倒入回收瓶中。

(6) 在托盘天平上称出结晶质量,观察晶体外形,计算产率,回收产品。

(7) 硫酸铜纯度检验方法如下。

①称 1.0 g 已提纯的硫酸铜放入一干净的小烧杯中,加 10 mL 蒸馏水溶解,加入 1 mL 1 mol/L H_2SO_4 溶液酸化(可用 pH 试纸测定),再加入 2 mL 3% H_2O_2 溶液,煮沸 1~2 min,使 Fe^{2+} 氧化为 Fe^{3+}。

②冷却后,在搅拌下逐滴加入 6 mol/L 氨水,直至生成蓝色沉淀全部溶解,溶液呈深蓝色为止,其反应方程式如下:

$$Fe^{3+}+3NH_3+3H_2O \longrightarrow Fe(OH)_3\downarrow +3NH_4^+$$

$$2CuSO_4+2NH_3+2H_2O \longrightarrow Cu_2(OH)_2SO_4\downarrow (蓝色)+(NH_4)_2SO_4$$

$$Cu_2(OH)_2SO_4+(NH_4)_2SO_4+6NH_3 \longrightarrow 2[Cu(NH_3)_4]SO_4+2H_2O$$

③过滤,用滴管将 6 mol/L 氨水滴至滤纸上,洗涤,直至滤纸上的蓝色洗去为止,弃去滤液。

④用滴管将 3 mL 热的 2 mol/L 盐酸滴在滤纸上以溶解 $Fe(OH)_3$,通过滤纸的溶液收集在干净的试管中,若一次不能完全溶解,可将滤下的滤液加热,再滴至滤纸上。

⑤在滤液中滴一滴 1 mol/L KSCN 溶液,观察血红色的产生。其反应方程式如下:

$$Fe^{3+}+6SCN \longrightarrow [Fe(SCN)_6]^{3-}(血红色)$$

Fe^{3+} 愈多,红色愈深,可根据红色的深浅评定产品的纯度。若残留 Fe^{3+} 过多,则需二次提纯。

五、思考题

(1) 本实验关键的操作是哪几步?如何避免失误?

(2) 提纯过程中为什么不用 HCl 溶液或 HNO 溶液酸化?

实验十一　酸碱溶液的配制与比较滴定

一、实验目的

(1) 学习酸（碱）式滴定管、锥形瓶等容量器皿的使用。
(2) 学习粗略配制溶液的方法。
(3) 掌握酸碱滴定原理和操作方法。
(4) 了解指示剂变色的原理和学会用指示剂判断终点的方法。
(5) 学会对实验结果的处理及对有效数字的准确运用。

二、实验原理和技能

NaOH 和 HCl 相互滴定，反应方程式为

$$HCl+NaOH \longrightarrow NaCl+H_2O$$

在化学计量点时溶液 pH=7.0，可选用甲基橙、甲基红、酚酞等多种指示液定终点。通常 NaOH 滴定 HCl 时用酚酞指示液，HCl 滴定 NaOH 时用甲基橙指示液，可使滴定终点的变色较为明显。酸碱比较滴定结果以体积比 $V(NaOH)/V(HCl)$ 表示。

三、主要仪器和试剂

主要仪器：50 mL 酸式滴定管、50 mL 碱式滴定管、锥形瓶、烧杯、托盘天平、洗瓶、10 mL 量筒、100 mL 量筒、500 mL 酸（碱）试剂瓶。

试剂：HCl 溶液（37%，浓）、NaOH（分析纯）、甲基橙指示液（0.1%）、酚酞指示液（0.1%）、蒸馏水。

四、实验内容

1. 粗略配制 0.1 mol/L NaOH 溶液和 0.1 mol/L HCl 溶液各 500 mL

HCl 容易挥发，NaOH 容易吸收空气中的水分和 CO_2，均不能采用直接法配制标准溶液，一般先配成近似浓度的溶液，再用基准物质标定它们的准确浓度。配制方法如下。

(1) 0.1 mol/L HCl 溶液的配制。通过计算求出配制 500 mL 0.1 mol/L HCl 溶液所需浓 HCl（1.19 g/mL，约 12 mol/L）的体积。用量筒取所需体积的 HCl 溶液（浓，37%），加入预先装有约 100 mL 蒸馏水的 500 mL 烧杯中，摇匀，并稀释至 500 mL，转移至洗净带玻璃塞的试剂瓶中，充分摇匀后贴上标签。

(2) 0.1 mol/L NaOH 溶液的配制。通过计算求出配制 500 mL 0.1 mol/L NaOH 溶液所需的固体 NaOH 的质量，用托盘天平迅速称取所需 NaOH 固体于烧杯中，立即用 500 mL 蒸馏水溶解，溶液转移到带橡胶塞的试剂瓶中，充分摇匀后贴上标签。在要求严格的个别测定值下，应使用不含 CO_2 的水。

2. HCl 溶液滴定 NaOH 溶液，用甲基橙指示液

(1) 按照定量分析方法的要求洗净酸式、碱式滴定管各 1 支及 250 mL 锥形瓶 3 只。

（2）分别将 HCl 溶液、NaOH 溶液装入酸式、碱式滴定管达"0.00"刻度以上，赶走滴定管尖嘴中的气泡，并调整液面至"0.00"刻度线或附近（如"0.10""0.20"等），准确记录初读数（准确到 0.01 mL）。

（3）从碱式滴定管放出约 20 mL NaOH 溶液于 250 mL 锥形瓶中，放出的速度约为 10 mL/min，加入 1~2 滴甲基橙指示液，用 HCl 溶液滴定至终点，即溶液颜色由黄色变为橙色为止。如滴定过量，可以用 NaOH 回滴。

（4）读取并记录 HCl 溶液和 NaOH 溶液的终读数。

（5）重复以上滴定操作，平行滴定三次。每次滴定都必须将酸式、碱式滴定管内溶液面重新加至"0.00"刻度以上，并调整液面至"0.00"刻度线。

（6）分别求出体积比 $V(NaOH)/V(HCl)$，直至三次测定结果的相对平均偏差在 0.2% 以内，取其平均值。

3. NaOH 溶液滴定 HCl 溶液，用酚酞指示液

（1）按照定量分析方法的要求准备好酸式、碱式滴定管各 1 支及 250 ml 锥形瓶 3 只。

（2）分别将 HCl 溶液、NaOH 溶液装入酸式、碱式滴定管达"0.00"刻度以上，赶走气泡，并调整液面至"0.00"刻度线或附近（如"0.10""0.20"等），准确记录初读数（准确到 0.01 mL）。

（3）从酸式滴定管放出约 20 mL HCl 溶液于 250 mL 锥形瓶中，放出的速度约为 10 mL/min 示，加入 1~2 滴酚酞指示液，用 NaOH 溶液滴定至终点，即溶液由无色变为微红色（30 s 内不褪色）为止。

（4）读取并记录 HCl 溶液和 NaOH 溶液的终读数。

（5）重复以上滴定操作，平行滴定三次。每次滴定都必须将酸式、碱式滴定管内溶液重新加至"0.00"刻度以上，并调整液面至"0.00"刻度。

（6）分别求出体积比 $V(NaOH)/V(HCl)$，直至三次测定结果的相对平均偏差在 0.2% 之内，取其平均值。

4. 数据记录及处理

（1）HCl 溶液滴定 NaOH 溶液，用甲基橙指示液。数据记录在表 9.5 中。

表 9.5 HCl 溶液滴定 NaOH 溶液的数据

记录项目 次序	1	2	3
$V(NaOH)$ 终读数/mL			
$V(NaOH)$ 初读数/mL			
$V(NaOH)$/mL			
$V(HCl)$ 终读数/mL			
$V(HCl)$ 初读数/mL			
$V(HCl)$/mL			
$V(NaOH)/V(HCl)$			
$V(NaOH)/V(HCl)$ 平均值			
个别测定值的绝对偏差			
平均偏差			
相对平均偏差/%			

(2) NaOH 溶液滴定 HCl 溶液，用酚酞指示液。数据记录在表 9.6 中。

表 9.6 NaOH 溶液滴定 HCl 溶液的数据

记录项目 次序	1	2	3
V(NaOH) 终读数/mL			
V(NaOH) 初读数/mL			
V(NaOH)/mL			
V(HCl) 终读数/mL			
V(HCl) 初读数/mL			
V(HCl)/mL			
V(NaOH)/V(HCl)			
V(NaOH)/V(HCl) 平均值			
个别测定值的绝对偏差			
平均偏差			
相对平均偏差/%			

五、思考题

（1）为什么在标准溶液装入洗净的滴定管前要用该溶液润洗 3 次？滴定用的锥形瓶是否也要同样处理？

（2）滴定完一份试液后，若滴定管中还有足够的标准溶液，是否可以继续滴定下去？

（3）滴定时加入指示液的量为什么不能太多？试根据指示液平衡移动的原理说明。

（4）为什么用盐酸滴定氢氧化钠时采用甲基橙指示液，而用氢氧化钠滴定盐酸时要采用酚酞指示液？

实验十二 电解法测定阿伏伽德罗常数

一、实验目的

(1) 了解电解法测定阿伏伽德罗常数的原理和方法。
(2) 练习电解的基本操作。

二、实验原理和技能

阿伏伽德罗常数（N_A）是一个十分重要的物理常数，有许多测定方法，本实验是用电解法进行测定。

用两块已知质量的铜片做阴极和阳极，以硫酸铜溶液为电解质进行电解。在阴极 Cu^{2+} 得到电子成为金属铜沉积在铜片上，使其质量增加；在阳极等量的金属铜溶解，生成 Cu^{2+} 进入溶液，使铜片质量减少。

阴极反应：$Cu^{2+} + 2e^- \longrightarrow Cu$

阳极反应：$Cu \longrightarrow Cu^{2+} + 2e^-$

电解时，当电流强度为 $I(A)$，则在时间 $t(s)$ 内，通过的总电量为

$$Q = It$$

式中，Q 的单位是 C 或 A·s。

如果在阴极上铜片增加的质量为 m g，则每增加 1 g 质量所需的电量为 It/m（单位：C/g）。因为 1 mol 铜的质量为 63.5 g，所以电解析出 1 mol 铜所需的电量为 $\dfrac{It}{m} \times 63.5$（单位：C）。

已知一个一价离子所带的电量（即一个电子带的电量）是 1.60×10^{-19} C，一个二价离子所带的电量是 $2 \times 1.60 \times 10^{-19}$ C，则 1 mol 铜所含的原子个数为

$$N_A = \frac{It \times 63.5}{m \times 2 \times 1.60 \times 10^{-19}}$$

理论上，阴极上 Cu^{2+} 得到的电子数应与阳极上 Cu 失去的电子数相等。因此在无副反应的情况下，阴极增加的质量应该等于阳极减少的质量。但往往因铜片不够纯等原因，阳极损失的质量一般比阴极增加的质量大，所以一般从阴极增加的质量算得的结果较为准确。

三、主要仪器和试剂

主要仪器：分析天平、毫安表、变阻箱、直流电源、电线、开关、砂纸、棉花。

试剂：无水酒精，紫铜片，$CuSO_4$ 溶液（每升含 $CuSO_4$ 125 g 和相对密度为 1.84 的浓 H_2SO_4 溶液 25 ml）。

四、实验内容

1. 电极的处理、称量

取两块 3 cm×5 cm 薄的纯紫铜片，分别用砂纸擦去表面氧化物，然后用水冲洗，再用蘸

有酒精的棉花擦净,待完全干后,用小刀在铜片一端做上记号。一块作阴极,另一块作阳极,分别在分析天平上称重(精确到 0.000 1 g)。

2. 安装仪器

在 50 mL 烧杯中加入 40 mL 的 $CuSO_4$ 溶液(每升含 125 g $CuSO_4$ 和 25 mL 浓 H_2SO_4),将阴、阳极高度的 2/3 浸没在 $CuSO_4$ 溶液中,两极的距离保持 1.5 cm,然后按图 9.2 用导线将电极与毫安表、变阻箱、直流稳压电源相连。调节稳压电源的输出电压为 10 V,变阻箱的电阻为 90~100 Ω。

3. 电解

按下开关,迅速调节电阻使毫安表指针在 120 mA 处,同时开动秒表,准确记下时间。通电 50 min 后,拉开开关停止电解。在电解过程中,随时调节电阻使毫安表始终指在 120 mA 处。电解完毕,将仪器复原,$CuSO_4$ 溶液回收。取下阴、阳极,先用蒸馏水漂洗,再在上面滴几滴乙醇,晾干后在分析天平上称重。

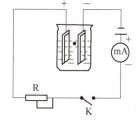

图 9.2 硫酸铜溶液电解示意图

数据记录和结果记入表 9.7。

表 9.7 数据记录和结果

电极质量改变值	阴极质量增加	阳极质量减少
	电解后: 电解前: $m = $ _____ g	电解后: 电解前: $m = $ _____ g
电解时间 t/s		
电流强度 I/A		
N_A		
百分误差		

五、思考题

(1) 电解过程中电流不能维持恒定,对实验结果有何影响?

(2) 根据实验原理,分析产生误差的主要原因,由此得出关键操作步骤。

附　录

附录1　我国法定计量单位

我国法定计量单位主要包括下列单位。

1）国际单位制（简称 SI）的基本单位

量的名称	单位名称	单位符号
长度	米	m
质量	千克[公斤]	kg
时间	秒	s
电流	安[培]	A
热力学温度	开[尔文]	K
物质的量	摩[尔]	mol
发光强度	坎[德拉]	cd

2）国际单位制的辅助单位

量的名称	单位名称	单位符号
平面角	弧度	rad
立体角	球面度	sr

3）国际单位制中具有专门名称的导出单位（摘录）

量的名称	单位名称	单位符号	其他表示式
频率	赫[兹]	Hz	s^{-1}
力；重力	牛[顿]	N	$kg·m/s^2$
压力，压强；应力	帕[斯卡]	Pa	N/m^2
能量；功；热	焦[耳]	J	$N·m$
功率；辐射通量	瓦[特]	W	J/s
电荷量	库[仑]	C	$A·s$

续表

量的名称	单位名称	单位符号	其他表示式
电位；电压；电动势	伏[特]	V	W/A
电容	法[拉]	F	C/V
电阻	欧[姆]	Ω	V/A
电导	西[门子]	S	A/V
摄氏温度	摄氏度	℃	—

4）国家选定的非国际单位制单位（摘录）

量的名称	单位名称	单位符号	换算关系和说明
时间	分	min	1 min = 60 s
	[小]时	h	1 h = 60 min = 3 600 s
	天(日)	d	1 d = 24 h = 86 400 s
平面角	[角]秒	(″)	1″ = (π/648 000) rad (π 为圆周率)
	[角]分	(′)	1′ = 60″ = (π/10 800) rad
	度	(°)	1° ≈ 60′ (π/180) rad
质量	吨	t	1 t = 10^3 kg
	原子质量单位	u	1 u = 1.660 540 2×10^{-27} kg
体积	升	L, (l)	1 L = 1 dm^3 = 10^{-3} m^3
能	电子伏	eV	1 eV ≈ 1.602 177 33×10^{-19} J

5）用于构成十进倍数和分数单位的词头

所表示的因数	词头名称	词头符号
10^{24}	尧[它]	Y
10^{21}	泽[它]	Z
10^{18}	艾[可萨]	E
10^{15}	拍[它]	P
10^{12}	太[拉]	T
10^{9}	吉[咖]	G
10^{5}	兆	M
10^{3}	千	k
10^{2}	百	h

续表

所表示的因数	词头名称	词头符号
10^1	十	da
10^{-1}	分	d
10^{-2}	厘	c
10^{-3}	毫	m
10^{-6}	微	μ
10^{-9}	纳[诺]	n
10^{-12}	皮[可]	p
10^{-15}	飞[母托]	f
10^{-18}	阿[托]	a
10^{-21}	仄[普托]	z
10^{-24}	幺[科托]	y

附录2 一些基本物理常数

物理量	符号	数值
真空中的光速	c	$2.997\,924\,58 \times 10^8$ m·s^{-1}
元电荷（电子电荷）	e	$1.602\,177\,33 \times 10^{-19}$ C
质子质量	m_p	$1.672\,623\,1 \times 10^{-27}$ kg
电子质量	m_e	$9.109\,389\,7 \times 10^{-31}$ kg
摩尔气体常数	R	$8.314\,510$ J·mol^{-1}·K^{-1}
阿伏伽德罗（Avogadro）常数	N_A	$6.022\,136\,7 \times 10^{23}$ mol^{-1}
里德伯（Rydberg）常量	R_∞	$1.097\,373\,153\,4 \times 10^7$ m^{-1}
普朗克（Planck）常量	h	$6.626\,075\,5 \times 10^{-34}$ J·s
法拉第（Faraday）常数	F	$9.648\,530\,9 \times 10^4$ C·mol^{-1}
玻耳兹曼（Boltzmann）常数	k	$1.380\,658 \times 10^{-23}$ J·K^{-1}
电子伏	eV	$1.602\,177\,33 \times 10^{-19}$ J
原子质量单位	u	$1.660\,540\,2 \times 10^{-27}$ kg

附录3 标准热力学数据（$p^\ominus$ = 100 kPa，T = 298.15 K）

物质(状态)	$\Delta_f H_m^\ominus/(kJ \cdot mol^{-1})$	$\Delta_f G_m^\ominus/(kJ \cdot mol^{-1})$	$S_m^\ominus/(J \cdot mol^{-1} \cdot K^{-1})$
Ag(s)	0	0	42.55
Ag$^+$(aq)	105.579	77.107	72.68
AgBr(s)	−100.37	−96.90	170.1
AgCl(s)	−127.068	−109.789	96.2
AgI(s)	−61.68	−66.19	115.5
Ag$_2$O(s)	−30.05	−11.20	121.3
Ag$_2$CO$_3$(s)	−505.8	−436.8	167.4
Al^{3+}(aq)	−531	−485	−321.7
AlCl$_3$(s)	−704.2	628.8	110.67
Al$_2$O$_3$(s,α,刚玉)	−1 675.2	−1 582.3	50.92
AlO$_2^-$(aq)	−918.8	−823.0	−21
Ba^{2+}(aq)	−537.64	−560.77	9.6
BaCO$_3$(s)	−1 216.3	−1 137.6	112.1
BaO(s)	−553.5	−525.1	70.42
BaTiO$_3$(s)	−1 659.8	1 572.3	107.9
Br$_2$(l)	0	0	152.231
Br$_2$(g)	30.907	3.110	245.463
Br$^-$(aq)	−121.55	−103.96	82.40
C(s,石墨)	0	0	5.740
C(s,金刚石)	1.896 6	2.899 5	2.377
CCl$_4$(l)	−135.44	−65.21	216.4
CO(g)	−110.525	−137.168	197.674
CO$_2$(g)	−393.509	−394.359	213.74
CO$_3^{2-}$(aq)	−677.14	−527.81	−56.9
HCO$_3^-$(aq)	691.99	−586.77	91.2
Ca(s)	0	0	41.42

续表

物质(状态)	$\Delta_f H_m^\ominus/(kJ \cdot mol^{-1})$	$\Delta_f G_m^\ominus/(kJ \cdot mol^{-1})$	$S_m^\ominus/(J \cdot mol^{-1} \cdot K^{-1})$
$Ca^{2+}(aq)$	−524.83	−553.58	−53.1
$CaCO_3(s,方解石)$	−1 206.92	−1 128.79	92.9
$CaO(s)$	−635.09	−604.03	39.75
$Ca(OH)_2(s)$	−986.09	−898.49	83.39
$CaSO_4(s,不溶解的)$	−1 434.11	−1 321.79	106.7
$CaSO_4 \cdot 2H_2O(s,透石膏)$	−2 022.63	−1 797.28	194.1
$Cl_2(g)$	0	0	223.006
$Cl^-(aq)$	−167.16	−131.26	56.5
$Co(s,\alpha)$	0	0	30.04
$CoCl_2(s)$	−312.5	−269.8	109.16
$Cr(s)$	0	0	23.77
$Cr^{3+}(aq)$	−1 999.1	—	—
$Cr_2O_3(s)$	−1 139.7	−1 058.1	81.2
$Cr_2O_7^{2-}(aq)$	−1 490.3	−1 301.1	261.9
$Cu(s)$	0	0	33.150
$Cu^{2+}(aq)$	64.77	65.249	−99.6
$CuCl_2(s)$	−220.1	−175.7	108.07
$CuO(s)$	−157.3	−129.7	42.63
$Cu_2O(s)$	−168.6	−146.0	93.14
$CuS(s)$	−53.1	−53.6	66.5
$F_2(g)$	0	0	202.78
$Fe(s,\alpha)$	0	0	27.28
$Fe^{2+}(aq)$	−89.1	−78.90	−137.7
$Fe^{3+}(aq)$	−48.5	−4.7	−315.9
$Fe_{0.947}O(s,方铁矿)$	−266.27	−245.12	57.49
$FeO(s)$	−272.0	—	—
$Fe_2O_3(s,赤铁矿)$	−824.2	−742.2	87.40
$Fe_3O_4(s,磁铁矿)$	−1 118.4	−1 015.4	146.4
$Fe(OH)_2(s)$	−569	−486.5	88

续表

物质(状态)	$\Delta_f H_m^\ominus/(\text{kJ}\cdot\text{mol}^{-1})$	$\Delta_f G_m^\ominus/(\text{kJ}\cdot\text{mol}^{-1})$	$S_m^\ominus/(\text{J}\cdot\text{mol}^{-1}\cdot\text{K}^{-1})$
$Fe(OH)_3(s)$	−823.0	−696.5	106.7
$H_2(g)$	0	0	130.684
$H^+(aq)$	0	0	0
$H_2CO_3(aq)$	−699.65	−623.16	187.4
$HCl(g)$	−92.307	−95.299	186.80
$HF(g)$	−271.1	−273.2	173.79
$HNO_3(l)$	−174.1	−80.79	155.60
$H_2O(g)$	−241.818	−228.572	188.825
$H_2O(l)$	−285.83	−237.129	69.91
$H_2O_2(l)$	−187.78	−120.35	109.6
$H_2O_2(aq)$	−191.17	−134.03	143.9
$H_2S(g)$	−20.63	−33.56	205.79
$HS^-(aq)$	−17.6	12.08	62.8
$S^{2-}(aq)$	33.1	85.8	−14.6
$Hg(g)$	61.317	31.82	174.96
$Hg(l)$	0	0	76.02
$HgO(s,红)$	−90.83	−58.539	70.29
$I_2(g)$	62.438	19.327	260.65
$I_2(s)$	0	0	116.135
$I^+(aq)$	−55.19	−51.59	111.3
$K(s)$	0	0	64.18
$K^+(aq)$	−252.38	−283.27	102.5
$KCl(s)$	−436.747	−409.14	82.59
$Mg(s)$	0	0	32.68
$Mg^{2+}(aq)$	−466.85	−454.8	−138.1
$MgCl_2(s)$	−641.32	−591.79	89.62
$MgO(s,粗粒的)$	−601.70	−569.44	26.94
$Mg(OH)_2(s)$	−924.54	−833.51	63.18
$Mn(s,\alpha)$	0	0	32.01

续表

物质(状态)	$\Delta_f H_m^{\ominus}/(kJ \cdot mol^{-1})$	$\Delta_f G_m^{\ominus}/(kJ \cdot mol^{-1})$	$S_m^{\ominus}/(J \cdot mol^{-1} \cdot K^{-1})$
$Mn^{2+}(aq)$	−220.75	−228.1	−73.6
$MnO(s)$	−385.22	−362.9	59.71
$N_2(g)$	0	0	191.50
$NH_3(g)$	−46.11	−16.45	192.45
$NH_3(aq)$	−80.29	−26.5	111.3
$NH_4^+(aq)$	−132.43	−79.31	113.4
$N_2H_4(l)$	50.63	149.34	121.21
$NH_4Cl(s)$	−314.43	−202.87	94.6
$NO(g)$	90.25	86.55	210.761
$NO_2(g)$	33.18	51.31	240.06
$N_2O_4(g)$	9.16	304.29	97.89
$NO_3^-(aq)$	−205	−108.74	146.4
$Na(s)$	0	0	51.21
$Na^+(aq)$	−240.12	−261.95	59.0
$Na(s)$	0	0	51.21
$NaCl(s)$	−411.15	−384.15	72.13
$Na_2O(s)$	−414.22	−375.47	75.06
$NaOH(s)$	−425.609	−379.526	64.45
$Ni(s)$	0	0	29.87
$NiO(s)$	−239.7	−211.7	37.99
$O_2(g)$	0	0	205.138
$O_3(g)$	142.7	163.2	238.93
$OH^-(aq)$	−229.994	−157.244	−10.75
$P(s,白)$	0	0	41.09
$Pb(s)$	0	0	64.81
$Pb^{2+}(aq)$	−1.7	−24.43	10.5
$PbCl_2(s)$	−359.41	−314.1	136.0
$PbO(s,黄)$	−217.32	−187.89	68.70
$S(s,正交)$	0	0	31.80

续表

物质(状态)	$\Delta_f H_m^{\ominus}/(kJ \cdot mol^{-1})$	$\Delta_f G_m^{\ominus}/(kJ \cdot mol^{-1})$	$S_m^{\ominus}/(J \cdot mol^{-1} \cdot K^{-1})$
$SO_2(g)$	-296.83	-300.19	248.22
$SO_3(g)$	395.72	-371.06	256.76
$SO_4^{2-}(aq)$	-909.27	-744.53	20.1
$Si(s)$	0	0	18.83
$SiO_2(s, \alpha\ 石英)$	-910.94	-856.64	41.84
$Sn(s, 白)$	0	0	51.55
$SnO_2(s)$	-580.7	-519.7	52.3
$Ti(s)$	0	0	30.63
$TiCl_4(l)$	-804.2	-737.2	252.34
$TiCl_4(g)$	-763.2	-726.7	354.9
$TiN(s)$	-722.2	—	—
$TiO_2(s, 金红石)$	-944.7	-889.5	50.33
$Zn(s)$	0	0	41.63
$Zn^{2+}(aq)$	-153.89	-147.06	-112.1
$CH_4(g)$	-74.81	-50.72	186.264
$C_2H_2(g)$	226.73	209.20	200.94
$C_2H_4(g)$	52.26	68.15	219.56
$C_2H_6(g)$	-84.68	-32.82	229.60
$C_6H_6(g)$	82.93	129.66	269.20
$C_6H_6(l)$	48.99	124.35	173.26
$CH_3OH(l)$	-238.66	-166.27	126.8
$C_2H_5OH(l)$	-277.69	-174.78	160.07
$CH_3COOH(l)$	-484.5	-389.9	159.8
$C_6H_5COOH(s)$	-385.05	-245.27	167.57
$C_{12}H_{22}O_{11}(s)$	-2 225.5	-1 544.6	360.2

附录4　一些弱电解质在水溶液中的解离常数

酸	温度(t)/℃	$K_a^\ominus$	$pK_a^\ominus$
亚硫酸 H_2SO_3	18	($K_{a1}^\ominus$) 1.54×10^{-2}	1.81
	18	($K_{a2}^\ominus$) 1.02×10^{-7}	6.91
磷酸 H_3PO_4	25	($K_{a1}^\ominus$) 7.52×10^{-3}	2.12
	25	($K_{a2}^\ominus$) 6.25×10^{-8}	7.21
	18	($K_{a3}^\ominus$) 2.2×10^{-13}	12.67
亚硝酸 HNO_2	12.25	4.6×10^{-4}	3.37
氢氟酸 HF	25	3.53×10^{-4}	3.45
甲酸 HCOOH	20	1.77×10^{-4}	3.75
醋酸 CH_3COOH	25	1.76×10^{-5}	4.75
碳酸 H_2CO_3	25	($K_{a1}^\ominus$) 4.30×10^{-7}	6.37
	25	($K_{a2}^\ominus$) 5.61×10^{-11}	10.25
氢硫酸 H_2S	18	($K_{a1}^\ominus$) 9.1×10^{-8}	7.04
	18	($K_{a2}^\ominus$) 1.1×10^{-12}	11.96
次氯酸 HClO	18	2.95×10^{-8}	7.53
硼酸 H_3BO_3	20	($K_{a1}^\ominus$) 7.3×10^{-10}	9.14
氢氰酸 HCN	25	4.93×10^{-10}	9.31
碱	温度 t/℃	$K_b^\ominus$	$pK_b^\ominus$
氨 NH_3	25	1.77×10^{-5}	4.75

附录5　一些共轭酸碱的解离常数

酸	$K_a^\ominus$	碱	$K_b^\ominus$
HNO_2	4.6×10^{-4}	NO_2^-	2.2×10^{-11}
HF	3.53×10^{-4}	F^-	2.83×10^{-11}
HAc	1.76×10^{-5}	Ac^-	5.68×10^{-10}
H_2CO_3	4.3×10^{-7}	HCO_3^-	2.3×10^{-8}
H_2S	9.1×10^{-8}	HS^-	1.1×10^{-7}

续表

酸	$K_a^\ominus$	碱	$K_b^\ominus$
$H_2PO_4^-$	6.23×10^{-8}	HPO_4^{2-}	1.61×10^{-7}
NH_4^+	5.65×10^{-10}	NH_3	1.77×10^{-5}
HCN	4.93×10^{-10}	CN^-	2.03×10^{-5}
HCO_3^-	5.61×10^{-11}	CO_3^{2-}	1.78×10^{-4}
HS^-	1.1×10^{-12}	S^{2-}	9.1×10^{-3}
HPO_4^{2-}	2.2×10^{-12}	PO_4^{3-}	4.5×10^{-2}

附录6 一些配离子的稳定常数 $K_f^\ominus$ 和不稳定常数 $K_i^\ominus$

配离子	$K_f^\ominus$	$\lg K_f^\ominus$	$K_i^\ominus$	$\lg K_i^\ominus$
$[AgBr_2]^-$	2.14×10^7	7.33	4.67×10^{-8}	-7.33
$[Ag(CN)_2]^-$	1.26×10^{21}	21.1	7.94×10^{-22}	-21.1
$[AgCl_2]^-$	1.10×10^5	5.04	9.09×10^{-6}	-5.04
$[AgI_2]^-$	5.5×10^{11}	11.74	1.82×10^{-12}	-11.74
$[Ag(NH_3)_2]^+$	1.12×10^7	7.05	8.93×10^{-8}	-7.05
$[Ag(S_2O_3)_2]^{3-}$	2.89×10^{13}	13.46	3.46×10^{-14}	-13.46
$[Co(NH_3)_6]^{2+}$	1.29×10^5	5.11	7.75×10^{-6}	-5.11
$[Cu(CN)_2]^-$	1×10^{24}	24.0	1×10^{-24}	-24.0
$[Cu(NH_3)_2]^+$	7.24×10^{10}	10.86	1.38×10^{-11}	-10.86
$[Cu(NH_3)_4]^{2+}$	2.09×10^{13}	13.32	4.78×10^{-14}	-13.32
$[Cu(P_2O_7)_2]^{6-}$	1×10^9	9.0	1×10^{-9}	-9.0
$[Cu(SCN)_2]^-$	1.52×10^5	5.18	6.58×10^{-6}	-5.18
$[Fe(CN)_6]^{3-}$	1×10^{42}	42.0	1×10^{-42}	-42.0
$[HgBr_4]^{2-}$	1×10^{21}	21.0	1×10^{-21}	-21.0
$[Hg(CN)_4]^{2-}$	2.51×10^{41}	41.4	3.98×10^{-42}	-41.4
$[HgCl_4]^{2-}$	1.17×10^{15}	15.07	8.55×10^{-16}	-15.07
$[HgI_4]^{2-}$	6.76×10^{29}	29.83	1.48×10^{-30}	-29.83
$[Ni(NH_3)_6]^{2+}$	5.50×10^8	8.74	1.82×10^{-9}	-8.74

续表

配离子	$K_f^{\ominus}$	$\lg K_f^{\ominus}$	$K_i^{\ominus}$	$\lg K_i^{\ominus}$
$[Ni(en)_3]^{2+}$	2.14×10^{18}	18.33	4.67×10^{-19}	-18.33
$[Zn(CN)_4]^{2-}$	5.0×10^{16}	16.7	2.0×10^{-17}	-16.7
$[Zn(NH_3)_4]^{2+}$	2.87×10^{9}	9.46	3.48×10^{-10}	-9.46
$[Zn(en)_2]^{2+}$	6.76×10^{10}	10.83	1.48×10^{-11}	-10.83

附录7　一些物质的溶度积 $K_s^{\ominus}$（25 ℃）

难溶电解质	$K_s^{\ominus}$	难溶电解质	$K_s^{\ominus}$
AgBr	5.35×10^{-13}	Ag_2S	6.69×10^{-50}（α型） 1.09×10^{-49}（β型）
AgCl	1.77×10^{-10}		
Ag_2CrO_4	1.12×10^{-12}	Ag_2SO_4	1.20×10^{-5}
AgI	8.51×10^{-17}	$Al(OH)_3$	2×10^{-33}
$BaCO_3$	2.58×10^{-9}	CaF_2	1.46×10^{-10}
$BaSO_4$	1.07×10^{-10}	$CaCO_3$	4.96×10^{-9}
$BaCrO_4$	1.17×10^{-10}	$Ca_3(PO_4)_2$	2.07×10^{-33}
$CaSO_4$	7.10×10^{-5}	$Mg(OH)_2$	5.61×10^{-12}
CdS	1.40×10^{-29}	$Mn(OH)_2$	2.06×10^{-13}
$Cd(OH)_2$	5.27×10^{-15}	MnS	4.65×10^{-14}
CuS	1.27×10^{-36}	$PbCO_3$	1.46×10^{-13}
$Fe(OH)_2$	4.87×10^{-17}	$PbCl_2$	1.17×10^{-5}
$Fe(OH)_3$	2.64×10^{-39}	PbI_2	8.49×10^{-9}
FeS	1.59×10^{-19}	PbS	9.04×10^{-29}
HgS	6.44×10^{-53}（黑） 2.00×10^{-53}（红）	$PbCO_3$	1.82×10^{-8}
		$ZnCO_3$	1.19×10^{-10}
$MgCO_3$	6.82×10^{-6}	ZnS	2.93×10^{-25}

附录 8　标准电极电势

电对(氧化态/还原态)	电极反应(氧化态 $ne^-\rightleftharpoons$ 还原态)	标准电极电势 $\varphi^{\ominus}$/V
Li^+/Li	$Li^+(aq)+e^-\rightleftharpoons Li(s)$	−3.040 1
K^+/K	$K^+(aq)+e^-\rightleftharpoons K(s)$	−2.931
Ca^{2+}/Ca	$Ca^{2+}(aq)+2e^-\rightleftharpoons Ca(s)$	−2.868
Na^+/Na	$Na^+(aq)+e^-\rightleftharpoons Na(s)$	−2.71
Mg^{2+}/Mg	$Mg^{2+}(aq)+2e^-\rightleftharpoons Mg(s)$	−2.372
Al^{3+}/Al	$Al^{3+}(aq)+3e^-\rightleftharpoons Al(s)$ (0.1 mol·dm^{-1} NaOH)	−1.662
Mn^{2+}/Mn	$Mn^{2+}(aq)+2e^-\rightleftharpoons Mn(s)$	−1.185
Zn^{2+}/Zn	$Zn^{2+}(aq)+2e^-\rightleftharpoons Zn(s)$	−0.761 8
Fe^{2+}/Fe	$Fe^{2+}(aq)+2e^-\rightleftharpoons Fe(s)$	−0.447
Cd^{2+}/Cd	$Cd^{2+}(aq)+2e^-\rightleftharpoons Cd(s)$	−0.403 0
Co^{2+}/Co	$Co^{2+}(aq)+2e^-\rightleftharpoons Co(s)$	−0.28
Ni^{2+}/Ni	$Ni^{2+}(aq)+2e^-\rightleftharpoons Ni(s)$	−0.257
Sn^{2+}/Sn	$Sn^{2+}(aq)+2e^-\rightleftharpoons Sn(s)$	−0.137 5
Pb^{2+}/Pb	$Pb^{2+}(aq)+2e^-\rightleftharpoons Sn(s)$	−0.126 2
H^+/H_2	$H^+(aq)+e^-\rightleftharpoons \frac{1}{2}H_2(g)$	0
$S_4O_6^{2-}/S_2O_3^{2-}$	$S_4O_6^{2-}(aq)+2e^-\rightleftharpoons 2S_2O_3^{2-}(aq)$	+0.08
S/H_2S	$S(s)+2H^+(aq)+2e^-\rightleftharpoons H_2S(aq)$	+0.142
Sn^{4+}/Sn^{2+}	$Sn^{4+}(aq)+2e^-\rightleftharpoons Sn^{2+}(aq)$	+0.151
SO_4^{2-}/H_2SO_3	$SO_4^{2-}(aq)+4H^+(aq)+2e^-\rightleftharpoons H_2SO_3(aq)+H_2O$	+0.172
Hg_2Cl_2/Hg	$Hg_2Cl_2(s)+2e^-\rightleftharpoons 2Hg(l)+2Cl^-(aq)$	+0.268 08
Cu^{2+}/Cu	$Cu^{2+}(aq)+2e^-\rightleftharpoons Cu(s)$	+0.341 9
O_2/OH^-	$\frac{1}{2}O_2(g)+H_2O+2e^-\rightleftharpoons 2OH^-(aq)$	+0.401
Cu^+/Cu	$Cu^+(aq)+e^-\rightleftharpoons Cu(s)$	+0.521
I_2/I^-	$I_2(s)+2e^-\rightleftharpoons 2I^-(aq)$	+0.535 5
O_2/H_2O_2	$O_2(g)+2H^+(aq)+2e^-\rightleftharpoons H_2O_2(aq)$	+0.695
Fe^{3+}/Fe^{2+}	$Fe^{3+}(aq)+e^-\rightleftharpoons Fe^{2+}(aq)$	+0.771

续表

电对(氧化态/还原态)	电极反应(氧化态 ne^- ⇌ 还原态)	标准电极电势 $\varphi^{\ominus}/V$
Hg_2^{2+}/Hg	$\frac{1}{2}Hg_2^{2+}(aq)+e^- \rightleftharpoons Hg(l)$	+0.797 3
Ag^+/Ag	$Ag^+(aq)+e^- \rightleftharpoons Ag(s)$	+0.799 6
Hg^{2+}/Hg	$Hg^{2+}(aq)+2e^- \rightleftharpoons Hg(l)$	+0.851
NO_3^-/NO	$NO_3^-(aq)+4H^+(aq)+3e^- \rightleftharpoons NO(g)+2H_2O$	+0.957
HNO_2/NO	$HNO_2(aq)+H^+(aq)+e^- \rightleftharpoons NO(g)+H_2O$	+0.983
Br_2/Br^-	$Br_2(l)+2e^- \rightleftharpoons 2Br^-(aq)$	+1.066
MnO_2/Mn^{2+}	$MnO_2(s)+4H^+(aq)+2e^- \rightleftharpoons Mn^{2+}(aq)+2H_2O$	+1.224
O_2/H_2O	$O_2(g)+4H^+(aq)+4e^- \rightleftharpoons 2H_2O$	+1.229
$Cr_2O_7^{2-}/Cr^{3+}$	$Cr_2O_7^{2-}(aq)+14H^+(aq)+6e^- \rightleftharpoons 2Cr^{3+}(aq)+7H_2O$	+1.232
Cl_2/Cl^-	$Cl_2(g)+2e^- \rightleftharpoons 2Cl^-(aq)$	+1.358 27
MnO_4^-/Mn^{2+}	$MnO_4^-(aq)+8H^+(aq)+5e^- \rightleftharpoons Mn^{2+}(aq)+4H_2O$	+1.507
H_2O_2/H_2O	$H_2O_2(aq)+2H^+(aq)+2e^- \rightleftharpoons 2H_2O$	+1.776
$S_2O_8^{2-}/SO_4^{2-}$	$S_2O_8^{2-}(aq)+2e^- \rightleftharpoons 2SO_4^{2-}(aq)$	+2.010
F_2/F^-	$Fe_2(g)+2e^- \rightleftharpoons 2F^-(aq)$	+2.866

附录9　元素周期表

原子序数 — 92 U — 元素符号，红色指放射性元素
元素名称，注＊的是人造元素 — 铀
$5f^36d^17s^2$ — 价层电子排布，括号指可能的电子排布
238.0 — 相对原子质量（加括号的数据为该放射性元素半衰期最长同位素的质量数）

非金属元素　金属元素　过渡元素　稀有气体元素

周期	IA 1	IIA 2	IIIB 3	IVB 4	VB 5	VIB 6	VIIB 7	VIII 8	VIII 9	VIII 10	IB 11	IIB 12	IIIA 13	IVA 14	VA 15	VIA 16	VIIA 17	0 18	电子层	0族电子数
1	1 H 氢 $1s^1$ 1.008																	2 He 氦 $1s^2$ 4.003	K	2
2	3 Li 锂 $2s^1$ 6.941	4 Be 铍 $2s^2$ 9.012											5 B 硼 $2s^22p^1$ 10.81	6 C 碳 $2s^22p^2$ 12.01	7 N 氮 $2s^22p^3$ 14.01	8 O 氧 $2s^22p^4$ 16.00	9 F 氟 $2s^22p^5$ 19.00	10 Ne 氖 $2s^22p^6$ 20.18	L K	8 2
3	11 Na 钠 $3s^1$ 22.99	12 Mg 镁 $3s^2$ 24.31											13 Al 铝 $3s^23p^1$ 26.98	14 Si 硅 $3s^23p^2$ 28.09	15 P 磷 $3s^23p^3$ 30.97	16 S 硫 $3s^23p^4$ 32.06	17 Cl 氯 $3s^23p^5$ 35.45	18 Ar 氩 $3s^23p^6$ 39.95	M L K	8 8 2
4	19 K 钾 $4s^1$ 39.10	20 Ca 钙 $4s^2$ 40.08	21 Sc 钪 $3d^14s^2$ 44.96	22 Ti 钛 $3d^24s^2$ 47.87	23 V 钒 $3d^34s^2$ 50.94	24 Cr 铬 $3d^54s^1$ 52.00	25 Mn 锰 $3d^54s^2$ 54.94	26 Fe 铁 $3d^64s^2$ 55.85	27 Co 钴 $3d^74s^2$ 58.93	28 Ni 镍 $3d^84s^2$ 58.69	29 Cu 铜 $3d^{10}4s^1$ 63.55	30 Zn 锌 $3d^{10}4s^2$ 65.38	31 Ga 镓 $4s^24p^1$ 69.72	32 Ge 锗 $4s^24p^2$ 72.63	33 As 砷 $4s^24p^3$ 74.92	34 Se 硒 $4s^24p^4$ 78.96	35 Br 溴 $4s^24p^5$ 79.90	36 Kr 氪 $4s^24p^6$ 83.80	N M L K	8 18 8 2
5	37 Rb 铷 $5s^1$ 85.47	38 Sr 锶 $5s^2$ 87.62	39 Y 钇 $4d^15s^2$ 88.91	40 Zr 锆 $4d^25s^2$ 91.22	41 Nb 铌 $4d^45s^1$ 92.91	42 Mo 钼 $4d^55s^1$ 95.96	43 Tc 锝 $4d^55s^2$ [98]	44 Ru 钌 $4d^75s^1$ 101.1	45 Rh 铑 $4d^85s^1$ 102.9	46 Pd 钯 $4d^{10}$ 106.4	47 Ag 银 $4d^{10}5s^1$ 107.9	48 Cd 镉 $4d^{10}5s^2$ 112.4	49 In 铟 $5s^25p^1$ 114.8	50 Sn 锡 $5s^25p^2$ 118.7	51 Sb 锑 $5s^25p^3$ 121.8	52 Te 碲 $5s^25p^4$ 127.6	53 I 碘 $5s^25p^5$ 126.9	54 Xe 氙 $5s^25p^6$ 131.3	O N M L K	8 18 18 8 2
6	55 Cs 铯 $6s^1$ 132.9	56 Ba 钡 $6s^2$ 137.3	57~71 La~Lu 镧系	72 Hf 铪 $5d^26s^2$ 178.5	73 Ta 钽 $5d^36s^2$ 180.9	74 W 钨 $5d^46s^2$ 183.8	75 Re 铼 $5d^56s^2$ 186.2	76 Os 锇 $5d^66s^2$ 190.2	77 Ir 铱 $5d^76s^2$ 192.2	78 Pt 铂 $5d^96s^1$ 195.1	79 Au 金 $5d^{10}6s^1$ 197.0	80 Hg 汞 $5d^{10}6s^2$ 200.6	81 Tl 铊 $6s^26p^1$ 204.4	82 Pb 铅 $6s^26p^2$ 207.2	83 Bi 铋 $6s^26p^3$ 209.0	84 Po 钋 $6s^26p^4$ [209]	85 At 砹 $6s^26p^5$ [210]	86 Rn 氡 $6s^26p^6$ [222]	P O N M L K	8 18 32 18 8 2
7	87 Fr 钫 $7s^1$ [223]	88 Ra 镭 $7s^2$ [226]	89~103 Ac~Lr 锕系	104 Rf 𬬻＊ $(6d^27s^2)$ [265]	105 Db 𬭊＊ $(6d^37s^2)$ [268]	106 Sg 𬭳＊ [271]	107 Bh 𬭛＊ [270]	108 Hs 𬭶＊ [277]	109 Mt 鿏＊ [276]	110 Ds 𫟼＊ [281]	111 Rg 𬬭＊ [280]	112 Cn 鿔＊ [285]	113 Nh 鉨＊ [284]	114 Fl 𫓧＊ [289]	115 Mc 镆＊ [288]	116 Lv 𫟷＊ [293]	117 Ts 鿬＊ [294]	118 Og 鿫＊ [294]	Q P O N M L K	8 18 32 32 18 8 2

镧系	57 La 镧 $5d^16s^2$ 138.9	58 Ce 铈 $4f^15d^16s^2$ 140.1	59 Pr 镨 $4f^36s^2$ 140.9	60 Nd 钕 $4f^46s^2$ 144.2	61 Pm 钷＊ $4f^56s^2$ [145]	62 Sm 钐 $4f^66s^2$ 150.4	63 Eu 铕 $4f^76s^2$ 152.0	64 Gd 钆 $4f^75d^16s^2$ 157.3	65 Tb 铽 $4f^96s^2$ 158.9	66 Dy 镝 $4f^{10}6s^2$ 162.5	67 Ho 钬 $4f^{11}6s^2$ 164.9	68 Er 铒 $4f^{12}6s^2$ 167.3	69 Tm 铥 $4f^{13}6s^2$ 168.9	70 Yb 镱 $4f^{14}6s^2$ 173.1	71 Lu 镥 $4f^{14}5d^16s^2$ 175.0
锕系	89 Ac 锕 $6d^17s^2$ [227]	90 Th 钍 $6d^27s^2$ 232.0	91 Pa 镤 $5f^26d^17s^2$ 231.0	92 U 铀 $5f^36d^17s^2$ 238.0	93 Np 镎 $5f^46d^17s^2$ [237]	94 Pu 钚 $5f^67s^2$ [244]	95 Am 镅＊ $5f^77s^2$ [243]	96 Cm 锔＊ $5f^76d^17s^2$ [247]	97 Bk 锫＊ $5f^97s^2$ [247]	98 Cf 锎＊ $5f^{10}7s^2$ [251]	99 Es 锿＊ $5f^{11}7s^2$ [252]	100 Fm 镄＊ $5f^{12}7s^2$ [257]	101 Md 钔＊ $(5f^{13}7s^2)$ [258]	102 No 锘＊ $(5f^{14}7s^2)$ [259]	103 Lr 铹＊ $(5f^{14}6d^17s^2)$ [262]

参考文献

[1] 陈学泽. 无机及分析化学 [M]. 2版. 北京：中国林业出版社，2008.
[2] 谢练武，郭亚平. 无机及分析化学 [M]. 北京：化学工业出版社，2019.
[3] 胡志强. 无机材料科学基础教程 [M]. 2版. 化学工业出版社，2011.
[4] HAYNES W M. CRC Handbook of Chemistry and Physics [M]. 97th Ed. Boca Raton：CRC Press Inc，2017.
[5] WAGMAN D D. NBS 化学热力学性质表 [S]. 刘天和，赵梦月，译. 北京：中国标准出版社，1998.
[6] SPEIGHT J G. Lange's Handbook of Chemistry [M]. 16th Ed. New York：McGraw-Hill Company，2005.